DEUTSCHE AKADEMIE DER WISSENSCHAFTEN ZU BERLIN
GEOMAGNETISCHES INSTITUT POTSDAM

Abhandlung Nr. 29

AF587232

Tagungsbericht
Geomagnetismus und Aeronomie

AKADEMIE-VERLAG · BERLIN
1962

Manuskript eingegangen am 23. Februar 1961

Erschienen im Akademie-Verlag GmbH, Berlin W 8, Leipziger Straße 3—4
Copyright 1962 by Akademie-Verlag GmbH
Lizenznummer: 202 · 100/591/62
Kartengenehmigung: MdI der DDR Nr. 6837
Gesamtherstellung: VEB Druckerei „Thomas Müntzer" Bad Langensalza
Bestellnummer: 2009/29, ES 18 E 2, Preis: DM 98,—

INHALT

FANSELAU, G., Vorwort 5

I. GEOMAGNETISCHES INNENFELD

G. BARTA, Über die Ursache der erdmagnetischen Säkularvariation 9
G. BARTA, Der Zusammenhang der Exzentrizität des erdmagnetischen Feldes mit der Dreiachsigkeit der Erde 12
G. FANSELAU, Über die Verteilung geophysikalischer Elemente in Abhängigkeit vom Koordinatensystem 22
F. FRÖLICH, Paläomagnetische Untersuchungen (Petrophysical Reliability Tests) 31
B. JANOVSKI, Probleme des Paläomagnetismus in der UdSSR 37
J. KOWALCZUK und K. KARACZUN, Elemente des Erdmagnetismus im Fjord Hornsund auf Spitzbergen im Jahre 1957 und ihre säkularen Änderungen 60
A. P. NIKOLSKY, Zur Frage der geographischen Verteilung der unregelmäßigen magnetischen Störungen in hohen Breiten 77
H. ORKISZ, Die Berechnung der erdmagnetischen Vertikalintensität im Untergrund und ihr Zusammenhang mit dem geologischen Untergrund 82
R. RÖSLER, Tellurische Registrierungen in Nordschweden 94

II. RADIOASTRONOMIE

A. BÖHME, Über den Zusammenhang von PCA und Anstiegen der kosmischen Strahlung nach Flares mit Typ IV- und Typ I-Bursts 99
V. BUMBA und J. OLMR, Erhöhte Radiostrahlung und die großflächigen Flecken in der Nähe des Zentralmeridians der Sonne 106
O. HACHENBERG und G. WALLIS, Burst-Spektren der Sonne im cm-dm-Wellen-Bereich 112
H. RABBEN, Solare Radiobursts der Type III und deren Beziehungen zu den Eruptionen 116

III. KOSMISCHE STRAHLUNG

O. LUCKE, Über die Entstehung der suprathermischen Teilchen 125
W. MESSERSCHMIDT, Über periodische Schwankungen der kosmischen Strahlung 128
T. SÁNDOR, A. SOMOGYI und F. TELBISZ, Über den Einfluß meteorologischer und geomagnetischer Größen auf die unter der Erdoberfläche gemessene Intensität der kosmischen Strahlung . . . 136

IV. SONNENERUPTIONSEFFEKTE

J. P. BALDWIN und T. R. KAISER, D-Region Absorption and the Rate of Radio Meteors 145
G. ENTZIAN und E. A. LAUTER, Variationen der Reflexionshöhe und der Reflexionskoeffizienten im Langwellenbereich bei Sonneneruptionseffekten 150
L. KŘIVSKÝ und J. KLECZEK, Ionisierende Strahlung der Spritzprotuberanzen 154
W. LIPPERT, Die Feststellung von Sonneneruptionseffekten in der Ionosphäre mit Hilfe der Cosmic-Noise-Methode 159
J. TAUBENHEIM, Zur Erschließung der ionisierenden Strahlung von Sonneneruptionen aus dem ionosphärischen Absorptionseffekt 168

V. EXOSPHÄRE UND MAGNETOSPHÄRE

J. KLECZEK, Korpuskulare Sonnenstrahlung und Strahlungsgürtel der Erde 175
L. KLINKER und G. ENTZIAN, Jahreszeitliche Phasenunterschiede im Whistler-Tagesgang 178
G. MATTERN, Über die „Dawn chorus"-Beobachtungen des Taunus-Observatoriums 183
J. MRÁZEK, Whistlerbeobachtungen in Průhonice während des Internationalen Geophysikalischen Jahres 188
H. K. PAETZOLD, Schwankungen der höchsten Erdatmosphäre nach Satelliten-Beobachtungen . . 192
K. H. SCHMELOVSKY, Die Elektronenkonzentration der äußeren Ionosphäre 208

VI. IONOSPHÄRE

W. Becker, Zur Dynamik der Ionosphäre 211
K. Bibl, Verhalten der Es-Ionisation und Zusammenhänge mit den Schwankungen der F-Ionisation und des Erdmagnetfeldes 217
L. Bossy, Les anomalies des variations diurne et annuelle de foF2 dans l'Antarctique 219
E. Chvojková (Woyk), Die Theorie der Bildung der ionosphärischen F-Schicht 227
E. Chvojková (Woyk), Radioverbindung in der Astronautik 230
R. Eyfrig, Zur Beschreibung der Ionisation der E-Schicht 239
T. V. Ionescu und O. C. Gheorghiu, Vergleichsstudium über die Absorptionsfrequenzen der negativen Wasserstoff- und Sauerstoffmolekülionen 243
S. Manczarsky, Untersuchungen von Radioechos in der Ionosphäre und Exosphäre 252
S. Manczarsky, Problem der Intensitätsverstärkung des Radiowellenfeldes in der Ionosphäre . . . 260
Ch.-U. Wagner, Einige Untersuchungen über negative Ionen in der Ionosphäre 274

VII. POLARLICHT

P. Glöde und K. Sprenger, Radarbeobachtungen von Polarlichtern auf 33 MHz 283
T. R. Kaiser, The Radio-Aurora 290
G. Lange-Hesse, Ergebnisse der deutschen Beiträge zur Polarlichtbeobachtung im AGJ 297
L. Vegard, The Theory of Aurorae and other Solar and Terrestrial Phenomena resulting from Coronal-Effects of Solar X-Rays 299
L. Vegard, Separation and identification of the positive ions in the neutralized bundles which produce the aurorae 304

VORWORT

Bei einem Besuch in Moskau im Oktober 1958 wurde mit Herrn Prof. Pushkov verabredet, in Berlin ein Symposium über Geomagnetismus und Aeronomie abzuhalten. Träger dieser Veranstaltung, die gemeinsam mit dem Heinrich-Hertz-Institut für Schwingungsforschung der Deutschen Akademie der Wissenschaften zu Berlin und dem Observatorium für Ionosphärenforschung Kühlungsborn des Meteorologischen und Hydrologischen Dienstes der Deutschen Demokratischen Republik abgehalten wurde, war das Geomagnetische Institut in Potsdam der Deutschen Akademie der Wissenschaften zu Berlin. Aus äußeren Gründen mußte der Termin mehrmals verschoben werden, so daß das Symposium erst vom 13. bis 15. Juni 1960 abgehalten werden konnte.

Trotz der Tatsache, daß in verhältnismäßig kurzer Zeit nach dem Symposium zwei große internationale Tagungen stattfanden — vom 26. 7. bis 7. 8. 1960 die XII. Generalversammlung der IUGG in Helsinki und vom 5. bis 15. 9. 1960 die XIII. Generalversammlung der U.R.S.I. in London — konnte sich das Symposium eines recht regen Besuches erfreuen. Anwesend waren 111 Gäste, davon 38 ausländische.

In der Zeit vom Montag, dem 13. Juni, bis Mittwoch, dem 15. Juni, wurden täglich zwei Sitzungen mit folgenden Rahmenthemen abgehalten:

Montagvormittag:	Begrüßungsansprache von Prof. Dr. G. Fanselau Rahmenthema: Geomagnetisches Innenfeld Diskussionsleiter: Prof. Dr. L. Egyed
Montagnachmittag:	Rahmenthema: Radioastronomie Diskussionsleiter: Prof. Dr. J. Wempe Rahmenthema: Kosmische Strahlung Diskussionsleiter: Prof. Dr. W. Messerschmidt
Dienstagvormittag:	Rahmenthema: Sonneneruptionseffekte Diskussionsleiter: Prof. Dr. O. Hachenberg
Dienstagnachmittag:	Rahmenthema: Exosphäre und Magnetosphäre Diskussionsleiter: Prof. Dr. St. Manczarski
Mittwochvormittag:	Rahmenthema: Ionosphäre Diskussionsleiter: Prof. Dr. E. A. Lauter
Mittwochnachmittag:	Rahmenthema: Polarlicht Diskussionsleiter: Dr. H. K. Paetzold

Sämtliche Vorträge wurden auf Tonband aufgenommen; Reproduktionen können auf Wunsch zur Verfügung gestellt werden.

Die drei letzten Tage der Woche waren der Besichtigung wichtiger Forschungsstätten auf dem Forschungssektor der Geoelektrodynamik vorbehalten. So wurden besichtigt: Heinrich-Hertz-Institut in Berlin-Adlershof sowie seine Außenstelle in Juliusruh; Observatorium für Ionosphärenforschung Kühlungsborn; Geomagnetisches Institut in Potsdam und das dazu gehörige Adolf-Schmidt-Observatorium für Erdmagnetismus in Niemegk; Observatorium Collm des Geophysikalischen Institutes der Karl-Marx-Universität Leipzig.

Es sei gestattet, an dieser Stelle der Deutschen Akademie der Wissenschaften zu Berlin den besten Dank für die Bereitstellung der Mittel auszusprechen, die für die Durchführung des Symposiums, das in seinem Ablauf von allen Beteiligten als recht erfolgreich und gelungen bezeichnet wurde, erforderlich waren.

G. F.

I. Geomagnetisches Innenfeld

Über die Ursache der erdmagnetischen Säkularvariation

Von G. Barta[1])

Die in der Säkularvariation des erdmagnetischen Feldes, in der Schwankung der Erdrotationsgeschwindigkeit und der Veränderung des Meeresniveaus beobachtbare 50jährige Periode deutet darauf hin, daß diese Veränderungen mit großen, im Inneren der Erde sich abspielenden Massenbewegungen zusammenhängen. Diese Annahme unterstützt die durch geodätische Messungen bestimmte Gestalt der Erde, indem sie eben in der Richtung der Exzentrizität des erdmagnetischen Zentrums eine Dehnung aufweist. Aus der Richtung der großen Achse der Äquatorellipse und aus Abplattung kann gefolgert werden, daß der innere Kern der Erde, ähnlich wie das magnetische Zentrum relativ zur Erdkruste eine exzentrische Lage von 300 bis 400 km hat. Diese Exzentrizität gibt die Möglichkeit weiterer Folgerungen, die wir hier darstellen möchten.

I. Untersuchen wir, wie groß eine Bewegung des Erdkerns wäre, welche in der Erdrotation während 50 Jahren, — das sind 18250 Tage — eine Beschleunigung bzw. eine Verzögerung von $\pm$ 1 sec verursachen konnte.

Der Rotationswinkel der Erde kann also für einen beliebigen Zeitpunkt t folgendermaßen berechnet werden:

$$\alpha = 2\pi t + \frac{2}{86400} \sin \frac{2\pi}{18250} t ,$$

wo t die Zahl der Tage ist. Die Rotationsgeschwindigkeit der Erde ergibt sich leicht durch Differenzieren dieser Formel. Wenn die Energie der Erdrotation unverändert bleibt, ist dann

$$\frac{d\Theta}{\Theta} = \frac{2\,d\omega}{\omega} = 8 \cdot 10^{-9} .$$

Das Trägheitsmoment der Erde ist

$$\Theta = 8{,}1 \cdot 10^{44} ,$$

das heißt

$$d\Theta = 6{,}5 \cdot 10^{36} .$$

Es ist bekannt, daß durch eine Parallelverschiebung s der Rotationsachse eines Körpers vom Trägheitsmoment Θ_0 und der Masse m das Trägheitsmoment sich in bezug auf seine neue Rotationsachse durch die folgende Gleichung darstellen läßt:

$$\Theta = \Theta_0 + s^2 m$$

mit $m = 5{,}0 \cdot 10^{25}$ für den Mehrbetrag der Masse des inneren Kerns zu seiner Umgebung, $\Theta = 6{,}5 \cdot 10^{36}$ und

$$s = \pm\, 3{,}6 \cdot 10^{5}\ \mathrm{cm} .$$

[1]) Dr. György Barta, Geophysikalisches Institut, Budapest.

Dieser Wert kann als Amplitude einer superponierten Welle betrachtet werden, wenn wir daran denken, daß während derselben Zeit nach magnetischen Messungen die radiale Bewegung des magnetischen Zentrums beinahe 70 km betrug.

II. Untersuchen wir, wie groß die der Rotationsgeschwindigkeitsänderung entsprechende Energie ist, wenn wir im Kern keine Massenbewegung annehmen. Aus

$$\frac{dE}{E} = \frac{2\,d\omega}{\omega} = 8{,}1 \cdot 10^{-9} \quad \text{erhalten wir} \quad E_{\text{Erde}} = 2{,}2 \cdot 10^{36}\,\text{erg}\,,$$

$$dE = 1{,}76 \cdot 10^{28}\,\text{erg}\,.$$

Die Energieschwankung ist also:

$$\frac{dE}{dt} = 6{,}0 \cdot 10^{24} \cos \frac{25}{18250}\, t\,.$$

Der Extremwert der von der Erde täglich aufgenommenen oder abgegebenen Energie ist also $6 \cdot 10^{24}$ erg. Das ist eine mächtige Energiemenge, die der Größe nach gleich ist der bei Erdbeben jährlich frei werdenden Energie. Sie kann aus diesem Grunde nicht oberflächlichen (meteorologischen, ozeanographischen) Ursprungs sein.

Die astronomischen Energien sind viel größer als die meteorologischen und zur Erklärung der Erscheinung daher geeigneter.

Die Umlaufsenergie des Mondes beträgt $E_m = 3{,}6 \cdot 10^{35}$ erg, die der Erde $E_e = 2{,}7 \cdot 10^{40}$ erg.

Es erhebt sich die Frage, wie die Erde Energie aus der der Himmelskörper gewinnen kann.

Die zentrisch aufgebaute Erde befindet sich im Sonnensystem in völligem Gleichgewicht. Aber auf den exzentrischen inneren Kern wirken Kräfte, welche von der Exzentrizität abhängig sind.

Auf Grund einer einfachen Berechnung, welche die Erdrotation in Betracht zieht und die Dichte des inneren Kerns mit 17 g/cm^3 und die Dichte des äußeren Kerns mit 11 g/cm^3 berücksichtigt, ergibt sich aus der Exzentrizität eine durch den Mond auf den inneren Kern ausgeübte Beschleunigung

$$a_m = 2{,}0 \cdot 10^{-6}\,\text{CGS}\,.$$

Analog findet man für die Sonne und für den Jupiter die folgenden Beschleunigungswerte:

$$a_s = 0{,}9 \cdot 10^{-6}\,\text{CGS}$$

$$a_j = 0{,}88 \cdot 10^{-8}\,\text{CGS}\,.$$

Die Kraft hat immer eine zur Exzentrizität weisende Richtung. Der innere Kern bewegt sich daher aus seiner ursprünglichen exzentrischen Lage von der Rotationsachse fort, sein Trägheitsmoment wächst, seine Rotationsgeschwindigkeit relativ zur Kruste nimmt ab, und so entsteht seine westwärts gerichtete Wanderung. Infolge dieser westwärts gerichteten Bewegung kommt das bekannte symmetrische Bild der Säkularvariation des geomagnetischen Feldes in bezug auf die Achse Erdmittelpunkt—Pakistan zustande.

Die Erde, der Mond und der Jupiter bewegen sich in elliptischen Bahnen. Die Kraftwirkungen sind im Perigäum 4—5% größer als im Apogäum. Daher müssen die astronomischen Perioden in der Säkularvariation erkennbar sein.

Das Pulsieren der Sonne und des Mondes verstärkt sich, wenn die Richtung des Mondbahn-Perigäums und die Richtung des Erdbahn-Perigäums einander gegenüber stehen. Das geschieht alle 8,85 Jahre. In den letzten Jahrzehnten waren diese Zeitpunkte die folgenden:

1881,00	1916,40	1951,80
1889,85	1925,25	1960,65
1898,70	1937,10	1969,50
1907,55	1942,95	

Die Umlaufzeit des Jupiters beträgt 11,86 Jahre. Die Zeitpunkte seines Perigäums sind die folgenden:

1880,73	1928,17
1892,59	1940,03
1904,45	1951,89
1916,31	1963,75

Die Zeitpunkte 1881, 1916 und 1951 sind beiden Tabellen gemeinsam. In diesen Zeitpunkten summieren sich die Wirkungen, was gut mit den beobachteten Schwankungen der Erdrotationsgeschwindigkeit und der erdmagnetischen Säkularvariation übereinstimmt.

Fassen wir das Vorstehende zusammen: Vorausgesetzt, daß der Erdkern eine mit der Exzentrizität des magnetischen Zentrums identische Exzentrizität hat, also eine reelle, materielle Exzentrizität existiert, dann kann behauptet werden:

1. Die Gestalt der Erde soll die aus geodätischen Messungen bekannte Dreiachsigkeit aufweisen.
2. Auf den exzentrischen Erdkern wirken im Sonnensystem Kräfte, welche vielleicht eine Erklärung für die Westwärtswanderung des magnetischen Zentrums, für das in der Gegend von Pakistan ausgebildete Symmetriezentrum der magnetischen Säkularvariation und für die Änderung der Erdrotationsgeschwindigkeit geben können.
3. Endlich kann diese Abweichung vom Gleichgewicht die allgemeine Ursache der erdmagnetischen Säkularvariation sein.

Der Zusammenhang der Exzentrizität des erdmagnetischen Feldes mit der Dreiachsigkeit der Erde

Von G. BARTA[1])

I. Es ist schon lange bekannt, daß das erdmagnetische Feld eine ständige Deformation aufweist: Das Zentrum des Feldes fällt nämlich mit dem geometrischen Mittelpunkt der Erde nicht zusammen, sondern liegt exzentrisch um 340 km in der Richtung nach den Marshall-Inseln hin. Diese Exzentrizität konnte nicht nur in den letzten Jahrzehnten beobachtet werden; nichtsdestweniger ist sie in den Resultaten aller seit Gauß ausgeführten Kugelfunktions-Entwicklungen festzustellen, und sie ist in gewissen extrapolierten Datenreihen sogar bis zu 1550 zurück zu verfolgen [4, 7].

Vergleicht man die aus verschiedenen Zeiten stammenden Daten, so stellt man leicht fest, daß der magnetische Mittelpunkt gewisse regelmäßige Bewegungen ausführt. Die magnetische Exzentrizität hat sich im Laufe der Zeit verändert, aber immer in fortlaufend verfolgbarer Weise: ihr Nachweis beruht also auf der Betrachtung von mehreren Daten-Systemen.

Die Exzentrizität offenbart sich unter anderem in dem Umstand, daß über einem ausgedehnten Gebiet in der Umgebung des westlichen Stillen Ozeans die Horizontalkomponente der magnetischen Feldstärke um 10000 γ größer ausfällt als in den Gebieten des Atlantischen Ozeans, die diametral gegenüberliegen; auch die übrigen Komponenten weisen mit ähnlicher Schärfe auf die Exzentrizität hin. Es ist auch zu ersehen, daß die auf die Exzentrizität weisende Deformation des magnetischen Feldes die heutige Meßgenauigkeit um mehrere Größenordnungen übertrifft. Die Exzentrizität ist also nicht als eine an der Meßgenauigkeitsgrenze liegende unsichere Größe, sondern als eine gut meßbare Realität anzusehen, deren Existenz durch unzählig viele Meßdaten gesichert ist. Wenn dem aber so ist, liegt es nahe, auch in dem inneren Aufbau der Erde eine entsprechende Exzentrizität anzunehmen.

Die Art der Lageänderung des magnetischen Zentrums weist darauf hin, daß die Exzentrizität weder mit dem Aufbau der Kontinente, noch mit der Krusten- und Mantelstruktur der Erde in unmittelbarem Zusammenhang stehen kann: Letztere weisen nämlich keine bedeutenden Änderungen auf, so daß eine der magnetischen Säkularvariation ähnliche periodische Änderung logisch mit ihnen in Verbindung gebracht werden könnte. Die Ursache dieses Effektes muß also weit unter der Kruste und dem Mantel im Erdkern gesucht werden. Ferner können wir aus dem langperiodischen Charakter der Änderung auf einen Vorgang von großer Trägheit schließen. Wir können also annehmen, daß es sich um die Exzentrizität und um eine gegenüber der Erdoberfläche langsame Verschiebung von Massen riesigen Ausmaßes in großer Tiefe handelt.

In diesem Zusammenhang taucht der Gedanke auf, daß durch solch eine erhebliche Exzentrizität von mächtigen gravitierenden Massen auch eine statische Deformation hervorgerufen wird. Bei dieser Gelegenheit möchte ich feststellen, daß die Richtung der Exzentrizität des Magnetfeldes mit der Richtung der äquatorialen großen Achse des dreiachsigen Erdellipsoids innerhalb der Grenzen der Meßgenauigkeit zusammenfällt.

---

[1]) Dr. GYÖRGY BARTA, Geophysikalisches Institut, Budapest.

Die magnetische Exzentrizität von 300—400 km erscheint im ersten Augenblick zu groß, um eine so beträchtliche tatsächliche Massenexzentrizität im inneren Aufbau der Erde vorauszusetzen zu können. Immerhin, wir stellten darüber Berechnungen an, um abzuschätzen, wie große Änderungen der Niveauflächen in der Nähe der Erdoberfläche durch eine derartige Erdkern-Exzentrizität hervorgerufen werden.

Die Berechnungen wurden, wie folgt, ausgeführt:

Nehmen wir an, daß zwei Massenpunkte, M und m, von einer gemeinsamen Lage aus sich auf die Entfernungen l_1 und l_2 so fortbewegen, daß dabei $m \cdot l_1 = M \cdot l_2$ sein soll, d. h., der Massenmittelpunkt der zwei Massen seine ursprüngliche Lage beibehält. Es sei im Außenraum ein Punkt P in einer Entfernung r vom gemeinsamen Massenmittelpunkt angenommen; die Entfernungen dieses Punktes von den Massen m und M seien r_1 bzw. r_2. Unter Zuhilfe-

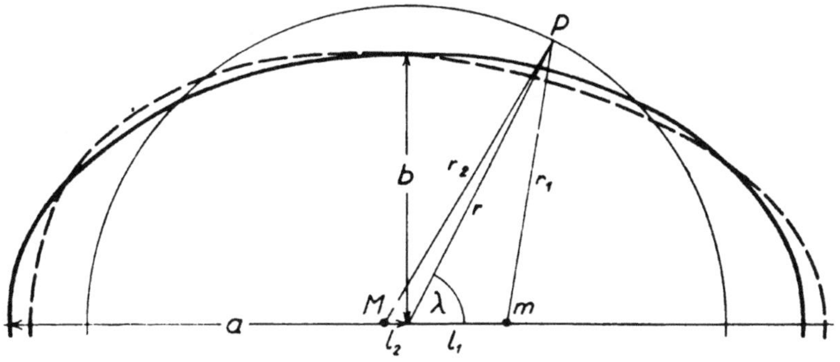

Abb. 1. Zur Berechnung der Fläche gleicher Schwere, die von zwei Punkten ungleicher Masse erzeugt wird

nahme von Abb. 1 erhält man — wenn wir bei der Reihenentwicklung mit dem Gliede l_1^3/r^3 aufhören und den Zusammenhang $m \cdot l_1 = M \cdot l_2$ in Betracht ziehen — für das Potential im Punkt P folgenden Ausdruck:

$$V = f\frac{m+M}{r}\left[1 + \frac{m}{M}\frac{l_1^2}{2\,r^2}(3\cos^2\lambda - 1) + \frac{m\,(M-m)}{M^2}\frac{l_1^3}{2\,r^3}\cos\lambda\,(5\cos^2\lambda - 3) + \cdots\right]. \quad (1)$$

Ähnlich erhält man für die Kraft folgende Näherungsformel:

$$K = f\frac{m+M}{r^2}\left[1 + \frac{l_1^2}{r^2}\frac{m}{M}(4\cos^2\lambda - 1) - \frac{4\,l_1^3}{r^3}\,m\,\frac{(M-m)}{M^2}\cos\lambda\,(2\cos^2\lambda - 1) + \cdots\right]$$
$$-\frac{m\,l_1^2}{2\,r^4}\sin^2\lambda\left(1 + \frac{4\,l_1}{r}\cos\lambda\right). \quad (2)$$

Bekanntlich besteht der äußere Kern der Erde aus einem flüssigen Material von einer durchschnittlichen Dichte von 11 g/cm³. Eingebettet in diesem äußeren Kern befindet sich ein innerer, fester Kern von 1250 km Radius und von einer Dichte von ca. 17 g/cm³ [11]. Der Massenüberschuß des inneren Erdkernes im Verhältnis zu seiner Umgebung beträgt $m = 0{,}05 \cdot 10^{27}$ g. Die übrige, jetzt schon als zentrisch aufgebaut betrachtete, ganze Erdmasse sei mit $M = 5{,}95 \cdot 10^{27}$ angenommen.

Diese Werte sowie der 6370 km betragenden Wert des Erdhalbmessers und die angenommene Länge $l_1 = 300$ km der Exzentrizität in die Formeln (1) und (2) eingesetzt, erhalten wir die Schwankungen der Niveaufläche bzw. der Kraft am Äquator entlang, wenn wir noch dabei den Wert von λ von 10° zu 10° variieren lassen. Die so erhaltenen Daten sind in der

Tab. 1 angeführt. Des weiteren geben wir die Differenzen dieser Daten gegenüber den errechneten Werten ohne die Annahme einer Exzentrizität. Die angegebenen Kraftdifferenzen gelten für eine Kugelfläche und müssen also noch auf die Niveaufläche reduziert werden. Diese Reduktion wird mit Hilfe der Formel: 0,3086 $(r - r_0)$ vorgenommen. Es ist aus der Tabelle ersichtlich, daß infolge der Exzentrizität auf der Niveaufläche Kraftunterschiede von der Größenordnung $\pm$ 20 mgal auftreten können.

Tabelle 1

Veränderung der Äquipotentialfläche und der Gravitationsbeschleunigung bei einer Verschiebung des inneren Kerns um 300 km

	$r - r_0$ [m]	Δg [mgal]	g red. auf die Äquipotentialfläche	Δg auf der Äquipotentialfläche	Abweichung von der symm. Form [m]
0°	+123,9	+58,6	—38,2	+20,4	+5,5
10	+118,1	+55,8	—36,4	+19,4	+5,1
20	+101,2	+47,8	—31,2	+16,6	+3,8
30	+ 75,6	+35,6	—23,3	+12,3	+1,8
40	+ 44,6	+20,9	—13,8	+ 7,1	—0,1
50	+ 12,2	+ 5,6	— 3,8	+ 1,8	—1,6
60	— 17,7	— 8,3	+ 5,5	— 2,8	—2,5
70	— 41,2	—19,2	+12,7	— 6,5	—2,3
80	— 55,8	—25,9	+17,2	— 8,7	—1,4
90	— 59,7	—27,5	+18,4	— 9,1	0,0
100	— 53,0	—24,1	+16,4	— 7,7	+1,4
110	— 36,6	—16,4	+11,3	— 5,1	+2,3
120	— 12,8	— 5,3	+ 4,0	— 1,3	+2,4
130	+ 15,5	+ 7,7	— 4,8	+ 2,9	+1,7
140	+ 44,8	+21,1	—13,8	+ 7,3	+0,1
150	+ 72,1	+33,4	—22,3	+11,1	—1,7
160	+ 93,9	+43,2	—29,0	+14,2	—3,7
170	+108,0	+49,5	—33,3	+ 16,2	—5,0
180	+112,8	+51,7	—34,8	+16,9	—5,5

Aus der Tabelle ist ebenfalls zu ersehen, daß der durch den Äquator gelegte Schnitt keine vollkommene Ellipse darstellt, er ist vielmehr von einer ellipsenähnlichen Form, die an einem Ende mehr abgestumpft, am anderen aber etwas zugespitzter erscheint (Abb. 1, gestrichelte Linie). Die Abweichung von der symmetrischen Gestalt, die in der Tabelle gleichfalls angegeben wird, macht nur einige Meter aus und ist somit zu vernachlässigen. Wir werden also auch weiterhin von einer Ellipse und deren größtem bzw. kleinstem Halbmesser zu sprechen haben.

Die 300 km betragende Exzentrizität des inneren Erdkerns ruft eine ca. 180 m große Differenz zwischen den beiden Halbachsen der Ellipse hervor. Offensichtlich fällt nicht nur die Richtung der magnetischen Exzentrizität mit der großen Achse der äquatorialen Ellipse zusammen, sondern auch die anderen Bestimmungsstücke der Ellipse stehen mit den aus der Geodäsie bekannten Daten in gutem Einklang [8, 13, 15].

Auf Grund unserer Kugelfunktionsentwicklungen von 1550 bis heute verfügen wir über recht viele Daten der magnetischen Exzentrizität. Aus diesen berechneten wir auf die schon angeführte Weise die Richtung der großen Achse der äquatorialen Ellipse und die Differenz der beiden Halbachsen. Die so gewonnenen Daten werden — neben den aus der Geodäsie bekannten Daten für ein dreiachsiges Ellipsoid [15] — in der Abb. 2 dargestellt. Einige der

Tabelle 2

Richtung der großen Achse der Äquatorellipse (λ_0 positiv in Richtung E von Grwch.) und die Differenz der großen und kleinen Achse ($a - b$) aus geodätischen Messungen berechnet

Nr.	Verfasser	Jahr	Aus Lotabweichungen		Aus Schwereanomalien		Aus Polwanderung
			λ_0	$a - b$ [m]	λ_0	$a - b$ [m]	λ_0
1	Scubert	1859	+41°	718			—
2	Clarke	1860	+14	1618			—
3	Clarke	1866	+16	1944			—
4	Clarke	1878	— 8	465			—
5	Helmert	1915			—17° ± 6	230 ± 51	—
6	Berroth	1916			—10	150 ± 58	—
7	Heiskanen	1924			+18 ± 5	345 ± 38	—
8	Heiskanen	1928			0 ± 5	242 ± 38	—
9	Heiskanen	1928			— 5	294 ± 75	—
10	Heiskanen	1928			— 3	230 ± 42	—
11	Heiskanen	1929	+38 ± 10	165 ± 57			
12	Hirvonen	1934			—10 ± 3	139 ± 16	—
13	Hirvonen	1934			—13 ± 18	320 ± 200	—
14	Krassowski	1936	+15	200			—
15	Krassowski	1936	+18	204			
16	Kasanski	1937			+ 8		
17	Heiskanen	1938			—25 ± 2	352 ± 30	—
18	Krassowski	1940	+15 ± 2,4	212 ± 16			
19	Luoma	1941			—11	237	
20	Luoma	1941			— 7 ± 4	172 ± 62	—
21	Luoma	1941			—10 ± 1	278 ± 45	—
22	Jung, K.	1943			—25 ± 7	366 ± 77	—
23	Jung, K.	1943			—14 ± 8	258 ± 66	—
24	Jung, J.	1943			—10,3	197,2	—
25	Niskanen	1945			— 3,9	293	—
26	Niskanen	1945			— 9,4	392	—
27	Niskanen	1945			— 5,3	333	—
28	Niskanen	1945			+ 0,8	350	—
29	Niskanen	1945			— 6,0	295	—
30	Niskanen	1945			— 6,1	293	—
31	Krassowski	1950	+29,5 ± 5,4	156 ± 29			—
32	Isotow	1950	+14,3 ± 2,4	228 ± 19			—
33	Isotow	1950	+15	213			—
34	Schongolowich	1952			— 7 ± 6	233 ± 47	—
35	Schongolowich	1952			— 6 ± 6	199 ± 47	—
36	nach Tanni	1948—54			—23 ± 1	86 ± 6	—
37	Labert	1922					+ 0°
38	Orlow	1934					+41
39	Orlow	1944					+12

magnetischen Daten sind dabei weggelassen worden, teils weil sie denselben Zeitpunkt betreffen, teils weil sie vollkommen identisch ausfallen. Aus der Abbildung erhellt, daß die aus den magnetischen Daten errechnete Erdfigur mit der auf ganz anderem Wege gewonnenen geodätischen Figur auffallend übereinstimmt. Weiter ist es zu ersehen, daß die Ellipsenfigur des Äquators sich während des letzten Jahrhunderts etwas schmaler gestaltet und seine Richtung sich entsprechend der inzwischen erfolgten Wanderung des magnetischen Zentrums auch geändert hat.

Tabelle 3

Richtung der großen Achse der Äquatorellipse und die Differenz ihrer Halbachsen. Sphärische Koordinaten (r, φ, λ) des magnetischen Mittelpunkts der Erde und die daraus berechneten Werte der Äquatorellipse ($\bar{\lambda}$, $a—b$).

Nr. der Abb.	Name des Berechners	Jahr	r [km] φ	λ	$\bar{\lambda}$	$a - b$ [m]
I.	Fritsche	1550	242 + 2,9	220,4 E	40,4 E	119
II.	Fritsche	1600	220 + 4,1	210,0	30,0	98
III.	Fritsche	1650	224 + 5,2	205,6	25,6	102
IV.	Fritsche	1700	224 + 6,0	193,5	13,5	102
V.	Fristche	1780	246 + 4,1	180,7	0,7	123
—	Fritsche	1842	273 — 3,7	180,2	0,2	152
—	Fritsche	1885	304 + 2,3	168,4	11,6 W	189
VI.	Fritsche	1900	318 + 4,2	164,8	15,2	207
VII.	Erman-Petersen	1829	251 — 1,6	181,7	1,7 E	128
VIII.	Gauss	1835	289 — 13,4	188,3	8,3	170
IX.	Adams	1845	285 — 4,9	181,2	1,2	166
—	Carlheim-Gyllensköld	1860	272 — 5,5	187,0	7,0	150
X.	Schmidt	1885	289 + 6,2	167,7	12,3 W	170
XI.	Dyson-Furner	1922	363 + 9,7	161,3	18,7	271
XII.	Vestine-Lange	1945	396 + 14,4	154,1	25,9	323
XIII.	Afanasieva	1945	388 + 14,8	156,4	23,6	310
XIV.	Chakrabarty	1945	411 + 13,9	153,9	26,1	348
XV.	Finch-Leaton	1955	436 + 16,3	150,2	29,8	393

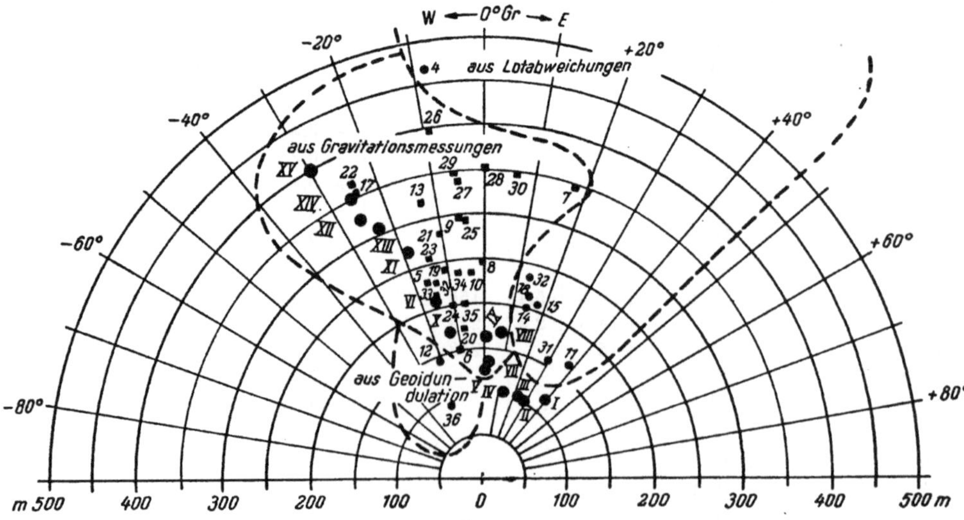

Abb. 2. Größe und Orientierung der Äquatorellipse nach verschiedenen Verfassern

II. Wenn die Säkularänderung des erdmagnetischen Feldes auf eine Verschiebung des innersten Erdkerns gegenüber der Erdkruste zurückgeführt wird, so müssen natürlich diese Änderungen auch zu anderen Erscheinungen der Erdoberfläche gewisse Zusammenhänge aufweisen.

In der durch die magnetischen Observatorien festgestellten langperiodischen Änderung ist die Superposition einer etwas 50-jährigen Periode zu erkennen. In den letzten 50 Jahren können wir auch in der Umdrehungsgeschwindigkeit der Erde das Vorhandensein einer ähnlichen Periode wahrnehmen. Um das Jahr 1910 drehte sich die Erde langsamer als im Durch-

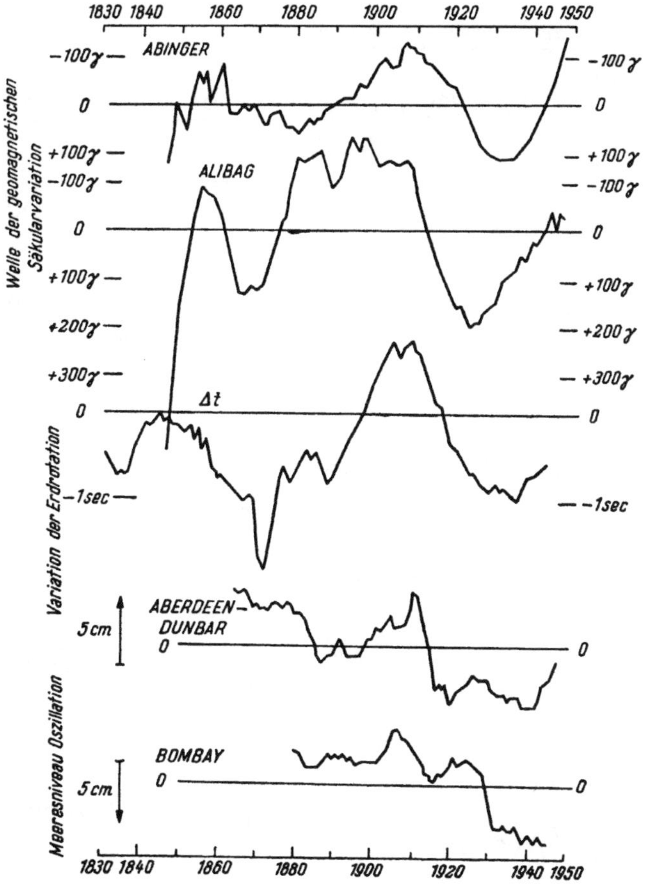

Abb. 3. Welle der geomagnetischen Säkularvariation
Variation der Erdrotation Oszillationen des Meeresniveaus

schnitt; um 1935 war die Drehung wieder schneller: Die Elongation war dabei etwa $\pm$ 1 Sekunde [6, 12]. Diese Änderung könnte durch eine 63 cm betragende Senkung des Meeresniveaus während des genannten Zeitraumes hervorgerufen werden (Abb. 3). Massenverschiebungen solchen Ausmaßes werden aber auf der Erdoberfläche nicht beobachtet und können auch in der Erdkruste nicht angenommen werden: Die Ursache davon muß also irgendwo im Erdkern liegen.

Der magnetische Mittelpunkt der Erde bewegt sich von Osten nach Westen. Wenn die Geschwindigkeit der Säkularänderung zunimmt [2], wird auch die erwähnte Bewegung beschleunigt. Die äußere Kruste und der Mantel — wenn wir die Erde als geschlossenes System betrachten — werden dabei beschleunigt von Westen nach Osten bewegt, d. h. die Erde wird in dieser Phase in vollem Einklang mit der Beobachtung vorauseilen. Die Amplitude der Welle kann nicht einmal geschätzt werden, es sei denn, daß wir eine geeignete Annahme für die Koppelung zwischen der Kruste und dem Kern einzuführen geneigt sind.

Auf eine im Inneren der Erde vor sich gehende Massenbewegung weist auch die Tatsache, daß die Amplitude der Polhöhenschwankung um 1910 ein Maximum, um 1935 dagegen ein Minimum hatte [9], in guter Übereinstimmung mit der Oszillation, die in der säkularen Änderung des erdmagnetischen Feldes und in der Umdrehungsgeschwindigkeit der Erde wahrzunehmen ist.

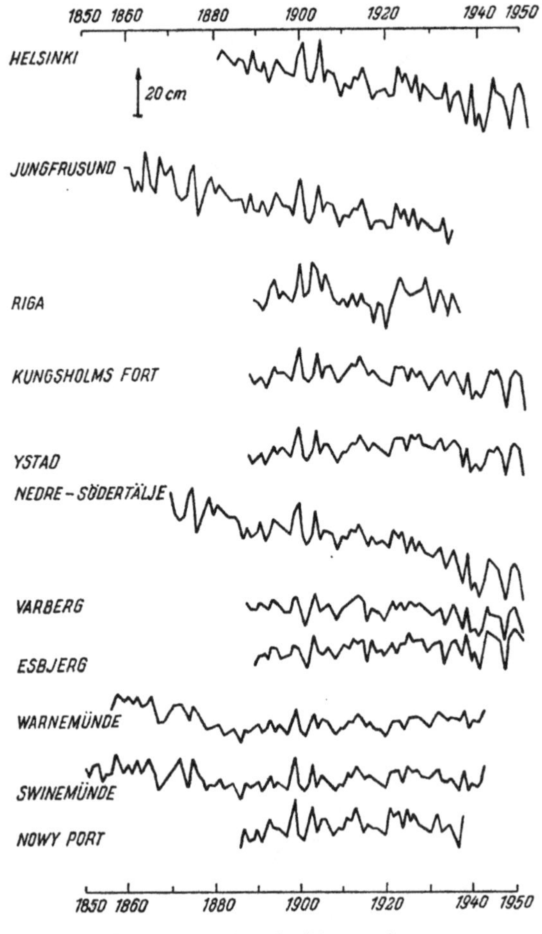

Abb. 4. Variation des Meeresniveaus an nordeuropäischen Mareographenstationen

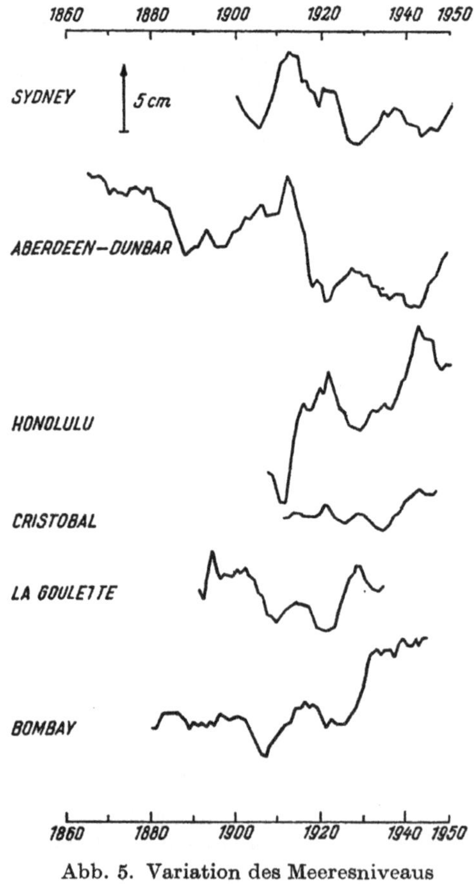

Abb. 5. Variation des Meeresniveaus an verschiedenen Punkten der Erde

Verschiebt sich der innere Erdkern gegenüber dem Mantel und der Kruste, und ist in dieser Bewegung eine Periode von etwa 50 Jahren zu erkennen, dann muß sich diese Periode auch in den Änderungen der Niveaufläche [3], d. h. in den Oszillationen des Meeresspiegels bemerkbar machen. In Nordeuropa können wir eine in etwa 25 Jahren wiederkehrende Intensivierung der Fluktuation der Meeresniveau-Kurven beobachten. Dies deutet auch darauf hin, daß im Spannungszustand der Erdkruste eine Periode von etwa 50 Jahren vorhanden sein könnte (Abb. 4).

Die Untersuchung wird dadurch sehr erschwert, daß die Höhe des Meeresniveaus auch durch zahlreiche meteorologische und andere Faktoren beeinflußt und so die angenommene

Welle von 50 Jahren durch die auftretende Fluktuation unterdrückt wird. Wenn wir also die langperiodische Änderung studieren wollen, müssen die Kurven mittels übergreifender Mittelbildung geglättet werden. Vergleichen wir die so gewonnenen langjährigen Meeresspiegel-Datenreihen [1], dann können wir feststellen, daß auch in den Meeresniveau-Oszillationen ein gewissermaßen allgemeiner Charakter zum Vorschein tritt. Der Gang der Niveauänderungen in den beiden Orten Sydney und Aberdeen, die fast diametral gegenüberliegen — ist z. B. merklich parallel; demgegenüber weisen Bombay und Tunis, die dazwischen liegen, und auch Honolulu, das von den beiden obigen Orten ziemlich abseits liegt, einen ausgeprägten gegensätzlichen Gang auf. Diese Erscheinungen sind ein Beweis für den globalen Charakter der Niveau-Änderungen (Abb. 5).

In allen diesen Datensystemen ist die etwa 50-jährige Periodizität gut erkennbar. Es ist interessant, daß die sich zeigende 50jährige Welle einen mit dem Charakter der Hauptänderung gleichsinnigen Extremwert (Maximum im Falle zunehmender, Minimum im Falle abnehmender allgemeiner Tendenz) hat, wenn die Geschwindigkeit der säkularen Änderung des erdmagnetischen Feldes ihren Höchstwert erreicht. Die Vorzeichenrichtigkeit unserer Betrachtungen wird dadurch erwiesen.

Zusammenfassend können wir feststellen, daß auch in den langjährigen Beobachtungsreihen der Mareograph-Stationen ein die ganze Erde umspannender allgemeiner Charakter erscheint und eine Welle mit 50-jähriger Periode zum Vorschein kommt. Die Phase dieser Welle entspricht derjenigen der in der magnetischen Säkularvariation sich zeigenden 50-jährigen Oszillation, so daß zwischen diesen beiden das Bestehen einer näheren Beziehung anzunehmen ist.

In diesem Zusammenhang taucht der Gedanke auf, mit welchen physikalischen Meßmethoden die im Erdinnern erfolgenden Massenverschiebungen möglichst rasch nachzuweisen wären. Solche Massenumsetzungen rufen natürlich auch eine Änderung des Gravitationsfeldes hervor. Unsere absoluten Gravitationsmessungen sind heutzutage noch lange nicht so genau, um eine in Frage stehende säkulare Änderung nachweisen zu können. Es ist aber bekannt, daß die — jedenfalls relativen — gravimetrischen Messungen eine recht weitgehende Genauigkeit aufweisen. Vielleicht sind sie dazu geeignet, die aufgeworfenen Fragen zu beantworten.

Tabelle 1 zeigt deutlich, daß der Wert der Schwerkraft auf der Niveaufläche an dem Äquator entlang ziemlich stark veränderlich ist. Diese Niveaufläche kann mit der Meeresoberfläche identifiziert und mit Hilfe dieser verfolgt werden, so daß die Einflüsse lokaler Krustenbewegungen verhältnismäßig leicht eliminiert werden können. Wir möchten daher vorschlagen, relative Schweremessungen in der Ebene der angenommenen Massenbewegungen am Äquator entlang ausführen zu lassen.

Als erster Schritt dazu wäre die Auswahl und Festlegung von etwa 30—40 Meßpunkten, die so auszuwählen sind, daß sie womöglich gleichmäßig verteilt in der Nähe des Äquators liegen und auf Grund vorhandener Schwerekarten oder lokaler Beobachtungsergebnisse untereinander nur geringe Schwereunterschiede aufweisen. (Dieser Forderung kann man durch geeignete Wahl der Stelle und Höhe der Meßpunkte bis auf eine Genauigkeit von einigen 10 mgal gerecht werden.) Dieser vorbereitende Schritt ist im Interesse maximaler Ausnützung der Meßgenauigkeit moderner Gravimeter unumgänglich notwendig.

Haben wir das Stationsnetz festgelegt, dann ist erst der zweite Teil der Aufgabe in Angriff zu nehmen, d. h., man sollte die relativen g-Werte unter simultaner Benutzung von mehreren, etwa 8—10 möglichst modernen Gravimetern — in geschlossenem Kreise bestimmen. Im Interesse der größten erreichbaren Genauigkeit und zur Sicherung der exakten Reproduzierbarkeit sollte man an etwa 3—4 Stellen stabile Eichbasen an der Beobachtungslinie entlang errichten.

Würden wir dann die Messungen an diesen so ausgewählten Basispunkten nach Ablauf einer gewissen Zeit wiederholen, dann hätten wir im Falle einer Kernbewegung in der Reihe der relativen g-Werte nach einer doppelten Welle zu suchen. Die Ausbildung der Niveauflächen, sowie die des Kraftfeldes ist nicht vollkommen symmetrisch, und das Maß der Asymmetrie ist etwas schwer zu überblicken; wir haben daher aus den Daten der Tabelle 1 die Tabelle 4 zusammengestellt. Aus dieser ist zu ersehen, daß, wenn zwischen zwei Meßreihen eine Verschiebung des inneren Erdkernes in der Ebene des Äquators um 10° stattfindet, dann die Reihe der Differenzen eine Welle von etwa $\pm$ 3 mgal wird aufzeigen müssen. Solch

Tabelle 4

Erwartende Veränderung der Gravitationsbeschleunigung entlang dem Äquator, falls 10° Verschiebung des Erdkerns bei einer Exzentrizität von 300 km (Säkularvariation 40~50 Jahre.)

I—IV. Wirkung des exzentrischen Kerns anfangs der Intervalle.
II—V. Wirkung des Kerns bei einer Verschiebung von 10°.
III—VI. Die erhaltene Doppelwelle in der Gravitationsbeschleunigung im Falle einer Kernverschiebung von 10°.

	I	II	III		IV	V	VI
0°	+20,4	+19,4	+1,0	180°	+16,9	+16,2	+0,7
10	+19,4	+16,6	+2,8	190	+16,2	+14,2	+2,0
20	+16,6	+12,3	+4,3	200	+14,2	+11,1	+3,1
30	+12,3	+ 7,1	+5,2	210	+11,1	+ 7,3	+3,8
40	+ 7,1	+ 1,8	+5,3	220	+ 7,3	+ 2,9	+4,4
50	+ 1,8	— 2,8	+4,6	230	+ 2,9	— 1,3	+4,2
60	— 2,8	— 6,5	+3,7	240	— 1,3	— 5,1	+3,8
70	— 6,5	— 8,7	+2,2	250	— 5,1	— 7,7	+2,6
80	— 8,7	— 9,1	+0,4	260	— 7,7	— 9,1	+1,4
90	— 9,1	— 7,7	—1,4	270	— 9,1	— 8,7	—0,4
100	— 7,7	— 5,1	—2,6	280	— 8,7	— 6,5	—2,2
110	— 5,1	— 1,3	—3,8	290	— 6,5	— 2,8	—3,7
120	— 1,3	+ 2,9	—4,2	300	— 2,8	+ 1,8	—4,6
130	+ 2,9	+ 7,3	—4,4	310	+ 1,8	— 7,1	—5,3
140	+ 7,3	+11,1	—3,8	320	+ 7,1	+12,3	—5,2
150	+11,1	+14,2	—3,1	330	+12,3	+16,6	—4,3
160	+14,2	+16,2	—2,0	340	+16,6	+19,4	—2,8
170	+16,2	+16,9	—0,7	350	+19,4	+20,4	—1,0
180	+16,9	+16,2	+0,7	360	+20,4	+19,4	+1,0

eine Drehung stellt sich auch gemäß der magnetischen Beobachtungen in 40—50 Jahren ein, so daß wir in 10 Jahren mit einer Doppelwelle von ungefähr 0,6—0,8 mgal Amplitude in der Differenzreihe zweier benachbarter Messungen rechnen können. Dieser Wert übertrifft wesentlich die heutige Meßgenauigkeit.

Natürlich können die Messungen auch auf anderen Parallelkreisen ausgeführt werden, wo eine größere Zahl von kontinental gelegenen Stationen zur Verfügung steht. Die relative Genauigkeit der Gravimeter kann auch in diesem Falle ausgenützt werden, aber der Umstand, daß der Effekt hier kleiner ist, bedeutet einen Verlust an erreichbarer Präzision. Es wäre am vorteilhaftesten, wenn die Messungen sowohl am Äquator als auch auf mehreren Parallelkreisen, und zwar auf beiden Hemisphären vorgenommen werden könnten.

Es wäre außerdem interessant, die Beobachtungen auch auf zwei auf dem Äquator senkrecht stehenden Großkreisen anzustellen. Es geht zwar dabei die große relative Genauigkeit verloren, da bei der Konstantenbestimmung der Gravimeter mit großem Meßbereich die Meßdaten von geringerer Genauigkeit der Pendelmessungen zur Grundlage genommen werden müssen. Die Messung der zwischen dem Pol und dem Äquator vorhandenen und etwa 5000 mgal betragenden Schweredifferenz mit einer Genauigkeit von 0,01 mgal ist bei dem heutigen Stand der Meßtechnik noch gänzlich unmöglich.

Eine andere direkte Möglichkeit für einen Nachweis der Erdkernexzentrizität wäre durch die Auswertung der den inneren Erdkern durchdringenden seismischen Wellen gegeben. Das wird aber durch den Umstand erschwert, daß die den inneren Erdkern durchdringenden, relativ schwachen Wellen auf den seismischen Registrierstreifen durch die Hauptwelle des Bebens unterdrückt werden. Es ist also nicht leicht, das Eintreffen dieser Wellen genügend genau zu bestimmen.

Neuere Annahmen führen dazu, daß der exzentrische Erdkern — eben wegen seiner Massenexzentrizität — durch die Gravitationskräfte des Sonnensystems beeinflußt wird. So verursacht die Anziehungskraft des Mondes, der Sonne und der großen Planeten eine Wanderung des Erdkerns, d. h. des magnetischen Mittelpunktes, im Verhältnis zur Erdkruste. Diese Kräfte bewirken die Säkularvariation des erdmagnetischen Feldes. — Die ersten Resultate dieser Untersuchungen wurden auf der VI. Internationalen Versammlung der Ungarischen Geophysiker vorgelegt und werden in absehbarer Zeit im Druck erscheinen.

Literatur

[1] Association d'Océanographie Physique, Monthly and annual mean heights of sea level up to incloud-ing the year 1936; 1937 to 1946; 1947 to 1951, Publication scientifique 5, 10, 12.

[2] Barta, G., A földmágneses tér évszázados változásának longitudinális és tranzverzális effektusa (Longitudinal and transversal effect of the secular variation of the geomagnetic field), Geofizikai Közlemények VII. kötet. 1. szám, 1958.

[3] Barta, G., On the secular variation of the level surface of gravity, Annales Universitatis Scientiarium Budapestiniensis de Rolandó Eötvös Nominate, Sectio Geologica, Tomus II, 1959.

[4] Barta, G., Über die Säkularbewegung des magnetischen Zentrums und der magnetischen Pole der Erde, Zeitschrift für Geophysik 24 (1959) H. 4/5.

[5] Bock, R., Schumann, W., Katalog der Jahresmittel der magnetischen Elemente der Observatorien und der Stationen, an denen eine Zeitlang erdmagnetische Beobachtungen stattfanden, Berlin 1948.

[6] Brouwer, D., A new discussion of the changes in the Earth's rate of rotation, Proc. of the National Acad. Sci. 1952.

[7] Fritsche, H., Die Elemente des Erdmagnetismus und ihre säkularen Änderungen während des Zeitraumes 1550 bis 1915, St. Petersburg 1900.

[8] Jung, K., Figur der Erde, Handbuch der Physik, Band XLVII, Geophysik I, Berlin 1956.

[9] Labrouste, A., Mme. Labrouste, Y., Composantes périodiques de la variation des latitudes, Annales de Géophysique 2 (1945).

[10] Lowes, F. J., Runcorn, S. K., The analysis of the geomagnetic secular variation, Phil. Trans. Roy. Soc. London, Ser. A (1951), 245.

[11] Lucke, O., Über den physikalischen Zustand der Materie im Erdinnern und den Ursprung des geomagnetischen Hauptfeldes, Geomagnetismus und Aeronomie, Bd. III, Berlin 1959.

[12] Spencer-Jones, H., The rotation of the Earth, Hdb. d. Phys. XLVII, Geophysik I, Berlin 1956.

[13] Strasser, G., Ellipsoidische Parameter der Erdfigur, Deutsche Geodätische Kommission, München 1957.

[14] Vestine, E. H., On variations of the magnetic field, fluid motions and the rate of Earth's rotation, Journal of Geophysical Research 58 (1953).

[15] Wolf, H., Das von Tanni bestimmte Geoid und die Frage der Elliptizität des Erdäquators, Deutsche Geod. Komm., Frankfurt a. M. 1956.

Über die Verteilung geophysikalischer Elemente in Abhängigkeit vom Koordinatensystem

Von G. Fanselau[1])

Die Verteilung der numerischen Werte eines skalaren geophysikalischen Elementes auf der Erdoberfläche ist im allgemeinen nicht so regelmäßig, als daß es möglich wäre, diese Verteilung durch geschlossene mathematische Ausdrücke zur Darstellung zu bringen. Dies besonders auch deswegen, weil häufig die physikalischen Ursachen für eine solche Verteilung im einzelnen nicht bekannt sind. Es ist daher auch nicht möglich, die physikalischen Gesetze in ihrer mathematischen Form additiv zur Beschreibung zusammenzufassen. Daher bleibt nur übrig, die numerischen Verteilungen durch Reihen darzustellen. Der Kugelgestalt der Erde entsprechend eignen sich für diese Reihendarstellungen die Kugelflächenfunktionen, die es gestatten, die Abhängigkeit von ϑ und φ, dem geographischen Polabstand und der geographischen Länge, zu erfassen. Dem zweidimensionalen Problem entsprechend führt eine solche Entwicklung auch auf eine zweifache Mannigfaltigkeit von Zahlenwerten c_n^m, s_n^m. Es ist möglich, die numerischen Werte der Konstanten c_n^m und s_n^m durch mathematische Ausgleichsmethoden zu bestimmen, auf die hier nicht näher eingegangen werden soll. Allgemein erhält man für ein beliebiges geophysikalisches Element

$$E = a \sum_{n=1}^{k} \sum_{m=0}^{n} (c_n^m C_n^m + s_n^m S_n^m) \left(\frac{a}{r}\right)^{n+1}, \tag{1}$$

wobei a den Erdradius bedeutet, r den Abstand des Aufpunktes vom Erdmittelpunkt, $r > a$. Die Funktionen C_n^m und S_n^m sind wie folgt definiert:

$$C_n^m = P_n^m (\cos \vartheta) \cos m \varphi$$

$$S_n^m = P_n^m (\cos \vartheta) \sin m \varphi.$$

Das hier zur Anwendung gelangende Orthogonalsystem der Kugelflächenfunktionen C_n^m, S_n^m gestattet, unter den üblichen Voraussetzungen jede beliebige Werteverteilung auf der Erdoberfläche darzustellen. In diesem Falle besitzt eine solche Reihe zunächst keinen besonderen physikalischen Informationsgehalt. Sie dient vielmehr in erster Linie zur numerischen Erfassung der Verteilung des geophysikalischen Elementes. Da die Kugelflächenfunktionen aber auch bei der Lösung der Laplaceschen Gleichung in Kugelkoordinaten benutzt werden, geben sie bei physikalischen Problemen, die dieser Differentialgleichung genügen, weit mehr als eine numerische Darstellung. Vielmehr enthalten dann die Koeffizienten c_n^m und s_n^m einen physikalischen Informationsgehalt, der je nach Art des betrachteten Elementes natürlich recht verschieden sein kann.

Im folgenden sollen zwei Beispiele für diese Reihenentwicklungen näher betrachtet werden, und zwar einmal die Entwicklung von Prey für die Höhen- und Tiefenverhältnisse der Erdoberfläche und dann die Entwicklung für das skalare Potential des geomagnetischen Innenfeldes. Die erste der genannten Reihen gehört in die Kategorie jener, denen zunächst keine

[1]) Prof. Dr. Gerhard Fanselau, Geomagnetisches Institut der DAdW, Potsdam.

direkte physikalische Gesetzmäßigkeit zu Grunde liegt. Bei der Reihe des geomagnetischen Potentials dagegen ist es möglich, im Sinne der Magnetostatik mathematisch klar erfaßbare Gesetzmäßigkeiten anzugeben. Gerade der verschiedene Charakter dieser beiden Reihen ermöglicht es, wichtige und interessante Vergleiche anzustellen.

Bei der Diskussion solcher Reihen ist der Umstand erschwerend, daß die Anzahl der zu betrachtenden numerischen Koeffizienten mit der Ordnung stark anwächst. Die Gesamtzahl der zur Verfügung stehenden Zahlenwerte beträgt, wenn man die Reihe bis zur Ordnung $n = k$ ausdehnt, $k(k+2)$. Schon bei Reihen, die das 6. Glied mit berücksichtigen, wären im einzelnen 48 Glieder zu diskutieren. Aus diesem Grunde ist es zweckmäßig, gewisse Zusammenfassungen innerhalb dieser Koeffizienten durchzuführen. Die einfachste besteht darin, daß man für jede Ordnung n den quadratischen Mittelwert des Elementes E auf der Erdoberfläche betrachtet, der unter Verwendung des Normwertes der Kugelflächenfunktionen

$$\int C_n^m C_n^m \, d\omega = \int S_n^m S_n^m \, d\omega = \frac{4\pi}{2n+1},$$

$d\omega$ = Flächenelement der Einheitskugel,
folgendermaßen aussieht:

$$\overline{E_n^2} = \frac{a^2}{2n+1} \sum_{m=0}^{n} (c_n^{m^2} + s_n^{m^2}). \tag{2}$$

Man erhält dann für jede Ordnung n nur noch *eine* Zahl. Die quadratischen Mittelwerte haben die bemerkenswerte Eigenschaft, invariant zu sein gegenüber Drehungen des Koordinatensystems. Die quadratischen Mittelwerte für die Entwicklung von Prey und für die Entwicklung des geomagnetischen Potentials wurden schon gelegentlich diskutiert [1, 2]. Es ist möglich, einige wesentliche Schlüsse mit Hilfe dieser Normalwerte zu gewinnen, besonders im Hinblick auf die Konvergenz der betrachteten Reihendarstellung. Beim geomagnetischen Potential lassen sich speziell noch weitere Betrachtungen anschließen, so z. B. über die Tiefenlage der das Feld erzeugenden Quellen im Erdinneren u. a. m. Wie aus (2) hervorgeht, sind in dem quadratischen Mittelwert alle numerischen Konstanten der betreffenden Ordnung zusammengefaßt. Will man also mehr ins einzelne gehende Informationen erhalten, so muß man von diesen quadratischen Mittelwerten zu den Parametern übergehen. Jedoch ist es zweckmäßig, nicht die Parameter c_n^m und s_n^m selbst zu verwenden, sondern die Quadrate der Amplituden der in der Reihenentwicklung auftretenden Partialtiden

$$A_n^{m^2} = c_n^{m^2} + s_n^{m^2}.$$

Es sind dies jene Größen, die in (2) unter dem Summenzeichen beim quadratischen Mittelwert auftreten. Man verzichtet bei der Verwendung dieser Amplitudenquadrate auf die Phasenwinkel der Partialtiden und hat damit zunächst noch nicht die Gesamtheit der bei einer Ausdehnung der Reihe bis zur Ordnung $n = k$ zur Verfügung stehenden Parameter erfaßt, sondern nur

$$\frac{k(k+3)}{2}.$$

Die Gesamtzahl vermindert sich also um

$$\frac{k(k+1)}{2}.$$

Für die weitere Betrachtung ist es zweckmäßig, nicht die Amplitudenquadrate $A_n^{m^2}$ selbst der Berechnung zu Grunde zu legen, sondern deren Wert für jede Ordnung n in folgender

Form zu normieren:

$$\overline{A}_n^{m^2} = \frac{A_n^{m^2}}{\sum\limits_{m=0}^{n} A_n^{m^2}}.$$

Man kann diese normierten Amplitudenquadrate nach mehreren Richtungen hin untersuchen. Die vorliegende Betrachtung soll im wesentlichen in zwei Richtungen erfolgen, einmal im Hinblick auf die Verteilung der normierten Amplitudenquadrate auf die verschiedenen m und dann im Hinblick auf ihre Veränderlichkeit gegenüber Drehungen des zu Grunde gelegten Polarkoordinatensystems. Was die Verteilung auf die m anbelangt, so ist es notwendig, hier gewisse Einteilungen der m vorzunehmen. In einer früheren Arbeit [2] wurde die Einteilung in einer sehr einfachen Weise durchgeführt, indem der gesamte Wertevorrat der normierten Amplitudenquadrate für eine Ordnung n durch einen Schnitt in der Mitte in zwei Hälften zerlegt wurde. Auf diese Weise war es möglich, zu unterscheiden zwischen zonalnahen und zonalfernen Amplitudenquadraten, wobei unter zonalnahen Amplitudenquadraten der Wertevorrat von $m = 0$ bis $m = \frac{n+1}{2}$ verstanden wird, unter zonalfernen Amplitudenquadraten der Rest von $\frac{n+1}{2}$ bis n. Diese Einteilung ist etwas roh. Es liegt nahe, Verfeinerungen vorzunehmen. Aus diesem Grunde sind in der vorliegenden Untersuchung die normierten Amplitudenquadrate für eine Ordnung n in folgender Weise zerlegt worden: Zunächst betrachtet man den zonalen Anteil $m = 0$, danach die Gruppe $0 + 1$, danach $0 + 1 + 2$ usw. Man erhält damit getrennt den besonders wichtigen Bestandteil der zonalen Parameter und in den weiteren Gruppen zuzüglich je ein m der nächsthöheren Ordnung. Es ist möglich, die numerischen Verhältnisse in folgender Weise graphisch darzustellen. Trägt man auf einer senkrechten Geraden von unten nach oben zunächst die Summe der normierten Amplitudenquadrate $m = 0$ für verschiedene n auf, so hat man damit den längenunabhängigen Bestandteil der Amplitudenquadrate erfaßt. Auf derselben Geraden lassen sich nun von demselben Nullpunkt aus auch die anderen Kombinationen der Amplitudenquadrate auftragen. Man erhält entsprechend der Zahl der verwendeten Teilsummen Trennpunkte auf der Geraden, die es gestatten, den Beitrag der einzelnen Gruppen direkt abzulesen. Werden die Parameter einer Reihenentwicklung benutzt, die bis zur Ordnung $n = 6$ reicht, so liegt die Summe aller normierten Amplitudenquadrate bei dem Zahlenwert 6, da innerhalb jeder Ordnung streng normiert wurde. Die Trennpunkte zwischen den Werten der einzelnen Gruppen (Abb. 1) geben ein zuverlässiges Bild über die Werteverteilung der m von 0 bis n. Überwiegen z. B. die zonalen Amplitudenquadrate ($m = 0$), so wird der erste Trennpunkt zwischen 0 und $0 + 1$ schon bei recht hohen Zahlenwerten auftreten. Die Trennpunkte aller übrigen Gruppen werden dann nur noch verhältnismäßig wenig zur Erreichung des Gesamtbetrages 6 beitragen. Setzt man statistische Gleichverteilung voraus, d. h. liefert jedes m von 0 bis n in der Ordnung n den Betrag $\frac{1}{n+1}$, erhält man sogenannte statistische Durchschnittswerte, die für die Ordnungen $n = 1 - 6$ in der Tabelle 1 angegeben werden. Σ bezeichnet die Summe der einzelnen Anteile für $m = 0, 0 + 1 \cdots$ bis $0 + 1 + 2 + \cdots + 6$ aller 6 Ordnungen, während die statistischen Durchschnittswerte für die ungeraden bzw. geraden Ordnungen mit Σ_u bzw. Σ_g benannt werden.

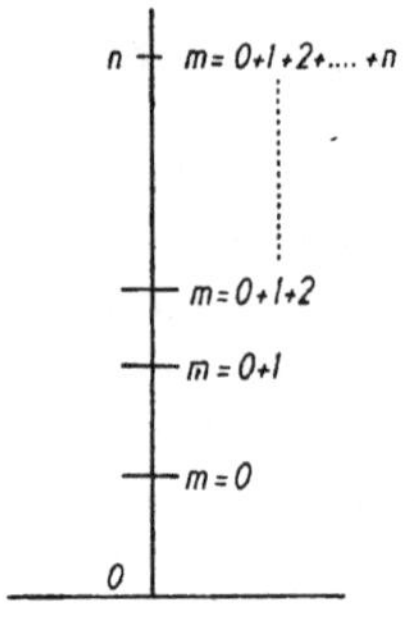

Abb. 1

Der Vergleich der errechneten Gruppen der Amplitudenquadrate mit der Gleichverteilung gibt die Möglichkeit, physikalische Schlüsse zu ziehen. Zeigt die Entwicklung irgendeines Elementes, daß die Trennpunkte der einzelnen Gruppen der Amplitudenquadrate in der Nähe

Tabelle 1
Statistische Durchschnittswerte der Ordnungen $n = 1—6$

m \ n	1	2	3	4	5	6	Σ	Σ_u	Σ_g
0	$\frac{1}{2}$	$\frac{1}{3}$	$\frac{1}{4}$	$\frac{1}{5}$	$\frac{1}{6}$	$\frac{1}{7}$	1,59	0,92	0,68
$0 + 1$	1	$\frac{2}{3}$	$\frac{2}{4}$	$\frac{2}{5}$	$\frac{2}{6}$	$\frac{2}{7}$	3,19	1,83	1,35
$0 + 1 + 2$	1	1	$\frac{3}{4}$	$\frac{3}{5}$	$\frac{3}{6}$	$\frac{3}{7}$	4,28	2,25	2,03
$0 + 1 + 2 + 3$	1	1	1	$\frac{4}{5}$	$\frac{4}{6}$	$\frac{4}{7}$	5,04	2,67	2,37
$0 + 1 + \cdots + 4$	1	1	1	1	$\frac{5}{6}$	$\frac{5}{7}$	5,55	2,83	2,71
$0 + 1 + \cdots + 5$	1	1	1	1	1	$\frac{6}{7}$	5,86	3	2,86
$0 + 1 + \cdots + 6$	1	1	1	1	1	1	6	3	3

der Trennpunkte für Gleichverteilung liegen, so wird das betreffende physikalische Element nahezu eine solche Zufallsverteilung auf der Erdoberfläche aufweisen, wie sie später, z. B. bei den Zahlenwerten für die Entwicklung der Höhen- und Tiefenverhältnisse der Erdoberfläche nach PREY, nahezu anzutreffen sein wird. Ganz anders liegen die Dinge beim skalaren Potential des geomagnetischen Innenfeldes, wo sich ein Überwiegen der zonalnahen Amplituden zeigen wird.

Ein wesentlicher Gesichtspunkt bei weiteren Untersuchungen an den Amplitudenquadraten ist ihr Verhalten gegenüber Transformation des zu Grunde gelegten polaren Koordinatensystems. Verschiebt man den Pol eines solchen Koordinatensystems in die Lage ϑ_0; φ_0, so errechnen sich die Parameter für das neue gestrichene Koordinatensystem nach folgender Gleichung [3]:

$$\left.\begin{aligned} C_n^p &= \sum_{m=0}^{n} (c_n^m \cos m\,\varphi_0 + s_n^m \sin m\,\varphi_0)\, A_n^{p,m} \\ S_n^p &= \sum_{m=0}^{n} (-c_n^m \sin m\,\varphi_0 + s_n^m \cos m\,\varphi_0)\, B_n^{p,m}\,, \end{aligned}\right\} \tag{3}$$

wobei

$$A_n^{p,m} = (-1)^p\, \varepsilon_n^{p,m} \sum_{j=0}^{p} F_{p-j}^{p,m} \cdot M_j \cdot P_{n,m+p-j}\,,$$

$$B_n^{p,m} = (-1)^p\, \varepsilon_n^{p,m} \sum_{j=0}^{p} F_{p-j}^{p,m} \cdot N_j \cdot P_{n,m+p-j}$$

bedeuten.

Die F, M, N sowie $\varepsilon_n^{p,m}$ sind dabei Abkürzungen folgender Ausdrücke:

$$F_{p-j}^{p,m} = \frac{p!\,m!}{(p-j)!\,j!\,(m-j)!}$$

$$M_j = \frac{1}{2\,s^j}\{(-1)^j (1+c)^j + (1-c)^j\}$$

$$N_j = \frac{1}{2\,s^j}\{(-1)^j (1+c)^j - (1-c)^j\}; \quad i = p - \nu; \quad s = \sin\vartheta_0 \quad c = \cos\vartheta_0$$

$$\varepsilon_n^{p,m} = \left\{\varepsilon_p \frac{(n-p)!}{(n+p)!}\right\}^{\frac{1}{2}} \cdot \left\{\varepsilon_m \frac{(n-m)!}{(n+m)!}\right\}^{\frac{1}{2}}.$$

Nach (3) ist es möglich, mit Hilfe der für das ursprüngliche Koordinatensystem gültigen Parameter die für das neue, gestrichene auszurechnen. Es ist nun sehr wichtig, festzustellen, ob bei diesen Drehungen des Koordinatensystems die Werteverteilung der Amplitudenquadrate auf die einzelnen m unverändert bleibt oder größeren Schwankungen unterworfen ist. Geht z. B. ein Überwiegen der zonalnahen Amplitudenquadrate bei der Transformation verloren, dann ist damit der Beweis erbracht worden, daß die Rotationsachse der Erde im ursächlichen Zusammenhang mit dem betreffenden geophysikalischen Element steht. Ist andererseits die statistische Gleichverteilung eines anderen geophysikalischen Elementes E invariant gegen solche Koordinatendrehung, so handelt es sich bei diesem Element um eine wahre statistische Werteverteilung auf der Erdoberfläche. Als Beispiel für diese Verhältnisse werden weiter unten, wie schon erwähnt, die Entwicklung von Prey und die Entwicklung des skalaren Potentials des geomagnetischen Innenfeldes herangezogen.

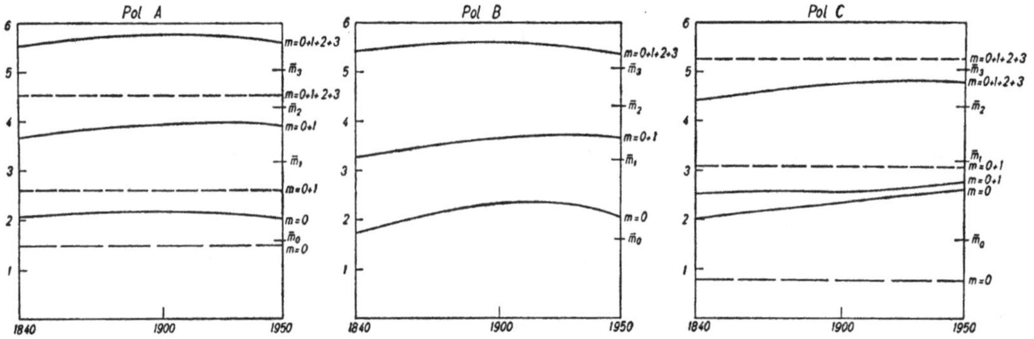

Zonalnahe und ferne Anteile der Strukturelemente der Ordnungen $n = 1-6$ fur das geomagnetische Hauptfeld ——— und für die Entwicklung nach Preỹ — — — im Zeitraum 1840 – 1950

Abb. 2

Von Bedeutung ist weiterhin noch die Trennung der Parameter in die Gruppen mit geradem und ungeradem n. Es ist durchaus möglich, daß sich hier typische Unterschiede zeigen, vor allen Dingen bei den Reihen, die physikalisch einfach deutbare Phänomene darstellen, wie z. B. das geomagnetische Innenfeld. Eine Trennung der Parameter in jene beiden Gruppen führt in der Tat zu ganz verschiedenem Verhalten.

Dabei ist noch zu berücksichtigen, daß die Parameter c_n^m und s_n^m für das geomagnetische Feld als Funktion der Zeit aufgefaßt werden können. Durch die Ausgleichung der Potentialberechnung für verschiedene Epochen ist es möglich, diese Zeitabhängigkeit festzulegen [4]. Auf diese Weise kann das Verhalten der einzelnen Gruppen der Amplitudenquadrate für die verschiedenen Epochen graphisch dargestellt werden in derselben Weise, wie dies oben für den einzelnen Wert geschildert wurde. Für die Entwicklung von Prey ist eine Zeitabhängigkeit natürlich nicht gegeben.

Als drittes Element wurde schließlich die zeitliche Änderung des skalaren Potentials des geomagnetischen Innenfeldes, die Säkularvariation, betrachtet, die ein gänzlich anderes Verhalten wie das Potential selbst aufweist.

Es sollen nun die Ergebnisse an Hand einiger Abbildungen im einzelnen diskutiert werden:

In Abb. 2 werden die Trennungspunkte für das geomagnetische Innenfeld sowie für die Entwicklung von Prey im Zeitraum 1840 bis 1950 dargestellt, und zwar für drei mit A, B und C bezeichnete Pole des Polarkoordinatensystems. Mit A wurde der Pol des geographischen Koordinatensystems gekennzeichnet, während sich B und C auf den nördlichen Durchstoßpunkt der Dipolachse bzw. auf den Durchstoßpunkt der Achse durch den geometrischen und magnetischen Mittelpunkt der Erde beziehen. Die Pole haben folgende geographische Koordinaten:

$$\text{A}: \vartheta_0 = 0°;\ \varphi_0 = 0°$$
$$\text{B}: \vartheta_0 = 11°{,}4;\ \varphi_0 = 290°{,}5$$
$$\text{C}: \vartheta_0 = 76°{,}0;\ \varphi_0 = 153°{,}6$$

Es werden die Ordnungen $n = 1$—6 betrachtet. Die erste, mit $m = 0$ bezeichnete Trennlinie, entspricht der Summe der zonalen Anteile der normierten Amplitudenquadrate. Außerdem wurden Trennlinien für die Summe der Anteile $m = 0 + 1$ und $m = 0 + 1 + 2 + 3$ gezeichnet. Die sich bei statistischer Gleichverteilung ergebenden Werte sind unter der Bezeichnung $\overline{m}_n$ auf der rechten Seite der Abbildung zum Vergleich angegeben worden.

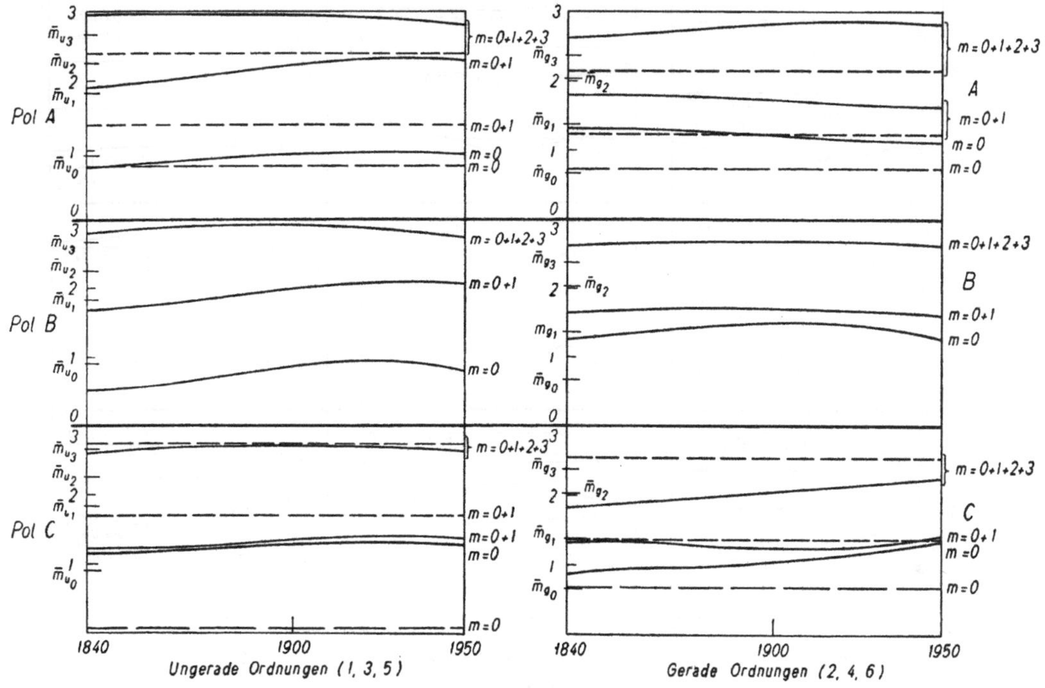

Abb. 3

In der Darstellung für den Pol A liegen die Anteile für das geomagnetische Innenfeld deutlich über den statistischen Durchschnittswerten. Dieses Übergewicht geht bei der Transformation auf die Pole B und C verloren, woraus sich die Bedeutung der Rotationsachse der Erde für das Erdinnenfeld ableiten läßt.

Für die Entwicklung der Höhen- und Tiefenverhältnisse der Erdoberfläche nach Prey wurden die gleichen Trennlinien angegeben, selbstverständlich ohne Zeitabhängigkeit. Bei Pol B wurde auf eine Darstellung verzichtet, da der Unterschied gegenüber den Verhältnissen für Pol A sicherlich nur gering ist und den Rechenaufwand nicht rechtfertigen würde. Wie zu erwarten war, läßt sich weder für das geographische Koordinatensystem noch für Pol C ein Überwiegen gegenüber der statistischen Gleichverteilung erkennen, die Trennlinien liegen vielmehr in den meisten Fällen in der Nähe oder unter den Durchschnittswerten.

Abb. 3 zeigt die Ergebnisse bei der bereits oben angedeuteten Trennung der Parameter in Gruppen mit geradem und ungeradem n. Da wiederum mit den normierten Amplitudenquadraten $\overline{A}_n^{m^2} = \frac{A_n^{m^2}}{\sum_{m=0}^{n} A_n^{m^2}}$ gearbeitet wurde, ergibt die Summe der jeweils drei Ordnungen in diesem

Fall drei. Die Verhältnisse für die Pole A, B und C wurden untereinander dargestellt, nebeneinander stehen für jeden Pol die entsprechenden Anteile der ungeraden und geraden Ordnungen, die mit $\overline{m}_n$ bezeichneten statistischen Durchschnittswerte sind links vermerkt. Man erkennt auch in diesen Darstellungen, daß die Trennlinien für das Erdinnenfeld bei Pol A über den statistischen Durchschnittswerten und den Trennlinien für die Entwicklung nach Prey liegen. Dieses Überwiegen macht sich besonders deutlich bei den Anteilen für $m = 0 + 1 + 2 + 3$ bemerkbar, geht jedoch beim Übergang auf die Pole B und C verloren. Hieran erkennt man, daß die bei diesen Untersuchungen gewonnenen Ergebnisse nicht überwiegend durch die Anteile für $m = 0$ und $0 + 1$ bestimmt werden.

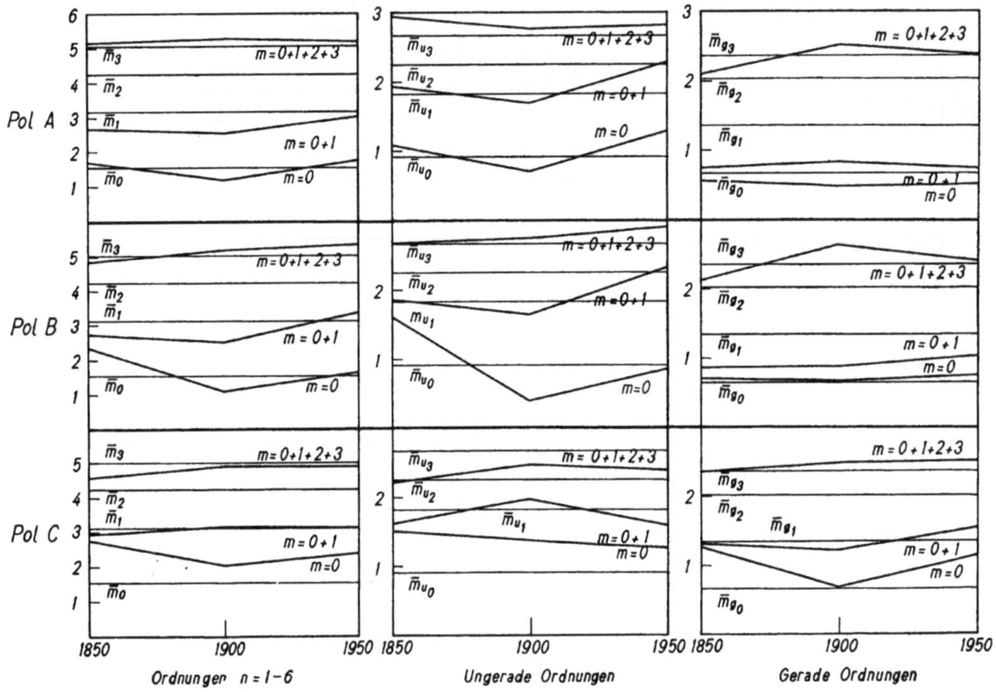

Abb. 4

Weiter zeigt sich, daß die Größe der Anteile für die ungeraden Ordnungen in der überwiegenden Zahl der Fälle die entsprechenden Anteile der geraden Ordnungen übertrifft.

In der Darstellung für die geraden Ordnungen erscheint noch die gute Annäherung der Trennlinien für Prey an die Werte der statistischen Gleichverteilung bemerkenswert, eine Erscheinung, die bei den ungeraden Ordnungen nicht so deutlich zu finden ist. Sie zeigt sich sowohl für Pol A als auch für C und deutet damit an, daß die Verteilung der Höhen- und Tiefenverhältnisse auf der Erdoberfläche einer Zufallsverteilung zumindest nahekommt.

Genau dieselben Betrachtungen wie für das geomagnetische Innenfeld werden in der Abb. 4 für die zeitliche Änderung des skalaren Potentials des Erdinnenfeldes veranschaulicht. Die Größe der Anteile für $m = 0, 0 + 1$ und $0 + 1 + 2 + 3$ wird mit den statistischen Durchschnittswerten verglichen, die in den Darstellungen durch ausgezogene dünne Linien gekennzeichnet worden sind. Allerdings wurden mit Hilfe der Zeitfunktionen von Kautzleben lediglich Werte für die drei Epochen 1850, 1900 und 1950 berechnet.

Betrachtet man einmal die Summe aller sechs Ordnungen, zum anderen nur die geraden bzw. die ungeraden Ordnungen jeweils für die Pole A, B und C und die drei Gruppen für $m = 0, 0 + 1$, und $0 + 1 + 2 + 3$, erhält man insgesamt 27 zeitabhängige Kurven, die mit den statistischen Durchschnittswerten verglichen werden können. Es fällt sofort auf, daß die Durchschnittswerte in der überwiegenden Zahl der Fälle annähernd mit den zeitlichen Mittelwerten der Kurven im Zeitraum 1850 bis 1950 zusammenfallen. Doch läßt sich hieraus noch nicht unmittelbar auf eine statistische Gleichverteilung der Säkularvariation in bezug auf alle drei Pole schließen. Dies wäre nur möglich, wenn die Streuung der Werte für die drei Epochen gering ist. Ist sie jedoch infolge der Fehlerhaftigkeit der verwandten Zeitfunktionen groß, kann man nicht unmittelbar auf eine physikalische Ursache dieses Sachverhaltes schließen, da die analytisch bedingten Schwankungen dann den „wahren" physikalischen Sachverhalt vollständig überdecken können. Die Berechnung der Streuung bereitet im vorliegenden Fall einige Schwierigkeiten, da bei nur drei Werten die gebräuchlichen mathematischen Formeln keine Verwendung finden können. Man gelangt jedoch auf einem anderen

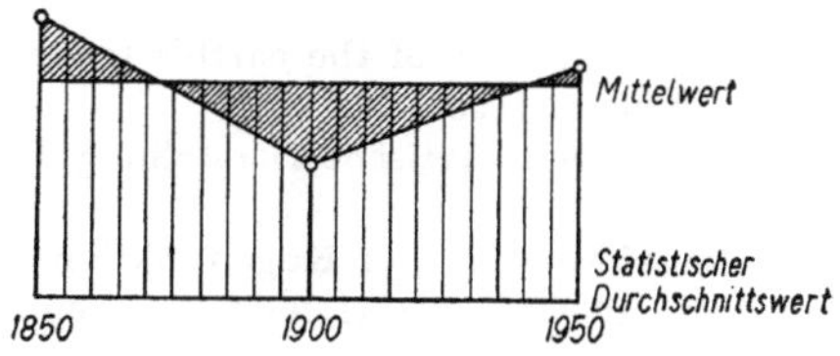

Abb. 5

Wege wenigstens zu einer angenäherten Abschätzung, indem man die von den drei Werten und ihrem Mittelwert aufgespannten Flächen mit der Rechteckfläche vergleicht, die sich aus dem Differenzbetrag zwischen Durchschnitts- und Mittelwert und dem Abschnitt von 100 Jahren auf der Zeitachse berechnet (Abb. 5). Nach diesem Verfahren wurde in den vorliegenden Fällen das Verhältnis der Abweichung der Mittelwerte von den statistischen Durchschnittswerten zu der Größe der Streuung bestimmt. In der Tabelle 2 sind die Quotienten angegeben worden. Wollte man auf eine physikalische Ursache der betrachteten Erscheinung schließen, müßte man bei den angegebenen Werten mindestens den Faktor zwei erhalten, wie es bei ähnlichen statistischen Untersuchungen meist gefordert wird.

Tabelle 2

Verhältnis der Größe der Abweichung des Mittelwertes vom statistischen Durchschnittswert zur Größe der Streuung

	m	Ordnungen $n = 1$—6	Ungerade Ordnungen	Gerade Ordnungen
Pol A	0	0,35	0,70	13,57
	0+1	2,23	0,96	26,51
	0+1+2+3	4,43	3,21	0
Pol B	0	0,25	0,09	1,20
	0+1	1,28	0,72	8,65
	0+1+2+3	0,54	1,69	0,76
Pol C	0	4,32	7,73	2,26
	0+1	1,64	1,11	0
	0+1+2+3	2,47	5,25	1,79

Diese Forderung ist jedoch noch nicht einmal bei der Hälfte der 27 Fälle erfüllt, so daß eine endgültige Entscheidung der Frage auf diesem Wege nicht getroffen werden kann. Es darf jedoch wohl trotzdem angenommen werden, daß die gute Übereinstimmung der statistischen

Durchschnittswerte mit den zeitlichen Mittelwerten der Anteile der Amplitudenquadrate für die Säkularvariation nicht ausschließlich durch die Ungenauigkeit der benutzten Zeitfunktionen bedingt ist; denn eine nahezu statistische Verteilung der Säkularvariation wurde schon mehrfach auch auf anderem Wege gefunden.

Es sei mir gestattet, Herrn Diplom-Geophysiker Wolfgang Mundt meinen herzlichsten Dank für wertvolle Hilfe und tatkräftige Unterstützung auszusprechen, die er mir bei der Abfassung des Manuskriptes hat zuteil werden lassen.

LITERATUR

[1] Vening Meinesz, F. A., A remarkable feature of the earth's topography, origin of continents and oceans, Proc. Kon. Ned. Akad. v. Wet. **54** (1951) 212.

[2] Fanselau, G. und Kautzleben, H., Die analytische Darstellung des geomagnetischen Feldes, Geofisica pura e applicata **41** (1958) 33—72.

[3] Kautzleben, H., Formeln zur Transformation der Kugelfunktionen bei Drehung des Koordinatensystems, Jahrbuch 1957 d. Ad.-Schmidt-Observatoriums f. Erdmagnetismus in Niemegk, Akademie-Verlag, Berlin 1960.

[4] Kautzleben, H., Zur lokalen Auswertung geomagnetischer Potentialberechnungen, Abh. d. Geomagn. Inst. Potsdam Nr. 27, Akademie-Verlag, Berlin 1961.

Paläomagnetische Untersuchungen (Petrophysical Reliability Tests)

Von F. Frölich[1])

Mitteilung aus dem Geomagnetischen Institut Potsdam Nr. 108

Die Diskussion der Untersuchungsergebnisse an magnetischen Erdkrustengesteinen, die nun bereits seit Jahren ein erhebliches Interesse gefunden hat, führte (unter anderem) zu Fragen bezüglich der magnetischen Stabilität. Diese Gedankengänge wurden von verschiedenen Forschungsstellen aufgenommen und weiter verfolgt. Ein Beitrag in diesem Zusammenhang ist von Seiten des Geomagnetischen Institutes Potsdam der Tagung der Deutschen Geophysikalischen Gesellschaft in Leipzig (Mai 1958) vorgelegt worden [1]. Das hierbei entwickelte (vor allem experimentelle) Arbeitsprogramm ist inzwischen angelaufen, worüber nachstehend zu berichten sein wird.

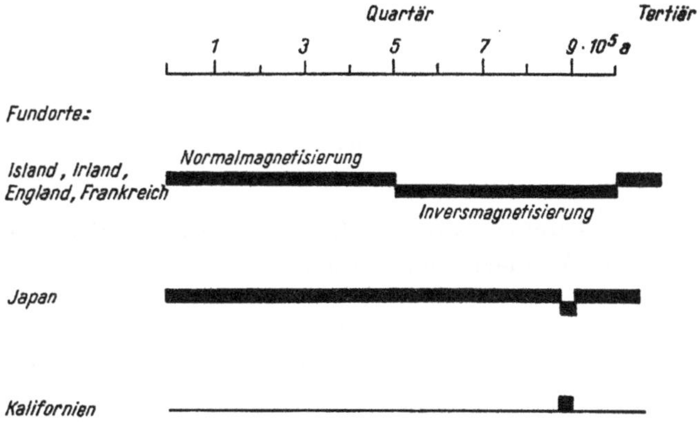

Abb. 1

Einen weiteren Beitrag — einen indirekten, aber deshalb nicht weniger wichtigen — zu diesem Fragenkomplex gab die Geologentagung in Mainz (März 1959), die die zur Zeit erreichbare Genauigkeit geologischer und physikalischer Altersbestimmungen kritisch diskutierte. Ihr Ergebnisse sind geeignet, vor einer Überbewertung des bisherigen paläomagnetischen Befundes zu bewahren, dessen Diskrepanzen sich bekanntlich in folgender Weise kennzeichnen lassen (Abb. 1).

Man sollte erwarten (jedenfalls sofern man Erdfeldumkehrungen unterstellt), daß ein Gleichlauf der Ergebnisse zu beobachten wäre; mit anderen Worten, daß gleichalte Schichten zumindest den gleichen (normalen oder inversen) Charakter aufweisen müßten.

Die gegenwärtig geringe Genauigkeit geologischer Altersbestimmungen läßt allerdings noch die Möglichkeit späterer Korrekturen offen, woraus schließlich doch noch eine Übereinstimmung der Ergebnisse folgen könnte.

---

[1]) Dr. Dr. Friedrich Frölich, Geomagnetisches Institut der DAdW, Potsdam.

Schwierigkeiten der Interpretation der gewonnenen Meßresultate ergeben sich ferner aus den bekannten Tatsachen, daß die Gesteinsmagnetisierung durch unterschiedliche (beispielsweise thermische, chemische, thermokonstante, u. a.) Prozesse entstehen und durch äußere Einflüsse (beispielsweise Druck und Temperatur) verändert werden kann, wobei selbst extrem verzögerte Vorgänge im Verlauf der geologischen Zeitspannen wirksam werden können.

Voraussetzung eines magnetostabilen Zustandes ist naturgemäß zunächst eine ausreichende Magnetisierungskoerzitivkraft des Materials (Abb. 2); denn nur dann behält das Gestein bei evtl. Umkehrungen des Magnetfeldes eine Restmagnetisierung der ursprünglichen Richtung bei.

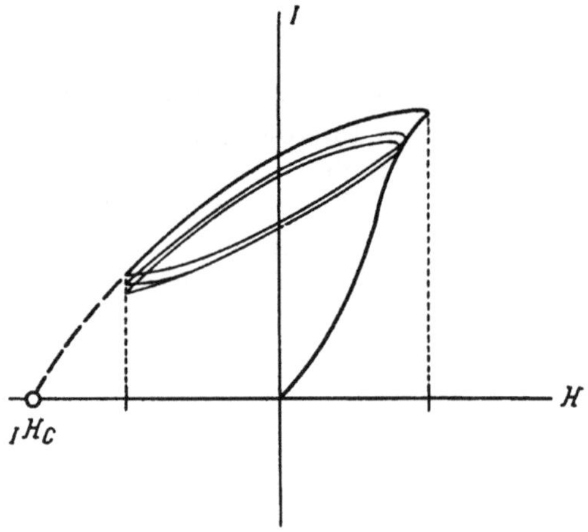

Abb. 2

Neben diese Anforderung treten jedoch noch weitere (Tab. 1), deren Gesamtheit erst zur Gewährleistung gesicherter Aussagen führen kann.

Tabelle 1

Anforderungen an Gesteinsproben für paläomagnetische Zwecke

1:	ausreichender $_IH_C$-Wert
2:	Beständigkeit von $_IH_C$
3:	nur ein magnetischer Bestandteil
4:	geringer Ti-Gehalt ($FeTiO_3 < 0,4$)
5:	geringe Fehlbesetzung

Hinweise über die Beständigkeit von $_IH_C$ (Punkt 2) vermitteln einmal thermomagnetische Messungen:

Wenn beispielsweise der Temperaturverlauf der Magnetisierung für Erwärmung und Abkühlung einen ähnlichen Charakter zeigt (Abb. 3), ist der T-Einfluß nicht kritisch (im eben erwähnten Sinne). Dies ist z. B. dann zu erwarten, wenn das Material sehr feinkörnig ist, was sich im übrigen unschwer in geeigneter Weise überprüfen läßt.

Auf diesem thermomagnetischen Wege wird auch die Erkennung vorgetäuschter Stabilität (z. B. infolge nachträglicher Druckbeanspruchung — Faltung —) möglich, da in diesen Fällen der Gleichlauf der I/T-Diagramme nicht eintreten könnte. Die druckbedingte innere Verspannung des Materials, durch die der $_IH_C$-Wert zwangsläufig eine Steigerung erfährt, wird bei Erwärmung bis oberhalb des Curiepunktes notwendigerweise verringert, so daß sich für den Abkühlungsablauf eine steilere Magnetisierungskurve (Abb. 4) ergibt.

Um ferner die Möglichkeiten zu Selbstumkehrungsvorgängen (self reversals) von vornherein auszuschließen, machen sich die Anforderungen 3 und 4 erforderlich. Punkt 5 schließlich zielt auf die Feststellung extrem langsamer, labormäßig nicht reproduzierbarer Vorgänge ab.

Damit ist das experimentelle Arbeitsprogramm bereits vorgezeichnet, das der Auswahl zuverlässiger Proben für paläomagnetische Zwecke dient (petrophysical reliability tests).

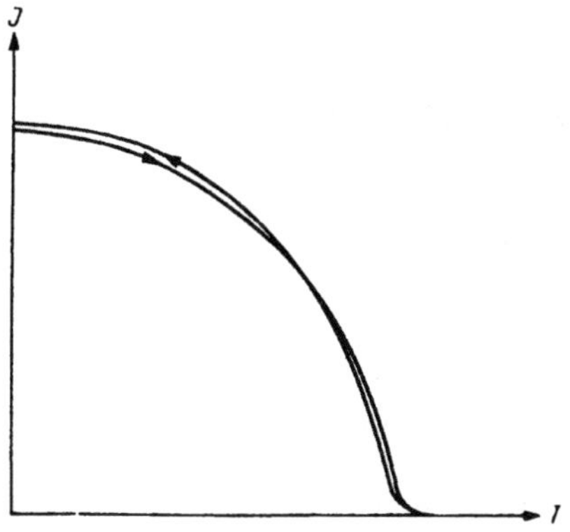

Abb. 3

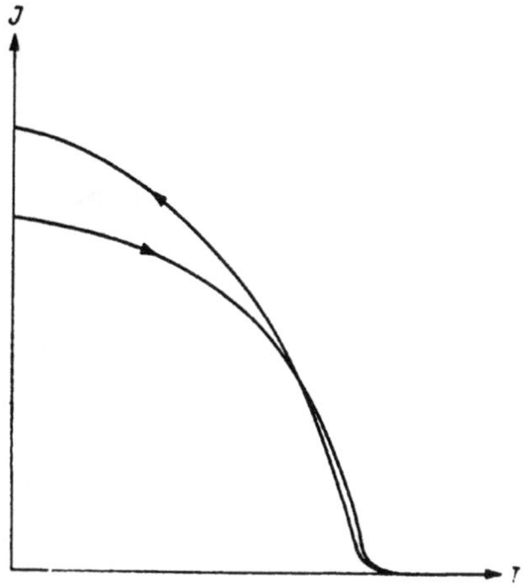

Abb. 4

Für thermomagnetische Untersuchungen wurde ein Spezialgerät entwickelt und vom Institut für Gerätebau der Deutschen Akademie der Wissenschaften Berlin erstellt. Aufbauschema und Wirkungsweise läßt die folgende Abbildung erkennen (Abb. 5): Die Gerätedaten und die zu fordernden Meßgenauigkeiten sind:

(Inhomog.) Feldstärke an den Enden der Bewegungstraße der Probenaufnahme: 7500 bzw. 8500 Oersted,

(Konst.) Feldgradient: 1500 Oe/cm längs der Trasse,

Konstanzgenauigkeit: $5\,^0/_{00}$,

T-Genauigkeit: 0,5 °C

Probegewicht: auf 0,01 mg. genau.

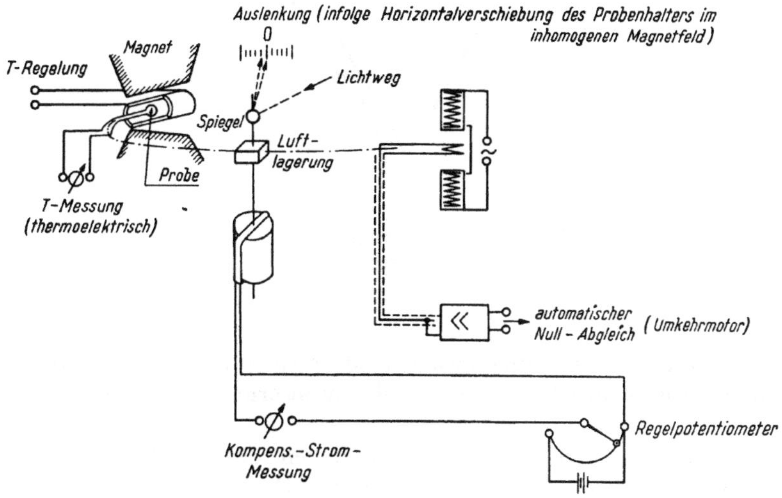

Abb. 5

Als Ergänzung und zur Kontrolle der thermomagnetischen Auswertungen wird die Röntgenfeinstrukturanalyse verwandt. Das Photometrieren der Röntgenogramme zur Ermittlung des Verspannungszustandes erfolgt mit einem ZEISS-Schnellphotometer. Das verwendete Auswertverfahren zeigt das nächste Diagramm (Abb. 6). Im unverspannten Zustand sind die Linien des K_α-Dubletts getrennt, im verspannten dagegen bekanntlich durch die Verschiebungen überdeckt („verschmolzen"). Die wahre Verschiebung folgt noch nicht aus dem Abstand der Schwärzungsmaxima, sondern erst nach Fourieranalyse der Intensitätskurven.

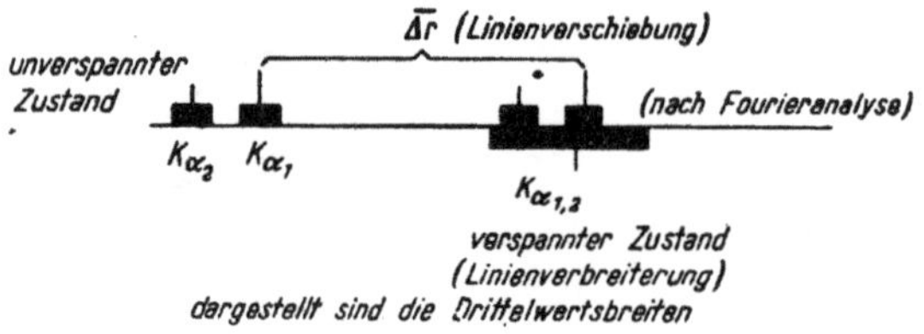

Abb. 6

Korngrößenuntersuchungen werden in der üblichen Weise durchgeführt, allerdings unter ständiger Beobachtung des Ätzvorganges im Mikroskop.

Die Nutzung der Bitterstreifentechnik (zum Erkennen des magnetischen Gefüges in oberflächennahen Schichten des Gesteinsschliffes) legte elektrolytisches Polieren nahe. Der übliche Elektrolyt ist Perchlorsäure-Essigsäureanhydrid (Abb. 7), und zwar in bestimmten Mischungsverhältnissen. Es ergaben sich jedoch Schwierigkeiten hiermit bei magnetithaltigen Gesteinen.

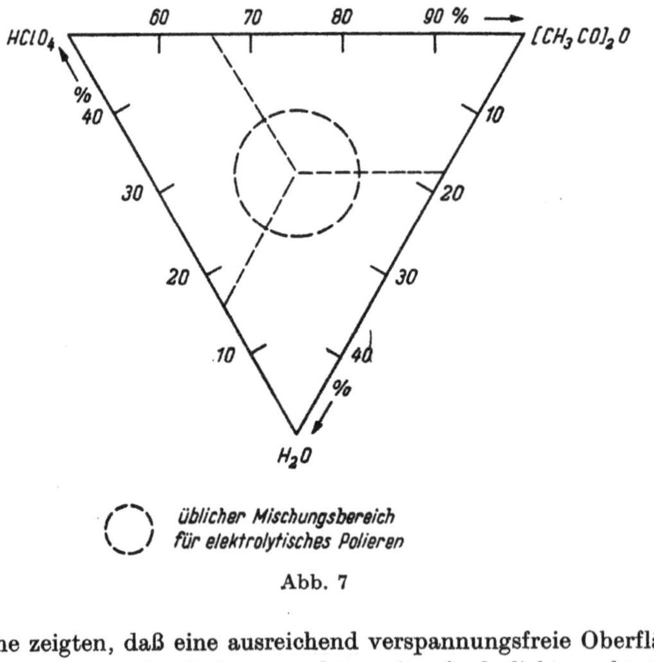

Abb. 7

Weitere Versuche zeigten, daß eine ausreichend verspannungsfreie Oberfläche auch durch besonders sorgsames mechanisches Polieren und (soweit erforderlich) nachträgliches Anätzen erreichbar ist.

Die eingangs erwähnten Kriterien der Beständigkeit des $_IH_C$-Wertes lassen sich mittels dieser Verfahren überprüfen — mit Ausnahme natürlich des Punktes 5, für den eine monochromatische Neutronenstrahlung von ca. 1Å Wellenlänge (d. h. etwa 0,1 eV Energie) benötigt wird, die wiederum nur in Kernreaktoren verfügbar ist. Diese Untersuchungen sind inzwischen eingeleitet.

Neben Messungen der eben beschriebenen Art galten weitere der Bestimmung der Druckauswirkungen, also der Kompressibilität und der CURIEpunktsverlagerung unter Druck, da diese Daten in der Fachliteratur zumeist fehlen, zumindest für magnetische Gesteine. Hierfür stand Kursker Magnetit zur Verfügung, der unterschiedlicher Druckbeanspruchung ausgesetzt war. Diese Proben waren freundlicherweise vom Geophysikalischen Institut Moskau der Akademie der Wissenschaften der UdSSR bereitgestellt worden.

Als vorläufiges Ergebnis läßt sich z. Zt. folgendes angeben:

Kompressibilität $k_{\underset{\text{Kursk}}{Fe_3O_4}} = 0{,}56 \cdot 10^{-6}\ \text{cm}^9/\text{kp}$.

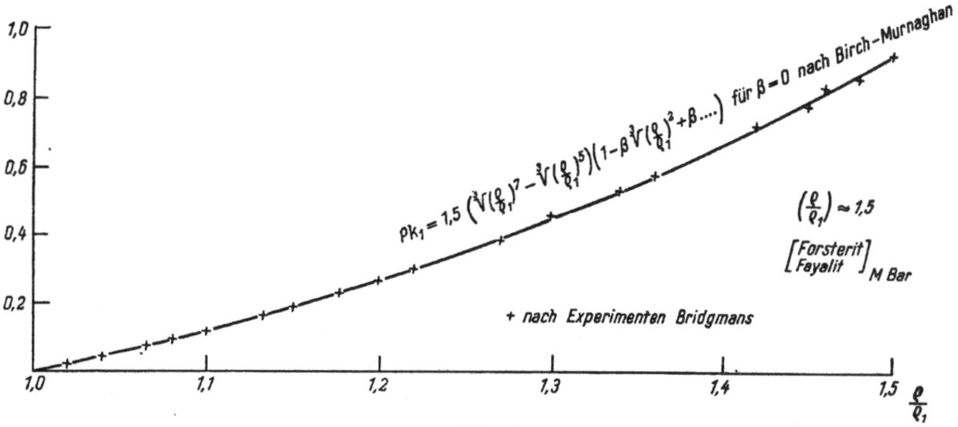

Abb. 8

Dies könnte überprüft werden an Hand der Druck-Dichte-Beziehung von Birch-Murnaghan (Abb. 8). Das Produkt $P\,k$ beträgt im vorliegenden Fall

$$0{,}0168\,,$$

so daß $\varrho/\varrho_1 \approx 1$ werden müßte.

Für die T_C-Verschiebung ergibt sich

$$\frac{\Delta T_c}{\Delta P} \approx -1 \cdot 10^{-4}\ {}^\circ\text{C/Atm}\,.$$

Dies steht im Einklang mit der Tatsache, daß die Magnetostriktion von Magnetit positiv ist

$$\left(\lambda_{S_{Fe_3O_4}} = +37 \cdot 10^{-6}\right).$$

Für diese Fälle muß ja eine Abnahme der Magnetisierung und des T_C-Wertes (mit dem Druck) erwartet werden.

Einige Schwierigkeiten bereitet (um auf einen weiteren Betrachtungspunkt überzugehen) die Analyse von Magnetkies. In der Fachliteratur — so beispielsweise in Nagatas Band „Rock magnetism" — ist der Mischungskomplex in folgender Weise dargestellt:

Tabelle 2

$Fe\,S_{1+x}$		
	$x = 0$: antiferromagnetisch	
	$x > 0$: zunehmend ferrimagnetisch	D_{6h}^4 hexagonal
	$x = 0.1$: ferrimagnetisch	$T_C = 220\ {}^\circ C$
	$x > 0.1$, < 0.94: abnehmend ferrimagnetisch	
	$x > 0.94$, ≤ 1: paramagnetisch	T_h^6 kub. flz.

Eine nähere Untersuchung zeigt aber, daß dies nur zum Teil richtig ist (Tab. 3):

Tabelle 3

$$Fe\,S$$
$$\{0.5\,Fe^{2+}\;0.5\,Fe^{2+}\}\,S^{2-}$$
$$Fe\,S_{1.1}$$
$$\{0.8\,Fe^{2+}\;0.2Fe^{3+}\}\,S_{1.1}^{2-}$$
$$\{\overrightarrow{0.8\,(4\,\mu_B)}\;\overleftarrow{0.2\,(5\,\mu_B)}\}$$
$$\overrightarrow{2.2\,\mu_B}\;{}^{*})$$
$$Fe\,S_{1.2}$$
$$\{0.6\,Fe^{2+}\;0.4\,Fe^{3+}\}\,S_{1.2}^{2-}$$
$$\{\overrightarrow{0.6\,(4\,\mu_B)}\;\overleftarrow{0.4\,(5\,\mu_B)}\}$$
$$\overrightarrow{0.4\,\mu_B}\;{}^{*})$$
$$Fe\,S_{1.3}$$
$$\{\overrightarrow{0.4\,(4\,\mu_B)}\;\overleftarrow{0.6\,(5\,\mu_B)}\}$$
$$\overleftarrow{1.4\,\mu_B}\;{}^{*})$$
$$Fe\,S_{1.4}$$
$$\{\overrightarrow{0.2\,(4\,\mu_B)}\;\overleftarrow{0.8\,(5\,\mu_B)}\}$$
$$\overleftarrow{3.20\,\mu_B}\;{}^{*})$$
$$Fe\,S_{1.5}$$
$$\{0.5Fe^{3+}\;0.5Fe^{3+}\}\,S_{1.5}^{2-}$$

Nach anfänglicher Zunahme des ferrimagnetischen Molekularmomentes bis $x = 0.1$ und anschließender Abnahme bis $x = 0.2$ folgt eine Wiederzunahme bis $x = 0.4$ und danach ein Rückgang zur antiferromagnetischen (Ausgangs-) Zustandsphase. Zur Erkennung des jeweiligen Zustandes machen sich somit außer analytischen auch thermomagnetische Messungen erforderlich.

Schließlich soll ein weiterer Versuchskomplex über die Struktur-Stabilität nicht unerwähnt bleiben, zumal diese bei Erdkrustengesteinen die magnetische Stabilität mit beeinflußt.

Im Anorganisch-chemischen Institut der Bergakademie Freiberg laufen z. Zt. Untersuchungen über die Stabilisierung des Spinellgitters, zu denen das Gesteinslabor des Geomagnetischen Instituts Potsdam thermomagnetische Kontrollmessungen beisteuert. Als Ausgangssubstanz dient das instabile $\gamma \cdot Fe_2O_3$, dessen Fehlstellenstruktur mit Li bzw. Ti beschickt wird. Unterstellt man zunächst das fehlgeordnete Spinellgitter mit $2^2/_3$ Leerstellen □) je Elementarzelle, so lassen sich die Vorgänge in folgender Weise darstellen (z. B. für Ti):

$$\gamma \cdot Fe_2O_3 \qquad + \, Ti \qquad Ti_{0.25}\,Fe_5O_8$$

$$Fe_8^{3+}\{Fe_{5,3\ldots}^{3+}\;Fe_8^{3+}\}\,0_{32}^{2-} \qquad Fe_8^{3+}\,\{Ti^{4+}\,Fe_4^{3+}\,Fe^{3+}\}\,0_{32}^{2-}$$

$$+\,1^{4+} \;-\, 1{,}3\ldots^{3+}$$

$$2{,}6\ldots\,\square \mathrel{\hat{=}} 4{,}7\%\,\square \qquad \mathrel{\hat{=}} 1{,}8\%\ Ti$$

$$8\,(\overrightarrow{5\,\mu_B}\,\{\overleftarrow{0{,}6\ldots \cdot 5\,\mu_B}\;\overleftarrow{5\,\mu_B}\}) \qquad 8\,(\overrightarrow{5\,\mu_B}\,\{\overleftarrow{0{,}5 \cdot 5\,\mu_B}\;\overleftarrow{5\,\mu_B}\})$$

$$\text{Molekularmoment: } (\overleftarrow{3{,}33\,\mu_B}) \qquad (\overleftarrow{2{,}5\,\mu_B})$$

Verschiedene Beobachtungen weisen jedoch darauf hin, daß die fehlgeordnete Spinellstruktur in eine Fehlstellenüberstruktur überführt werden kann. Hierüber wird noch (an anderer Stelle [2]) zu berichten sein.

LITERATUR

[1] Frölich, F., Zur magnetischen Stabilität von Erdkrustengesteinen. Zeitschr. f. Geophysik, **24** (1958) 228—239.

[2] Frölich, F., Zur Struktur des γ-Fe_2O_3. Jahrbuch 1959 des Adolf-Schmidt-Observatoriums für Erdmagnetismus Niemegk (im Druck).

*) Magnetisches Molekularmoment in Bohrschen Magnetonen.

Probleme des Paläomagnetismus in der UdSSR[1])

Von B. M. Janovsky[2])

PROBLEME DES PALÄOMAGNETISMUS

Der Paläomagnetismus, als ein Teilgebiet der Geomagnetik, beschäftigt sich mit dem magnetischen Feld der Erde früherer geologischer Epochen vom Präkambrium bis zur Gegenwart.

Die von Paläomagnetikern bei ihren Bestimmungen angewandte Methode beruht darauf, die remanente Magnetisierung von eruptiven und sedimentären Gesteinen zu bestimmen.

Die Erforschung magnetischer Gesteinseigenschaften in den letzten 20 bis 30 Jahren hat ergeben, daß zahlreiche Gesteine eine remanente Magnetisierung aufweisen, deren Herkunft in die Zeit der Entstehung dieser Gesteine zurückführt. Neben der Paläontologie, der Wissenschaft von der Pflanzen- und Tierwelt vergangener Epochen, entwickelte sich ein neuer Zweig der geomagnetischen Wissenschaft — der Paläomagnetismus-, der den Anspruch erhebt, das Alter verschiedener geologischer Formationen zu bestimmen.

Die paläomagnetischen Untersuchungen der letzten 10 bis 12 Jahre führten in verschiedenen Ländern zu überraschenden Ergebnissen. Diese eröffneten sowohl der theoretischen als auch der praktischen Erforschung der magnetischen Erscheinungen auf der Erde neue Perspektiven.

Die vielfach noch hypothetischen Schlußfolgerungen aus diesen Untersuchungen führten zu der Ansicht, daß die magnetische Erdachse ihre Richtung periodisch änderte und sich gleichzeitig relativ zu der heutigen Richtung der Rotationsachse verschob.

Die theoretische Bedeutung dieser Ergebnisse besteht darin, daß das Problem des Aufbaus und der Entwicklung der Erde in neuem Licht gesehen werden muß. Die weitreichenden Wirkungen, wie Kontinentbewegungen, die Verschiebung geographischer Pole, die Rolle des Erdkernes im Dasein unseres Planeten u. a. m., erfordern ihre Deutung und Aufklärung.

Die praktische Bedeutung paläomagnetischer Untersuchungen besteht in der Möglichkeit einer Korrelation von Sedimenten und der absoluten Altersbestimmung von Gesteinen.

Aus diesem Grunde erregen päläomagnetische Forschungen immer größere Aufmerksamkeit und mehr Interesse der Geophysiker ,und der Paläomagnetismus nimmt einen immer festeren Platz im Arbeitsprogramm der theoretischen und der praktischen Geophysik ein.

Wenn auch in den letzten Jahren zahlreiche Untersuchungen auf dem Gebiet des Paläomagnetismus durchgeführt wurden, sind die Ergebnisse und Schlußfolgerungen noch vielfach umstritten. Die Lehre über den Paläomagnetismus beruht auf Hypothesen, deren experimentelle Bestätigung noch nicht eindeutig erfolgen konnte.

Eine dieser Hypothesen geht vom Dipolcharakter des magnetischen Erdfeldes aus und wird grundsätzlich durch Beobachtungen des heutigen Erdfeldes bestätigt. Eine Extrapolation dieser Beobachtungen auf Zeiträume, die hunderte Millionen von Jahren zurückliegen, erscheint jedoch sehr zweifelhaft.

Die zweite Hypothese beruht auf laboratoriumsmäßig ermittelten Magnetisierungsgesetzen für ferromagnetische Körper und auf Messungen der natürlichen Gesteinsmagnetisierung, die vor Hunderten und Tausenden von Jahren erfolgt sein konnte. Nach dieser Hypothese blieb die Ma-

[1]) Die Arbeit wurde von W. Kundorf, Institut für Angewandte Geophysik der Bergakademie Freiberg, übersetzt, und von K. Sellien und H. Stiller, Geomagnetisches Institut Potsdam der DAdW bearbeitet. Die Abbildungen wurden im Institut für Angewandte Geophysik umgezeichnet.

[2]) Prof. Dr. B. M. Janovsky, Lehrstuhl für Physik der Erdkruste, Leningrad.

gnetisierungsrichtung von beobachteten isotropen Gesteinen bis zur Gegenwart unverändert. Sie stimmt mit der Richtung des Magnetisierungsfeldes überein, das bei der Gesteinsentstehung auf der Erde geherrscht hat. Eine Extrapolation der vorliegenden Versuchsergebnisse auf die früheren geologischen Epochen ruft jedoch größere Zweifel als die Dipolhypothese hervor.

Folgende drei grundlegende Probleme des Paläomagnetismus bedürfen einer eindeutigen Klärung: 1. das Dipolproblem, 2. die Frage der Stabilität der Gesteinsmagnetisierung und 3. die Frage der inversen Magnetisierung.

Die Lösung dieser Probleme hängt eng mit unseren Kenntnissen über die Magnetisierungsvorgänge von Gesteinen zusammen. Es kann heute als sicher angenommen werden, daß es zwei Magnetisierungsarten gibt: die Magnetisierung von Eruptivgesteinen bei ihrer Erkaltung im Magnetfeld und die Magnetisierung von Sedimenten bei ihrem Niederschlag auf dem Meeresgrund.

Diese beiden Magnetisierungsmechanismen sind allerdings nur bei homogenen Gesteinsstrukturen mit einer ferromagnetischen Komponente (Einphasensystem) gut erforscht. Bei einem Mehrphasensystem mit zwei und mehr ferromagnetischen Komponenten im Gestein ist der Magnetisierungsvorgang im Magnetfeld kompliziert und bis heute noch ungeklärt.

Abb. 1. Magnetisches Spektrum eines im offenen magnetischen Kreis magnetisierten Aluminium-Nickel-Stabes

Zweifellos treten in der Natur auch andere uns kaum bekannte Magnetisierungsarten auf, z. B. Magnetisierung bei chemischen Reaktionen, bei Kristallisation u. a. Infolgedessen trifft man bei einer Deutung paläomagnetischer Forschungsergebnisse auf Entgegnungen, deren Entkräftung wegen unvollständiger, mangelhafter experimenteller Unterlagen über die Magnetisierungsgesetze mehrphasiger Systeme schwierig ist.

Als ein Beispiel komplizierter Magnetisierung von mehrphasigen Systemen kann die Magnetisierung einer Aluminium-Nickel-Eisen-Legierung dienen, die sich durch ihre ungleichmäßige Struktur auszeichnet. Wird ein Alniko-Stab ($l = 30$ cm, $q = 1$ cm^2) im Magnetfeld einer gleichlangen Spule magnetisiert, so erhält man nach der Stromabschaltung eine remanente Magnetisierung, die nicht nur an einzelnen Stellen des Stabes unterschiedlich, sondern auch verschieden gerichtet ist.

In Abb. 1 ist das sogenannte „magnetische Spektrum" eines solchen Stabes dargestellt. Die Ausrichtung und Verteilung von Feilspänen entspricht dem Kraftlinienverlauf des Magnetfeldes um den Stab. Es sieht so aus, als ob der Stab aus einer Anzahl von permanenten Magneten besteht, die einander entgegengerichtet sind. Dieses Beispiel zeigt bereits, daß bei bestimmten Bedingungen die Ferromagnetika eine Magnetisierung erhalten können, die dem Magnetisierungsfeld entgegen gerichtet ist. Deshalb darf man allein aus der Tatsache der vorhandenen Inversmagnetisierung noch nicht auf die Existenz eines magnetischen Erdfeldes schließen, das zur Zeit der Gesteinsentstehung dem heutigen Feld engegengerichtet war.

Die Lösung der aufgezeigten Probleme wird nach folgenden Methoden versucht: Aufstellung der magnetischen Erdfeldtheorie, Erforschung des remanenten Magnetismus von Sedimenten und eruptiven Gesteinen unterschiedlichen geologischen Alters und unterschiedlicher Herkunft (Probenentnahme aus verschiedenen Erdteilen).

ARBEITEN ZUR ERFORSCHUNG MAGNETISCHER GESTEINSEIGENSCHAFTEN

In der UdSSR begannen diese Arbeiten nach 1920. Die ersten Untersuchungen (Ščjodro [56] und Zaborovskij [60]) wurden an Gesteinen aus dem Gebiet der magnetischen Anomalie von Kursk durchgeführt. Es sollten Ursachen der Gesteinsmagnetisierung ermittelt werden. In den dreißiger Jahren trugen die Forschungen einen allgemeineren Charakter. Es wurden magnetische Eigenschaften von eruptiven Gesteinen und Mineralien (Spiridovič [54] und

Roze [50]) bzw. von Sedimentgesteinen (Kalašnikov [28]) untersucht. Andere Wissenschaftler untersuchten in dieser Zeit die remanente Magnetisierung (Levinson-Lessing und Turceu [33, 58]) und die magnetische Suszeptibilität verschiedener Gesteine und bestimmten das Verhältnis $Q = \frac{I_n}{I_i}$ (I_n = remanente Magnetisierung, I_i = induzierte Magnetisierung). Die Mehrzahl dieser Arbeiten blieben unveröffentlicht. Lediglich Logačev hat in seinem Buch [35] bei der Beschreibung magnetischer Gesteinseigenschaften diese Arbeiten mit ausgewertet.

Die erste Arbeit, die sich mit Paläomagnetismus befaßte, war die von Bersudskij [5]. Im Jahre 1931 entdeckte er im Flußbecken von Angara und Ilima in großer Ausdehnung eine „negative" magnetische Anomalie. Diese Entdeckung der ersten und der größten negativen Anomalie auf der Erde hat unter den Geophysikern und Magnetologen ein starkes Interesse hervorgerufen. Es wurde sogleich das Problem der inversen Gesteinsmagnetisierung und in diesem Zusammenhang die Frage der magnetischen Inversion des Erdfeldes aufgeworfen.

In seiner Arbeit kritisierte Bersudskij die Idee der Feldinversion und versuchte die negative Gesteinsmagnetisierung im Gebiet von Angara-Ilimsk damit zu erklären, daß diese im negativen entmagnetisierenden Feld benachbarter Gesteine vor sich ging. Diese Gesteine konnten früher entstanden und selbst posititv aufmagnetisiert worden sein. Der Autor hat ziemlich überzeugend die Anhänger der Inversionshypothese kritisiert, doch hat er bei der Begründung seiner eigenen Gedanken unter Zugrundelegung der Hypothese über induzierte Gesteinsmagnetisierung im Erdfeld Fehler begangen und die eigentliche Frage über das Zustandekommen der remanenten Magnetisierung offengelassen. Der Fehler in seinen Überlegungen lag darin, daß das negative entmagnetisierende Feld niemals in seiner absoluten Größe das magnetisierende Erdfeld überragen kann.

Später versuchten Grabovskij und Puškov [21], das Problem der Anomalie von Angara-Ilimsk zu lösen. Ihre Ergebnisse fanden jedoch ernste Einwände. Im Jahre 1955 erschienen Arbeiten von Metallova [36] [37] und Smelova [53]. Von verschiedenen Standpunkten aus versuchten sie, die umgekehrte Gesteinspolarität der Angara-Ilimsk-Anomalie zu erklären. Alle bisherigen Arbeiten wurden dabei einer Kritik unterzogen. Die Hypothese einer Umkehrung des Magnetfeldes wurde verworfen. Es wurde ein innerer Magnetisierungsmechanismus angenommen.

Als erster in der UdSSR befaßte sich Altgauzen mit der magnetischen Feldbestimmung in verschiedenen geologischen Epochen [4]. Auf Grund beobachteter Gesetzmäßigkeiten bei der Änderung der thermischen Restmagnetisierung von Magnetit konnte er nachweisen, daß es möglich ist, die Größe des Magnetfeldes zu bestimmen, das zur Zeit der Magnetisierung eruptiver Gesteine wirksam war.

Die in den Jahren 1940 bis 1956 über den Paläomagnetismus veröffentlichten Arbeiten begnügten sich mit der Untersuchung magnetischer Eigenschaften vorwiegend eruptiver Gesteine. In den Arbeiten von Altgautzen [1] [2] [3], Bersudskij [6], Grabovskij [17], Petrova [42] [43] [44] und Svenšikov [55] wurde die Abhängigkeit magnetischer Gesteinseigenschaften (des Magnetis, verschiedener pulvriger Substanzen u. a. m.) vom Gehalt ferromagnetischer Komponenten und von Oxydationsvorgängen untersucht. Grabovskij [18] [20] Finger [14] und Kapica [29] [30] befaßten sich mit magnetoelastischen Eigenschaften von Gesteinen. Všev [59], Krugljakova [32] und Ozereckaja [40] [41] untersuchten die magnetische Suszeptibilität der Gesteine des Präkambriums und einiger Sulfide und ihre Abhängigkeit vom Gehalt ferromagnetischer Komponenten.

PALÄOMAGNETISCHE UNTERSUCHUNGEN

Einen Anstoß zu umfangreichen und systematischen paläomagnetischen Untersuchungen in der UdSSR gaben Arbeiten von Chramov [7, 8, 9, 10, 11], die unter den sowjetischen Geophysikern und Geologen starkes Interesse hervorgerufen haben. Auf Grund der beobachteten

Magnetisierung führte er eine Korrelation von Sedimentgesteinen durch. Die erzielten Ergebnisse sprengten den Rahmen und die Grenzen der gestellten Aufgabe. Der Autor hat persönlich in drei Bezirken Westturkmeniens, die 100 bis 300 km voneinander entfernt sind, über 3000 orientierte magnetische Gesteinsproben untersucht.

Es wurde folgendes festgestellt:

1. Unter sedimentären Ablagerungen des Quartärs, die sich in den letzten Jahrmillionen gebildet haben, fand sich nicht eine einzige Gesteinsprobe, die dem derzeitigen Erdfeld entgegen magnetisiert war. Daraus läßt sich schließen, daß im Laufe des Quartärs das Magnetfeld seine Richtung nicht geändert hat. Wie aus den Messungen der Magnetisierungsrichtung bei diesen Gesteinen hervorgeht, wich die Richtung der magnetischen von der Rotationsachse der Erde nur um einen geringen Winkel ab. Diese Tatsache stimmt mit Ergebnissen von Untersuchungen überein, die Nagata im gleichen Jahre an quartären Lavaschichten in Japan durchgeführt hat [38].

2. In den Ablagerungen des frühen Pliozäns (einer Epoche von 1 bis 20 Jahrmillionen) fand man etwa die Hälfte der gesamten Gesteinsproben invers magnetisiert. Die direkt und umgekehrt magnetisierten Proben konnten dabei den Zonen angenähert gleicher Mächtigkeit zugeordnet werden. Diese Zonen nahmen innerhalb des Untersuchungsgebietes eine bestimmte stratigraphische Lage ein. Es ließen sich von der Sohle des mittleren Pliozäns bis Quartär fünf solcher Zonen mit direkter und fünfeinhalb Zonen mit entgegengesetzer Magnetisierung verfolgen, die sich einander ablösten. Schätzt man die Dauer einer Periode vom mittleren Pliozän bis zum Quartär auf 6 bis 7 Millionen Jahre, so wechseln Perioden der direkten und der inversen Orientierung der magnetischen Erdachse alle 0,6 bis 0,7 Millionen Jahre. Die Übergangszeiten für einen Richtungswechsel ergaben sich aus den Messungen der remanenten Magnetisierung zu etwa 10000 Jahren. Ähnliche Schlußfolgerungen findet man in den Veröffentlichungen einer Reihe amerikanischer und europäischer Forscher (Runcorn [52], Roche [48], Hospers [23], Einarsson [13] u. a.).

In Abb. 2 ist die Abhängigkeit der Magnetisierungsrichtung von Gesteinen mit der Einlagerungstiefe in der Horizontal- bzw. Vertikalebene (nach Chramov) dargestellt (links: Änderung der Deklination; rechts: Änderung der Inklination). Nimmt man an, daß die Gesteine nur in Feldrichtung magnetisiert werden konnten, so darf man die Kurven in Abb. 2 als Änderungen der Feldrichtung im Laufe der Zeit auffassen. Eine Drehung der Deklination um 180° ist von einem Wechsel positiver und negativer Inklinationswerte begleitet.

Sollte ein solcher Vorgang tatsächlich in der Erdgeschichte einmal stattgefunden haben, so müßte ein Wechsel von positiv zu negativ magnetisierten sedimentären und eruptiven Gesteinen überall auf der Erdkugel festzustellen sein. Diese Überlegung wurde durch Untersuchungen von Chramov bestätigt.

In Abb. 3 sind die positiv und negativ magnetisierten Gesteine nach ihrem geologischen Alter und ihren Lagerstätten zusammengestellt. Jede einzelne Säule entspricht einem der Profile, aus denen die Proben entnommen wurden. Das Diagramm bestätigt die Tatsache, daß die Ummagnetisierung zumindest im Gebiet Westsibiriens gleichzeitig vor sich gegangen war. Diese Tatsache fand weitere Bestätigung bei Gesteinen aus dem östlichen Teil Turkmeniens [12]. Hier wurden Gesteine gleichen geologischen Alters mit direkter und umgekehrter Magnetisierung vorgefunden.

Die Frage einer Erforschung magnetischer Gesteinseigenschaften wurde nunmehr unter einem völlig neuen Blickwinkel betrachtet und der breiteren Aufgabe einer Lösung von bereits erwähnten Problemen des Paläomagnetismus untergeordnet. Es war erforderlich, die Forschungsarbeit auf diesem Gebiet zu koordinieren und alle Untersuchungen von magnetischen Gesteinseigenschaften zusammenzufassen.

Im Jahre 1957 wurde am Institut für Physik der Erde der Akademie der Wissenschaften der UdSSR die Paläomagnetische Kommission geschaffen. In dieser Kommission sind alle Institute und Organisationen vertreten, die sich unmittelbar mit Fragen des Paläomagnetismus beschäftigen. Zu den Aufgaben der Paläomagnetischen Kommission gehört die Koordinierung wissenschaftlicher Forschungspläne, Ausarbeitung von Empfehlungen zur Durchführung von Untersuchungen und Vorbereitung bzw. Durchführung von Allunions-Tagungen über Paläomagnetismus. Auf diesen Tagungen soll im Rahmen wissenschaftlicher Vorträge über die bisherigen Arbeiten berichtet werden; die neuen Aufgaben sollen besprochen werden.

Seit der Gründung der Paläomagnetischen Kommission wurden drei Tagungen durchgeführt, wobei insgesamt über 50 Vorträge gehalten wurden. Auf einer dieser Tagungen wurden ausschließlich Fragen der Methodik und der Apparaturen behandelt.

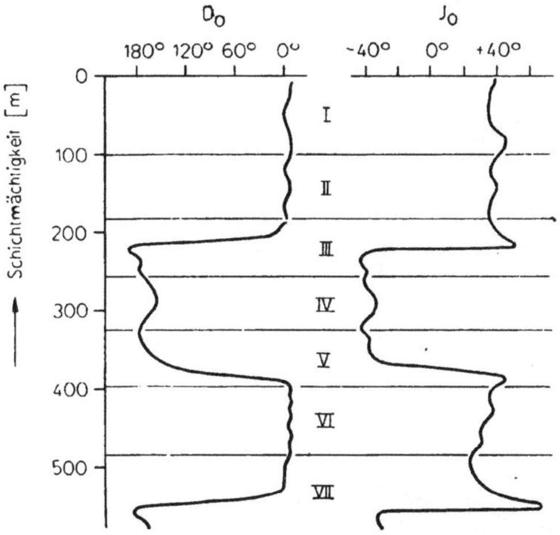

Abb. 2. Abhängigkeit der Magnetisierungsrichtung von der Einlagerungstiefe der Gesteine D Winkel zwischen dem Magnetisierungsvektor I und der Meridianebene, J Winkel zwischen I und der Horizontalebene, I—VII Einzelschichten)

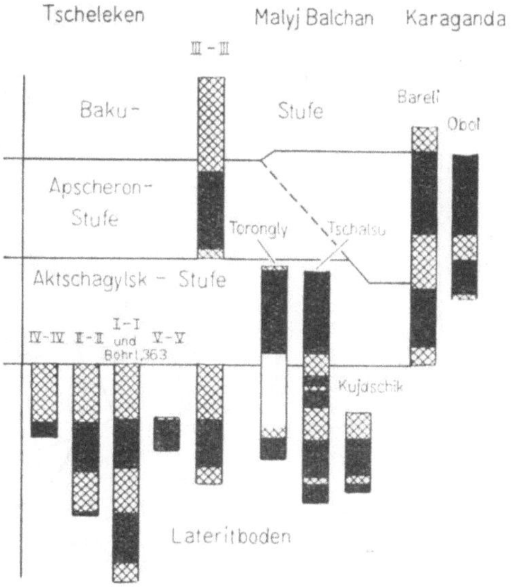

Abb. 3. Zonen der direkten und der umgekehrten Magnetisierung in den drei Bezirken Westturkmeniens

Auf dem Gebiete des Paläomagnetismus sind zur Zeit in der UdSSR mehrere Institute und Organisationen tätig: Das Institut für Physik der Erde der Akademie der Wissenschaften der UdSSR in Moskau (Prof. Dr. A. G. Kalašnikov), der Lehrstuhl für Physik der Erdkruste an der Universität Leningrad (Prof. B. M. Janovsky), das Geologische Allunions-Forschungsinstitut in Leningrad (V. V. Kočegura), das Allunions-Erdöl-Forschungsinstitut in Leningrad (A. N. Chramov). Mit der Sammlung von Gesteinsproben und mit der Bestimmung ihrer remanenten Magnetisierung befassen sich außerdem geophysikalische und geologische Institutionen in Sverdlovsk, Irkutsk, Erevan, Lvov und Kiew.

Zur Lösung paläomagnetischer Probleme wird unter anderem die natürliche Magnetisierung von Gesteinsproben ermittelt, die aus verschiedenen Teilen der Erdkruste entnommen werden. Nur mit Hilfe dieser grundlegenden Methode können Unterlagen über den Zustand des magnetischen Erdfeldes vergangener Epochen erhalten und indirekt die magnetische Gesteinsstabilität und die Ursachen der Gesteinsmagnetisierung ermittelt werden.

Würde es gelingen, experimentell nachzuweisen, daß alle Gesteine gleichen Alters unabhängig von ihrer lithologischen Zusammensetzung überall auf der Erde invers polarisiert sind, so wäre die Inversionshypothese bestätigt.

Die Methode zur Bestimmung der Gesteinsmagnetisierung weist allerdings einen Mangel auf. Mit ihrer Hilfe läßt sich die Gleichaltrigkeit weit voneinander entfernt lagernder Gesteine mit der für paläomagnetische Zwecke erforderlichen Genauigkeit entweder nur schwer oder überhaupt nicht bestimmen. Dessen ungeachtet bleiben die in großer Zahl durchgeführten Messungen der natürlichen remanenten Magnetisierung gegenwärtig die einzigen Quellen unserer Kenntnisse auf dem Gebiet des Paläomagnetismus. Aus diesem Grunde lenkte die Paläomagnetische Kommission ihre Aufmerksamkeit in der Hauptsache auf die Durchführung solcher Untersuchungen. Es wurde eine besondere Instruktion für die Sammlung von orientierten Gesteinsproben und Bestimmung ihrer remanenten Magnetisierung herausgegeben.

Von 1957 bis 1959 wurden in verschiedensten Teilen der Sowjetunion mehrere Zehntausend von magnetisch orientierten eruptiven und sedimentären Gesteinsproben vom Kambrium

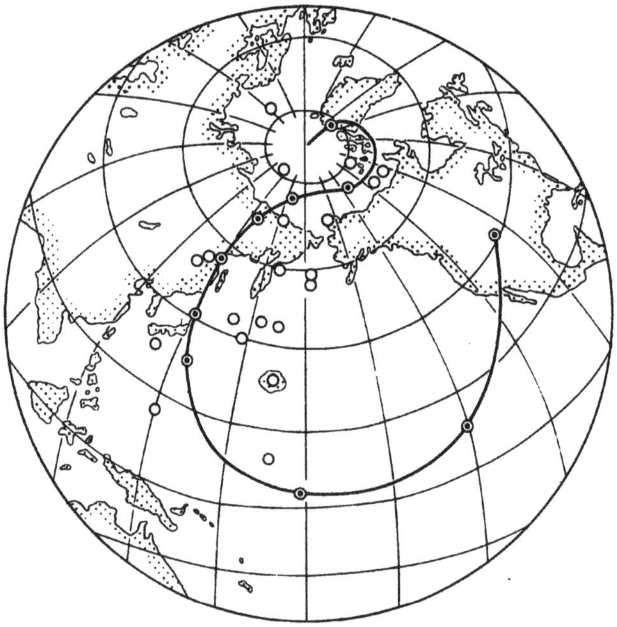

Abb. 4. Position des magnetischen Nordpols bei verschiedenen geologischen Epochen nach paläomagnetischen Forschungsunterlagen sowjetischer (○) bzw. europäischer (⊙) Wissenschaftler

bis zum Tertiär (Neogen und Pliozän) gesammelt. Auf Grund der paläomagnetischen Hypothese wurde die Position magnetischer Pole verschiedener geologischer Epochen bestimmt. Die Ergebnisse solcher Bestimmungen sind in der Tabelle und in Abb. 4 wiedergegeben. Die Abb. 4 stellt eine stereographische Projektion der Erdkugel dar, auf der die Polposition nach sowjetischen und (west-)europäischen Quellen eingetragen ist.

Jede Polbestimmung erfolgte nach Messungen an Dutzenden von Gesteinsproben. Für die erhaltenen Mittelwerte wurde nach Fischer [15] der Fehler abgeschätzt. Dieser wird durch den Radius des Konfidenzkreises ausgedrückt.

Aus Ergebnissen dieser Bestimmungen ergab sich, daß innerhalb des Konfidenzkreises die Polposition einer jeden geologischen Epoche übereinstimmt. Gleichfalls stimmt in einer großen Zahl von Fällen die Polarität von Gesteinen gleichen Alters überein. Hier ist es allerdings schwierig, irgendwelche Schlüsse zu ziehen, weil die Genauigkeit, mit welcher das Alter von Gesteinen bestimmt wird, noch nicht ausreichend ist.

Außer Chramov beschäftigten sich Kočegura und Šolpo aus den Instituten VSEGEL und LGU [31] und Linkova (LGU) [34] mit der Polbestimmung und Gesteinspolarität.

Tabelle

Ergebnisse paläomagnetischer Untersuchungen in der UdSSR

Beobachter (Autor)	Herkunft der Proben	Position des Untersuchungsgebietes φ	λ	Untersuchte Gesteine	Richtung des Magnetisierungsvektors D	I	Position des Nordpols φ	λ
				Quartär				
AKOPJAN, C. G.	Armenische SSR	44	40	Vulkanische Tuffe	353	48	77	259
		45	40	Dazite, Andesit	8	44	15	178
		45	40	Andesite, Basalte	3	44	16	214
POSPELOVA, G. A.	Armenische SSR	40	45	Dazite, Andesite	192	—45	16	194
		40	45	Tuffe, Andesite	0	58	88	226
POSPELOVA, G. A.	Kurilen	49	154	Basalte	345	63	80	245
CHRAMOV, A. N.	West-Turkmenien	39	53	Grau-Tone	11	54	81	166
				Tertiär				
CHRAMOV, A. N.	West-Turkmenien	39	55	Grau-Tone, Olevrolite	183	—30	73	225
		39	54	Toter Ron	14	31	69	196
		39	55	Braun-Tone	34	44	60	158
CHRAMOV, A. N.	Azerbajdzan-SSR	40	50	Tone	4	46	15	198
AKOPJAN, C. G.	Armenische SSR	40	44	Andesite	14	43	67	186
		45	50	Andesite	3	36	71	217
		44	40	Granodiorite	16	31	66	185
		44	40	Porphyrite	30	39	58	162
CHRAMOV, A. N.	Kamtschatka	55	15	Basalte	—16	65	77	40
KOČEGURA, V. V.	Jusnoje Primorje			Basalte			83	132
KOČEGURA, V. V.	Kamtschatka			Basalte			83	312
VALIJEV, A. A.	Nord-Fergana	41	71		1	44	15	248
		41	71		4	38	69	238
		41	71		2	40	71	257
		41	71		4	31	66	259
		41	71		10	42	11	222
GUS'KOVA, E. G.	Ost-Turkmenien	36	62	Sandsteine, Tone	22	50	10	12
				Jura				
AKOPJAN, C. G.	Armenische SSR	46	39	Porphyrite	61	58	43	155
		46	39	Porphyrite	43	53	56	136
		46	32	Porphyrite	49	71	57	161
CHRAMOV, A. N.	West-Turkmenien	40	54	Graue Levrol., Mergel	30	40	60	167
				Perm				
CHRAMOV, A. N.	Kujbyschev-Gebiet	56	52	Rote Tone, Mergel	43	40	45	170
		57	55	Rote Tone, Mergel	223	—27	52	170
				Trias				
CHRAMOV, A. N.	Kujbyschev-Gebiet	56	52	Rote Tone, Sandsteine	208	—60	58	183
	Leningrad-Gebiet	59	34	Rote Tone	215	—45	49	161
KOMAROV, A. G.	Ost-Sibirien	63	114	Trappen	179	87	59	114
MAKAROVA, V. V.	Tangusskafluß-becken	60	88	Trappen	90	71	48	148
				Devon				
IVANOV, N. A.	Nord-Ural	60	61	Bauxit	24	10	35	147
LINKOVA, T. I.	Nordwesten der UdSSR	59	34	Rote Tone, Sandsteine	221	—16	40	158
		59	34	Rote Tone, Sandsteine	95	44	28	158

Tabelle (Fortsetzung)

Ergebnisse paläomagnetischer Untersuchungen in der UdSSR

Beobachter (Autor)	Herkunft der Proben	Position des Unter-suchungs-gebietes		Untersuchte Gesteine	Richtung des Magne-tisierungs-vektors		Position des Nordpols	
		φ	λ		D	I	φ	λ
				Silur				
Komarov, A. G.		67	66	Peridotite	98	38	16	140
				Untersilur (Ordovizium)				
Komarov, A. G.		51	29	Basalte	75	56	21	153
		62	59	Braunschiefer	249	— 7	18	169
Chramov, A. N.		59	60	Rote Tone, Braun-Sandstein	53	—57	45	163

In der Arbeit [31] werden die effusiven Gesteine des Neogens im Gebiet des Jušnoje Primorje untersucht. Es handelt sich um Lavamassen des Basalts mit gut ausgeprägten magnetischen Eigenschaften. Die Gesteinsproben (30—40 aus dem gleichen Fundort) wurden aus zwanzig verschiedenen Orten des Landes entnommen. Die Untersuchungen ergaben, daß die Neogenschichten dieser Gebiete abwechselnd normal und invers magnetisierte Horizonte aufweisen. Ein gleiches Ergebnis stellte Chramov für Sedimentgesteine gleichen Alters fest, deren Lagerungsort sich 5000 km entfernt an der wesentlichen Grenze des asiatischen Kontinents befand.

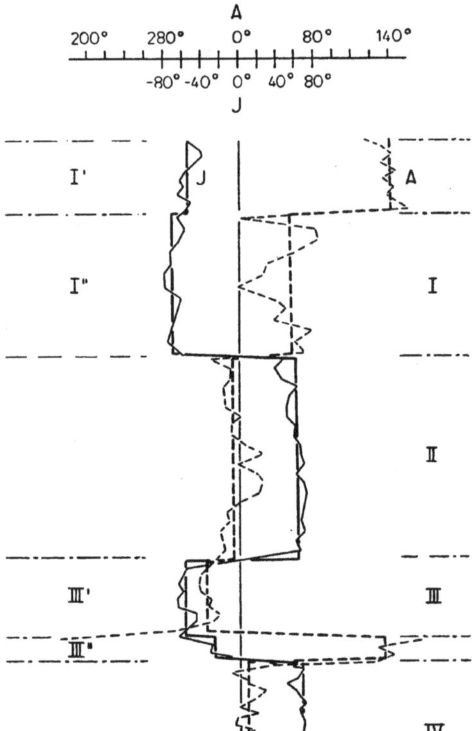

Abb. 5. Magnetisierungsrichtungen der Lavagesteine im Gebiet von Juschnoje Primorje bei verschiedenen Einlagerungstiefen

In Abb. 5 ist die Änderung der Inklination und des Azimutes A (der Deklination) des Magnetisierungsvektors in Abhängigkeit von der Einlagerungstiefe des untersuchten Gesteins wiedergegeben. Abb. 5 ist mit Abb. 2 indentisch und zeigt deutlich eine Unterteilung des Basaltmassivs in einzelne Horizonte I—IV mit wechselnder Magnetisierungsrichtung. Der I. und der III. Horizont sind nach Abb. 5 noch einmal in zwei Schichten unterteilt. Während die Inklination I in diesen Schichten sich kaum ändert, verändert sich der Azimut A um mehr als 100°.

Für den oberen Teil des ersten Horizontes ergeben sich folgende Polkoordinaten: $\varphi = 77°$, $\lambda = 168°$ und für den unteren Teil: $\varphi = 20°$, $\lambda = 81°$. Die erste Bestimmung entspricht etwa der heutigen Polposition, die zweite jedoch stimmt mit keiner für das Neogen durchgeführten Positionsbestimmung überein.

Das Alter der gesamten Basalteinlagerung wurde aus paläomagnetischen Untersuchungen unterhalb und oberhalb der Sedimentschicht ermittelt. Eine Altersbestimmung einzelner Basalthorizonte (I—IV) war jedoch nicht möglich. Aus diesem Grunde ließ sich die Dauer der Effusion einzelner Horizonte nicht feststellen. Deshalb darf die Mächtigkeit eines jeden Horizontes nicht proportional der Veränderungszeit (der Effusion) des Lavastromes angenommen werden. Die Entstehungszeit des schwächeren Teilhorizontes I′ kann größer sein als eine solche des Teilhorizontes II″. Man könnte sich die Horizontbildung in der kurzen Zeitspanne einer Epoche der Feldinversion vorstellen, und dieser Horizont weist Spuren dieser Epoche auf. Das gleiche gilt für die beiden Teilhorizonte III′ und III″. Hier unterscheiden sich die Inklinationswerte nahezu um das Doppelte voneinander, während die Azimute nahezu entgegengesetzt orientiert sind.

Die Arbeit von Linkova ist deshalb interessant, weil in dieser die Existenz von Gesteinen des Devons mit direkter (normaler) und inverser Magnetisierung nachgewiesen wurde. Bisher war diese Frage umstritten, denn nach Unterlagen der meisten nicht sowjetischen Forscher waren die Gesteine des Devons stets invers magnetisiert. In den Fällen, bei denen die Normalorientierung beobachtet wurde, traten Zweifel über die Zugehörigkeit der betreffenden Gesteine zum Devon auf. In der Arbeit von Linkova war das Alter der Ablagerungen, aus denen die Proben entnommen wurden, gut aus früheren paläontologischen Untersuchungen bekannt. Daher konnten keine Zweifel darüber aufkommen, daß die betreffenden Gesteine zum Devon bzw. zu verschiedenen Horizonten des Devons gehörten.

Das Gebiet, aus welchem die Proben entnommen wurden, erstreckt sich zwischen 55° bis 60° und 45° bis 70° östlicher Länge. Dieses Gebiet stellt den nordwestlichen Teil der Russischen Platte dar, die dem oberen Devon zugeordnet wird.

Die Untersuchungen ergaben, daß der oberste Teil des Devons, d. h. der mittlere Teil der Stufe von Fransk invers magnetisiert, ist während die Gesteine des oberen Teils und der Stufe von Famensk sowohl direkt als auch invers magnetisiert sind.

Die Polposition, die nach den direkt (N) bzw. invers (R) magnetisierten Gesteinsproben errechnet wurde, stimmt gut überein.

$$\text{Für } R\colon \varphi = 28\ {}^\circ\text{N};\ \lambda = 158\ {}^\circ E$$

$$\text{für } N\colon \varphi = 40\ {}^\circ N;\ \lambda = 158\ {}^\circ E$$

Creer, Irving und Runcorn[1]) erhielten für das Devon aus invers magnetisierten Gesteinsproben folgende Polkoordinaten:

$$\varphi = 30\ {}^\circ\text{N};\ \varepsilon = 145\ {}^\circ\text{E}\,.$$

Diese stimmen mit den oben angegebenen gut überein. Die oben besprochenen Arbeiten sind nur im Zusammenhang mit allgemeinen Problemen des Paläomagnetismus (Bestimmung des Magnetfeldes früherer Epochen) von Interesse. Von Bedeutung sind auch solche Fragen, wie magnetische Stabilität und Inversion des magnetischen Erdfeldes. In weiteren Ausführungen wird dargelegt, wie diese Fragen in der UdSSR gelöst werden.

STABILITÄT VON GESTEINEN

Das Problem der Gesteinsstabilität soll mittels des Experiments in der Weise gelöst werden, daß bestimmte magnetische Parameter, genannt Stabilitätskriterien der Gesteinsmagnetisierung, ermittelt werden. Mit Hilfe dieser Parameter müßte es möglich sein zu beurteilen, ob das betreffende Gestein trotz andauernder Einwirkung des magnetischen Erdfeldes, der Temperatur und anderer physikalischer und chemischer Faktoren seine ursprüngliche Magnetisierung aufrecht erhalten konnte.

Die Ermittlung und die theoretische Begründung von Stabilitätskriterien gehören zu den bedeutendsten Fragen des Paläomagnetismus, die trotz vieler Bemühungen bis heute noch nicht gelöst sind.

---

[1]) Creer, K. M., Irving, E., Runcorn, S. K., J. Geomagn. Geoelectr. Kyoto 6, 163 (1954) (Ergänzung der Bearbeiter).

Die Schwierigkeit besteht darin, daß es nicht möglich ist, ein Experiment durchzuführen, das die Zeitläufe von zehn und hundert Millionen von Jahren, während die Gesteine ihre remanente Magnetisierung beibehalten haben konnten, nachzubilden gestattet.

Bei der Vorbereitung und Durchführung von Laborversuchen wird dem Begriff „Stabilität" manchmal ein anderer unzutreffender Sinn beigegeben.

Man kann unter diesem Begriff die Stabilität allen Einflüssen gegenüber verstehen, die auf das Gestein während seiner gesamten Existenzzeit einwirkten. Ein solches Stabilitätskriterium, das durch ein oder zwei Parameter ausgedrückt ist, läßt sich gegenwärtig nicht finden.

Wird andererseits die Stabilität als Beständigkeit des Gesteins bestimmten äußeren Einflüssen gegenüber definiert, so würden die entsprechenden Parameter für andere Einflüsse nicht mehr gelten.

Daraus erklärt sich die Tatsache, daß wir bisher keine Parameter besitzen, die uns mit ausreichender Sicherheit gestatten würden zu behaupten daß die beobachtete Gesteinsmagnetisierung völlig oder zum Teil die Größe aufweist, die zur Zeit ihrer Entstehung vorhanden war.

Es ist daher erforderlich, endgültig festzulegen, daß der Begriff „Stabilität" nur jeweiligen Untersuchungsbedingungen zugeordnet werden darf. Solange keine neuen Parameter festgelegt werden, die einen bestimmten Komplex von Erscheinungen eindeutig abgrenzen, müssen diese jeweiligen Untersuchungsbedingungen besonders angegeben werden.

Experimentell wurde nachgewiesen, daß die remanente Magnetisierung ferromagnetischer Stoffe sich unter dem Einfluß fremder magnetischer (Gleich- und Wechsel-)Felder, elastischer Deformationen, der Temperatur sowie chemischer und mineralogischer Stoffveränderungen und infolge von Relaxationserscheinungen im Stoffinneren verändern kann. Diese Änderung äußert sich als „zähe Magnetisierung". Daher kann die Stabilität als Beständigkeit eines Stoffes gegen die Einwirkung eines jeden einzelnen der genannten Faktoren definiert werden und ihre besondere Eigenart aufweisen. So kann als Stabilitätskriterium eines Stoffes gegen die Einwirkung von Magnetfeldern und elastischen Deformationen bei geringen Temperaturänderungen die Koerzitivkraft H_c bzw. die ihr analoge Größe — das Entmagnetisierungsfeld H_c' — dienen. Es wird dabei angenommen, daß die Magnetisierung des Stoffes im Sättigungsfeld oder in einem äquivalenten Feld als ideale bzw. thermische Magnetisierung erfolgt ist. Aber auch in diesem Falle garantiert die Koerzitivkraft allein nicht, daß nach der Einwirkung eines starken Feldes die remanente Magnetisierung stabil bleibt. Um dies zu erreichen, ist bekanntlich erforderlich, den ferromagnetischen Stoff in einem bis auf Null abnehmenden Wechselfeld teilweise zu entmagnetisieren. Will man nun feststellen, ob die Magnetisierung einer Gesteinsprobe in diesem Sinne stabil ist, so wird man auf die Probe ein Wechselfeld einwirken lassen. Die bisherigen Ausführungen beziehen sich auf die aus industriellen Magnetstählen hergestellten Permanentmagnete. Sie gelten jedoch auch für beliebige Gesteine.

Es hat daher wenig Zweck, theoretisch und experimentell nachweisen zu wollen, daß die Koerzitivkraft bzw. das Entmagnetisierungs-(Zerstörungs-)Feld als Stabilitätskriterium im obigen Sinne begründet ist. Von Interesse ist lediglich die Frage nach dem minimalen Wert der Koerzitivkraft, bei dessen Überschreiten die Gesteinsproben als stabil angesehen werden können.

Die Stabilität allen übrigen Faktoren gegenüber (Relaxationszeit und chemischen bzw. mineralogischen Veränderungen) ist wesentlich anders geartet. Das entsprechende Stabilitätskriterium ergibt sich aus der Änderungsart von I_n unter dem Einfluß der genannten Faktoren. Leider sind wir noch weit davon entfernt, die Gesetzmäßigkeit dieser Änderungen zu kennen, um entsprechende Stabilitätskriterien aufstellen zu können.

Bei Relaxationsvorgängen, zu denen wahrscheinlich die magnetische Zähigkeit gehört, dürfte folgendes logarithmisches Gesetz gelten:

$$I = \varkappa \cdot H\,(1 - e^{-t/T})$$

($\varkappa$ — magnetische Suszeptibilität, T — Relaxationszeit). Wir kennen jedoch weder die Abhängigkeit der Zeit T von den bekannten Parametern wie Koerzitivkraft, magnetische Suszeptibilität, Temperatur usw. noch den numerischen Wert von T der Gesteine.

Die Untersuchung der Gesteinsstabilität soll daher sich hauptsächlich auf die Erforschung zeitlicher Änderungen der Magnetisierung bzw. auf die Klärung der Ursachen für solche Änderungen und in erster Linie auf die Erforschung der magnetischen Zähigkeit konzentrieren.

THEORETISCHE BEGRÜNDUNG DER „STABILITÄT“

Die heutige Theorie des Ferromagnetismus erlaubt wenigstens qualitativ, fast alle Erscheinungen und Gesetzmäßigkeiten zu erklären, die mit den Magnetisierungs- und Entmagnetisierungsvorgängen zusammenhängen. Diese werden nicht allein durch Einwirkung von Gleich- bzw. Wechselfeldern auf ein Ferromagnetikum, sondern auch von solchen Faktoren wie Temperatur und elastische Spannungen hervorgerufen. Die remanente Magnetisierung resultiert aus der Einwirkung aller dieser Faktoren. Ihr Verschwinden müßte eine Folge der Entmagne-

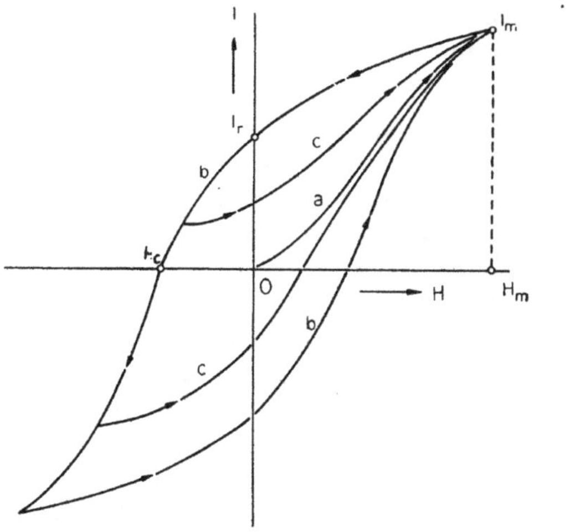

Abb. 6. Hysteresiskurven eines Ferromagnetikums

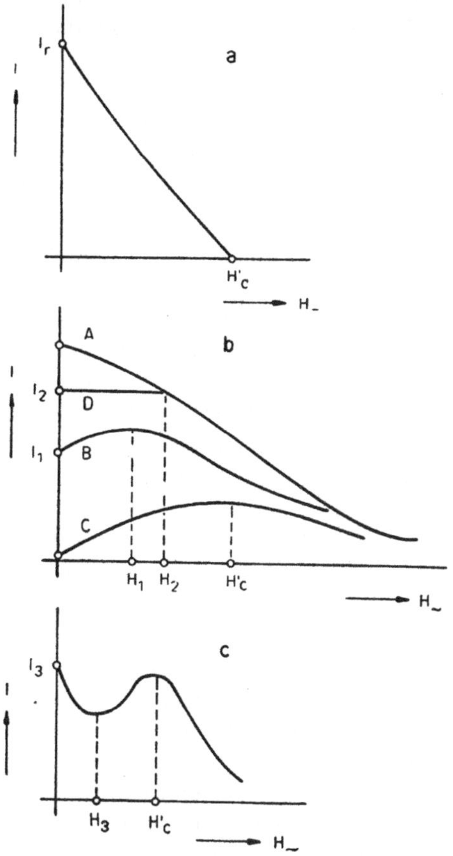

Abb. 7. Abhängigkeit der remanenten Magnetisierung von der Größe des entmagnetisierenden Gleichfeldes (a) bzw. von der Anfangsamplitude des Wechselfeldes (b) und (c)

tisierung sein. Es scheint, als ob die Theorie des Ferromagnetikums Aufschluß darüber geben kann, bei welchen Bedingungen die remanente Magnetisierung unbestimmt lange Zeit erhalten bleibt. Die Theorie gibt darüber Aufschluß, doch unter der Bedingung, daß das Ferromagnetikum seine Struktur nicht ändert, das heißt, in diesem weder chemische noch Phasenveränderungen vor sich gehen. Nur dann sind wir in der Lage festzustellen, daß das betreffende Ferromagnetikum „stabil“ ist, und auch anzugeben, wie stark sich die ursprüngliche Magnetisierung verändert hat. Als Beispiel können Arbeiten von Thellier dienen [57]. Als Untersuchungsobjekt dienten bei ihm Ziegel uralter Bauwerke und Tongefäße aus vergangenen Jahrhunderten. Man brauchte nicht zu befürchten, daß die Proben irgendwelche chemische oder strukturelle Veränderungen erlitten haben, so daß in diesem Fall die Theorie des Paläomagnetismus und ihre Gesetze uneingeschränkte Gültigkeit hatten. Thellier war in der Lage, stabile Proben zu untersuchen und eine Methode auszuarbeiten, die eine Wiederherstellung der ursprünglichen Magnetisierung der Probe („Probenreinigung") ermöglichte. Die Zuverlässigkeit dieser Methode läßt sich schwer anfechten.

In zahlreichen Fällen braucht man bei einer Analyse der remanenten Magnetisierung (I_n) bzw. der induzierten Gesteinsmagnetisierung (I_i) nicht auf die Theorie des Ferromagnetismus zurückzugreifen. Es ist ausreichend, die Magnetisierungskurve einer Probe zu kennen (Abb. 6). Eine solche Kurve veranschaulicht graphisch die Magnetisierungsgesetze.

Bereits im Jahre 1929 wies der Verfasser nach, daß die sogenannte ideale Magnetisierungskurve keine besondere Magnetisierungsform darstellt, sondern beim Durchlaufen der üblichen Hysteresezyklen entsteht und vorhergesagt werden kann [25]. Zur Erklärung des Hysteresezyklus wird die Strukturtheorie eines Magneten herangezogen. Die Magnetisierungsgesetze erlaubten dem Verfasser, nicht nur das Stabilitätskriterium für industrielle Permanentmagnete festzulegen, sondern darüber hinaus auch eine Methode anzugeben, diese Magnete in den stabilen Zustand zu überführen [24], [26]. Eine solche Analysiermethode erlaubt es, das Ergebnis komplizierter Magnetisierung für verschiedene Fälle vorherzusagen, wenn z. B. auf eine Probe gleichzeitig oder nacheinander magnetische Gleich- bzw. Wechselfelder einwirken. Hierzu einige Beispiele (Abb. 7 bis 11). Abb. 7 zeigt die unterschiedliche Wirkung des Gleich- bzw. Wechselfeldes veränderlicher Intensität auf die remanente Magnetisierung.

1. Die Probe ist im Feld H_m magnetisiert, weist eine remanente Magnetisierung I_r auf und wird im Feld H_1 entmagnetisiert (Abb. 8). Nach Abschalten des Feldes H_1 verringert sich die remanente Magnetisierung bis auf den Wert I_1. Bei einer Entmagnetisierung im Wechselfeld, dessen Intensität sich allmählich bis auf Null abschwächt, verändert sich als Folge der Hysteresis die Magnetisierung nach Abb. 8. Der Endwert der remanenten Magnetisierung I_1' ist wesentlich höher als der AnfangswertI_1.
2. Die Probe ist im Gleichfeld H_1 teilweise bis zum Wert I_1 entmagnetisiert und kommt unter die Einwirkung eines Wechselfeldes. Nach Abb. 8 wird die remanente Magnetisierung bei einer Anfangsamplitude des Wechselfeldes $H \sim < H_1$ abnehmender Amplitude größer als I_1. Sie erhöht sich mit größer werdender Amplitude und erreicht bei einer Anfangsamplitude $H \sim = H_1$ den Wert I_1'. Bei weiterer Vergrößerung der Anfangsamplitude des Wechselfeldes verringert sich die Magnetisierung wieder. Die Kurve B in Abb. 7b zeigt die Abhängigkeit der Magnetisierung I von der Anfangswechselamplitude $H \sim$.
3. Die Probe ist durch das Feld H_c' vollkommen entmagnetisiert (Abb. 7a) und wird anschließend in ein Wechselfeld gebracht, dessen Amplitude abnimmt. Das ist ein Sonderfall des vorhergehenden Beispiels; denn solange die Anfangsamplitude des Wechselfeldes den Wert H_c' nicht übersteigt. erhöht sich I von Null bis zu einem Wert I_2, der von der Form der H_c Hysteresekurve abhängt (Bild 9). Die Kurve C in Abb. 7b zeigt die Abhängigkeit der remanenten Magnetisierung I von $H \sim$ im Falle einer völlig entmagnetisierten Probe.
4. Eine Probe, die teilweise durch das abschwächende Wechselfeld $H \sim$ bis zum Wert I_2 entmagnetisiert ist, wird auch weiterhin vom gleichen Feld beeinflußt. Abb. 10 zeigt den Verlauf von Entmagnetisierungskurven unter dem Einfluß des Wechselfeldes. Die Größe bleibt unverändert, wenn die Anfangsamplitude des Wechselfeldes $H \sim$ kleiner bleibt als H_2. Bei weiterer Vergrößerung der Wechselamplitude ($H \sim > H_2$) verringert sich die Magnetisierung (Kurve D in Abb. 7b).
5. Die Probe ist durch das Gleichfeld H_c' völlig entmagnetisiert (Abb. 11). Danach wird die Probe im Gleichfeld $H_3 < H_c'$ bis zum Wert I_3 magnetisiert. Abschließend folgt die Entmagnetisierung im Wechselfeld $H \sim$ abnehmender Amplitude. Für $H \sim < H_3$ verringert sich die remanente Magnetisierung unter dem Wert von I_3. Für $H_c' > H \sim > H_3$ (ge-

strichelte Kurve in Abb. 11) vergrößert sich die Magnetisierung über den Wert von I_3 (Abb. 7c). Das Maximum von I wird bei einer Wechselfeldamplitude $H \sim = H_c'$, das Minimum $H \sim = H_3$ erreicht

Es ließen sich noch weitere Beispiele für verschiedene Magnetisierungsfälle anführen, doch bereits aus dem Besprochenen kann man sich die Magnetisierungsvorgänge bei Einwirkung von Gleich- bzw. Wechselfeldern vorstellen.

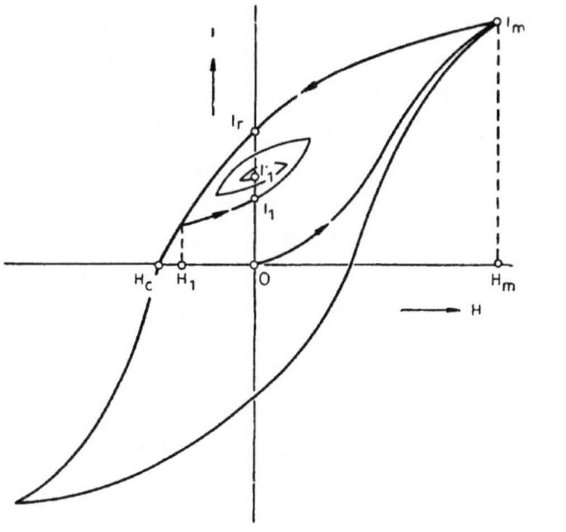

Abb. 8

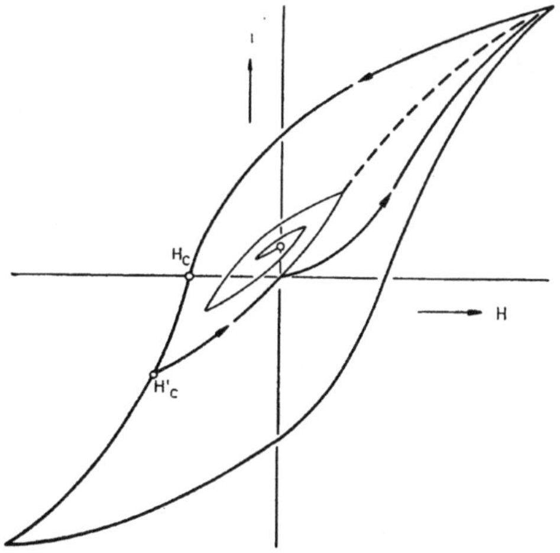

Abb. 9

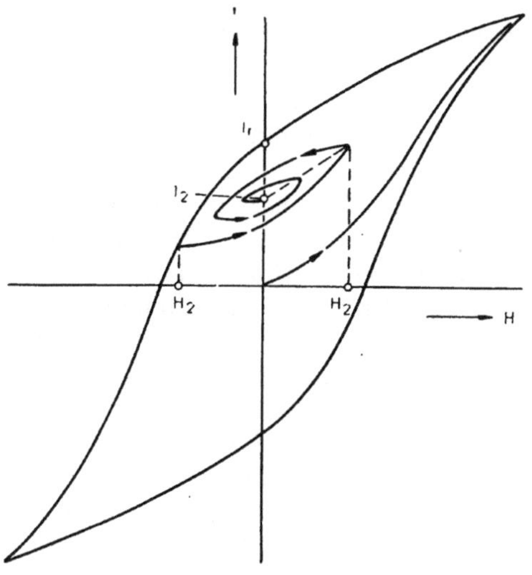

Abb. 10

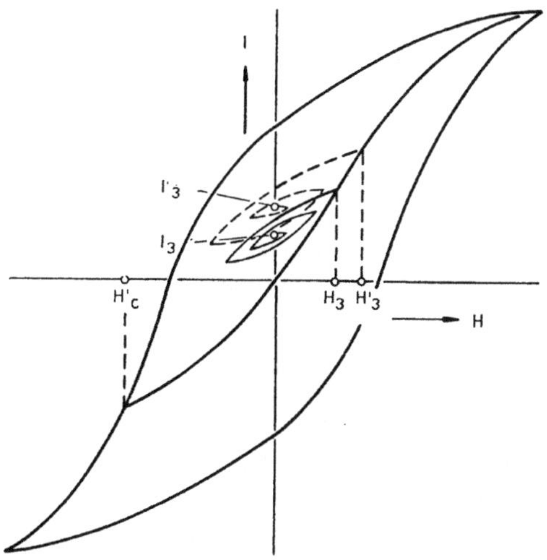

Abb. 11

Die mechanischen Einwirkungen (Vibrationsschläge, Kompression bzw. Dilatation) auf eine Probe mit remanenter Magnetisierung äußern sich ähnlich wie das abnehmende Wechselfeld. Die Beständigkeit (Stabilität) der Probe gegen mechanische Einwirkungen ist die gleiche wie gegenüber den Wechselfeldern. Die nicht allzu starken Temperaturänderungen im Bereich von einigen Hundert Grad haben die gleiche Wirkung wie ein schwaches Gleichstromfeld, und die thermische Stabilität ist angenähert dieselbe, wie eine solche den Gleichfeldern gegenüber.

Die in Abb. 7 dargestellte theoretische Abhängigkeit der remanenten Magnetisierung vom magnetisierenden Feld wird experimentell voll bestätigt [27].

Solche Experimente wurden an verschiedenen ferromagnetischen Proben (pulvrigen Magnetit-, Hämatit-, Pyroxen-, Stahl- und Basaltproben) durchgeführt. Die Proben wiesen isotherme Magnetisierung auf und wurden mit Gleichstrom entmagnetisiert. In einem magnetischen Gleichfeld von etwa 150 Oe. wurde die remanente Magnetisierung I_0 erreicht. Anschließend wurden die Proben von einem Gleichfeld entgegengesetzter Polarität beeinflußt, dessen Stärke bis zum Wert von H_c' erhöht wurde. Die resultierende remanente Magnetisierung sank dabei auf etwa Null ab. Danach wirkte auf die Proben ein Wechselfeld. Bei einer Erhöhung von $H \sim$ findet eine Wiederherstellung der Magnetisierung bis zu 0,24 bis 0,27 I_0 statt. Der Abszissenwert von $H \sim_{\max}$ ist etwas geringer als der H_c'-Wert der betreffenden Probe (Abb. 12). Zur völligen Wiederherstellung der isothermen Anfangsmagnetisierung wurde die Probe gealtert und im Gleichfeld H_c bis zum Gleichgewichtszustand aufmagnetisiert. Dei Alterung bestandin der teilweisen Entmagnetisierung der Proben im Wechselfeld H_c° bis zum Wert I_1. Dort, wo H_c' nicht höher als das war vorherige Entmagnetisierungsfeld, gelang die Wiederherstellung von I_1 bei einer Erhöhung von $H \sim_{\max}$ vollständig. Bei $H_c \ll H \sim$ blieb der Wert von I_1 nach seiner Wiederherstellung unverändert, bis $H \sim_{\max}$ den Wert von $H \sim$ rereicht hat. $H \sim$ ist das „Alterungsfeld" bei der isothermen Magnetisierung. Beispiele eines solchen Verhaltens sind in Abb. 13 dargestellt. Man erkennt, daß für Wolframstahl und Hämatit es unwesentlich ist, bis zu welchem Wert die Magnetisierung der Probe im umgepolten Feld erfolgt ist. Es darf lediglich der Wert $H \sim$ nicht überschritten werden.

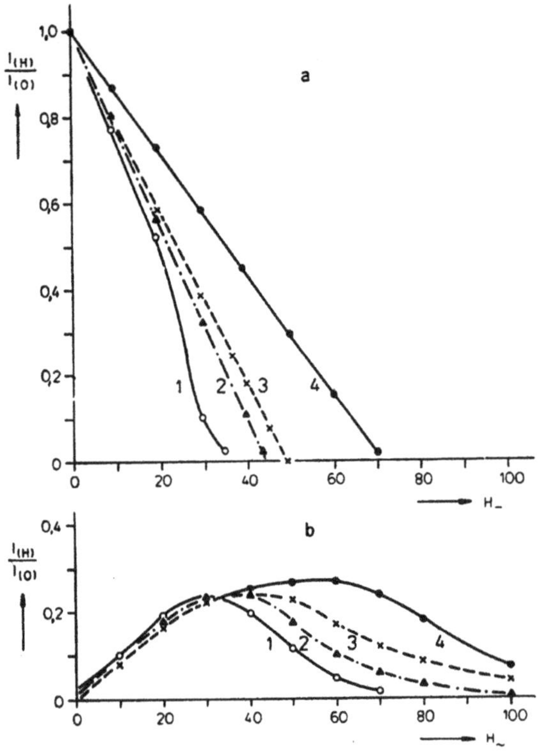

Abb. 12. Entmagnetisierung ferromagnetischer Proben im Gleichfeld (a) mit nachfolgender Entmagnetisierung im Wechseleld (b). Die fermanente Anfangsmagnetisierung wurde in einem Feld von $H = 140$ Oe erhalten (1 — Stahl, 2 — Magnet, 3 — Pyrrotin, 4 — Hämatit)

Eine Magnetitprobe, deren Entmagnetisierungsverlauf in Abb. 14 dargestellt ist, wurde wie folgt vorbehandelt. Im Gleichfeld von $H = 135$ Oe wurde die Probe isothermisch vormagnetisiert mit nachfolgender Entmagnetisierung in einem Feld von $H_c = -45$ Oe. In diesem Zustand wurde die Probe mit einem Feld von $H_c = 15$ Oe in Richtung der ursprünglichen Magnetisierung beeinflußt. Die resultierende Magnetisierung betrug ca. 0,2 I_0.

Eine Wolframprobe (Abb. 15) wurde in einem Feld von $H = 140$ Oe isothermisch magnetisiert und danach im Feld von 50 Oe teilweise entmagnetisiert. Die resultierende Magnetisierung betrug I_1. Das Gleichfeld $H_c = 50$ Oe umgekehrte Polarität hat die Probe bis zu einem bestimmten negativen Wert ummagnetisiert. In einem Wechselfeld von $H \sim = 10$ Oe wurde dieser Wert auf I_2 reduziert. Danach bewirkte das direkt gerichtete Gleichfeld $H_c'' = 10$ Oe eine Verringerung der summarischen Magnetisierung bis auf Null. Die Probe kehrte in ihren Gleichgewichtszustand zurück, doch auf komplizierterem Wege als eine einfache Ummagnetisierung. Die Entmagnetisierungskurve in Abb. 15 spiegelt diesen Weg wider. Die gleiche

Kurve ermöglicht außerdem eine Analyse der beobachteten (natürlichen) Gesteinsmagnetisierung zur Feststellung ihrer Vorgeschichte. Die Frage lautet, ob und wie oft die Gesteine während ihrer Existenz von Gleich- und Wechselfeldern oder anderen Faktoren beeinflußt wurden. Für eine solche Analyse werden die unter natürlichen Verhältnissen magnetisierten Gesteinsproben in einem Wechselfeld mit wachsender Intensität entmagnetisiert.

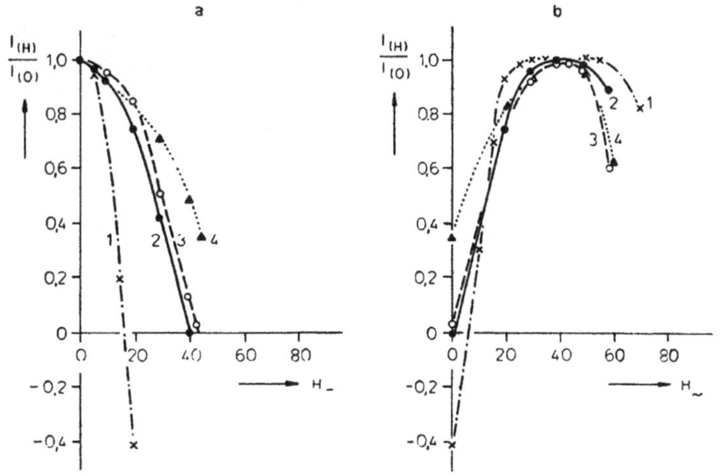

Abb. 13. Entmagnetisierung ferromagnetischer Proben im Gleichfeld (a) mit nachfoldender Entmagnetisierung im Wechselfeld (b). Die Proben 1, 2, 3 wurden in einem Wechselfeld von $H \sim 0 = 50$ Oe, die Probe 4 von $H \sim 0 = 70$ Oe gealtert (1 — Wolframstahl, 2 — Magnetit, 3 — Pyrrotin, 4 — Hämatit)

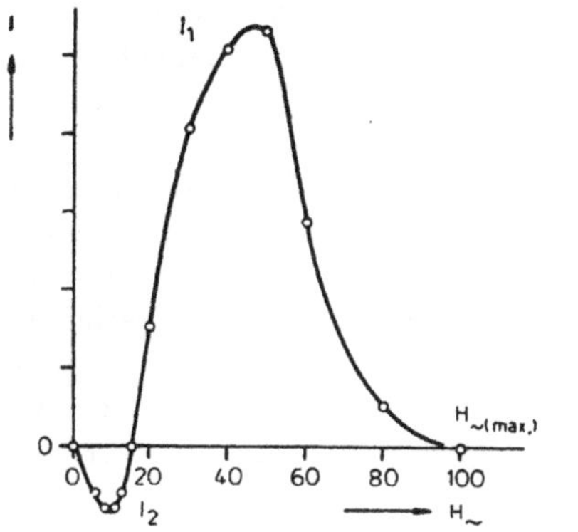

Abb. 14. Entmagnetisierungskurve einer Magnetitprobe, deren remanente Magnetisierung durch abwechselnde Einwirkung von Gleichfeldern: 150 Oe, — 45 Oe, 15 Oe erhalten wurde

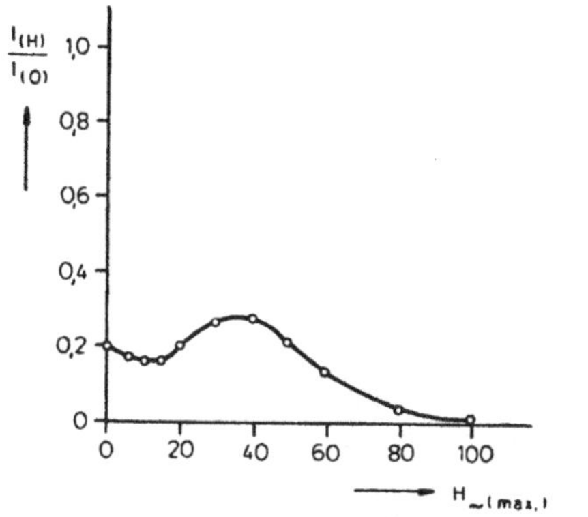

Abb. 15. Entmagnetisierung einer im magnetischen Gleichgewicht befindlichen und im Wechselfeld gealterten Wolframprobe durch ein Gleichfeld unterschiedlicher Intensität und Vorzeichen

Experimentelle Bestätigung der magnetischen Stabilität und der inversen Magnetisierung von Gesteinen

Viele Forscher haben aus naheliegenden Gründen versucht, die für permanente Magnete festgelegten Stabilitätskriterien (Koerzitivkraft H_c und reversible Suszeptibilität $\varkappa$) auf die Gesteine zu übertragen. Es sei in diesem Zusammenhang auf umfangreiche Untersuchungen von PETROVA hingewiesen (45, 46].[4]) Sie verglich die remanente Magnetisierung von solchen Gesteinen verschiedenen Alters miteinander, bei denen angenommen werden konnte, daß ein Teil ihrer ursprünglichen Magnetisierung erhalten blieb. Sie kam zu dem Schluß, daß als

[4]) Siehe auch [47] (Anm. der Bearbeiter).

Stabilitätskriterium die Größe des „Zerstörungsfeldes" H_c' (bzw. der Koerzitivkraft) dienen kann. Das Zerstörungsfeld (dieser Begriff stammt von E. Thellier) wird statt der Koerzitivkraft deshalb angenommen, weil bei schwach-magnetischen Gesteinen dieses leichter experimentell bestimmt werden kann.

Minimaler Wert des Zerstörungsfeldes, bei dem das Gestein als stabil angesehen werden darf, beträgt nach Petrova 30—40 Oe. Mit diesen Ergebnissen könnte man einverstanden sein, wenn die Gesteine keine magnetische Zähigkeit aufweisen würden. Diese bewirkt eine mögliche Änderung der Koerzitivkraft im großen Bereich, was zu einer Änderung der Gesteinsstabilität führen muß.

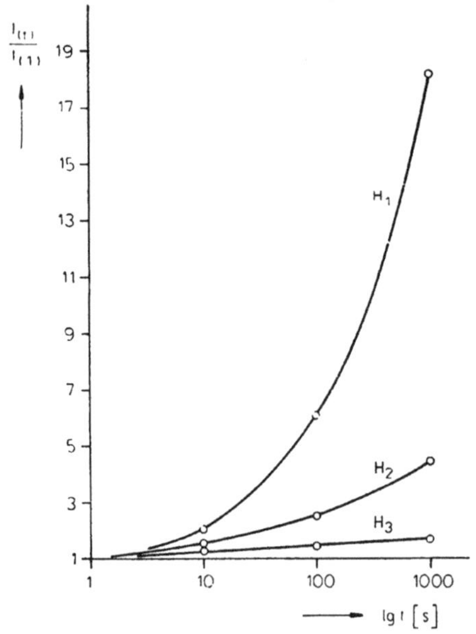

Abb. 16. Abhängigkeit der relativen magnetischen Zähigkeit von der Größe des Magnetisierungsfeldes und der Dauer der Feldeinwirkung bei Basaltproben
$H_1 = 3$ Oe, $H_2 = 9$ Oe, $H_3 = 15$ Oe

Die Erforschung der magnetischen Zähigkeit von Gesteinen gehört zu den bedeutendsten Aufgaben des Paläomagnetismus der Gegenwart. Bei der Analyse von Ergebnissen (Abb. 5) war wichtig festzustellen, in welchem Maße die magnetische Zähigkeit von Basalten, aus denen Lavamassen bestehen, die Größe der resultierenden Magnetisierung beeinflußt. Zu diesem Zwecke führte Janovsky zusammen mit Šolpo Untersuchungen durch [27], deren interessante Ergebnisse in Abb. 16 und 17 wiedergegeben sind. Aus diesen Bildern erkennt man eindeutig eine Abhängigkeit der relativen zähen Magnetisierung $I(t)/I_1$ der Basalte vom Logarithmus der Zeit. I_1 ist die zähe Magnetisireung (zusätzliche Magnetisierung zu der bereits vorhandenen remanenten Magnetisierung) bei einer Wirkungsdauer des Feldes von einer Sekunde.

In Abb. 16 ist eine solche Abhängigkeit für eine der Basaltproben für verschiedene Feldstärken (3, 9, 15 Oe) dargestellt. Leider dauerte unter den Bedingungen des Experiments die maximale Feldeinwirkung nur 0,001 s. Doch auch diese Zeit reichte aus, um eine starke Erhöhung der Magnetisierung zu beobachten. Diese lag noch weit unterhalb der Sättigung. Je geringer daher das wirksame Feld, desto höher ist die magnetische Zähigkeit einer Gesteinsprobe.

In Abb. 17 ist die gleiche Abhängigkeit für verschiedene Basaltproben wiedergegeben. Bei einem Gleichfeld von 28 Oe wurde die Größe der Zerstörungsfeldes bzw. der Koerzitivkraft verändert: In Abb. 17a ist die Magnetisierung normal, in Abb. 17b umgekehrt gerichtet. Die Geschwindigkeit, mit welcher die zähe Magnetisierung sich erhöht bzw. verringert, ist um so größer, je geringer die Koerzitivkraft ist. Die ausgezogenen Kurven in Abb. 17a bzw. 17b gehören zur gleichen Probe mit einem Wert $H_c' = 20$ Oe. Die strichpunktierten Kurven gelten für eine Probe, bei welcher $H_c' = 80$ Oe. betrug.

Zum Vergleich wurden Proben aus geglühtem Wolframstahl untersucht ($H/ = 20$ Oe). Diese wiesen innerhalb der Meßgenauigkeit die bei Basaltproben beobachteten Erscheinungen nicht auf.

Anschaulicher ist die Abhängigkeit der zähen Magnetisierung von H_c in Abb. 18 wiedergegeben. Es ist der Verlauf der zusätzlichen Magnetisierung I_v bei verschiedenen Basaltproben dargestellt. Die Proben befanden sich nach der erfolgten Magnetisierung zwei Wochen unter der Einwirkung des magnetischen Erdfeldes.

Gleichzeitig mit der Erhöhung der Magnetisierung (bei ununterbrochener Einwirkung des konstanten Feldes) erhöht sich die Koerzitivkraft des Gesteins. Das Gestein wird magnetisch stabiler. Da sich mit der Erhöhung des Magnetisierungsfeldes auch die Koerzitivkraft erhöht, ist die zeitlich begrenzte Wirkung eines Feldes analog der Wirkung eines zusätzlichen Magnetfeldes. Man kann somit erwarten, daß bei Versuchen, deren Ergebnisse in Abb. 14 und 15 wiedergegeben sind, die Wirkung der Felder verschiedener Stärke durch das gleiche Feld H_0 ersetzt werden darf, dessen Wirkungsdauer veränderlich gewählt wird. Der Entmagnetisierungsvorgang beim Wechselfeld dürfte dabei den gleichen Charakter aufweisen. Das Experiment bestätigt dies. In Abb. 19a wird der Entmagnetisierungsvorgang einer Probe bei einem Feld von 20 bzw. 30 Oe unterschiedlicher Polarität und Dauer (1000 s bei positiver, 2 s bei nega-

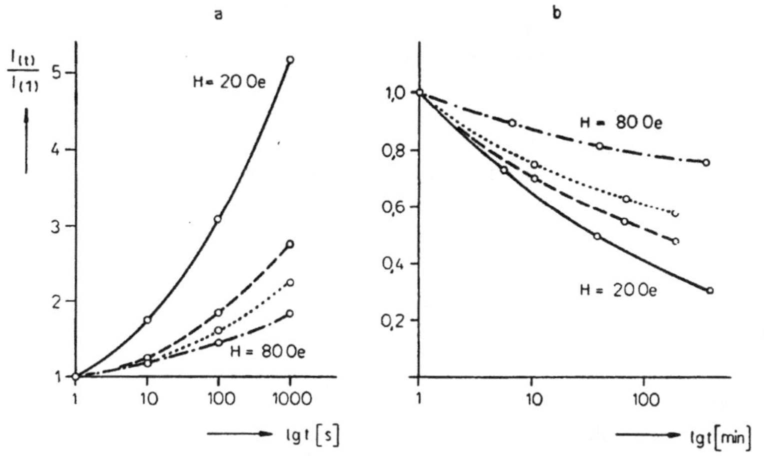

Abb. 17. Abhängigkeit der relativen magnetischen Zähigkeit von der Dauer der Feldeinwirkung bei Basaltproben (Magnetisierungsfeld $H_m = 28$ Oe, a — normale, b — umgekehrte Matnetisierungsrichtung) Entmagnetisierungsfeld $H = H_c$ betrug für einzelne Proben entsprechend 20 Oe bzw. 80 Oe

tiver Feldrichtung) dargestellt. Bei $H = 20$ Oe wurde eine größere resultierende Magnetisierung erhalten als bei $H = 30$ Oe. In beiden Fällen wurde der ursprüngliche I_n-Wert durch anfängliche Erhöhung und nachfolgende Erniedrigung der Magnetisierung erreicht. Wie aus Abb. 19a zu ersehen ist, befindet sich das Kurvenmaximum etwa bei $H \sim = H$, während die volle Wiederherstellung von I_n bei einem mehr als doppelten Wert von H erfolgt. Dies ist ein sicheres Anzeichen für eine Erhöhung der magnetischen Härte bzw. der Koerzitivkraft während der Feldeinwirkung. Die Kurven (Abb. 19b) zeigen den Entmagnetisierungsvorgang einer gleichen Probe bei dreifacher Feldeinwirkung während einer Zeit von $t_1 = 1000$ s, $t_2 = = 50$ s, und $t_3 = 20$ s. Der Effekt hat sich abgeschwächt, weil die nachfolgenden Zeiten t_i sich weniger voneinander unterscheiden und ein wesentlicher Teil der zweiten Komponente sich ummagnetisiert hat. Eine Abweichung im Kurvenverlauf von einem monoton abfallenden liegt jedoch weit außerhalb der Fehlergrenzen.

Wenn eine Inversion des magnetischen Erdfeldes tatsächlich stattgefunden hat, so müßte jede Umkehrung der Feldrichtung sich auf den Magnetisierungszustand auswirken. Die beschriebene und in Abb. 19 dargestellte Erscheinung müßte sich wiederholen, jedoch mit dem Unterschied, daß die Stärke des Erdfeldes nur ca. 0,5 Oe beträgt. während die Zeitspanne mit 10^5—10^3 Jahren geschätzt wird. Die Entmagnetisierungsversuche bei natürlich magnetisierten Basalten bestätigen eine solche Annahme.

In Abb. 20 ist die Entmagnetisierungskurve einer Basaltprobe mit umgekehrter Polarität dargestellt, die gleicher Herkunft ist wie die Probe in Abb. 5. Durch Einwirkung des normalen

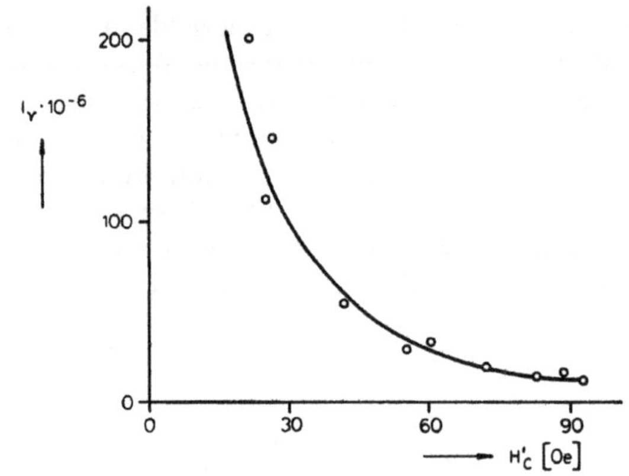

Abb. 18. Abhängigkeit der zähen zusätzlichen Magnetisierung I_ν von der Koerzitivkraft bei Basaltproben

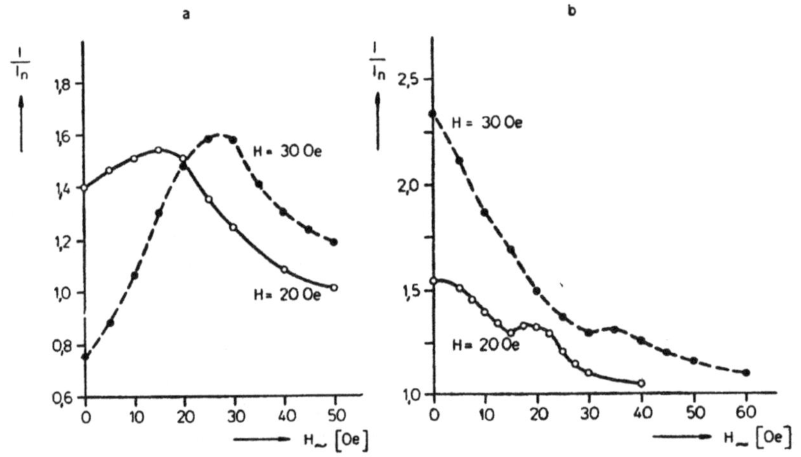

Abb. 19. Entmagnetisierungsvorgang von Gesteinsproben mit zusätzlicher (zäher) Magnetisierung im Wechselfeld

a — zweifache Feldeinwirkung: $t_1 = 10^3$ s, $_{02} = 2$ s, $H = H_1 = -H_2$
b — dreifache Feldeinwirkung: $t_1 = 10^3$ s, $t_2 = 50$ s, $t_3 = 2$ s $H = H_1 = -H_2 = H_3$

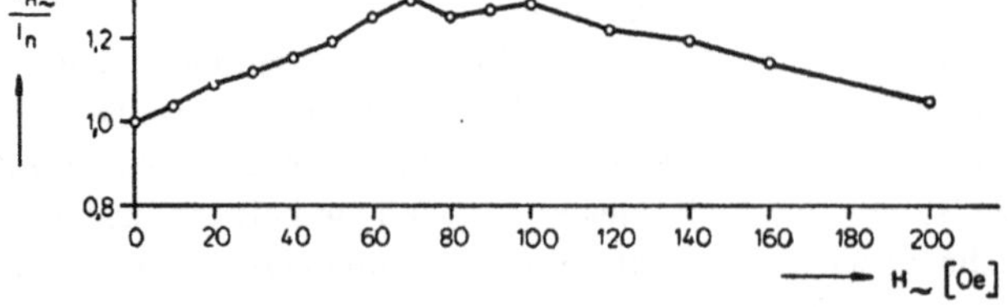

Abb. 20. Abbau der natürlichen remanenten Magnetisierung von Basaltproben

Erdfeldes und durch magnetische Zähigkeit wurde die Basaltprobe teilweise entmagnetisiert. Im Wechselfeld hat die Probe nach Abb. 20 den ursprünglichen Magnetisierungswert wiedererlangt.

Abb. 21 zeigt Entmagnetisierungskurven von Basaltproben unter der Einwirkung von Wechselfeldern. Die Proben wurden aus benachbarten anstehenden Lavamassen entnommen. Bei dieser Lavaeinlagerung ist der obere Horizont normal, der untere invers magnetisiert. Untersucht wurden je drei Proben unterschiedlicher Polarität. In Abb. 21 sind alle sechs Kurven wiedergegeben. Leider sind die Meßpunkte nicht detailliert und nicht einheitlich aufgetragen. Man erkennt trotzdem eine für die Kurven spezifische Gesetzmäßigkeit: Bei invers magnetisierten Proben erhöht sich I_n anfangs bis zu einem maximalen Wert mit anschließendem Abfall von größerer Steilheit als vorher. Bei normal magnetisierten Proben wird dagegen nach anfänglichem Abfall eine gewisse Erhöhung von I_n beobachtet. Diese Ergebnisse sprechen für die Hypothese über die in der Vergangenheit existierende umgekehrte Polarität des Erdfeldes. Die Geringfügigkeit des Effektes ist allzu natürlich. Bemerkenswert ist die qualitative Übereinstimmung im Verlauf aller drei Kurven der gleichen Polarität.

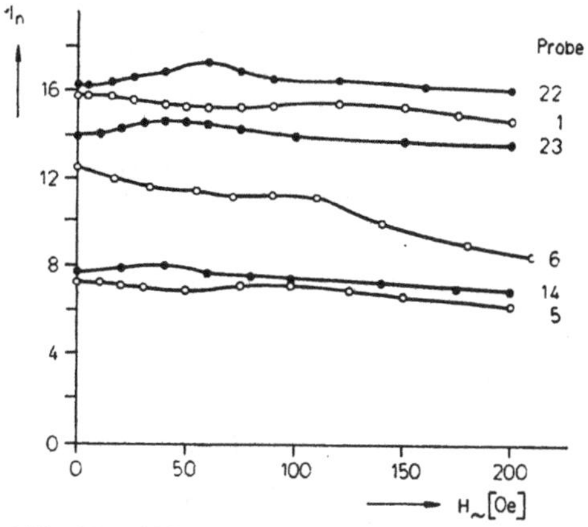

Abb. 21. Abbau der natürlichen remanenten Magnetisierung im Wechselfeld (○ ○ ○ direkt magnetisierte, ● ● ● invers magnetisierte Basaltproben)

Diese Erscheinung wiederholt sich bei sedimentären Gesteinsproben. In Abb. 22a sind Entmagnetisierungskurven von umgekehrt magnetisierten Tonproben aus dem Devon dargestellt [34]. In Abb. 22b sind Kurven für normal polarisierte Proben wiedergegeben. Qualitativ stimmt der Kurvenverlauf mit dem früherer Bilder überein.

Die angeführten Beispiele zeigen, daß sowohl normal als auch umgekehrt magnetisierte Gesteinsproben vom derzeitigen Erdfeld entsprechend entweder teilweise magnetisiert oder entmagnetisiert wurden. Die Frage, wie die inverse Gesteinsmagnetisierung erfolgt ist, läßt sich noch nicht eindeutig beantworten. Die Folgen einer Einwirkung des derzeitigen Erdfeldes hängen nicht davon ab, wie das Gestein magnetisiert wurde, ob durch innermolekulare Ursachen oder infolge der Inversion des Erdfeldes. Das Vorhandensein eines schwachen zweiten Maximums in Abb. 21 bei Gesteinen mit normaler Magnetisierung spricht scheinbar für die Inversion des Erdfeldes. Es ist wenig wahrscheinlich, daß ein Gestein durch innerstrukturelle Ursachen zweimal ummagnetisiert wurde. Für die Inversionshypothese spricht ferner die Tatsache einer gleichen mineralogischen und chemischen Zusammensetzung sowohl von Lavagesteinen als auch von Devon-Tonen. Leider ist die röntgen-strukturelle Analyse dieser Gesteine noch nicht durchgeführt, so daß man über die Identität von Kristallgittern bei normal- bzw. umgekehrt magnetisierten Proben noch nicht sprechen darf.

Als ein wesentliches und schwerwiegendes Argument für die Inversionshypothese läßt sich die Abhängigkeit der Gesteinspolarität nur von der Einlagerungstiefe anführen (Untersuchungen von Chramov, Solpo und Linkova). In der horizontalen Richtung und auf große Entfernungen sind die Gesteine entweder positiv oder negativ magnetisiert.

Daß die Polarität von Gesteinen in horizontaler Richtung sich ändern kann, liegt durchaus im Bereich des Möglichen, wie Néel [39] theoretisch bei seinen vier Mechanismen der inversen Magnetisierung nachgewiesen hat.

In der Natur trifft man oft Gesteine, die in horizontaler Richtung eine wechselnde Polarität aufweisen. Es sind ausschließlich die eruptiven Gesteine. Als Beispiel kann die negativ polarisierte Anomalie von Angara-Ilinsk dienen. Nach Metallova [36, 37] wechseln die Gesteine im Umkreis von einigen Kilometern nicht nur ihre Polarität, sondern auch die Magnetisierungsrichtung mehrfach. Dieselbe Erscheinung wurde auf der riesigen Fläche der Sibirischen Platte beobachtet, die aus magnetithaltigen Trappen besteht.

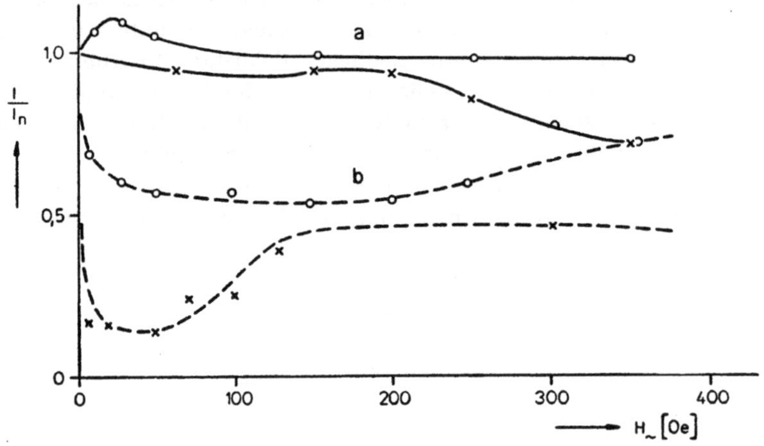

Abb. 22. Abbau der natürlichen remanenten Magnetisierung von Gesteinsproben des Devons (rote Tone) im Wechselfeld (a — direkt-, b — invers-magnetisierte Proben)

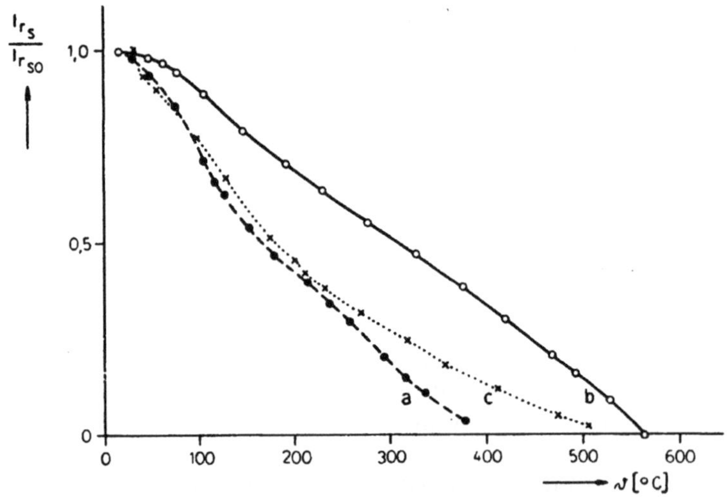

Abb. 23. Abhängigkeit der relativen remanenten Sättigungsmagnetisierung I_r von der Erwärmung der Gesteinsproben bis zum Curiepunkt (a — Proben mit direkter, b — inverser, c — zwischengerichteter Magnetisierung)

Aus den magnetischen Vermessungen geht hervor, daß die negative Anomalie von Angaro-Ilinsk nicht die einzige ist in diesem Gebiet. Die weiteren magnetischen und petrographisch-mineralogischen Untersuchungen an Gesteinen in diese Gregend ermöglichten die Feststellung, daß alle Gesteine nach dem Charakter ihrer natürlichen Magnetisierung (I_n) in drei Gruppen eingeteilt werden können:

1. positiv magnetisierte Trappen,
2. negativ magnetisierte Trappen,
3. Trappen mit einer Zwischenorientierung von I_n.

Ein merklicher Unterschied zwischen positiv und negativ magnetisierten Trappen besteht darin, daß die ersteren geringeren Gehalt an Titan-Oxyd (TiO_2) aufweisen.

In Abb. 23 ist der Verlauf der remanenten Sättigungsmagnetisierung I_{rs} bei einer Erwärmung von Gesteinsproben bis zum Curie-Punkt wiedergegeben. Die Kurve *a* entspricht einer Probe mit einer direkten, die Kurve b mit einer umgekehrten und die Kurve c mit einer zwischengerichteten Magnetisierung. Aus der Abb. 23 geht hervor, daß bei direkt magnetisierten Trappen die Fraktion mit niedrigem Curie-Punkt von ca. 200 °C den Träger der remanenten Magnetisierung darstellt. Die zweite Fraktion weist einen Curie-Punkt von 400 °C auf. Die Fraktion einer geringen Temperatur ist bei Proben mit Zwischenrichtung von I_n weniger ausgeprägt, und bei invers polarisierten Proben ist sie kaum merklich. Daraus läßt sich schließen, daß im Falle sibirischer Trappen wahrscheinlich ein oder mehrere der inneren NÉELschen Mechanismen die inverse Magnetisierung bewirkt haben.

Faßt man die bisher erzielten Ergebnisse auch der nicht sowjetischen Wissenschaftler zusammen, so muß man feststellen, daß das Problem des Paläomagnetismus im ganzen noch weit von der Lösung entfernt ist. Trotzdem können einige Schlußfolgerungen gezogen werden. Ungeachtet dessen, daß Fälle einer spontanen Magnetisierung in umgekehrter Richtung auftreten, spricht vieles für die Inversion des magnetischen Erdfeldes. Man verfügt über zahlreiche Unterlagen, die trotz der vorhandenen magnetischen Zähigkeit und einer möglichen nachträglichen Gesteinsmagnetisierung für die Unveränderlichkeit der ursprünglichen Magnetisierung und folglich für die Polverschiebungs-Hypothese sprechen. Um alle diese Fragen endgültig zu lösen, ist es erforderlich, die Bemühungen der Geophysiker aus allen Ländern der Erde zu verstärken und ihre Arbeit zu koordinieren.

LITERATUR

[1] ALTGAUZEN, O. N., Untersuchung von Gesteinseigenschaften bei unterschiedlichen Temperaturen. Izv. Akad. n. SSSR, Ser. geogr. i geofiz., (1940) 6, S. 879—884.

[2] ALTGAUZEN, O. N., Einfluß der Oxydation auf die magnetischen Eigenschaften des Magnetits. Dokl. Akad. d. SSSR, **31** (1941) 6.

[3] ALTGAUZEN, O. N., Über einige Änderungen magnetischer Eigenschaften von Magnetiterzen. Dokl. Akad. n. SSSR, **31** (1941) 7, S. 661—663.

[4] ALTGAUZEN, O. N., Über die Bestimmung des magnetischen Erdfeldes verschiedener geologischer Epochen. Izv. Akad. n. SSSR, Ser. geogr. i geofiz., 8 (1949) 6, S. 385—392.

[5] BERSUDSKIJ, L. D., Über die Ursachen der umgekehrten magnetischen Polarität bei Erzlagerstätten im Gebiet von Angara-Ilimsk. Trudy Vost. Geologic Tresta (1937) 20.

[6] BERSUDSKIJ, L. D., Über die Abhängigkeit magnetischer Gesteinseigenschaften vom Gehalt an ferromagnetischen Mineralen. Materialy VSEGEI-Geofiz. (1948) 13.

[7] CHRAMOV, A. N., Erforschung des remanenten Magnetismus bei Sedimenten im Zusammenhang mit dem Problem stratigraphischer Korrelation und der Trennung einzelner Schichten. Dokl. Akad. n. SSSR (1955) 3, S. 551—554.

[8] CHRAMOV, A. N., Über die stratigraphische Korrelationsmöglichkeit von Sedimenten und ihre Unterscheidung nach dem Vektor der remanenten Magnetisierung. Geologič. Sb. 2 (1956).

[9] CHRAMOV, A. N., Über die Möglichkeiten einer stratigraphischen Korrelation von Sedimenten mit Hilfe der magnetometrischen Methode. Autorreferate der Tr. VNIGRI, vyp. 16 (1956) S. 104—106.

[10] CHRAMOV, A. N., Über Paläomagnetismus als Grundlage der Korrelationsmethode bei Sedimentschichten. Dokl. Akad. n. **112** (1957) S. 849—852.

[11] CHRAMOV, A. N., Paläomagnetische Korrelation von Sedimentschichten, Gostoptechizdat (1958) Leningrad.

[12] CURAMOV, A. N. und PETROVA, G. N., Kočegura, V. V., und Komarov, Gostoptechizdat (1960) Leningrad.

[13] EINARSSON, T. und SIGURGEIRSSON, TH., Rock Magnetism in Iceland Nature, London **175** (1953) S. 825.

[14] FINGER, Einfluß wechselnder Druckbelastung auf die magnetischen Eigenschaften des Magnetits. Izv. Akad. n. SSSR. Ser. geofiz. (1951) 5.

[15] Fischer, R., Dispersion on a Sphere. Proc. Roy. Soc. of London, A., 27 (1953) S. 295.
[16] Frölich, F., Magnetismus der Erdkruste, Geomagnetismus und Aeronomie 3 (1959), DVW-Verlag Berlin, S. 579—629.*
* Lit. [16] vom Bearbeiter hinzugefügt.
[17] Grabovskij, M. A., Zerstörung der remanenten Magnetisierung. Izv. Akad. n. SSSR, Ser. fiz. 11 (1947) 5, S. 559—561.
[18] Grabovskij, M. A., Magnetostriktion bei natürlichen und künstlichen Magnetiten. Izv. Akad. n., Ser. geogr. i geofiz., 14 (1950) 6, S. 530—541.
[19] Grabovskij, M. A., Thermische Rest-Magnetisierung von Gesteinen. Izv. Akad. n. Ser. geofiz. (1953) S. 215—224.
[20] Grabovskij, M. A. und Parchomenko, E. I., Über die Veränderungen der magnetischen Eigenschaften bei Magnetiten unter dem Einfluß hoher Druckspannungen. Izv. Akad. n. SSSR, Ser. geofiz. (1953) 5, S. 405—417.
[21] Grabovskij, M. A. und Puskov, A. N., Zur Frage der Entstehung remanenter Magnetisierung umgekehrter Polarität bei Gesteinen. Izv. Akad. n., Ser. geofiz. (1954) S. 320—330.
[22] Gus'kova, E. G., Paläomagnetische Untersuchungen von Sedimenten im südöstlichen Turkmenien. Izv. Akad. n., Ser. geofiz. (1959) 3, S. 460—464.
[23] Hospers, J., Rock Magnetism and Polar Wandering. Nature 173 (1954) S. 1183.
[24] Janovsky, B. M., Zur Frage technischer Normen für Magnetitstähle zur Herstellung von Permanentmagneten. Z. poverocn. delo (1927).
[25] Janovsky, B. M., Ideale Magnetisierungskurve als Folge von Hysteresiszyklen. Vremennik gl. palaty mer i vessov 15 (1929) 3, S. 223.
[26] Janovsky, B. M., Methoden zur Herstellung stabiler Magnete für die Magnetometrie zur Messung der Horizontalintensität. Z. geofiz. i meteorolog. 6 (1929) 3.
[27] Janovsky, B. M. und Solpo, L. E., Zur Frage der Gesteinsstabilität. Vestnik LGU (1960).
[28] Kalasnikov, A. G., Magnetische Eigenschaften von Sedimentgesteinen. Izv. Akad. n. Ser. geogr. i geofiz. (1941) 3, S. 317—341.
[29] Kapica, S. P., Untersuchung magnetischer Gesteinseigenschaften bei mechanischen Spannungen. Diss. im Institut GEOFIAN (1953).
[30] Kapica, S. P., Magnetische Eigenschaften eruptiver Gesteine bei mechanischen Spannungen. Izv. Akad. n. SSSR, Ser. geofiz. (1955) 6, S. 489—504.
[31] Kocegura, V. V. und Solpo, L. E., Paläomagnetische Untersuchungen von fernöstlichen Basalten. Uc. zap. LGU, Voprossy geofiz. (1960).
[32] Krugljakova, G. J. und Jassinskaja, A. A., Über einige Sulfide. Miner. sb. Lvovsk. geologic, obc. (1952) 6, S. 257—264.
[33] Levinson-Lessing, F. N. und Turcev, A., Erfahrungen mit der Gesteinsmagnetisierung bei Erwärmung. Dokl. Akad. n. (1927) 11 und 21 (1930) 10.
[34] Linkova, T. I., Paläomagnetische Untersuchungen von Sedimenten des Devons. Izv. Akad. n., Ser. geofiz. (1960).
[35] Logacev, A. A., Lehrbuch über magnetische Erkundung. Gosgeoltechizdat, Moskau (1955).
[36] Metallova, V. V., Negative Magnetisierung von Gesteinen. Diss., Leningrad (1955).
[37] Metallova, V. V., Negative Magnetisierung von Gesteinen. Uc. zap. LGU (1958) 249, S. 169 bis 193.
[38] Nagata, T., Akinoto, S. und Kyeda, S., u. a., Paläomagnetic Studies on a Quarternary Volcanac Region in Japan. J. of Geomagn. and Geoelectr., 9 (1957) 1.
[39] Néel, L., L'inversion de l'aimantation permanente des'roches. Ann. de geophys., 7 (1951) 2.
[40] Ozerskaja, M. A., D chte und magnetische Suszeptibilität bei Gesteinen des Präkambriums in Weißrußland. Izv. Akad. n. Belorussk. SSR (1952) 3, S. 133—139.
[41] Ozerskaja, M. A., Physikalische Eigenschaften der Gesteine des kristallinen Fundaments. Prikl. geofiz., Sammlung von Aufsätzen NIIGR, 13 (1955) S. 23—40.
[42] Petrova, G. N., Ideale Magnetisierungskurven bei Magnetit. Izv. Akad. n., Ser. fiz., 11 (1947) 5, S. 545—552.
[43] Petrova, G. N., Untersuchung von pulvrigen Magnetiten. Uzv. Akad. n., Ser. geogr. i geofiz., 22 (1948) 6, S. 549—556.
[44] Petrova, G. N. und Juchnovec, N. I., Messung von magnetischen Gesteinseigenschaften in einer Bruchzone. Izv. Akad. n., Ser. geofiz. (1953) 2, S. 115—123.
[45] Petrova, G. N., Magnetische Stabilität von Gesteinen. Ann. Geoph., Paris, 15 (1959) 1, S. 60—66.
[46] Petrova, G. N. und Izmail-Zade, Untersuchung der Stabilitätsparameter zur detailierten Korrelation von Profilen. Izv. Akad. n., Ser. geofiz. (1959) 3, S. 382—397.

[47] Petrova, G. N. und Silajeva, V. A., Laborkriterium für magnetische Gesteinsstabilität. Izv. Akad. n., Ser. geofiz. (1960) 9, S. 1328—1335.*
* Lit. [47] vom Bearbeiter hinzugefügt.
[48] Roche, A., Sur l'aimantation des roches volcaniques de l'Ahaygar C. R. **236** (1953) S. 107.
[49] Roze, T. N., Magnetische Gesteinseigenschaften bei verschiedenen Temperaturen. Diss., (1939) LGU, Leningrad.
[50] Roze, T. N., Über natürliche Restmagnetisierung von Gesteinen. Dokl. Akad. n., **31** (1941) 7, S. 668—670.
[51] Roze, T. N., Magnetische Gesteinseigenschaften bei verschiedenen Temperaturen. Uč. zap. LGU, Ser. fiz. (1947) 7.
[52] Runcorn, S., Palaeomagnetic Survey in Arizona and Utah. Bulletin for the Geolog. Soc. of Am. **67** (1956) 3, S. 301.
[53] Smelova, A. A., Magnetisierungscharakter bei Erzen und die Natur negativ magnetischer Anomalien des Gebietes von Angara-Ilimsk. Uc. zap. LGU (1958) 249, S. 194—230.
[54] Spiridovic, Magnetische Eigenschaften und magnetische Komponenten bei Gesteinen. Tr. VNIIM (1938) 18 (34).
[55] Svesnikov, G. B., Über ferromagnetische Eigenschaften von Mineralien. Vestnik LGU, 1 (1950).
[56] Scodro, N. K., Untersuchung magnetischer Eigenschaften bei Erzen. Z. Prikl. geofiz. **3** (1926) S. 77.
[57] Thellier, E. und Thellier, O., Über die Intensität des geomagnetischen Feldes in der geschichtlichen und geologischen Vergangenheit. Izv. Akad. n. SSSR, Ser. geofiz. (1959) **9** S. 1296—1331.
[58] Turcev, Untersuchungen magnetischer Gesteinseigenschaften. Bull. Akad. n. SSSR (1928) S. 89—112.
[59] Vesev, A. J., Abhängigkeit der Gesteine und Erze vom Gehalt ferromagnetischer Komponenten. Tr. VIRG'a (1950) 2, S. 68—81.
[60] Zaborovskij, A. I., Bestimmung der magnetischen Suszeptibilität von Gesteinen und Mineralen. Z. prikl. fiz., 7 (1930) S. 43.

Elemente des Erdmagnetismus im Fjord Hornsund auf Spitzbergen im Jahre 1957 und ihre säkularen Änderungen

Von J. Kowalczuk[1]) und K. Karaczun[2])

Dem Vorschlag des Herrn Kaare Z. Lundquist, Direktor des Instituts für Polarforschung in Oslo (Norsk Polarinstitutt) entsprechend sind im Jahre 1957 im Rahmen der Forschungsarbeiten der polnischen Expedition anläßlich des Internationalen Geophysikalischen Jahres im Fjord Hornsund auf Spitzbergen (also in dem der polnischen Expedition zugeteilten Gebiet) die absoluten Messungen der drei Elemente des magnetischen Feldes der Erde: der magnetischen Deklination, der Horizontalintensität und der Inklination durchgeführt worden [1].

Den Vorschlägen gemäß sollten die Messungen in verschiedenen Punkten am Fjordufer, an Stellen, die von der Meeresseite leicht zugänglich sind, durchgeführt werden. Als eine der Meßstellen war die Vermessungsstelle in Gåshamna-Konstantinovka vorgesehen, in der die russisch-schwedische Expedition in den Jahren 1899—1901 ihre magnetischen Messungen durchgeführt hat.

Vorliegende Arbeit enthält eine kurze Zusammenstellung der bei der Untersuchung des Erdmagnetismus im Jahre 1957 im Fjord Hornsund auf Spitzbergen erhaltenen Ergebnisse, sowie die Resultate der Messungen, die in Polen in den Observatorien der Polnischen Akademie der Wissenschaften in Świder, auf der Halbinsel Hel und an der Station Tromsö in Norwegen (Nordlysobservatoriet) durchgeführt worden sind. Eine vollständige Zusammenstellung aller erhaltenen Ergebnisse ist in den Arbeiten [2, 3, 4, 5] veröffentlich worden.

MAGNETISCHE UNTERSUCHUNGEN, DIE AUF SVALBARD IN DEN JAHREN 1596—1953 DURCHGEFÜHRT WORDEN SIND

K. Z. Lundquist hat im Jahre 1957 die Ergebnisse aller auf dem Gebiet von Svalbard bis zum Jahre 1953 durchgeführten magnetischen Untersuchungen zusammengestellt und kritisch besprochen. (Die Bezeichnung „Svalbard" umfaßt alle norwegischen Gebiete in der Arktis. Zum Svalbard gehören unter anderen die Inselgruppe von Spitzbergen, die Bäreninsel — Björnöya u. a.) Aus der zitierten Arbeit ergibt sich, daß die Elemente des Erdmagnetismus auf diesem Gebiet schon im Jahre 1596 bestimmt wurden; in diesem Jahr hat nämlich W. Barents die Deklination D auf der Bäreninsel bestimmt ($\varphi = 74°30'$ N — 9. 6. 1596). Aus den Jahren 1610—1614 sind entsprechende Werte auch für andere Meßstellen bekannt, z. B. für Hornsund sind diese Werte von J. Poole, W. Baffin und R. Fortherby angegeben werden, die zu dieser Zeit das Arktisgewässer überquerten (Hornsund: $\varphi = 76°55'$ — 14. 6. 1613, Abb. 1, Punkt a). Nach einer ungefähr 150 Jahre lang dauernden Unterbrechung wurde im Jahre 1773 von C. J. Phipps der D-Wert und — zum ersten Mal für Svalbard — auch der Inklinationswinkel I gemessen. Seit 1818 sind die Ergebnisse der Messungen aller drei Elemente des Totalintensitätsvektors des Erdmagnetismus bekannt.

[1]) Mgr.-Inz. Jerzy Kowalczuk, Institut für Geologische Geophysik, Berg- und Hütten-Akademie Kraków (Polen).

[2]) Konstanty Karaczun, Geologisches Institut, Warszawa (Polen).

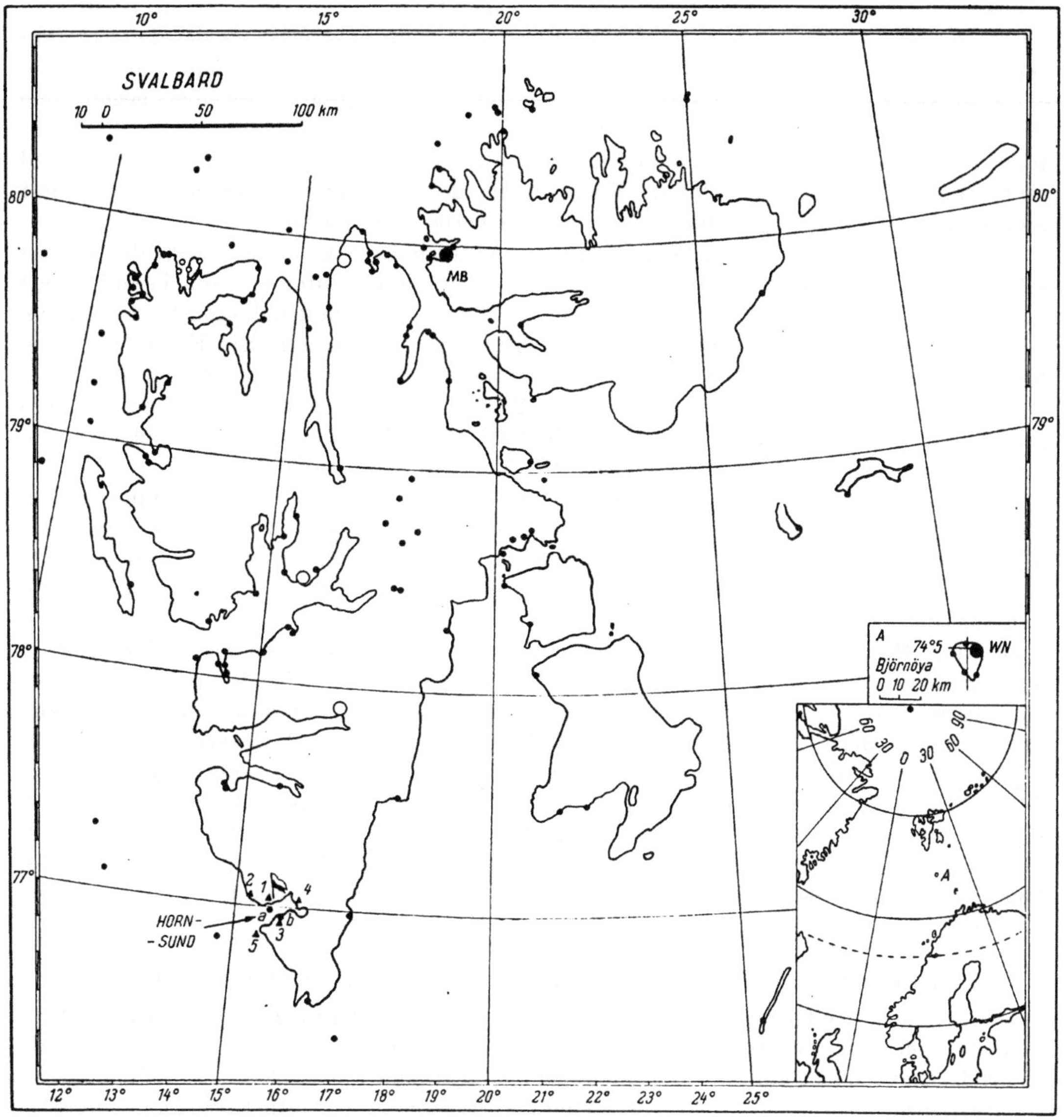

Abb. 1. Die Meßstellen für magnetische Messungen, Svalbard in der Zeit von 1596 bis 1953 (nach K. Z. LUNDQUIST)

a. Die Meßstelle am 14. 6. 1613 b. Die Mestelle am 6. 9. 1899

▲ Die Meßstelle im Jahre 1957 — Fjord Hornsund:

1. Isbjörnhamna — Wilczekodden
2. Dunöyane — Hus
3. Gåshamna — Konstantinovka
4. Treskelodden
5. Suffolkpynten

○ Die Variometerstationen in der Zeit von 1872—1933

• Die Variometerstationen im Jahre 1957

WN — Băreninsel MB — Murchison Bay

● Die Basis der Polnischen Expedition IGJ, 1957—1959

Seit dieser Zeit wächst auch die Anzahl der magnetischen, in verschiedenen Teilen des Valbards auf dem Lande und auf dem Meere durchgeführten Untersuchungen an. Heute sind schon fast 300 Punkte bekannt, für die die Elemente des magnetischen Feldes der Erde angegeben worden sind (Abb. 1). Die Messungen sind hauptsächlich im Rahmen der Arbeiten einzelner wissenschaftlicher Expeditionen durchgeführt worden, die — besonders gegen Ende des vorigen Jahrhunderts — in ihr Forschungsprogramm oft auch die magnetischen Beobachtungen eingliederten. Nur wenige Meßstellen sind genau beschrieben worden; meistens sind sie nicht richtig lokalisiert, so daß die Wiederholung der Messungen an denselben Stellen mit großen Schwierigkeiten verbunden und nur annähernd möglich ist.

Im Archiv des norwegischen Polarinstitutes sind auch Ergebnisse zu finden, die an verschiedenen magnetischen Stationen registriert worden sind. Unter anderen befinden sich dort auch die Meßwerte der polnischen Station (Bäreninsel), die in den Jahren 1932—1933 im Laufe einiger bzw. mehrerer Monate alle drei Elemente des magnetischen Feldes der Erde, also die Komponenten Z und H sowie die Deklination D, unterbrochen untersucht hat.

Im Laufe der letzten 25 Jahre wurden diese Beobachtungen nur in wenigen Punkten fortgesetzt; erst das Internationale Geophysikalische Jahr 1957—1958 hat die Voraussetzungen geschaffen, solche Untersuchungen im größeren Maßstab durchzuführen.

Im östlichen und südlichen Teil Spitzbergens, also in den Teilen, die aus klimatischen Gründen schwerer zugänglich sind, ist die Anzahl der gut lokalisierten und beschriebenen Meßstellen sehr klein. Die Punkte, in welchen die magnetischen Untersuchungen durchgeführt wurden, befinden sich hauptsächlich im mittleren und nördlichen Teil der Inselgruppe von Spitzbergen.

Im Fjord Hornsund, welcher das südliche Kap West-Spitzbergens von der nördlichen Seite aus abgrenzt — Sörkapp (West-Spitzbergen, die größte Insel in der Inselgruppe), wurden bis zum Jahre 1957 die magnetischen Messungen nur dreimal durchgeführt: zweimal Anfang des 17. Jahrhunderts (J. Poole — $\varphi = 76°55'$ N — 16. 5. 1610 und W. Baffin — 14. 6. 1613; diese Ergebnisse sind nur vom geschichtlichen Standpunkt aus interessant) und einmal im Jahre 1899 in Gashamna (E. Solander- $\varphi = 76°55'$ N; $\lambda = 15°51'$, 8 E Gr. — 6. 9. 1899; diese Meßstelle wird im Bericht der schwedisch-russischen Expedition [7] „Horn-Sund" genannt). Auf Grund der in dem Bericht der russischen Expedition [8] angegebenen Skizze konnte diese Meßstelle leicht wiedergefunden und als Vermessungsstelle für die Forschungsarbeiten der polnischen Expedition ausgenutzt werden.

DIE METHODIK DER IM JAHRE 1957 DURCHGEFÜHRTEN MESSUNGEN

Die Erfüllung des Forschungsprogramms der magnetischen Gruppe hing von den Möglichkeiten ab, für einige Monate entsprechende Meßinstrumente zu bekommen, die zu dieser Zeit in der Heimat bei den Forschungsarbeiten gerade nicht zum Einsatz kommen sollten. Dank des freundlichen Entgegenkommens der Leiter der wissenschaftlichen Institute und Lehrstühle (an der Akademie für Berg- und Hüttenwesen, an der Polnischen Akademie der Wissenschaften — am Geophysikalischen Institut und am Institut für Geodäsie und Kartographie) standen den Autoren auf der Insel Spitzbergen im Jahre 1957 folgende Meßinstrumente zur Verfügung: 1. Ein magnetischer Theodolit mit einem Erdinduktor Nr. 74 (Firma Mating & Wiesenberg, Potsdam), 2. ein horizontales Quarzmagnetometer nach La Cour Nr. 243, 3. ein universelles $\Delta Z/\Delta H$-magnetisches Variometer (Waage) nach Fanselau Nr. 004 (Firma Askania, Teltow).

Außerdem verfügten wir über Instrumente für astronomische und geodätische Messungen sowie über Instrumente zur Bestimmung der astronomischen Azimute einzelner Beobachtungsstellen (Theodolit Th-2, VEB Freiberger Präzisionsmechanik, Chronometer U. Nardin Nr. 19760, Heliotrope).

In der kurzen Zeit, die den Autoren vor der Abfahrt nach Spitzbergen im Jahre 1957 zur Verfügung stand, konnten nur wenige Vergleichsbeobachtungen in den magnetischen Observatorien in Polen angestellt werden. Die Messungen sind in den Observatorien der Polnischen Akademie der Wissenschaftler in Świder ($\varphi = 52°07'$ N; $\lambda = 21°15'$ E Gr.) und auf der Halbinsel Hel ($\varphi = 54°36'$ N; $\lambda = 18°48'$ E Gr.) durchgeführt worden. Während des einige Tage lang dauernden Aufenthaltes des Schiffes in Norwegen war es möglich, auch einige Vergleichsmessungen an der magnetischen Station des Nordlicht-Observatoriums (Nordlysoberservatoriet) in Tromsö ($\varphi = 69°39'$ N; $\lambda = 18°56',9$ E Gr.) anzustellen. Die Hauptmessungen wurden in Hornsund (Spitzbergen) im Laufe der Monate August und September 1957 durchgeführt. Auf der Rückfahrt nach Polen (nach Beendigung der Arbeit der Sommergruppe 1957) war es möglich, die Kontrollmessungen in Tromsö zu wiederholen. Nach der Rückkehr wurde auf der Halbinsel Hel und Świder weiter systematisch gemessen [2, 4, 5].

Bestimmung der Horizontalintensität H

Der absolute Wert der Horizontalintensität H wurde mit Hilfe des QHM-Magnetometers bestimmt. Im Falle der Beobachtungen, die auf der Verwendung des Magnetometers nach La Cour beruhten, wurde ein Vermessungsschema angenommen, bei welchem aus einer Serie abgelesener Werte zwei H-Werte abgeleitet werden konnten. Der mittlere Auschlagswinkel betrug bei der Drehung um $\pm\ 2\,\pi$ ca. $53°50'$ im Falle der in Świder durchgeführten Messungen und 58° im Falle der auf der Halbinsel Hel erhaltenen Resultate. Im Observatorium in Tromsö und auf Spitzbergen wurde der Ausschlagswinkel an dem horizontalen Kreis bei Drehung des Systems um $\pm\ 1\,\pi$ abgelesen; es wurden dabei folgende Mittelwerte des Ausschlagswinkel gefunden: Tromsö 41°, Hornsund 61°.

Die Ablesung der Lage des horizontalen Kreises bei einem aus der Ruhelage nicht herausgedrehten Faden wurde oft zur Bestimmung der Richtung des magnetischen Meridians in der Meßstelle herangezogen.

Bestimmung der magnetischen Deklination D

Die Messung der magnetischen Deklination beruht auf der Bestimmung zweier Azimute: des magnetischen und des astronomischen Azimuts.

Das magnetische Azimut wurde mit Hilfe des Deklinatoriums von M. &. W. auf Grund der Beobachtung eines an einem Faden aufgehängten Magneten festgelegt.

Bei der Bestimmung des astronomischen Azimutes haben wir uns der Methode bedient, die auf der Ermittlung des Zeitpunktes beruht, in dem die Sonnenscheibe den vertikalen Faden des Instrumentes passiert. Das astronomische Azimut wurde auf Grund der geodätischen Messungen bestimmt. In dem letzgenannten Falle wurden die Signale der in den magnetischen Meßpunkten aufgestellten Heliotrope ausgenutzt. Es sei betont, daß sich die verwendete Meßvorrichtung unter den schweren atmosphärischen Polarverhältnissen als sehr bequem erwiesen hat.

Bestimmung der Inklination I

Die magnetische Inklination wurde mit Hilfe eines Erdinduktors gemessen (Feldausführung mit einem auf separatem Stativ aufstellbaren Galvanometer). Um die mit der Aufstellung des Instruments verbundenen Ungenauigkeiten zu eliminieren, haben wir die Beobachtungen bei vier verschiedenen Lagen des Instrumentensystems wiederholt.

MESSSTELLEN

In den magnetischen Observatorien befanden sich die Meßstellen in den Pavillons, die für absolute Messungen vorgesehen waren.

Die Vorschläge, die es veranlaßten, an welchen Stellen im Hornsund die magnetischen Messungen durchgeführt werden sollten, stammen von Herrn K. Z. Lundquist. Die endgültige

Lokalisierung hing von den lokalen Verhältnissen ab, vor allem von der Zugänglichkeit der Felsenufer von der Meeresseite.

Als Meßpunkte haben wir charakteristische Stellen gewählt, die in der Zukunft leicht wiedergefunden werden können. Alle Meßstellen sind fixiert worden, in jedem wurde als Zielpunkt (Mire) ein Betonpfosten aufgestellt (Abb. 2).

Es wurden fünf säkulare magnetische Basispunkte errichtet (Abb. 3—7):

1. Isbjörnhamna—Wilczekodden ($\varphi = 76°59'$, 8 N; $\lambda = 15°36'$, 0 E Gr.)
2. Dunöyane—Hus ($\varphi = 77°03'$, 2 N; $\lambda = 15°09'$, 4 E Gr.)
3. Gåshamna—Konstantinovka[1]) ($\varphi = 76°56'$, 4 N; $\lambda = 15°54'$, 3 E Gr.)
4. Treskelodden ($\varphi = 76°59'$, 4 N; $\lambda = 16°15'$, 8 E Gr.)
5. Suffolkpynten ($\varphi = 76°52'$, 6 N; $\lambda = 15°30'$, 8 E Gr.)

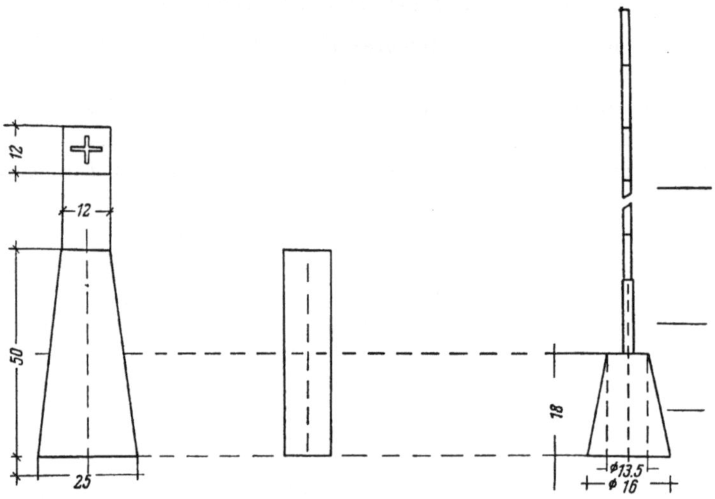

Abb. 2. Merkpfosten der magnetischen Meßstelle (a) des Zielpunktes (der Mire) (b)

DIE BEARBEITUNG DER MAGNETISCHEN BEOBACHTUNGEN

Die Ergebnisse der Messungen des Erdmagnetismus wurden in den Jahren 1958—1959 bearbeitet. Es wurden dabei die Registrierstreifen der magnetischen Variometer aus dem Obserbatorium in Świder, die Daten aus den norwegischen Stationen sowie die Angaben der schwedisch-finnisch-schweizerischen Expedition nach Spitzbergen ausgenutzt.

Die Bearbeitung der durchgeführten Messungen beruhte auf der Anbringung entsprechender Korrektionen, die die Änderungen der gemessenen Elemente während der Messung berücksichtigen. Auf Grund der Magnetogramme wurden die momentanen Werte einzelner Elemente ermittelt; dank der Kenntnis der Basiswerte, der Empfindlichkeit und der thermischen Koeffizienten der Variographen konnten dann die momentanen Differenzen: Meßstelle—Observatorium berechnet werden. Die Ergebnisse der Berechnungen sind in dem Tabellenteil der Arbeiten [2, 4, 5] angegeben.

In dem Gebiet von Svalbard wurden im Jahre 1957 die drei Elemente des Erdmagnetismus D, H, Z an zwei Stationen kontinuierlich registriert: an einer norwegischen Station auf der Bäreninsel (Björnöya—Bear Island; $\varphi = 74°30'$ N, $\lambda = 19°12'$ E) und an einer schwedisch-finnisch-schweizerischen Station in Murchison Bay (Murchisonfjorden in Nord-Ostland; Nordaustlandet; $\varphi = 80°03'$, 5 N; $\lambda = 18°15'$ E Gr.) (Abb. 1).

[1]) Die Messungen sollten auf der Meßstelle der russisch-schwedischen Expedition (1899—1901) durchgeführt werden. Die Lokalisierung der Meßstelle im Jahre 1957 mußte aber ein wenig geändert werden, weil auf dieser Stelle inzwischen ein Trapperhaus errichtet worden ist.

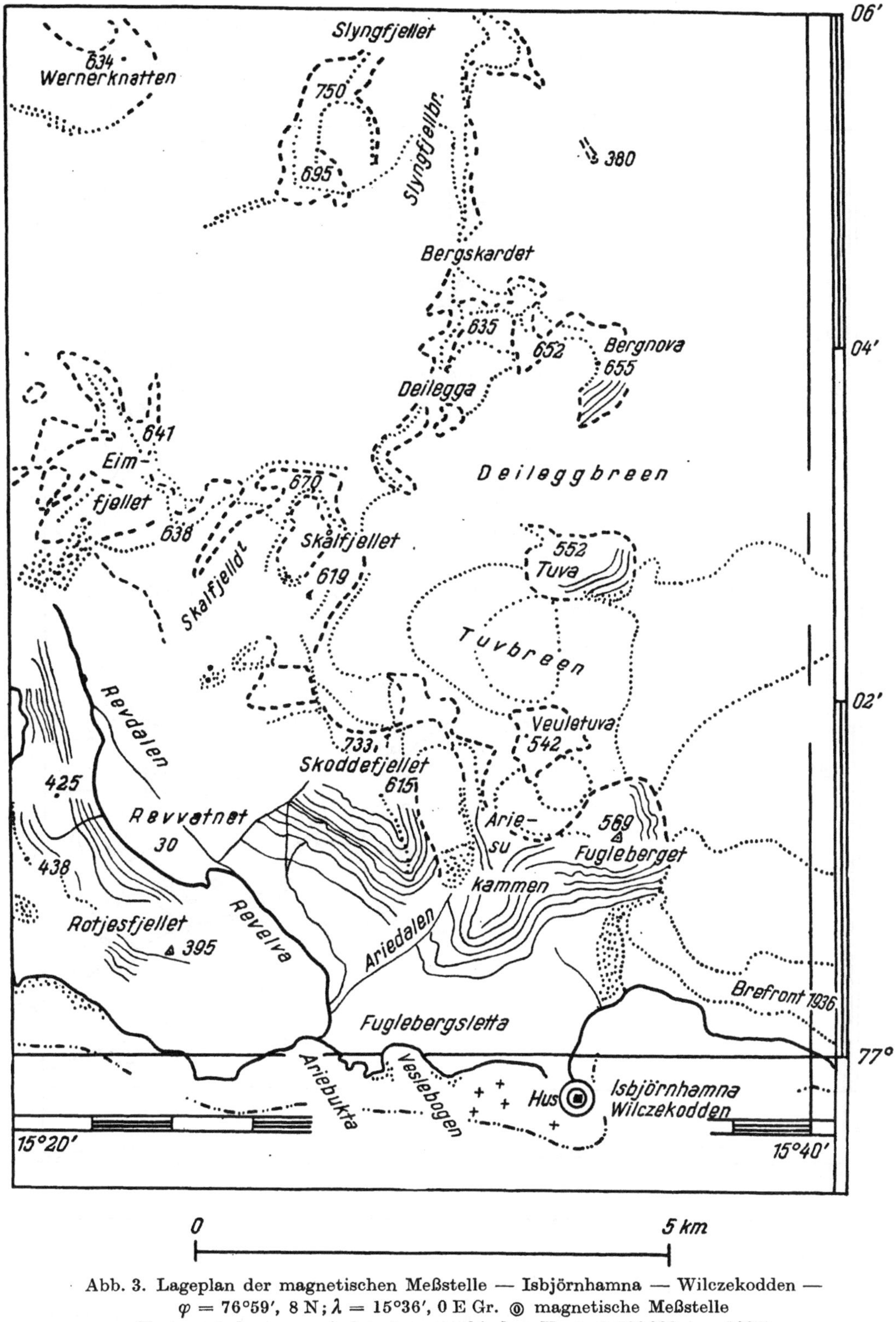

Abb. 3. Lageplan der magnetischen Meßstelle — Isbjörnhamna — Wilczekodden — $\varphi = 76°59', 8$ N; $\lambda = 15°36', 0$ E Gr. ◎ magnetische Meßstelle (Fragment der norwegischen topographischen Karte 1:100000 von 1936)

Abb. 4. Lageplan der magnetischen Meßstelle Dunöyane — Hus $\varphi = 77°03', 2$ N; $\lambda = 15°09', 4$ E Gr.
◎ magnetische Meßstelle
(Fragment der norwegischen topographischen Karte 1:100 000 von 1936)

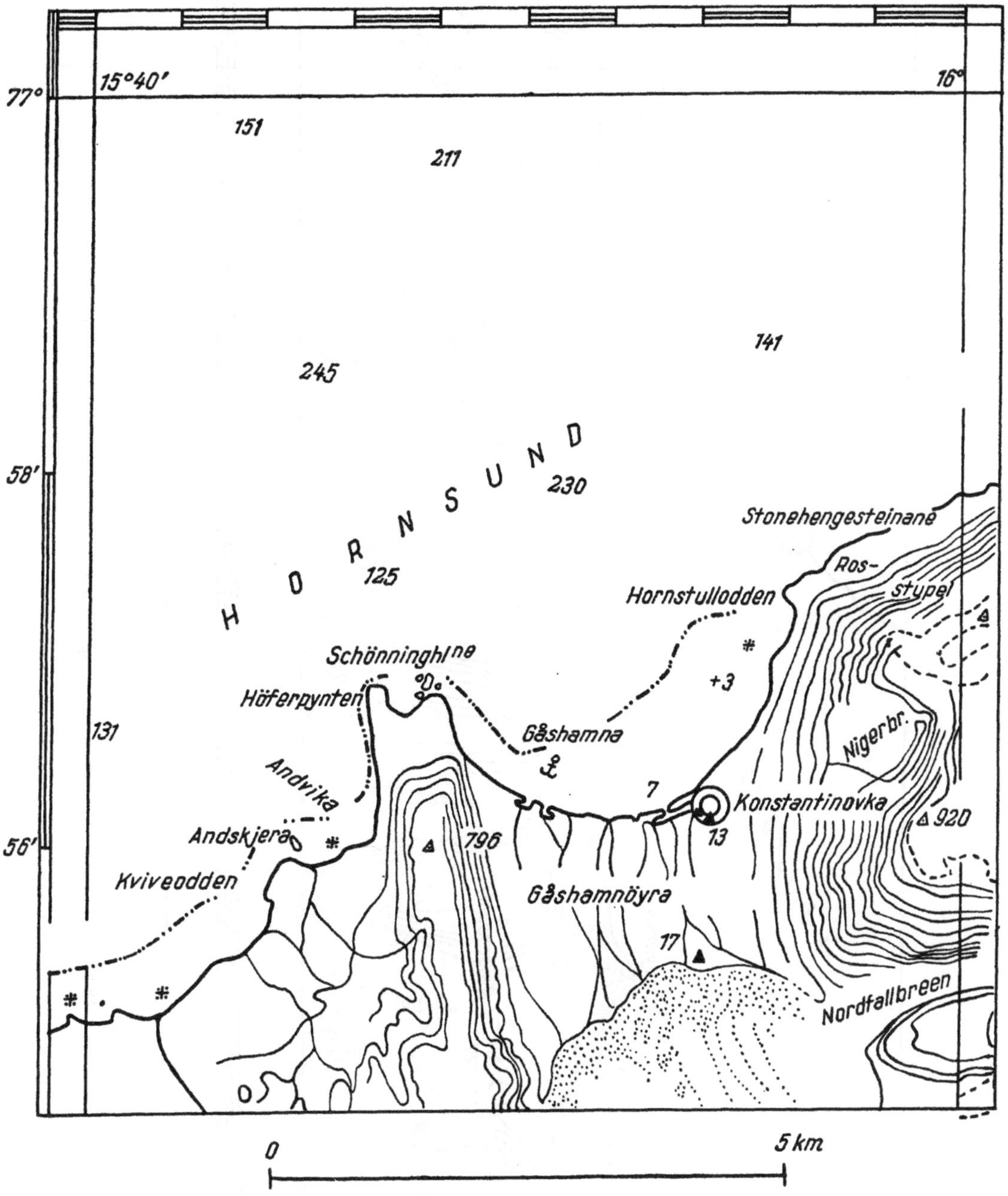

Abb. 5. Lageplan der magnetischen Meßstelle Gåshamna — Konstantinovka, $\varphi = 76°56', 4$ N; $\lambda = 15°54', 3$ E Gr. magnetische Meßstelle
(Fragment der norwegischen topographischen Karte 1:100000 von 1936)

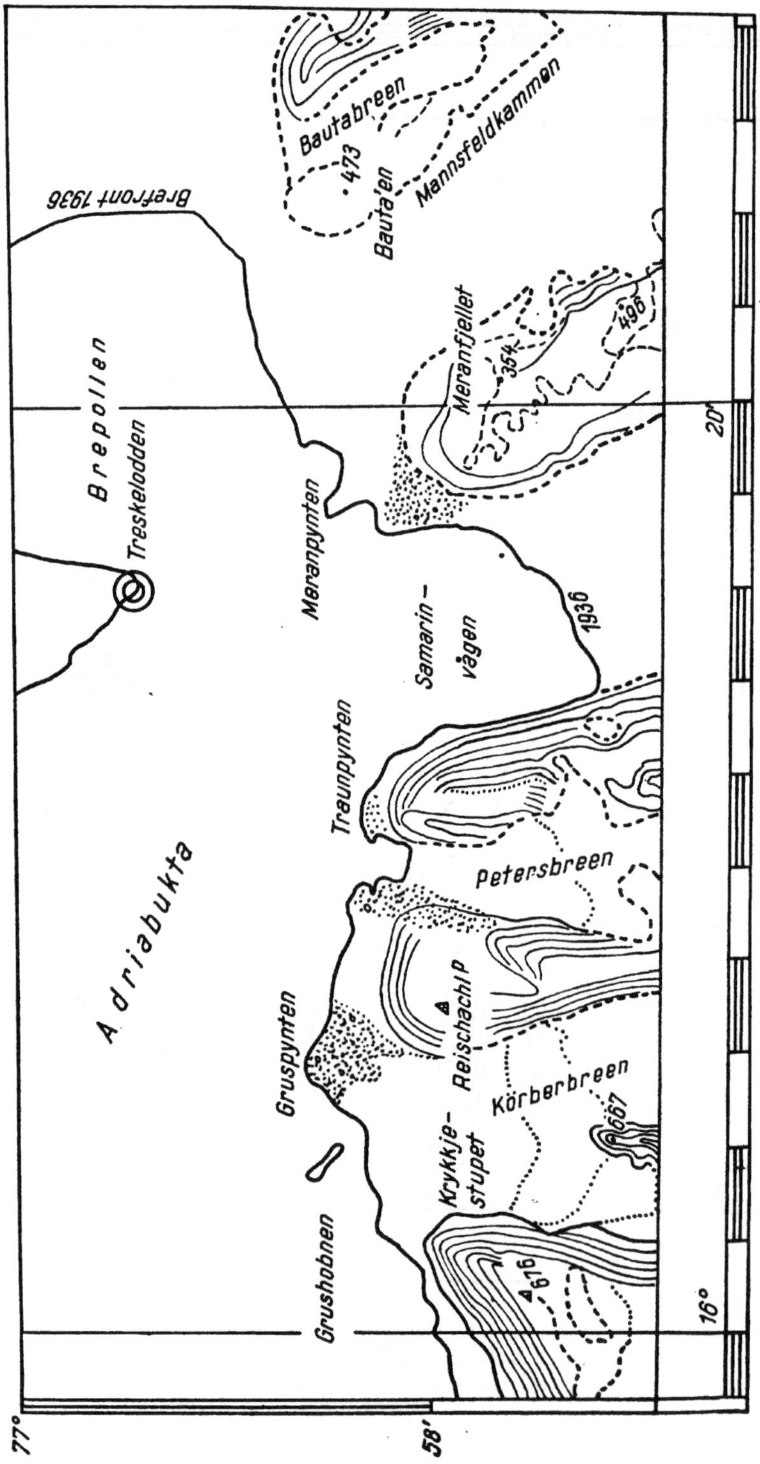

Abb. 6. Lageplan der magnetischen Meßstelle Treskelodden, $\varphi = 76°59', 4$ N; $\lambda = 16°15', 8$ E Gr.
⊚ magnetische Meßstelle
(Fragment der norwegischen topographischen Karte 1:100000 von 1936)

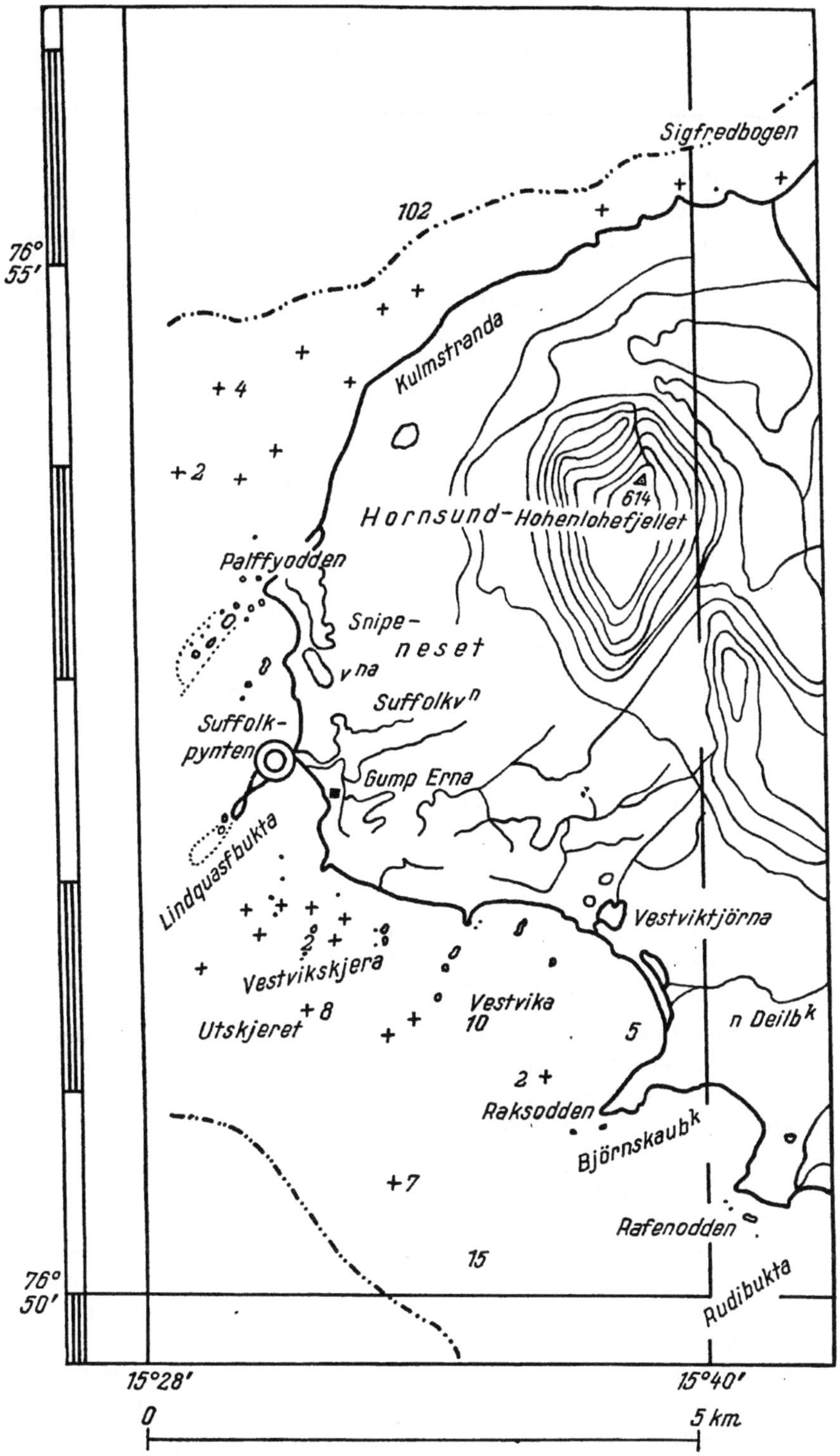

Abb. 7. Lageplan der magnetischen Meßstelle Suffolkpynten, $\varphi = 76°52'$, 6 N; $\lambda = 15°30'$, 8 E Gr. magnetische Meßstelle (Fragment der norwegischen topographischen Karte 1:100000 von 1936)

Im Hornsund konnten die magnetischen Beobachtungen nur an Tagen durchgeführt werden, an welchen die Wetterverhältnisse günstig waren. In den Sommermonaten 1957 konnten für diesen Zweck nur einige Tage ausgenutzt werden. In jedem säkularen Basispunkt haben wir in der Regel versucht, die Messungen wenigstens an drei Tagen durchzuführen. Dadurch sollte die Möglichkeit gegeben werden, aus der Serie der Ergebnisse diejenigen auszuwählen, die an magnetisch störungsfreien Tagen erhalten worden sind. Die später durchgeführte Analyse der Magnetogramme hat die Richtigkeit der angenommenen Methodik bestätigt.

Zur Elimination der Tage, an welchen magnetische Störungen auftraten, dienten auch die Beobachtungen, die mit Hilfe der Variometerwaage $\Delta H/\Delta Z$ nach Fanselau durchgeführt wurden.

Die Anzeigen des Systems H (Genauigkeit 21,6 γ/Skalenwert) haben es erlaubt, die Größe der während der Messungen auftretenden Änderungen des magnetischen Feldes abzuschätzen. Die Ausschläge des Variometers wurden in Abständen von 1—2 Minuten von einem Protokollführer abgelesen, der dem Beobachter alle unregelmäßigen Abweichungen von den normalen Meßwerten signalisierte. In der Zeit, in welcher die magnetischen Störungen auftraten, sind magnetische Messungen nicht gemacht worden; nach dem Verschwinden der Störungen konnten die Messungen fortgesetzt werden. Letzten Endes nach Ausschaltung des Messungen, die an magnetisch gestörten Tagen durchgeführt wurden, lagen für die weitere Bearbeitung folgende Ergebnisse vor:

Basisstation	Das gemessene Element			
	D (M&W)	D (QHM)	H (QHM)	I (M&W)
	Anzahl der Bestimmungen			
1. Isbjörnhamna-Wilczekodden	11	16	41	13
2. Dunöyane-Hus	21	18	36	8
3. Gåshamna-Konstantinovka	24	18	36	8
4. Treskelodden	16	18	36	8
5. Suffolkpynten	22	12	42	9

GEGENÜBERSTELLUNG DER VERWENDETEN MESSVORRICHTUNGEN UND DER STANDARDISIERTEN AN DEN MAGNETISCHEN OBSERVATORIEN VERWENDETEN APPARATUR

Auf Grund der an den Observatorien durchgeführten Messungen sind die Abweichungen unserer Ergebnisse von den mit Hilfe standardisierter Ausstattung der magnetischen Stationen erhaltenen Resultaten ermittelt worden.

Aus allen Ergebnissen, die bei der Gegenüberstellung der Ausschläge des Magnetometers QHM-243 und der in Świder und Tromsö beobachteten Basiswerte erhalten wurden, führen wir in der vorliegenden Arbeit nur die wichtigsten an [4].

Die mittelere Differenz ΔH_{mittel} zwischen den 36 Halbserien der unter Verwendung des Magnetometers in Świder erhaltenen Werte (Oktober 1957) und der Basiswerte dieses Observatoriums beträgt —6,2 γ. Die in Tromsö durchgeführten Vergleichsmessungen ergaben den Wert —8,0 γ (Juli 1957) und —9,3 γ (Oktober 1957). In beiden Fällen schwankte der quadratische Meßfehler innerhalb der Grenzen 0,5 γ—1,5 γ.

Diese Ergebnisse können zur Bestimmung der Differenz der Basen für die H-Variographen beider Stationen herangezogen werden. Wie aus den angegebenen Meßwerten ersichtlich ist, ist diese Differenz etwas größer als +3 γ.

Die mit Hilfe des Deklinatoriums M. & W. an diesem Observatorium durchgeführten Messungen weisen darauf hin [2], daß die mittlere Differenz der mit dem Deklinatorium angezeigten Werte und der Basiswerte innerhalb der Grenzen —0',3 —1',3 schwankt, wobei der Fehler den Wert 0',8 nicht übersteigt.

Die mit Hilfe des Magnetometers QHM-243 erhaltenen Resultate sind meistenteils auch zur Bestimmung der magnetischen Deklination herangezogen worden. Werden diese Ergebnisse (Świder, Tromsö) mit den momentanen auf Grund der Magnetogramme berechneten Werten verglichen, so ergibt sich, daß die positive Differenz kleiner als 6',6 ist [5]. Die analog ermittelt Differenz zwischen dem mittleren Wert der magnetischen Deklination, die einerseits mit dem Theodolit M. & W. und andererseits mit dem Magnetometer QHM-243 bestimmt wurde, war für die säkularen Basispunkte in Hornsund kleiner als 6',4.

Die vom Erdinduktor angezeigten Meßwerte wurden mit den Basiswerten des Observatoriums in Świder (Induktor nach Schulze) zweimal verglichen. Die festgestellten Differenzen, die die Genauigkeitsgrenzen des Instruments nicht überstiegen, werden von uns als Orientierungswerte angesehen, weil die Anzahl der durchgeführten Gegenüberstellungen beider Meßwerte verhältnismäßig klein war [5].

DIE MITTLEREN WERTE DER ELEMENTE H, D UND I IM FJORD HORNSUND AUF SPITZBERGEN FÜR DAS JAHR 1957

Die angewandte Methodik der Bearbeitung der im Fjord Hornsund auf Spitzbergen im Jahre 1957 erhaltenen magnetischen Meßergebnisse gibt die Möglichkeit, den mittleren Jahreswert des gemessenen Elementes für jede Meßstelle im Laufe der Jahreshälfte 1957 zu berechnen.

Es muß dabei die Formel berücksichtigt werden, die den Zusammenhang zwischen dem mittleren Jahreswert des im säkularen Punkt gemessenen Elementes, dem analogen Wert am Observatorium und der mittleren Abweichung der momentanen Werte im säkularen Punkt und Observatorium darstellt.

Die erhaltenen Ergebnisse gestalten sich in bezug auf die Meßwerte des Observatoriums auf der Häreninsel wie folgt:

Die säkularen Basisstationen	H_p (1957,5)	D_p (1957,5)	I_p (1957,5)
1. Isbjörnhamna-Wilczekodden	8372 γ	—1°24',5	80°59',9
2. Dunöyane-Hus	8332	—1 39 ,7	80 58 ,1
3. Gåshamna-Konstantinovka	8363	—1 13 ,3	80 57 ,9
4. Treskelodden	8320	—0 26 ,0	81 00 ,5
5. Suffolkpynten	8410	—1 12 ,8	80 50 ,0

Auf Grund der oben zusammengestellten Meßwerte ist in den Abbildungen 8 und 9 die annähernde Verteilung der Isodynamen der Horizontalintensität H, der Isogonen und Isoklinen in dem Gebiet des Fjords Hornsund im Jahre 1957,5 dargestellt [5].

Weiter unten werden auch die mittleren Differenzwerte zwischen den momentanen ΔH_{mittel} und ΔD_{mittel}-Werten und den analogen an der magnetischen Station in Murchison Bay erhaltenen Werte angeführt. Aus diesen Werten läßt sich für jeden Meßpunkt der mittlere Jahreswert (in bezug auf die Meßwerte dieses Observatoriums) berechnen [2, 5].

Die säkularen Basisstationen	ΔH_{mittel}	ΔD_{mittel}
1. Isbjörnhamna-Wilczekodden	1248 γ	—1°34',5
2. Dunöyane-Hus	—	—
3. Gåshamna-Konstantinovka	1246	—1 28 ,8
4. Treskelodden	1184	—0 38 ,8
5. Suffolkpynten	1325	—1 23 ,6

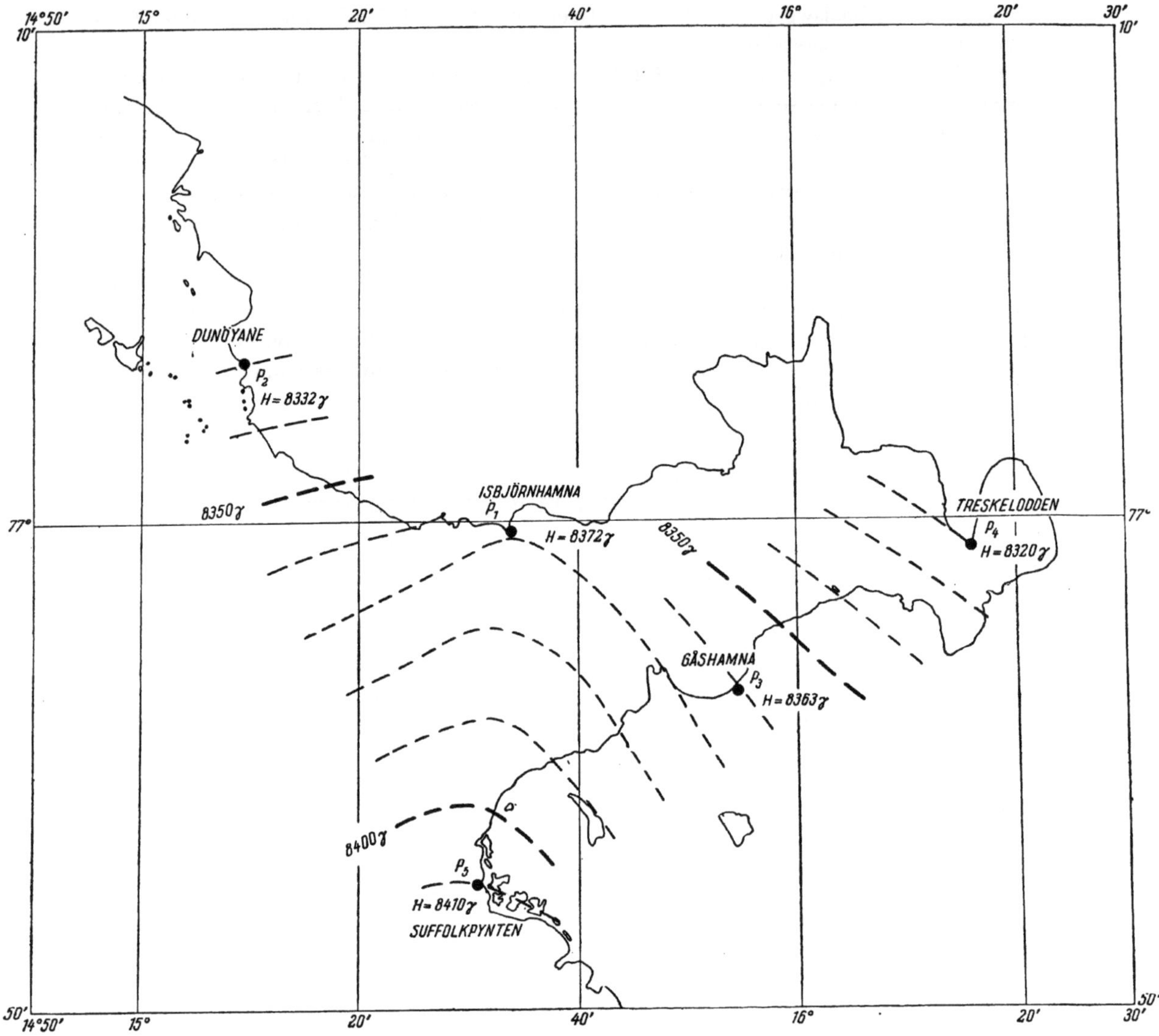

Abb. 8. Hornsund, 1957, 5, Isodynamen der Horizontalintensität H

Mit Hilfe der üblichen mathematischen Formeln wurden der Totalwert des Intensitätsvektors des magnetischen Feldes und die übrigen Komponenten berechnet.

Basisstationen	X	Y	Z	T
1. Isbjörnhamna-Wilczekodden	8370 γ	206 γ	52849 γ	53508 γ
2. Dunöyane-Hus	8328	242	52419	53077
3. Gåshamna-Konstantinovka	8361	178	52594	53255
4. Treskelodden	8319	65	52580	53234
5. Suffolkpynten	8408	178	52117	52791

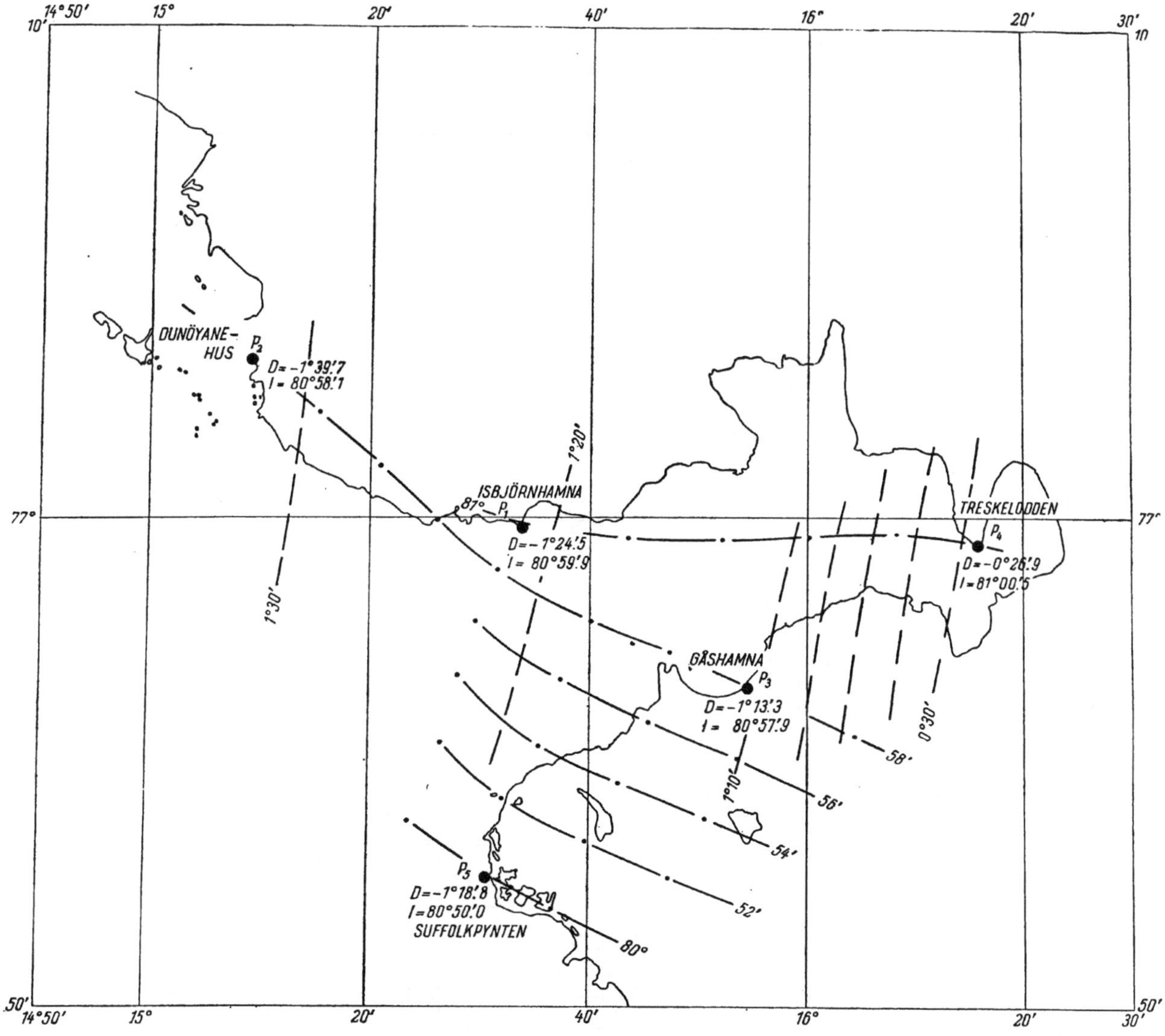

Abb. 9. Hornsund, 1957, 5, Isogonen und Isoklinen

DIE SÄKULAREN IM FJORD HORNSUND BEOBACHTETEN ÄNDERUNGEN

Bei der Untersuchung der säkularen Änderungen der Elemente des Erdmagnetismus in Hornsund müssen einerseits die im Bericht der schwedisch-russischen Expedition angeführten Meßwerte (vom Jahre 1899) [7] und andererseits die von K. Z. Lundquist zusammengestellten Ergebnisse [6] berücksichtigt werden.

Dank der Wiederholung der Bestimmung der magnetischen Deklination an der Meßstelle Gåshamna—Konstantinovka war es möglich, die säkularen Änderungen der Deklination in Hornsund im Laufe der letzten 300 Jahre zu berechnen. Auf Grund der aus den Jahren 1613 und 1899 stammenden Meßergebnisse sowie der Diagramme, die in anderen Meßpunkten auf

Spitzbergen aufgenommen worden sind, veröffentlicht Lundquist die im Fjord Hornsund beobachteten Änderungen des *D*-Wertes in einem Diagramm, welches in Abb. 10 wiedergegeben ist.

Die Deklination in Hornsund betrug im Jahre 1613: —12°14′ (13. 5. 1613 — W. Baffin; $\varphi = 76°55'$ N — Punkt a in Abb. 1). Im Jahre 1820 hat dieser Wert ein tiefes Minimum (ca. —20°), worauf auch die in anderen Meßpunkten erhaltenen Resultate hinweisen. Die

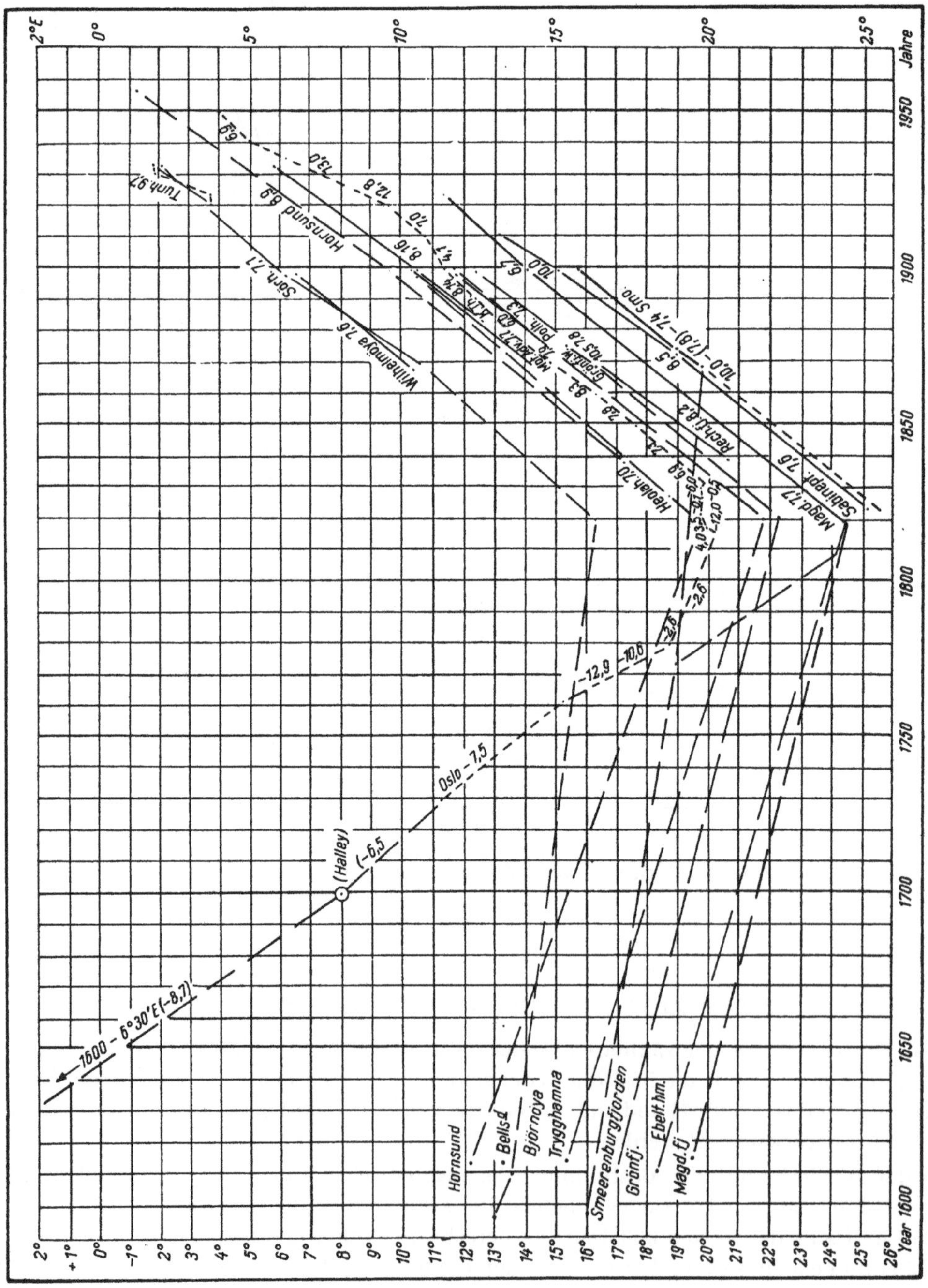

Abb. 10. Spitzbergen, Säkulare Änderungen der magnetischen Deklination in der Zeit von 1600 bis 1950 (nach K. Z. Lundquist [6]) im Jahre 1957 — Hornsund (Gåshamna)

nachfolgende in Hornsund von der schwedischen Expedition 1899 durchgeführte Bestimmung (6. 11. 1899 — E. SOLANDER — Punkt b in Abb. 1) führt zum Wert —9°50',3.

Die Resultate der im Jahre 1957 durchgeführten Messungen liefern den Beweis, daß der D-Wert in Richtung der positiven Werte anwächst; es liegen keine Gründe vor, andere genauere Schlüsse über den Charakter dieser Änderungen zu ziehen (die von 1957 stammenden Werte sind in Abb. 10 mit entsprechendem Vermerk versehen). Wenn wir — im Einklang mit der von LUNDQUIST formulierten Voraussetzung — annehmen, daß sich die magnetische Deklination in verschiedenen Meßpunkten auf Spitzbergen linear ändert, so können wir auf Grund der in den Jahren 1899 und 1957 erhaltenen Ergebnisse die Jahreswerte der Änderungen der Deklination in Hornsund in den letzten 58 Jahren bestimmen: 8',92/Jahr. Dieses Ergebnis stimmt mit dem allgemeinen Verlauf der Änderungen der Deklination auf Spitzbergen seit dem Anfang dieses Jahrhunderts gut überein.

Die Änderungen der anderen im Jahre 1957 gemessenen Elemente H und I können nur mit den Ergebnissen der russisch-schwedischen Expedition vom Jahre 1899 verglichen werden. E. SOLANDER [7] hat für Hornsund folgende Werte erhalten: 6. 9. 1899: $I = 79°54',6$; $H = 9424\,\gamma$. Die für die Horizontalintensität H und die Inklination I berechneten Differenzen betrugen $R_H = —1061\,\gamma$; $R_I = 1°03',3$.

Es ist jedoch nicht ratsam, aus den während der letzten 58 Jahre erhaltenen Ergebnissen auf die Jahresänderungen der Elemente endgültige Schlüsse zu ziehen. Die Natur dieser Änderungen kann nur bei wiederholter Durchführung der Messungen in den in Hornsund festgelegten säkularen Punkten erforscht werden. Magnetische Beobachtungen, die regelmäßig in genau lokalisierten Meßstellen durchgeführt werden, werden ohne Zweifel die Möglichkeit geben, die Karten der Isoporen der Elemente für diese geographische Breite zu zeichnen.

Allen Personen, die bei der Sammlung des Observatoriumsmaterials und bei seiner Bearbeitung teilnahmen, möchten die Autoren ihren herzlichsten Dank aussprechen. Die Autoren sind den wertvollen Bemerkungen und Ratschlägen des Herrn Prof. Dr. E. W. JANCZEWSKI gefolgt, der die jetzt beschriebenen Ergebnisse kurz vor seinem Tode kritisch bearbeitet hat. Die Autoren danken herzlichst Herrn Doz. Dr. S. SIEDLECKI, dem erfahrenen Leiter der Polnischen IGJ-Expedition auf Spitzbergen, der unter den schweren Verhältnissen im Polargebiet den Autoren immer mit Rat und Tat beistand. Den Herren Prof. T. OLCZAK, Dr. Z. MAŁKOWSKI und Dipl.-Ing. W. KRZEMINSKI danken die Autoren für die Meßinstrumente, S. BERGER vom Nordlysobservatoriet in Tromsö und K. BORG vom Kungl. Sjöfartsstyrelsen in Stockholm für das Registriermaterial der norwegischen und schwedischen Stationen und der Leitung des Observatoriums in Świder für die Meßergebnisse dieser Station.

Herrn Prof. Dr. H. ORKISZ danken die Autoren herzlichst für die Durchführung der Korrektur, für viele wertvolle Bemerkungen bei der letzten Abfassung und für die Mühe, die er sich gegeben hat, diese Arbeit den geehrten Teilnehmern des Symposiums für Geomagnetismus und Aeronomie der Deutschen Akademie der Wissenschaften zu Berlin vorzulesen.

LITERATUR

[1] KARACZUN, K. und KOWALCZUK, J., Badania magnetyczne w Hornsundzie w lecie 1957 roku. Études Magnétiques dans le Hornsund (Spitzbergen, 1957) Przeglad Geofizyczny, R. III/XI/Z. 2 (1958).

[2] KOWALCZUK, J. und KARACZUN, K., Obserwacje deklinacji magnetycznej w fiordzie Hornsund na Spitsbergenie w 1957 roku. Zeszyty Naukowe Akademii Górniczo-Hutniczej z. Geologia z. 4 (1960).

[3] KOWALCZUK, J. und KARACZUN, K., Wstepne wyniki badań magnetycznych Polskiej Wyprawy MRG w fiordzie Hornsund na Spitsbergenie. „Geofizyka Poszukiwawcza i Kopalniana", Biuletyn Zakładu Geofizyki P. P. Naftowe Nr. 1—3 (1959) 25—27.

[4] Kowalczuk, J. und Karaczun, K., Wyniki pomiarów składowej poziomej pola magnetycznego wykonanych magnetometrem QHM-243 w Obserwatoriach Magnetycznych w Świdrze, na Helu i w Tromsö w 1957 roku. Results of Measurements of the Horizontal Component of the Magnetic Field made with QHM-243 Magnetometer in the Magnetic Observatories of Swider, Hel and Tromsö. Acta Geophysica Polonica, Vol. VIII (1960) no. 2.
[5] Kowalczuk, J. und Karaczun, K., Obserwacje elementów magnetyzmu ziemskiego w fiordzie Hornsund na Spitsbergenie w 1957 roku., in Druck gegeben, Biuletyn Instytutu Geologicznego, Warszawa.
[6] Lundquist, K. Z., Magnetic Observations in Svalbard 1596—1953. Norsk Polarinstitutt, Skrifter nr. 110, Oslo, 1957.
[7] Missions Scientifiques pour la Mesure d'un Arc de Méridien au Spitzberg (1899—1901) — Mission Sudeoise — T. II — Déterminations magnétiques faites au Spitzberg pendant l'été 1899 par E. Solander, Stockholm 1903.
[8] Ibidem — Mission Russe — T. I. Intensité de la Pesenteur par A. Hansky, St. Pétersbourg 1905.

Zur Frage der geographischen Verteilung der unregelmäßigen magnetischen Störungen in hohen Breiten

Von A. P. Nikolsky [1])

Die Untersuchung der Beobachtungen der auf dem Eis der zentralen Arktis treibenden ständigen polaren magnetischen Observatorien, Expeditionen und wissenschaftlichen Stationen ermöglichte es dem Arktischen Institut in den letzten Jahren, neue Erkenntnisse über die geographische Verteilung der unregelmäßig auftretenden magnetischen Störungen zu gewinnen.

Es wurde festgestellt, daß der typische tägliche Gang der magnetischen Aktivität eine Kurve mit 3 Maxima — in den Morgen-, den Abend- und den Nachtstunden [1] — ist. Die Zeit des Auftretens dieser Maxima hängt in komplizierter Weise von der geographischen Lage der Station ab. Es erwies sich, daß die Isochronen des morgentlichen Maximums der magnetischen Störungen ein System von Spiralen darstellen (Abb. 1), welche aus dem Pol des Dipolfeldes hervortreten und sich in der Arktis im Uhrzeigersinn entwickeln [2]. Auf Grund ergänzender Überlegungen wurde diese Gesetzmäßigkeit von uns in erster Näherung als Resultat dafür angesehen, daß der solare Korpuskularstrom sich nach der Theorie von Störmer in Spiralen fokussiert, die mit der Sonne zusammenhängen und sich in den polnahen Gebieten der Erde in der Arktis und Antarktis anordnen. Infolge der Drehung der Erde vom Westen nach Osten fallen im Laufe von 24 Stunden alle Gebiete der hohen Breiten in die Spirale des Einfallens der Korpuskeln.

Die Möglichkeit einer spiralenförmigen Verteilung wurde durch viele Geophysiker auch für andere Erscheinungen gezeigt, die durch Einfallen solarer Korpuskeln bedingt sind (Absorption in der Ionosphäre, Polarlichter, kosmische Strahlen usw.), und zwar sowohl für die Arktis als auch für die Antarktis.

Auf Grund der Ergebnisse der Untersuchung der magnetischen Störungen wurde die Vermutung ausgesprochen, daß im zirkumpolaren Gebiet eine zweite Zone erhöhter Frequenz und Intensität für die magnetischen Störungen und die Polarlichter in den Morgenstunden vorhanden sein muß [1, 2]. Später zeigte Lassen [3] auf Grund der Analyse visueller Beobachtungen in Grönland, daß eine solche innere Zone tatsächlich existiert. Die Lage der inneren Zone über Grönland fällt nach Lassen genau mit dem zusammen, was wir schon früher angenommen hatten.

Infolge der Fokussierung des einfallenden solaren Korpuskelstromes durch das magnetische Erdfeld bilden sich auf der Spirale des Einfallens nach der Theorie von Störmer [4] vier Ver dichtungsgebiete der Trajektorien. Diese Verdichtungen liegen bei 14—16, 20—22, 02—04 und 08—10 Uhr Ortszeit. Die Verdichtungsgebiete wurden von uns als Gebiete A, $Б$, B und Γ bezeichnet. Diese Schlußfolgerungen aus der Störmerschen Theorie versuchte Wiechert [5] schon im Jahre 1934 zur Erklärung der täglichen Verteilung der magnetischen Bays heranzu-

[1]) Prof. A. P. Nikolsky, Arktisches Institut Leningrad.

ziehen. Im Hinblick auf den damaligen Mangel an Vertrauen zu der Störmerschen Theorie jedoch erfuhr die Ausdehnung seiner Idee auf die terrestrischen Erscheinungen keine weitere Entwicklung. Wenn eine Verdichtung der Trajektorien auf der Einfallsspirale der Korpuskeln tatsächlich existiert, dann müssen wir auf der Erde Erhöhungen der magnetischen Aktivität während der erwähnten Tageszeiten beobachten.

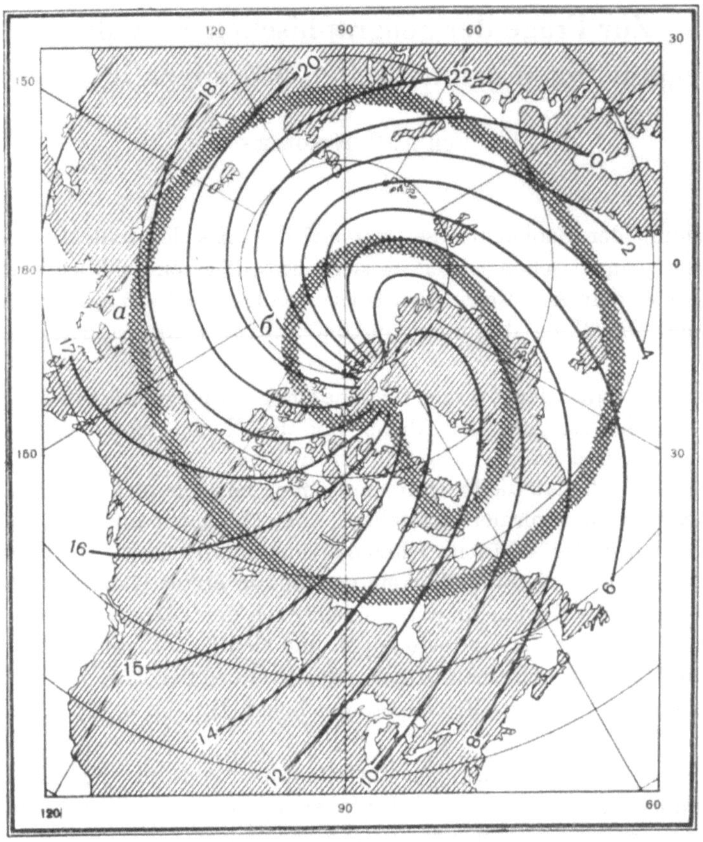

Abb. 1. Isochronen des Morgenmaximums der magnetischen Störungen (Weltzeit).
a) Zone der maximalen Häufigkeit und Intensität der magnetischen Störungen und Polarlichter — Fritz-Zone;
b) zweite innere Zone der erhöhten Intensität der magnetischen Störungen und Polarlichter.

Tatsächlich erweist sich das Vorhandensein dreier Maxima im täglichen Gang der magnetischen Aktivität in hohen Breiten offenbar als direkte Folge der Existenz der Verdichtungsgebiete *Б*, *B* und *Γ* auf der Einfallsspirale der Korpuskeln; eine Erhöhung der magnetischen Aktivität um 14—16 Uhr Ortszeit, die mit dem Gebiet A zusammenhängt, finden wir an vielen subpolaren Stationen.

Wenn Verdichtungen der Korpuskel-Trajektorien auf der Spirale des Einfallens vorkommen, so führt die Verschiebung dieser Gebiete über die Erdoberfläche infolge der Erddrehung unter der Spirale des Einfallens zur Entstehung von vier Zonen erhöhter magnetischer Aktivität um 14—16, 20—22, 02—04 und 08—10 Uhr Ortszeit. Die erste dieser Zonen, und zwar die südlichste, befindet sich in subpolaren Breiten; die beiden nächsten, die Abend- und Nachtstunden umfassenden Zonen, bilden das bekannte Gebiet der Polarlichter und der magnetischen

Störungen, die Fritz-Zone; die letzte Zone mit Störungen um 08—10 Uhr morgens befindet sich im Zirkumpolargebiet; offenbar gibt es auch noch eine zweite innere Zone, welche von uns und später von Lassen aus der Analyse der Beobachtungen festgestellt wurde. Die ungefähre Lage der erwähnten vier Zonen [6] wird in Abb. 2 gegeben.

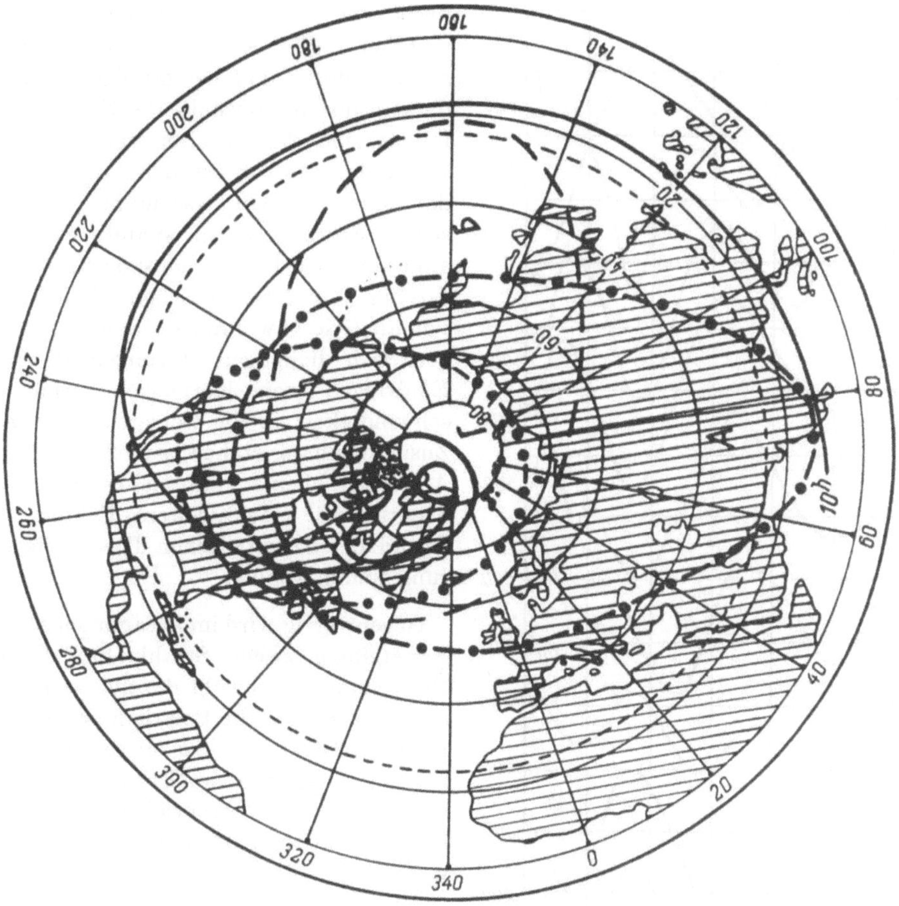

Abb. 2. Zonen erhöhter Intensität der magnetischen Störungen. A: um 14—16, $Б$: 20—22, B: 02—04 und $Γ$: 08—10 Uhr Ortszeit.

Überzeugende Beweise für diese Schlußfolgerungen finden wir in der Betrachtung der täglichen Verteilung der unregelmäßigen magnetischen Störungen verschiedener Intensität. Als Bewertungsgrundlage der magnetischen Aktivität nahmen wir die stündliche Amplitude der Horizontalkomponenten H. Es wurden [7] ungefähr 100000 Werte auf Grund der Ablesungen des magnetischen Observatoriums auf Cap Tscheljuskin während eines Zeitraumes von 11 Jahren (Abb. 3) verwendet.

Beim täglichen Gang der Verteilung der unregelmäßigen magnetischen Störungen der Gruppen UI, UII und UIII treten 3 Maxima deutlich hervor, welche sich erklären lassen, wenn man von der Voraussetzung ausgeht, daß die Verdichtungsgebiete $Б$, B und $Γ$ auf der Spirale des Einfallens existieren. Aus der Abbildung ergibt sich noch ein weiteres wichtiges Resultat. Es zeigt sich, daß das Maximum morgens sich mit der verstärkten Intensität der unregelmäßigen Störungen (von Gruppe II zu Gruppe X) nach den späteren Stunden verschiebt; das

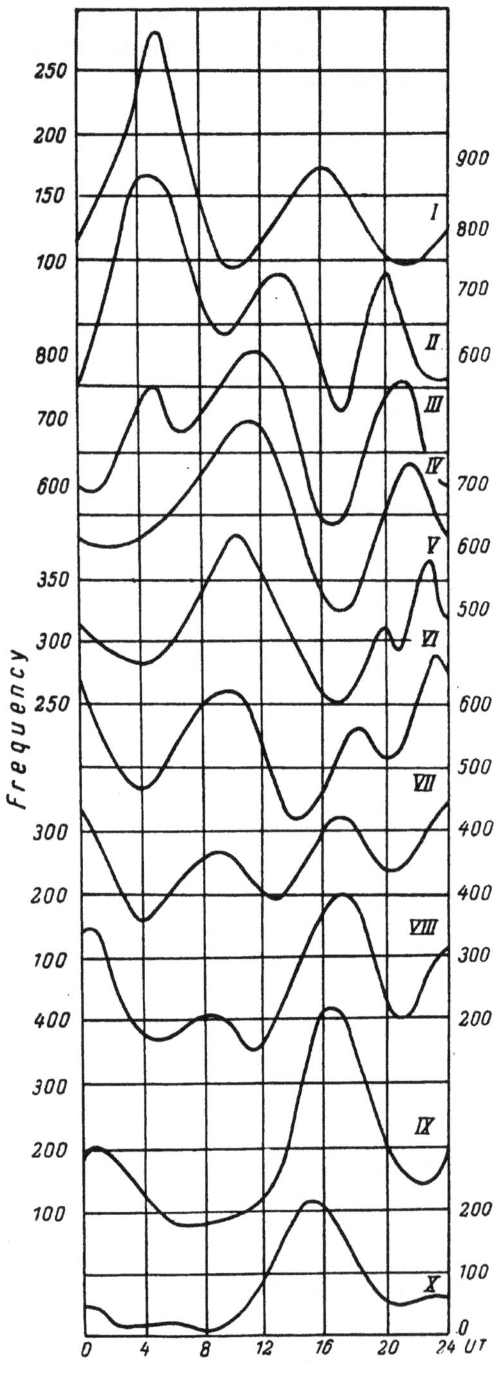

Abb. 3. Kurven der täglichen Verteilung der magnetischen Aktivität verschiedener Intensität auf Cap Tscheljuskin.
Gruppe I: die ruhigsten Stunden; Gruppe X: die gestörtesten Stunden.

Abend- und das Nachtmaximum verschieben sich auf frühere Tagesstunden. Dieser Effekt wurde auch schon früher auf Grund der Beobachtungen anderer Stationen festgestellt. Eine Erklärung hierfür läßt sich wiederum durch die Theorie von STÖRMER geben. Tatsächlich ergibt sich [8] aus der STÖRMERschen Theorie, daß bei gesteigerter Geschwindigkeit der Korpuskeln die Spirale des Einfallens sich dann weiter vom Pol entfernt. Die Folge hiervon ist dann die Verlagerung des morgentlichen Maximums der magnetischen Störungen auf spätere Stunden. Da außerdem die Integrationskonstante γ in der Lösung der STÖRMERschen Gleichung auch von der Geschwindigkeit abhängt, so verlagern sich diejenigen Störungen, die mit dem Eindringen von Korpuskeln erhöhter Geschwindigkeit in die Gebiete A, $Б$ und B in Zusammenhang stehen, zu früheren Stunden. Außer den oben erwähnten Feststellungen entdeckten wir noch weitere Fakten, die auf Grund der STÖRMERschen Theorie ihre Erklärung finden können.

Gegenwärtig wird im Zusammenhang mit der Feststellung zweier Strahlungsgürtel um die Erde versucht, sowohl die magnetischen Störungen als auch die Polarlichter als Folge der Korpuskelstrahlung aus diesen Zonen in die höheren Schichten der Erdatmosphäre zu erklären. Die hier beschriebenen Gesetzmäßigkeiten können jedoch kaum damit erklärt werden.

Viele Geophysiker, die sich mit der Analyse der Beobachtungen von magnetischen Störungen, Polarlichtern, ionosphärischen Störungen und Variationen der kosmischen Strahlung beschäftigen, wandten in den letzten Jahren erneut ihre Aufmerksamkeit der STÖRMERschen Theorie zu. Die in diesem Artikel dargelegten Ergebnisse geben auch uns Grund zu der Annahme, daß die weitere Entwicklung der STÖRMERschen Theorie im Lichte der modernen Erkenntnisse für die richtige Auslegung vieler Erscheinungen von Nutzen sein kann, die durch den Einbruch von Sonnenkorpuskeln in die höheren Schichten der Erdatmosphäre verursacht werden. Das gilt besonders für die Erscheinungen in hohen Breiten.

LITERATUR

[1] Nikolsky, A. P., Über die zweite Zone erhöhter Intensität der magnetischen Störungen im polnahen Gebiet. Abhandlungen des Arktischen Instituts **83** (1956).
(Никольский, А. П., О второй зоне повышенной интенсивности магнитных возмущений в приполюсной области.)

[2] Nikolsky, A. P., Über die geographische Verteilung der magnetischen Störungen im Zirkumpolargebiet der Arktis. Berichte der Akademie der Wissenschaften der UdSSR, **109** (1956) Nr. 5.
(Никольский, А. П., О географическом распределении магнитных возмущений в околополюсной области Арктики.)

[3] Lassen, K., On the Variation of the Magnetic Activity at Godhavn, Publ. fra det Danske. Meteor. Inst., Nr. 23, 1958.

[4] Strömer, C., The Polar Aurora. Oxford, 1955.

[5] Wiechert, E., Untersuchungen an Baystörungen unter besonderer Berücksichtigung der Störmerschen Theorie. Universit. zu Königsberg, 1934.

[6] Nikolsky, A. P., Über die planetarische Verteilung der Polarlichter und der magnetischen Störungen der Ionosphäre. Berichte der Akademie der Wissenschaften der UdSSR, **115** (1957) Nr. 1.
(Никольский, А. П., О планетарном распределении магнитно-ионосферных возмущений и полярных сияний.)

[7] Nikolsky, A. P., Magnetische Störungen in der Arktis. Abhandlungen des Arktischen Instituts **36** (1951).
(Никольский, А. П., Магнитные возмущения в Арктике.)

[8] Nikolskij, A. P., Sonnenprotonen als Ursache von morgendlichen und nächtlichen magnetischen Störungen. Berichte der Akademie der Wissenschaften der UdSSR, **127** (1959) Nr. 1.
(Никольский, А. П., Солнечные протони как причина утренних и ночных магнитных возмущений.)

Die Berechnung der erdmagnetischen Vertikalintensität im Untergrund und ihr Zusammenhang mit dem geologischen Untergrund

Von H. Orkisz[1])

Von verschiedenen Verfassern wurden Methoden entwickelt, die es ermöglichen, aus dem an der Oberfläche beobachteten erdmagnetischen Feld das Feld zu berechnen, das darunter in bestimmten Teufen vorhanden ist. Unabhängig von den theoretischen Grundlagen jeder Methode stützt sich die Berechnung auf das Beobachtungsmaterial an Punkten, die in einem quadratischen oder dreieckigen Netz im Gelände angeordnet sind. Ein solches Verfahren setzt voraus, daß die Messungen nur an den obengenannten Netzpunkten gemacht werden. Vom theoretischen Standpunkt muß diese Bedingung erfüllt sein; denn nur der beobachtete Wert hat — trotz des Beobachtungsfehlers — die Eigenschaft, die Wirkungen aller seitlich und darunter liegenden — sowohl der oberflächennahen als auch der tieferen — störenden Massen wirklich wiederzugeben. Es muß aber damit gerechnet werden, daß es organisatorisch unmöglich ist, an jedem Punkt eine Messung im Gelände vorzunehmen, für die eine Berechnung des Feldes nach unten vorgesehen ist. Daher ist die Frage berechtigt, ob der Rechnung interpolierte Werte zugrunde gelegt werden dürfen, obwohl oberflächennahe Störkörper große Unterschiede zwischen den beobachteten und den interpolierten Werten hervorrufen können. Nach einer bekannten Methode lassen sich die Einflüsse dieser oberflächennahen Massen vielfach stark verkleinern.

Werden für irgendein Gebiet die endgültigen Beobachtungswerte in eine Karte eingetragen, so lassen sich Linien gleichen Wertes ziehen. Wir können dies in üblicher Weise tun, indem wir die Isolinien für je eine Wertedifferenz unter Berücksichtigung entweder des ganzen Beobachtungsmaterials oder eines ausgewählten Materials zeichnen. Im letzteren Fall zieht man nur einige auf irgendeine Weise aus dem Ganzen entnommene in Betracht — z. B. je zwei Beobachtungswerte. So entsteht eine Karte, die etwas von der aus dem ganzen Beobachtungsmaterial gewonnenen abweicht. Wenn also eine Karte der Isolinien gezeichnet wird, die sich auf die gesamten oder die ausgewählten Werte stützt, so erhalten wir eine dritte Karte. Man kann auch anders vorgehen, indem das Meßgebiet in ein Netz von kleinen Quadraten aufgeteilt wird, für jedes Quadrat der Mittelwert aus allen darin befindlichen Werten gebildet wird und dann auf Grund dieser Mittelwerte die Isolinien gezeichnet werden.

Auf diese Weise erhält man eine Reihe von Karten der Isolinien derselben Größe, z. B. der Vertikalintensität. Durch das Meßgebiet lassen sich nun netzartig z. B. Profile von Nord nach Süd und von Ost nach West legen. Für jedes dieser Profile und jede Karte kann man dann den Verlauf der Meßgröße zeichnen. So entsteht für jedes Profil eine Kurvenschar. Daraus kann mittels eines bekannten Verfahrens ein ausgeglichener Verlauf der Kurve bestimmt werden, der nur diejenigen Eigenschaften des Feldes hat, die alle Kurven gemeinsam haben.

Für jedes Nord—Süd- bzw. Ost—West-Profil wurden die Linien für sich ausgeglichen. Es ergab sich, daß die ausgeglichenen Werte eines Profils nicht mit den entsprechenden ausgegli-

[1]) Prof. Dr. Henryk Orkisz, Kraków, Al. Mickiewicza 30, Katedra Geofizyki Geologicznej.

chenen Werten des darauf senkrecht stehenden Profils übereinstimmen, d. h., daß die ausgeglichenen Werte der einzelnen Profile nicht das endgültige ausgeglichene Feld repräsentieren konnten.

Um eine Karte der richtig ausgeglichenen Werte zu gewinnen, müßte man

a) die Zuwachswerte für die Ecken des Netzes aus beiden Richtungen berechnen;

b) die Ausgleichskurve für ein willkürlich festgelegtes Nord—Süd-Profil und für irgendein Ost—West-Profil als endgültige Lösung betrachten;

c) das Feld in den Punkten des quadratischen Netzes berechnen, wobei der Wert des Feldes durch die Zuwachswerte in folgender Form definiert war:

$$Z_{1,1} = Z_{0,0} + (\Delta Z_{0,1-1,1} + \Delta Z_{1,0-1,1})/2$$
$$Z_{1,2} = Z_{1,1} + (\Delta Z_{0,2-1,2} + \Delta Z_{1,1-1,2})/2$$
$$Z_{1,3} = Z_{1,2} + (\Delta Z_{0,3-1,3} + \Delta Z_{1,2-1,3})/2$$

Die erhaltenen Werte der betrachteten Größe in den Eckpunkten des quadratischen Netzes können noch auf das Feld erster Ordnung reduziert werden, d. h., sie können um die Differenzen zwischen dem berechneten und dem gemessenen Feld in den Punkten erster Ordnung korrigiert werden. Liegen keine Messungen erster Ordnung in dem betrachteten Gebiet vor, so können die auf oben beschriebene Weise berechneten Werte als endgültig angesehen werden. Die Karte dieser endgültigen Werte ist von Einflüssen oberflächennaher Störkörper fast vollkommen frei und führt zu einer erheblichen Verminderung der Beobachtungsfehler. Sie ist daher als Grundlage für die Berechnung des magnetischen Feldes in tiefer liegenden Niveaus gut geeignet.

Von den Methoden zur Berechnung des magnetischen Feldes im Untergrund wurden von uns drei, und zwar die von L. C. Peters, die von C. A. Trejo und die von V. Baranov ausgewählt.

Alle drei Methoden basieren auf Meßwerten, die in einem quadratischen Netz vorgegeben sind. Da wir in unserem Fall die interpolierten Werte benutzen können, läßt sich das Netz willkürlich in die Karte einzeichnen, so daß die Rechnung für willkürlich lokalisierte Punkte ausgeführt werden kann.

Durch die Verwendung interpolierter Werte ist die Möglichkeit der Berechnung der Mittelwerte der Intensität jeden Kreises mittels eines Integrationsverfahrens statt der üblichen Summation über vier bis acht Eckpunkte des Netzes gegeben. Dieses Integrationsverfahren wurde vereinfacht und damit die Rechnung beschleunigt, was von großem Interesse war, weil diese Kreismittelwerte eine viel größere Genauigkeit aufweisen. Wegen der Unabhängigkeit des Integrationsverfahrens von der Lage der Netzwerke konnte das Verfahren der Fortsetzung nach unten für willkürlich angeordnete Punkte in Anwendung gebracht werden.

Als Beispiel seien in Abb. 1 die Ergebnisse der Berechnung der Vertikalintensität in den Teufen $^1/_2$, 1, 2, 3 . . . 14 km längs eines von Ost nach West verlaufenden Profils graphisch dargestellt. Die Abb. 1 zeigt, daß mit wachsender Tiefe gewisse Anomalien stärker, als es an der Oberfläche der Fall ist, hervortreten. Zur Klärung der Frage, ob der Verlauf der Kurven reell ist, haben wir den Verlauf der Kurve für die Teufe 7 km dem Verlauf des seismisch festgestellten Anhydrithorizonts gegenübergestellt (siehe Abb. 2). Bei einem Vergleich beider Kurven zeigt sich eine große Ähnlichkeit. Am Ende der Kurve (rechts) geht jedoch die Parallelität verloren, was in folgender Weise gedeutet werden kann:

a) Der kristalline Untergrund, den die magnetische Aufnahme sicher abbildet, ist homogen in seiner Ausbreitung, weil der homogene Anhydrithorizont fast dieselben Höhenschwankungen wie das Kristallin aufweist, d. h., die Schwankungen der Intensität können sowohl als solche der Höhen des Hangenden einer kristallinen Platte als auch als solche des Nebengesteins unterschiedlicher Suszeptibilität aufgefaßt werden.

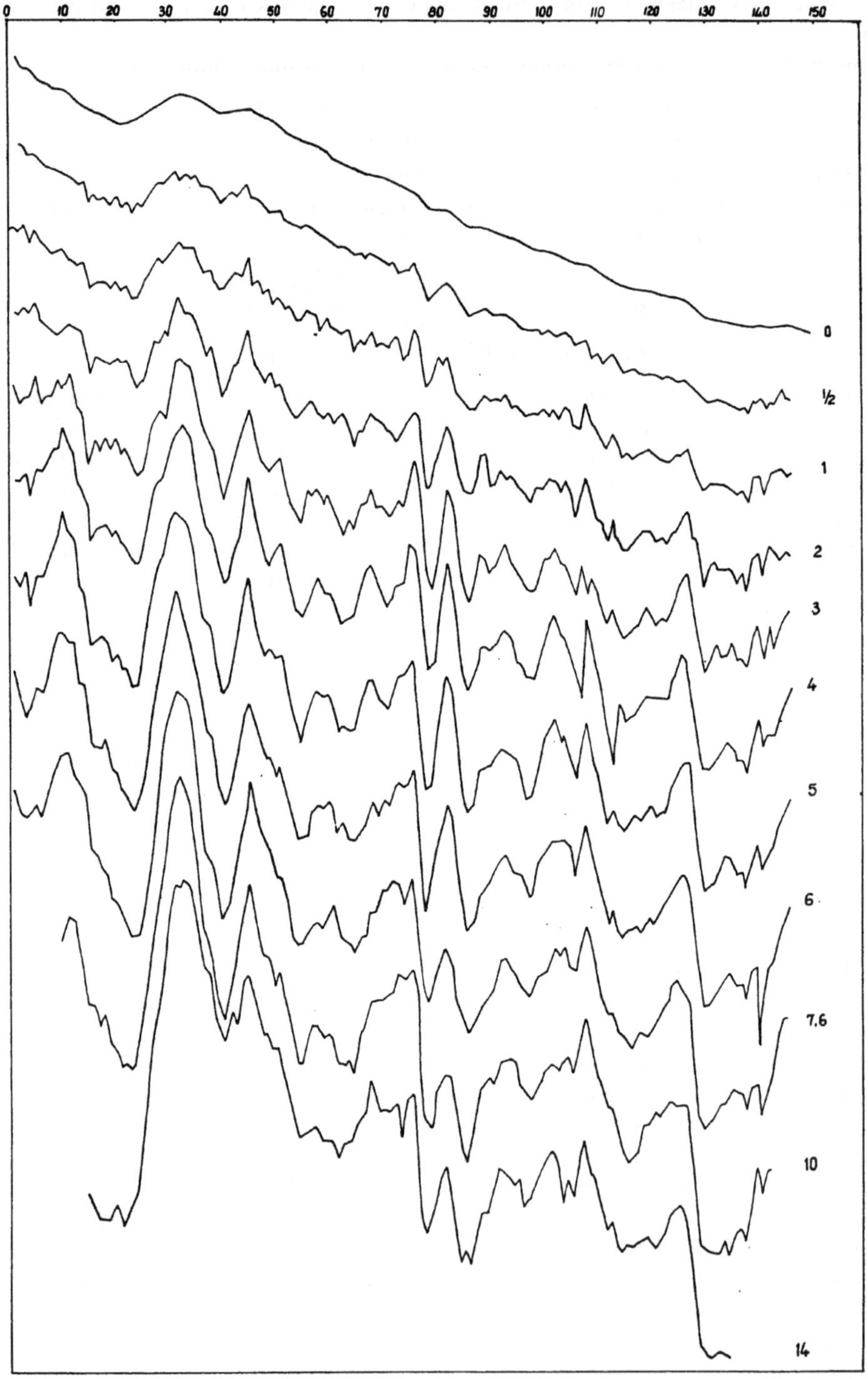

Abb. 1. Der nach der Methode von Baranow berechnete Verlauf der Vertikalintensität des magnetischen Feldes für einige Teufen

b) Der Anhydrithorizont muß dort, wo keine Parallelität in den beiden Kurven besteht, von dem kristallinen Untergrund verschieden weit entfernt sein, d. h. die Schichten zwischen Anhydrithorizont und Kristallin müssen unterschiedliche Mächtigkeiten aufweisen.

c) Da der Anhydrit sich während seiner Bildung horizontal ablagerte, müssen die heute vorhandenen Höhenschwankungen nach der Zeit der Ablagerung entstanden sein. Damit erhält man auch die Zeit des Zerbrechens des kristallinen Untergrundes.

d) Die rechte Seite der Vertikalintensitätskurve weicht von dem seismisch gefundenen Horizont ganz erheblich ab; da der Anhydrithorizont ungestört nach Süden und die Vertikalintensitätskurve plötzlich auch abfällt, muß angenommen werden, daß der kristalline Untergrund von diesem Punkt ab durch andere Massen ersetzt ist.

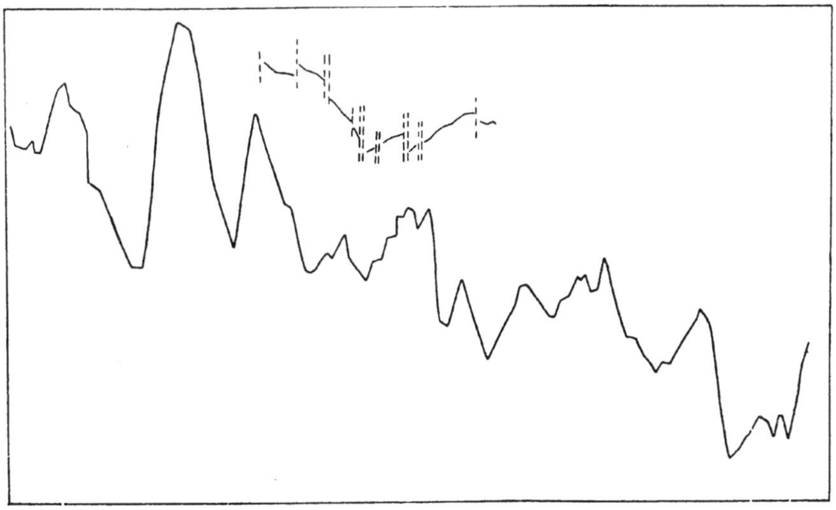

Abb. 2. Der Verlauf der Vertikalintensität des anomalen magnetischen Feldes, berechnet für die Teufe 7 km und der seismisch ermittelte Anhydrithorizont zum Vergleich

Kehren wir zur Abb. 1 zurück! Aus ihr ist folgendes zu ersehen:

a) Unter den Anomalien sind solche bemerkenswert, bei denen die Intensität stetig nach unten wächst oder stetig kleiner wird.

b) Die Bildung von Anomalien ist in verschiedenen Teufen zu beobachten.

c) Unter den sich bildenden Anomalien können auch solche vorkommen, die sich in einer gewissen Tiefe herausgebildet haben und nach unten zu in ihrer Intensität größer werden, in niederem Niveau aber nicht mehr vorhanden sind.

So haben wir versucht, eine Karte der Vertikalintensität Z zu entwerfen, die die Verteilung des magnetischen Feldes nach unten wiedergibt.

Diese Karte soll als solche der geologischen Strukturen und der Tiefe der Grenzfläche der eingelagerten Massen großer und kleiner Suszeptibilität angesehen werden. Wenn wir den Verlauf der Vertikalintensität in dieser vertikalen Ebene, der durch die oben beschriebenen Schwankungen angezeigt wird, betrachten, so kann die Grenze des Laplaceschen Raumes abgeschätzt werden. Diese Grenze ist sicher überschritten, wenn die Intensität nach anfänglichem Anwachsen wieder kleiner wird. Die genaue Tiefe ist allerdings nicht feststellbar. Man kann nur sagen, daß von dieser Grenzfläche an die berechneten Werte fehlerhaft sind, da das Berechnungsverfahren die Stetigkeit aller Ableitungen des Hauptverlaufs voraussetzt.

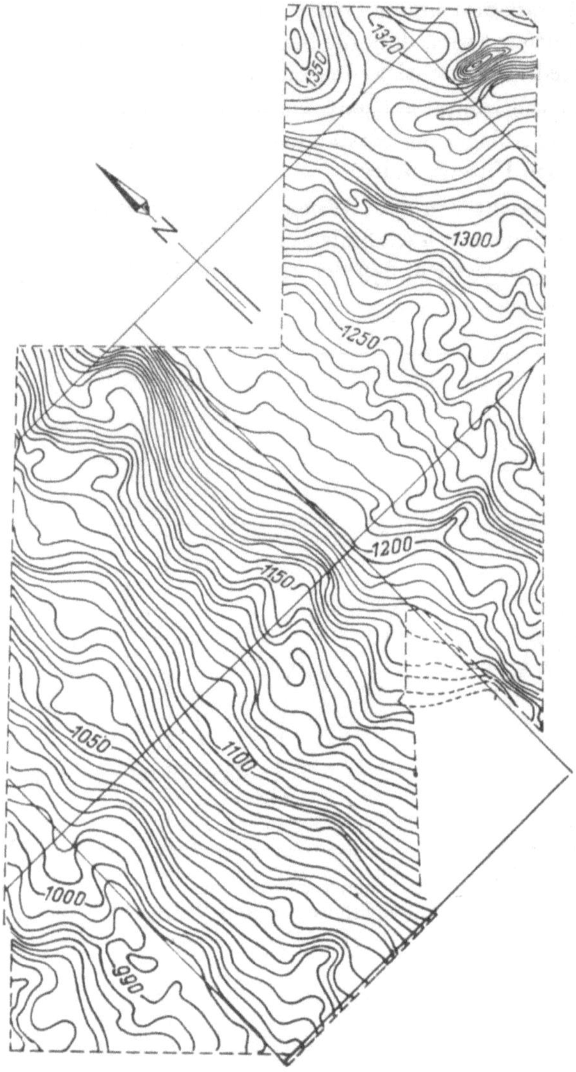

Abb. 3. Die ausgeglichenen Anomalien der Vertikalintensität des erdmagnetischen Feldes

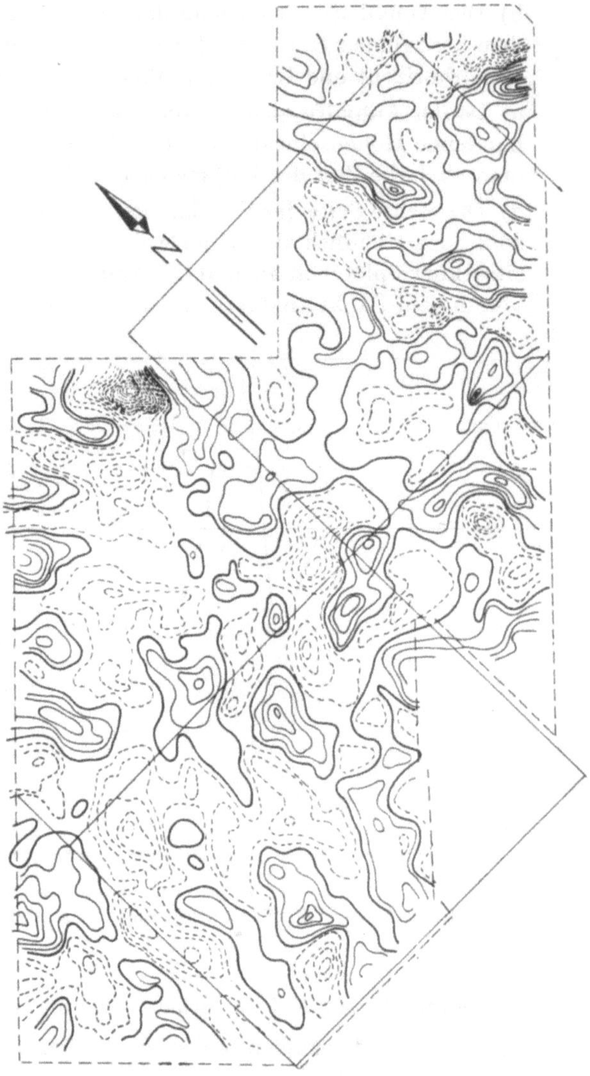

Abb. 4. Die ausgeglichenen Unterschiede der Vertikalintensität zwischen der Oberfläche und der Teufe 0,5 km

Zu dieser Schwierigkeit kommt noch eine andere, nämlich die, daß für den Fall des Vorhandenseins zweier störender Massen in unterschiedlicher Tiefe das Berechnungsverfahren nur bis zur Tiefe des Hangenden des oberen Störkörpers angewandt werden kann. Damit wird die Möglichkeit einer Trennung des höher gelegenen vom darunter liegenden Störkörper stark vermindert.

Sind über dem kristallinen Untergrund viele schwach magnetisierte Massen eingelagert, so schwindet die Möglichkeit der Trennung noch mehr. Um die beiden Störkörper trotzdem voneinander zu trennen, sind wir folgendermaßen vorgegangen:

Es wurde zunächst die Intensität für eine geringe Tiefe (0,5 km) berechnet. Dieses neu berechnete Feld ist sicher von Einflüssen oberflächennaher Massen frei, da diese nach unserem

Ermittlungsverfahren eliminiert sind. Schon beim nächsten Schritt, d. h. bei der Berechnung von Z, bestand die Gefahr, daß die Grenze des LAPLACEschen Raumes bereits überschritten wurde. Um das zu vermeiden, haben wir vor diesem Schritt das erste für 0,5 km Tiefe berechnete Feld ausgeglichen und dieses dann erst dem weiteren Verfahren unterworfen. Damit

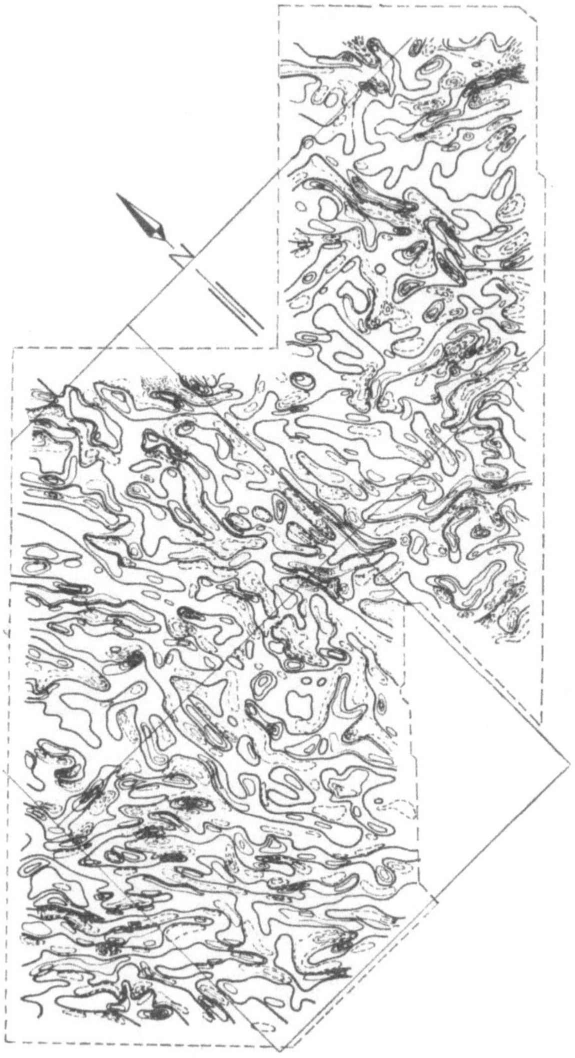

Abb. 5. Die Differenzen der unausgeglichenen und der ausgeglichenen Intensitätsdifferenzen im Intervall 0—0,5 km

wurde mit Sicherheit ein Überschreiten der Grenze des LAFPLACEschen Raumes stets ausgeschlossen.

Durch diese Maßnahme läßt sich die Vertikalintensität schrittweise und ohne Bedenken bis in die größten Tiefen verfolgen. Immer handelt es sich um drei Felder, um das berechnete Feld, um das ihm zugeordnete Regionalfeld und um das Feld, das aus dem Unterschied beider gewonnen wird, d. h. um das lokale Restfeld. Für geologische Belange ist dieses lokale Restfeld das wichtigste, da es die durch oberflächennahe Störmassen verursachten Anomalien wiedergibt. Natürlich ist das Restfeld noch mit Fehlern der Messung und der Methode behaftet.

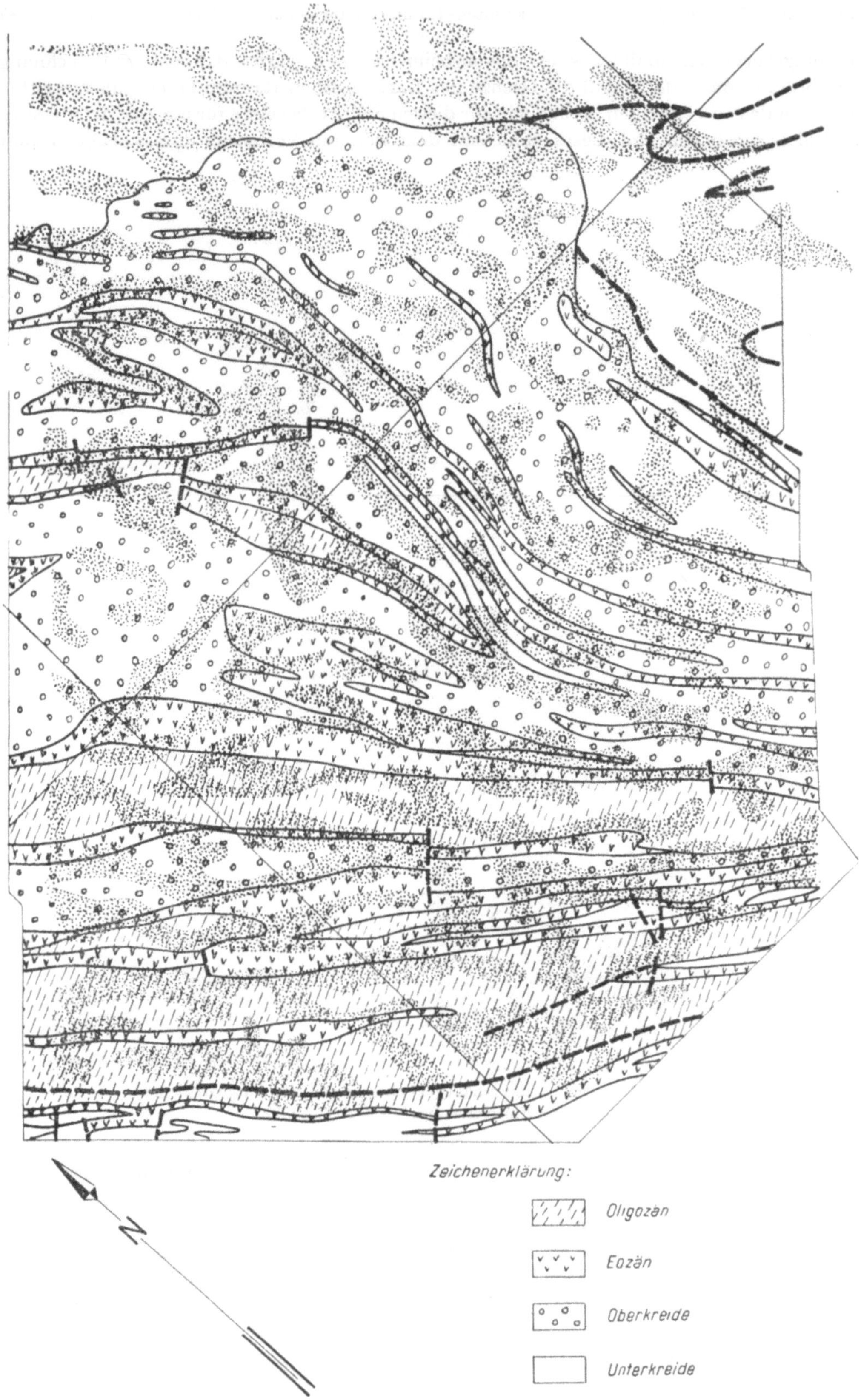

Abb. 6. Darstellung der Verteilung der positiven und negativen magnetischen Anomalien mit Angabe der Geologie

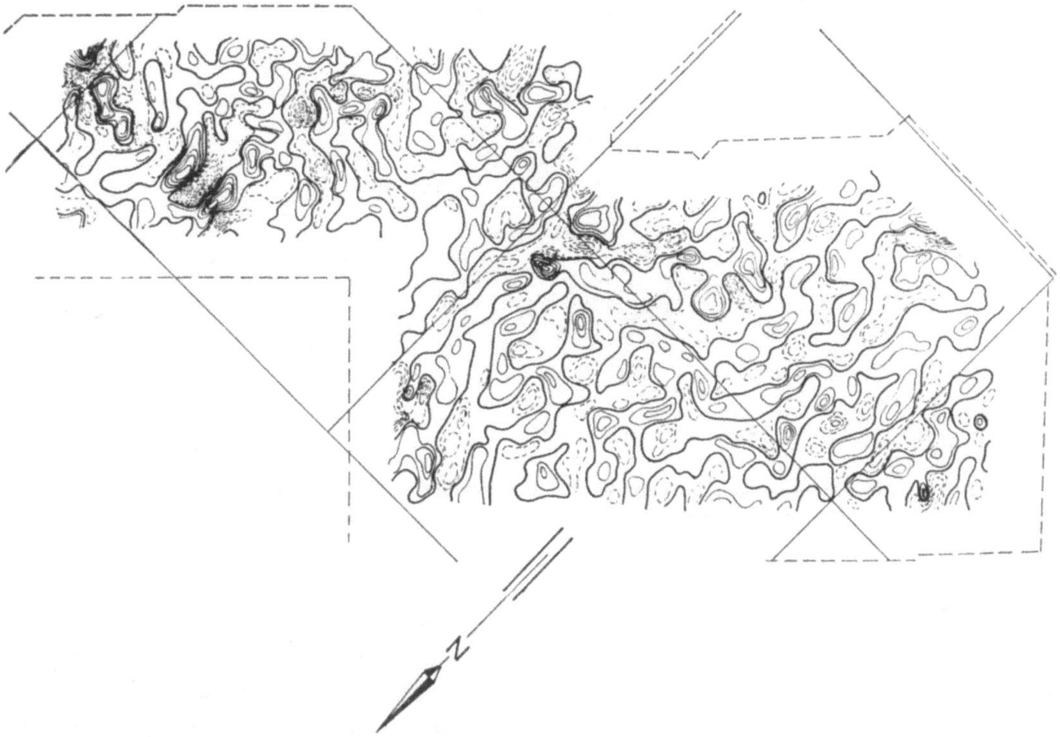

Abb. 7. Die Abweichung der berechneten Werte von den ausgeglichenen Zuwachswerten der Vertikalintensität im Niveau 0,5—1 km

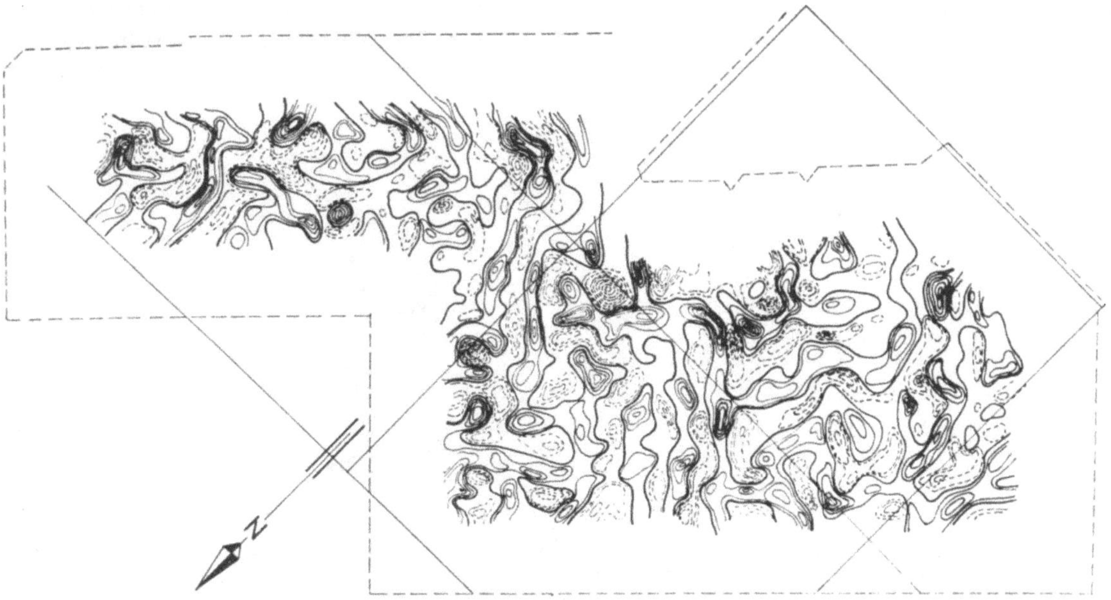

Abb. 8. Die Abweichungen der berechneten Werte von den ausgeglichenen Zuwachswerten der Vertikalintensität im Niveau 1—1,5 km

An dieser Stelle sei nun auf das Verfahren der Berechnung des regionalen Feldes näher eingegangen. Die Aufgabe besteht darin, vor der Berechnung von Z in einem tieferen Niveau die für die nächst höhere Tiefe errechneten Werte von den Feldern der Störkörper zu befreien, welche zwischen den betrachteten Niveaus ihren Sitz haben. Das läßt sich z. B. mit Hilfe des

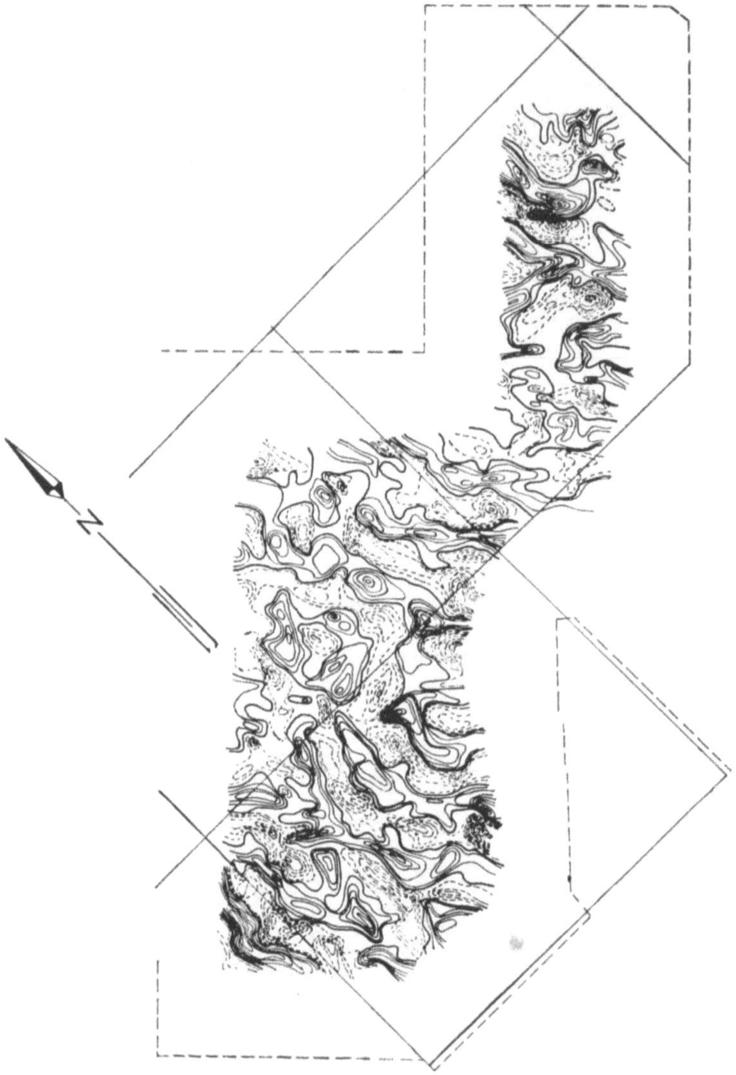

Abb. 9. Die Abweichungen der berechneten Werte von den ausgeglichenen Zuwachswerten der Vertikalintensität im Niveau 1—2 km

Ausgleichsverfahrens von Griffin erreichen. Nach dieser Methode werden alle vorhandenen Werte innerhalb eines Kreises mit bestimmtem Radius für jeden Punkt des Profils gemittelt. Dieser Mittelwert charakterisiert den Wert im Mittelpunkt des Kreises und wird als Regionalwert bezeichnet. Der Radius des Kreises wurde nach der Methode von Fajklewicz bestimmt, der der Fall einer Kugel als Störkörper, also eines isolierten Körpers, keineswegs aber einer Platte, zugrunde liegt.

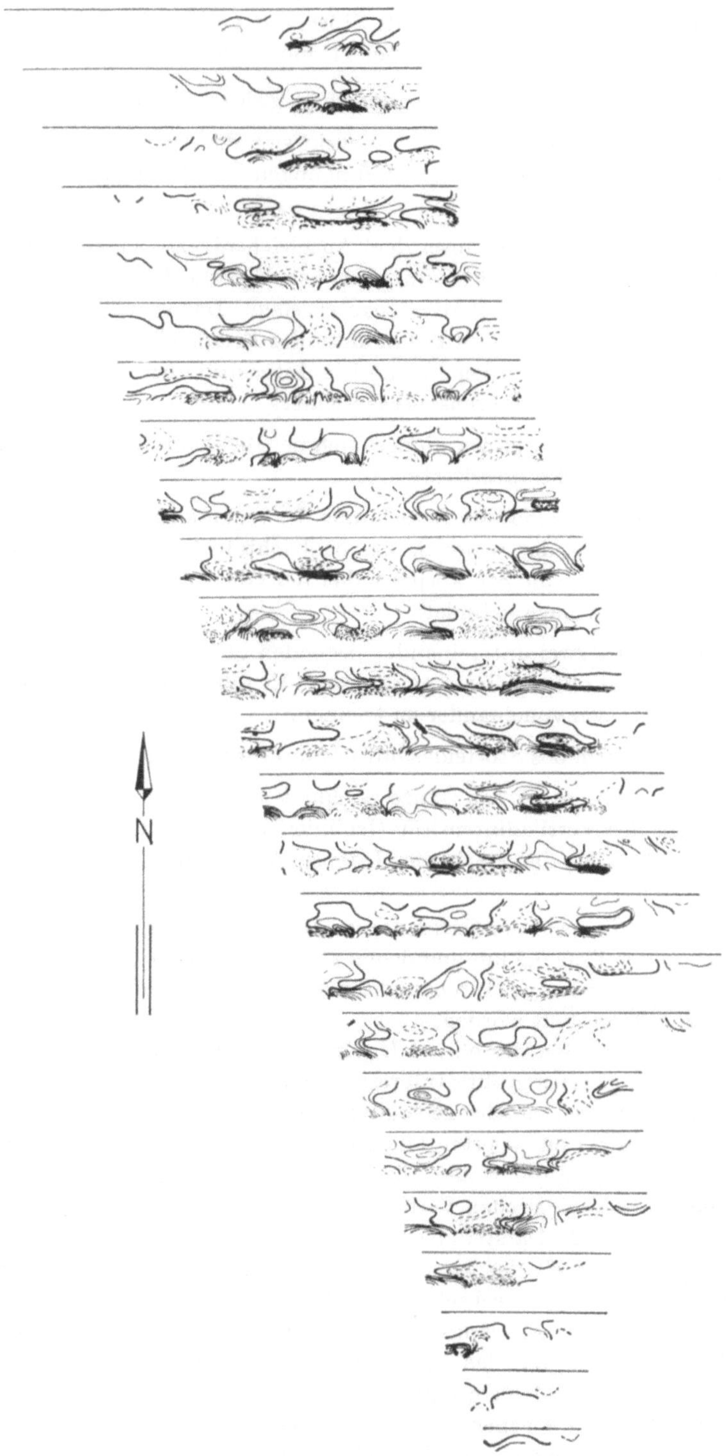

Abb. 10. Eine Reihe von vertikalen Profilen der Abweichungen der Vertikalintensität vom Anomalfeld in verschiedenen Teufen

In unserem speziellen Fall handelt es sich darum, Meßwerte auszugleichen, wenn ihre Schwankungen durch eine 0,5 km tief liegende Störmasse verursacht werden. Einige Fragen, die hiermit zusammenhängen, seien hier vorgelegt und zugleich beantwortet:

1. Bei Fehlen eines Störkörpers gibt das Ausgleichsverfahren die beobachteten Werte.
2. Ist der Störkörper als Platte ausgebildet, so wirkt sich die Ausgleichung nur teilweise aus, nicht aber mehr als unter allgemeinen Bedingungen bei Anwendung der Griffinschen Methode.
3. Liegt der Störkörper unmittelbar unter dem Ausgleichsniveau, so treten zwar Differenzen zwischen ausgeglichenen und nicht ausgeglichenen Werten des Feldes auf, sie sind aber größer als die, die sich für das tiefere Niveau ergeben. Das ist ein Beweis dafür, daß die Lage und die Form des Störfeldes im Raum unter der Erdoberfläche mit Hilfe dieser Eliminationsmethode festgestellt werden kann. Die Intensität des Restfeldes ist durch die Anwendung des Ausgleichsverfahrens etwas kleiner.
4. Wenn der Radius zu klein ist, so vermindert sich bei Berechnung des regionalen Feldes die Intensität des lokalen Feldes (des Restfeldes).
5. Für einen zu großen Radius gibt die Berechnung des regionalen Feldes der Intensität einen etwas zu großen Wert, da das regionale das beobachtete Feld weniger gut widerspiegelt. Auf diese Weise erscheinen die Störkörper näher der Oberfläche, obwohl sich die Mitte des Körpers in der richtigen Lage befindet.
6. Bei Vorhandensein von zwei untereinander liegenden Störkörpern wird die Intensität des lokalen Feldes zweimal mit der Tiefe anwachsen. Es gibt in diesem Fall keine Schwierigkeiten, die beiden Massen voneinander zu trennen.
7. Leider läßt sich die Form des Störfeldes mit der des Störkörpers keineswegs identifizieren.

An einem speziellen Beispiel sei das Ganze nochmals erläutert. Abb. 3 zeigt das ausgeglichene Anomalienfeld der Vertikalintensität (Isolinien im Abstand von 5 γ). Wir erkennen deutlich ein stetiges Abfallen der Stärke der Intensität von einem im Osten gelegenen Maximum aus nach Westen.

Die Abb. 4 illustriert die nach der Griffinschen Methode ausgeglichenen Unterschiede zwischen den Werten in der Tiefe 0,5 km und denen an der Oberfläche. Der Unterschied zwischen den unmittelbaren Differenzen der Intensität für 0 und 0,5 km Tiefe und den ausgeglichenen Werten ist in Abb. 5 dargestellt worden.

Da diese Werte mit dem Bau des oberen Untergrundes im Zusammenhang stehen dürften, haben sie für den Geologen das größte Interesse. Wir haben diese Ergebnisse deshalb nochmals in Abb. 6 zum Vergleich mit der geologischen Karte wiedergegeben.

In Abb. 6 stellen die dicht punktierten Flecken das Gebiet der positiven Anomalien von den Regionalwerten dar, während die weißen Flecke negative Anomalien repräsentieren; die übrigen Zeichen deuten die geologischen Verhältnisse der Gegend an.

Wenn man sorgfältig beide Darstellungen auf Abb. 6 miteinander vergleicht, so läßt sich deutlich im magnetischen Bilde das geologische Bild erkennen, selbst in Gegenden, wo Antiklinen und Synklinen schnell abwechseln. Man darf jedoch nicht vergessen, daß die Werte der Vertikalintensität auf der Ausgangskarte sehr stark ausgeglichen sind. Trotzdem zeigen die Werte nach Umrechnung auf das Niveau von 0,5 km einen sehr engen Zusammenhang mit dem geologischen Aufbau der Untergrundes.

Die Abbildungen 7, 8 und 9 geben uns entsprechende Karten der Abweichungen der berechneten Werte von den augeglichenen Zuwachswerten der Vertikalintensität in den Niveaus 0,5 bis 1 km, 1 bis 1,5 km und 1 bis 2 km. Wir sehen, wie die positiven und negativen Zonen sukzessive an Stärke zunehmen und sich verlagern.

Um die Änderung dieser Zonenformen vom obersten bis zum tiefsten Niveau übersichtlich verfolgen zu können, wurde eine Reihe von vertikalen Profilen gezeichnet (siehe Abb. 10). Jedes Profil stellt eine Übersicht der Isolinien des Feldes zwischen den Abweichungen der berechneten von den ausgeglichen Zuwachswerten für die entsprechenden Tiefen dar. Der Maßstab der horizontalen Entfernung zur vertikalen Tiefe ist 1:1.

Man sieht,

a) wie die positiven und negativen Zonen von der Erdoberfläche nach unten angeordnet sind;

b) daß die Zonen schräg einfallen;

c) daß sie im westlichen Teil des Gebietes von unten nach oben von West nach Ost gerichtet sind, im östlichen Teil dagegen senkrecht stehen oder sogar nach Westen zu überkippt sind.

Diese Gliederung der Strukturelemente entspricht unseren Anschauungen über den geologischen Aufbau dieser Gegend.

Bei diesen Arbeiten haben mir Frau mgr. St. Nickel und Frau mgr. K. Szlachta geholfen, wofür ich ihnen an dieser Stelle meinen besten Dank aussprechen möchte.

LITERATUR

[1] Baranov, V., Calcul du gradient vertical du champ de gravité ou du champ magnétique mesuré à la surface du sol. Geophysical Prospecting **1** (1953) 3, S. 171—191.

[2] Baranow, V., Abaques verticaux pour le calcul et l'interprétation des anomalies magnétiques. Vortrag, 7. Tagung EAEG, 1954.

[3] Fajklewicz, Zb., A rapid method for disengagement of local gravity anomalies from the regional gravity field. Bull. Acad. Pol. Sci. Cl. III, V. (1957) no 9.

[4] Peters, L. J., The direct approach to magnetic interpretation and its practical application. Geophysics **14** (1949) 3, S. 290—320.

[5] Trejo, C. A., A note on downward continuation of gravity. Geophysics **19** (1954) S. 71—75.

Tellurische Registrierungen in Nordschweden[1]

Von R. Rösler[2])

Bei Erprobung eines neuen geoelektrischen Prospektionsverfahrens in Nordschweden entstand die Aufgabe, Wechselströme sehr tiefer Frequenz (< 1 Hz) dem Untergrund aufzuprägen. Da technische Hilfsmittel hierfür noch nicht vorlagen, wurde versucht, die von B. Rolf (1931) mit besonders großer Amplitude in Abisko entdeckten Pulsationen des erd-

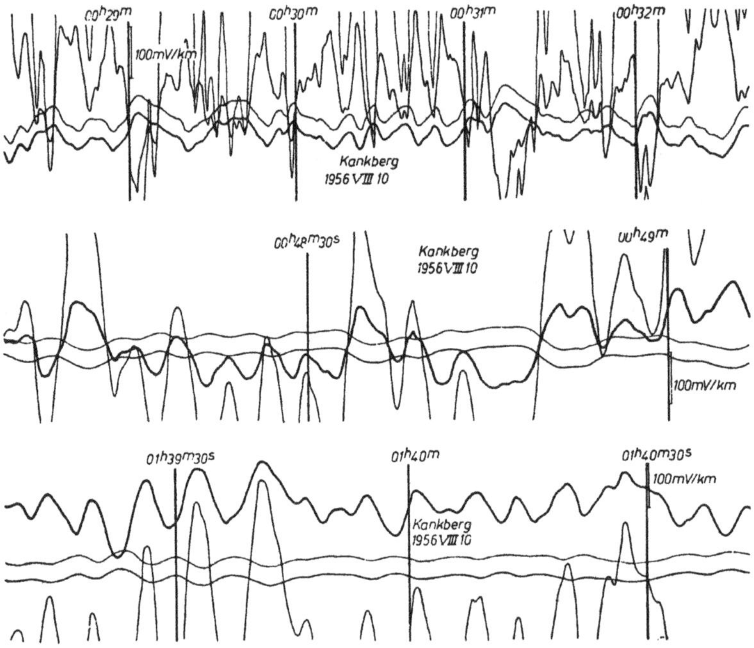

Abb. 1. Ausschnitte aus Erdstromregistrierungen (NS) in Kankberg bei Boliden am 10. 8. 1956 auf zwei zueinander parallelen Sondenstrecken über unterschiedlichem geologischem Untergrund. Die Aufzeichnung jeweils in der Mitte der drei Filmausschnitte stellt eine Registrierung von dZ/dt mittels einer horizontal ausgelegten Kabelschleife dar.

magnetischen Feldes, die auch in den Variationen der tellurischen Ströme auftreten müssen, zu benutzen. Von den Registrierungen der tellurischen Ströme, die unseres Wissens erstmalig in Nordschweden erfolgten, werden zwei Beispiele gezeigt. Während die Variationen der Erdströme an dem einen Ort (Kankberg bei Boliden) einen Verlauf zeigten, wie er auch von anderen Registrierungen her bekannt ist, wenn man von den offenbar durch die Nähe der

---

[1]) Gekürzte Fassung einer Veröffentlichung aus dem Arkiv för Geofysik Band 3, Nr. 15, S. 331—336 (1961)

[2]) Dr. Rolf Rösler, Institut für theoretische Physik und Geophysik der Bergakademie Freiberg/Sa.

Polarlichtzone hervorgerufenen großen Amplituden absieht, zeigten die Variationen an einer anderen Stelle (Näsliden) einen ungewöhnlichen Verlauf: Die Variationen zeigen eine erstaunliche Regelmäßigkeit und Amplitudenkonstanz über viele Stunden hinweg, wobei ein gewisser Schwebungscharakter vorzuliegen scheint. Eine Deutung dieser Erscheinungen, die in mehreren Nächten beobachtet werden konnten (tagsüber wurde nicht registriert), ist an Hand des vorliegenden Materials nicht möglich.

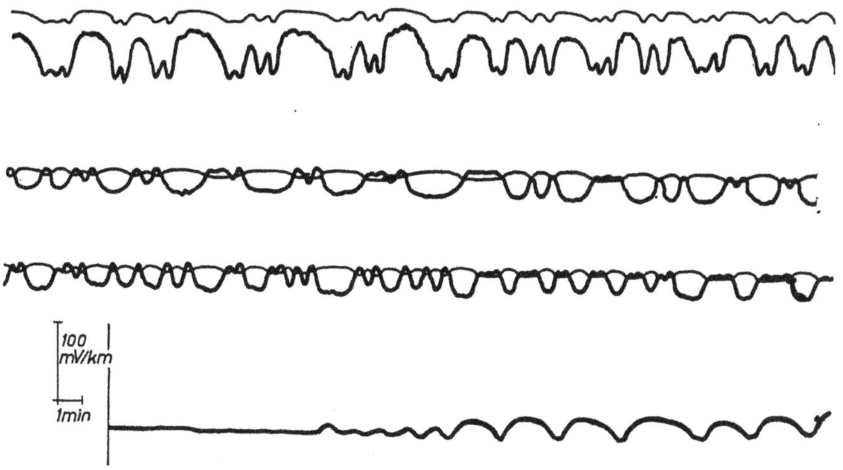

Abb. 2. Ausschnitte aus Erdstromregistrierungen (EW) bei Näsliden (Skellefte-Distrikt) auf zwei zueinander parallelen Sondenstrecken über unterschiedlichem geologischem Untergrund zu den folgenden Zeitpunkten (Numerierung der Kurven von oben nach unten):

1. u. 2. Registrierung am 9. 10. 1955, etwa 24^h MEZ
3. u. 4. Registrierung am 11. 10. 1955, etwa 00^h MEZ
5. u. 6. Registrierung am 11. 10. 1955, etwa 03^h MEZ
7. Registrierung am 11. 10. 1955, etwa 22^h MEZ

Die Amplitudenunterschiede zwischen den jeweils zusammengehörigen Registrierungen sind auf den unterschiedlichen geologischen Untergrund zurückzuführen.

II. Radioastronomie

Über den Zusammenhang von PCA und Anstiegen der kosmischen Strahlung nach Flares mit Typ IV- und Typ I-Bursts

Von A. Böhme[1])

Die Messungen der kosmischen Strahlung in größeren Höhen mit Registrierballons und Satelliten haben gezeigt, daß Anstiege nach großen Flares nicht so selten sind, wie man ursprünglich angenommen hatte. Bei Registrierungen mit Neutronenmonitoren in Meereshöhe und auch auf Bergstationen machen sich diese Anstiege allerdings wegen der zu geringen Energie der Mehrzahl der Partikel nur wenig bemerkbar. Man ist natürlich bestrebt, für statistische Untersuchungen möglichst lückenlose Beobachtungsreihen der kosmischen Strahlung in größeren Höhen zu erhalten. Dies kann direkt nur mit Satelliten realisiert werden, da die Beobachtungen mit Ballons noch weitgehend von Zufälligkeiten abhängig sind. Deswegen ist die Entdeckung von G. C. Reid und H. Leinbach [1] und D. K. Bailey [2], daß man Einbrüche von Partikeln niedriger Energie in die Erdatmosphäre auch indirekt nachweisen kann, von großer Bedeutung. Die Autoren konnten zeigen, daß zusammen mit derartigen Anstiegen eine erhöhte Absorption des kosmischen Rauschens im decam-Gebiet in der Polarlichtzone auftritt. Diese Erscheinung wird als polar cap absorption (PCA) bezeichnet; man kann sie durch eine zusätzliche Ionisation der Schichten in etwa 50 km Höhe durch Partikel mit Energien von 5—50 MeV erklären. Man besitzt auf diese Weise ein Mittel, mit verhältnismäßig geringem Aufwand und vor allem kontinuierlich Einbrüche schneller Partikel zu registrieren. Außerdem kann man prinzipiell bereits aus den Messungen einer einzigen Station hinreichend Informationen für statistische Untersuchungen gewinnen. Partikel geringer Energie sind in den unregelmäßigen Magnetfeldern der Superkorona und des interplanetaren Raumes einer Streuung unterworfen, so daß die klassischen Trefferzonen stark verbreitert werden. Die in [1] angegebenen Einsatzzeiten von PCA zeigen nur noch ganz schwach ausgeprägt die klassischen Trefferzonen sowie eine zusätzliche Häufung in den frühen Nachmittagsstunden. Aber auch bei stark ausgeprägten Trefferzonen könnte man wenigstens das Vorhandensein von PCA aus den Messungen einer einzigen Station feststellen, da die Dauer der PCA durchschnittlich sehr viel größer ist als die der Anstiege der eigentlichen kosmischen Strahlung. Nach [3] ist das so zu deuten, daß die Partikel niedriger Energie länger in dem Magnetfeld über dem Sonnenfleck, in dem der zum PCA gehörige Flare entstand, gespeichert werden können. — Überdies haben die Messungen mehrerer Stationen gezeigt, daß die Intensitäten der PCA innerhalb der Polarlichtzone nicht stark von der geomagnetischen Breite abhängen.

Man muß allerdings damit rechnen, daß man Schwierigkeiten bei der Korrelation von Flares und PCA hat, denn die Partikel können offenbar nur unter bestimmten Bedingungen die Erde erreichen. Die weitaus überwiegende Zahl der Flares, die den PCA vorangingen, lagen westlich des Zentralmeridians der Sonne, und außerdem waren noch sehr randnahe Flares von PCA begleitet. Nicht nur der Öffnungswinkel des Partikelstroms, sondern auch die magnetischen Bedingungen im interplanetaren Raum bestimmen, ob Partikel zur Erde gelangen können [4]. Außerdem trat die überwiegende Zahl der PCA bei positiver Deklination der Sonne auf. Es

[1]) Dipl.-Astr. Annelies Böhme, Astrophysikalisches Institut, Potsdam.

muß weiteren Untersuchungen vorbehalten bleiben festzustellen, ob dieser Effekt reell ist, und ob er sich durch Berechnung von Teilchenbahnen und Zählraten für Partikel von etwa 10 MeV quantitativ interpretieren läßt. Aus diesen Gründen kann man, wie im folgenden gezeigt werden soll, den PCA Radiobursts zuordnen, aber umgekehrt muß man sehr vorsichtig vorgehen, wenn man feststellen will, ob bestimmte Typen von Radiobursts immer mit Partikelemission korreliert sind.

Andererseits darf man auch nicht damit rechnen, daß jeder große Flare von Partikelemission begleitet ist. Um ein Kriterium zu gewinnen, bei welchen Flares Partikel beschleunigt werden können, ist es sinnvoll, Radiostrahlungsmessungen der Sonne anstatt optischer Beobachtungen heranzuziehen. Es erscheint nun naheliegend, festzustellen, ob bestimmte Typen der solaren Bursts ein Indikator für Partikelemission nach großen Flares sind. — In Tabelle 1 sind die wichtigsten Merkmale der einzelnen Bursttypen im m-Gebiet angegeben mit Ausnahme von Typ V, der für unser Problem offenbar ohne Bedeutung ist. — Bekanntlich setzt ein Anstieg der kosmischen Strahlung erst einige Zeit nach Flarebeginn ein. Dieses Ergebnis ist nicht einfach durch Laufzeiteffekte zu erklären. Man muß also annehmen, daß die Partikel entweder erst einige Zeit nach Flarebeginn beschleunigt werden, oder daß sofort bei Flarebeginn suprathermische Teilchen erzeugt werden, die aber noch einige Zeit in den starken Magnetfeldern der Chromosphäre gespeichert werden. Man darf daher erwarten, daß die PCA vorwiegend zusammen mit den späten Bursttypen [5] auftreten. Außerdem ist es naheliegend, daß schnelle Protonen und Elektronen während desselben Prozesses erzeugt werden. Wie E. N. Parker gezeigt hat [6], werden die Protonen in erster Linie durch den Fermimechanismus beschleunigt. Bekanntlich senden schnelle Elektronen im Magnetfeld Synchrotronstrahlung aus, so daß man annehmen kann, daß die Bursttypen, die durch Synchrotronstrahlung entstehen, Indikatoren für die Emission schneller Partikel sind.

M. R. Kundu und F. T. Haddock [3] haben eine Korrelation von PCA aus [1] mit Spektralregistrierungen im m-Gebiet aus Harvard und Sydney und Einzelfrequenzregistrierungen im cm-dm-Gebiet aus Nagoya und Ottawa bereits durchgeführt. Dabei ergab sich in den 18 Fällen, wo Spektren im m-Gebiet vorlagen, daß 15 PCA zusammen mit Typ IV-Bursts auftraten, und daß die restlichen 3 PCA von Typ II-Bursts begleitet waren. Alle 28 PCA waren aber korreliert mit Outbursts mit Maximalintensitäten $> 100 \cdot 10^{-22}$ W/m² Hz im cm-Gebiet. Umgekehrt ergab sich, daß fast alle starken Outbursts im cm-Gebiet von PCA begleitet waren, und daß Typ IV allein nicht unbedingt ein Indikator für PCA zu sein braucht. Es muß dazu noch eine hinreichend starke Emission im cm-Gebiet auftreten. Die Autoren schlossen daraus, daß in derartigen Fällen auch die cm-Bursts durch Synchrotronstrahlung entstehen, so daß gemäß der Formel für Synchrotronstrahlung

$$\nu \sim H \cdot E^2$$

(H Stärke des Magnetfeldes, E Energie des strahlenden Partikels) gerade eine hinreichend große Anzahl schneller Partikel zu einer intensiven cm-Emission führen würde. Außerdem ergab sich im Mittel für die starken cm-Bursts eine geringere Zeitdifferenz zwischen Flarebeginn und Einsatz des PCA ($< 5^h$) als für die Bursts mittlerer Intensität.

Da sowohl die PCA als auch die Typ IV-Bursts relativ seltene Ereignisse sind, schien es sinnvoll zu sein, die restlichen PCA mit den Potsdamer Spektralregistrierungen zu vergleichen. Auch hier ergab sich, daß die PCA vorwiegend zusammen mit späten Bursttypen auftraten; allerdings zeigen die Kontinua nicht immer die für Typ IV in der Literatur angegebenen Merkmale. Einmal treten nicht zu allen PCA auch Typ II-Bursts auf, und außerdem kann man die solaren Kontinua nicht einfach in Typ IV-Kontinua und solche, die aus zahlreichen überlagerten Typ I-Bursts bestehen, unterteilen. Die Potsdamer Radiobeobachtungen bestätigen ferner die Auffassung, daß die Outbursts im cm-dm-Gebiet nicht das Analogon zum Typ II, sondern zum Typ IV im m-Gebiet darstellen. Nach unseren Beobachtungen mit hoher Zeitauflösung tritt nämlich der Outburst auf 500 MHz stets 1—2 Minuten später auf als der Typ II-Burst auf 231 MHz. Da sonst die Typ II-Bursts eine durchgehende Drift von hohen zu niedrigen Frequenzen zeigen, ist es schwierig, eine Erklärung für die Umkehrung der Drift in dem oben angegebenen Frequenzbereich zu finden, und es ist zweckmäßig, die Entstehung des Typ II-Bursts auf 231 MHz und des Outbursts auf 500 MHz verschiedenen Mechanismen

Tabelle 1

Charakteristische Merkmale der solaren Radiobursts im m-Gebiet

Typ	Driftgeschwindigkeit	Dauer	Variabilität	Spektrum	Vermutliche Ursache
I	keine Driftgeschwindigkeit	einige Zehntelsekunden	einfacher Anstieg und Abfall, Auftreten in Schwärmen keine Harmonischen	m, decam., schmalbandig, zirkular polarisiert	Plasmaschwingungen ? Synchrotronstr. ? Gyrationsstr. ? Durchlässigkeitsschwankungen ?
II	500—3000 km/sec	einige Minuten	komplexe Struktur, Aufspaltung in Banden, Auftreten von Harmonischen	m, sehr selten decam, unpolarisiert, schmalbandig	Plasmaschwingungen
III	$3 \cdot 10^4$ — $2{,}5 \cdot 10^5$ km/sec	einige Sekunden	einfacher Anstieg und Abfall, Tendenz zur Gruppenbildung, Auftreten von Harmonischen	m, decam, schmalbandig variabel polarisiert,	Plasmaschwingungen
IV	zu Anfang wie Typ II, später Abbremsung	einige Minuten bis Stunden	sehr gering	m, sehr selten decam, breitbandig, zirkular polarisiert	Synchrotronstr.

Typ	Einsatzzeit in Bezug auf den Flare	Bemerkungen
I	einem breitbandigen Kontinuum überlagert 10 Min.—2 Std. nach Flarebeg	Stürme zeigen keine klare Frequenzdrift, treten auch ohne Flare oder nach kleinem Flare auf
II III	ungefähr zu Flarebeginn	die einzelnen Frequenzen entstehen an verschiedenen Stellen der Sonne
IV	10 Min.—2 Std. nach Flarebeginn	

zuzuschreiben. Da also offenbar auch die cm-Outbursts, die gleich nach Flarebeginn auftreten, durch Synchrotronstrahlung entstehen, so muß man schließen, daß bereits bei Flarebeginn schnelle Teilchen erzeugt werden. Man weiß dabei allerdings noch nicht, ob Energien von einigen MeV schon in diesem Stadium erreicht werden. Es existieren auch noch keine Untersuchungen darüber, in welcher Weise sich die anfänglichen Variationen des Spektrums der Synchrotronstrahlung aus Änderungen der Magnetfelder und Änderungen der Energiespektren der Elektronen zusammensetzen.

Aus Tabelle 2 ist zu ersehen, daß keineswegs alle PCA zusammen mit Typ II-Bursts auftreten, obwohl es sich mit großer Wahrscheinlichkeit bei allen Kontinua um Synchrotronstrahlung handelt. Bislang wurde das Auftreten eines Typ II-Bursts als Klassifikationsmerkmal benutzt, um für ein Kontinuum zu entscheiden, ob es sich um ein Typ IV-Kontinuum handelt oder nicht. Es ist noch sehr wenig darüber bekannt, unter welchen Bedingungen ein Typ II-Burst emittiert werden kann. Die Typ IV-Bursts treten bevorzugt in einzelnen Fleckengruppen und dort auch bevorzugt wieder an derselben Stelle innerhalb der Fleckengruppe auf. Dabei können an derselben Stelle Typ IV-Bursts sowohl mit als auch ohne zugehörigen Typ

Tabelle 2

Zusammenstellung der PCA, Flares und Radiodaten

Datum	Beginn des PCA	wahrscheinlich zugehöriger Flare			zugehörige Radiodaten			Herkunft der Radiodaten
		Beginn	Position	Imp. Zahl	II	Kont	überlagerte Typ I Bursts	
1957								
Mai 19	02 00	Keine Flarebeobachtungen			X	—	—	Harv
Jun. 22	10 00	Keine Flarebeobachtungen			—	X	X	Syd
Jul. 3	11 00	07 14	14N 40 W	3	—	X	—	Potsd
		08 32	10N 42W	3	—	X	—	
Jul. 24	20 15	17 12	24S 28W	3	—	X	—	Harv
Aug. 29	13 00	10 31	25S 22E	3	—	—	—	Potsd
Sept. 2	21 00	12 28	34S 44W	2	—	X	X (105 MHz)	Potsd
Sept. 12	12 00	07 03	10N 15W	3	X	—	—	Syd
Sept. 21	19 30	13 30	10N 5W	3	X	X	X (105 MHz)	Potsd
Sept. 26	23 15	19 07	20N 15E	3	—	X	X	Harv
Okt. 21	07 00	16 37 (Okt. 20)	27S 38W	3 +	X	X	X	Harv
1958								
Feb. 10	07 00	21 08 (Feb. 9)	12S 14W	2 +	—	X	X	Harv
Mz. 3		10 15	15S 60E	3	X	X	—	Potsd
Mz. 25	22 30	09 47 (Mz. 23)	15S 80E	3 +	—	X	—	Potsd
Apr. 10	11 30	10 10	18N 78W	1 +	—	—	—	Potsd
Jul. 7	01 30	00 39	24N 2W	3 +	X	X	—	Syd
Jul. 29	04 05	03 03	14S 42W	3	X	X	—	Syd
Aug. 16	06 00	04 32	14S 53W	3 +	?	X	—	Potsd
Aug. 21	06 00	Keine Flarebeobachtungen			Radiobeob. nicht eindeutig			
Aug. 22	17 00	14 17	21N 6W	3 +	—	X	—	Potsd
Aug. 26	01 00	00 05	20N 54W	3	X	X		Syd
Sept. 22	14 30	07 41	17S 42W	3 +	—	X	X	Potsd
1959								
Mai 11	01 30	20 55 (Mai 10)	23N 47E	3 +	—	X	X(27,6 MHz)	
Jul. 10	07 00	19 17 (Jul. 9)	19N 67E	2 +	—	X	X(27,6MHz)	
Jul. 14	07 00	03 42	16N 7E	3 +	X	X	X	Potsd
Jul. 16	22 50	21 15	8N 26W	3 +	?	X	—	Harv

II-Burst entstehen. Man kann auf Grund des heutigen Beobachtungsmaterials noch nicht entscheiden, ob die Emission eines Typ II-Bursts von der Struktur des Magnetfeldes über der Fleckengruppe abhängt, ob sich also in einem Zeitraum, der manchmal nur einige Stunden beträgt, das Magnetfeld so ändert, daß die Emission eines Typ II-Bursts ermöglicht oder verhindert wird, oder ob die kinetische Energie der Materiewolke, die die Stoßwelle verursacht, die zur Abstrahlung des Typ II-Bursts führt, mitunter nicht ausreicht, um eine Stoßwelle noch in dem Gebiet zu erzeugen, wo sie abstrahlen kann. Falls die letzte Möglichkeit zutreffen sollte, könnte es durchaus sein, daß eine Stoßwelle in der unteren Korona, wo sie allerdings nicht abstrahlen kann, existiert. Allerdings ist es kaum möglich, diese Frage bei der gegenwärtigen Kenntnis der Prozesse, die zur Radioemission führen, zu klären. Man kann deswegen von der empirischen Seite her auch noch nicht entscheiden, ob zur Erzeugung suprathermischer Partikel magnetohydrodynamische Stoßwellen notwendig sind oder nicht.

Die Potsdamer Radiobeobachtungen zeigen, daß man die zusammen mit PCA auftretenden Radiokontinua nicht einfach in solche, die durch Synchrotronstrahlung entstehen, und solche, die durch zahlreiche überlagerte Typ I-Bursts gebildet werden, unterteilen darf. Nach unseren Beispielen tritt in fast allen Fällen zusammen mit den PCA auf den hohen Frequenzen ein glattes Kontinuum, wie es in der Literatur als Typ IV-Kontinuum definiert wird, auf; auf den niedrigen Frequenzen kann aber zur gleichen Zeit eine starke Bursttätigkeit vom Typ I herrschen. Im allgemeinen besteht die Tendenz, — es existieren allerdings auch Ausnahmen, — daß sich das Auftreten von Bursts vom Typ I nach um so niedrigeren Frequenzen verlagert, je größere Intensität das Ereignis erreicht und je höher die Strahlungsquelle in die Korona geschleudert wird. (Es soll an dieser Stelle nicht im Detail Verlauf und vermutliche Ursachen eines Typ IV-Bursts beschrieben werden, s. z. B. [11].) Man kann den obigen Befund in zweifacher Weise interpretieren. Einmal kann man die einzelnen Typ I-Bursts als diskrete physikalische Ereignisse betrachten. Man hat allerdings noch keinen Mechanismus gefunden, der die beobachteten Eigenschaften der Typ I-Bursts befriedigend erklärt. Die fehlende Frequenzdrift sowie die kurze Dauer der Typ I-Bursts deutet darauf hin, daß einzelnen Bursts von den einzelnen Turbulenzelementen der Korona ausgesendet werden. In [8] wurde dabei angenommen, daß die Anregung der Turbulenzelemente von ihrem Innern her und nicht durch eine durchgehende Stoßfront oder einen Materiestrom erfolgt. Dabei ergaben sich aber Schwierigkeiten bei der Berechnung der Burstprofile. Wenn man als Anregungsursache dagegen eine Stoßfront oder einen Materiestrom annimmt, so darf der Durchmesser dieses Materiestroms höchstens von derselben Größe sein wie der Durchmesser der Turbulenzelemente, damit jeweils nur ein Turbulenzelement zur Radioemission angeregt wird. — Bei der Entstehung eines Typ IV-Bursts werden sicher schnelle Materieströme ausgesendet. Bobrov [9] hat aus der Analyse von Magnetogrammen der Polarlichtzone gefunden, daß die Materiewolken, die auf der Erde die geomagnetischen Stürme verursachen, mittlere Durchmesser von einigen hundert km haben; sicher werden auch die Ströme der noch schnelleren Partikel keine größeren Durchmesser aufweisen. Von derselben Größenordnung sind aber auch die Durchmesser der einzelnen Turbulenzelemente der Korona [10]. Nach diesem Bild würden in der Materiewolke, die zu Beginn des Flares ausgeschleudert wird, die schnellen Elektronen Synchrotronstrahlung emittieren, während die Ströme schneller Protonen und Elektronen in den Schichten über der Wolke die Typ I-Bursts anregen. Nach dieser schematischen Vorstellung würde also das Strahlungskontinuum oberhalb der durch die Höhe der Wolke in der Korona bestimmte Grenzfrequenz durch Synchrotronstrahlung entstehen und darunter durch die überlagerten Typ I-Bursts. Das obige Beobachtungsergebnis könnte auf diese Weise erklärt werden. Nicht erklären in dieser Art kann man aber die anfängliche langsame Frequenzdrift der Typ IV-Bursts denn die Partikelströme besitzen teilweise so hohe Geschwindigkeiten, daß sie den gesamten Bereich der Korona, der uns mit radioastronomischen Methoden zugänglich ist, in wenigen Sekunden durchlaufen und ihn folglich zur Radioemission anregen müßten, wenn man nicht annehmen will, daß die Partikel auf irgendeine Weise in der Nähe der Materiewolke gespeichert werden. Die langsame Frequenzdrift des Synchrotronstrahlungskontinuums bliebe zwar so erhalten, dem überlagert aber wäre die vollkommen unregelmäßige Frequenzdrift des aus Typ I-Bursts bestehenden Kontinuums, so daß insgesamt nicht diese für Typ IV-Bursts, charakteristische langsame Frequenzdrift resultieren würde, die in fast allen Fällen beobachtet wird und die auch als Klassifikationsmerkmal benutzt wird. Diese und noch einige andere Gründe, die hier nicht näher diskutiert werden sollen, lassen die Auffassung, daß es sich bei den Typ I-Bursts um diskrete physikalische Prozesse etwa in der Art sehr kleiner Typ III-Bursts handelt, bedenklich erscheinen. Zwangloser lassen sich die Beobachtungsergebnisse durch die Überlegungen von A. D. Fokker [7] deuten, der vorschlug, die Typ I-Bursts als Durchlässigkeitsschwankungen zu interpretieren. Danach sollen nicht alle Teile einer in die Korona geschleuderten Materiewolke zur Synchrotronstrahlung beitragen. Die inneren Teile haben zu starke Dichten und Magnetfelder, so daß wenigstens für die langen Wellen die Strahlung nicht entweichen kann. Nur die turbulenten Dichteschwankungen innerhalb der Wolke gestatten es, gelegentlich auch in die inneren Teile der Wolke zu sehen. Diese Durchsichtsschwankungen sollen die Typ I-Bursts ergeben. — Man kann annehmen, daß im Mittel die Magnetfelder und die Dichten in einer Wolke nach der Abbremsung um so schwächer sind, je weiter die Wolke nach außen geschleudert wurde. Wenn die Dichten aber geringer werden, wird eine Abschirmung der inneren Teile der Wolke und damit das Auftreten von Durchlässigkeitsschwankungen erst bei längeren Wellen möglich. Auf diese Weise könnte man die oben angegebene Verlagerung der Typ I-Bursts auf längere Wellen mit zunehmender Höhe der Strahlungsquelle in der Korona zwanglos interpretieren. Die beobachtete Frequenzdrift der Tap IV-Bursts kann nach dieser Auffassung leicht erklärt werden.

Nach diesen Überlegungen scheint es auch für das Auftreten eines PCA von Wichtigkeit zu sein, daß die Materiewolke eine hinreichende Höhe in der Korona erreicht. Einmal beziehen die suprathermischen Partikel ihre Energie in irgendeiner Form aus der ursprünglichen kinetischen Energie der Wolke; zum anderen hat das Magnetfeld im Innern der Wolke bereits so geringe Werte erreicht, daß gemäß der Formel für Synchrotronstrahlung nur dann eine Emission im cm-Gebiet stattfindet, wenn eine genügend große Anzahl Partikel von hoher Energie vorhanden ist. Wenn die Wolke nur geringe Höhen erreicht, werden in ihrem Innern noch starke Magnetfelder herrschen, und relativ energiearme Partikel können bereits eine Emission im cm-Gebiet erzeugen. Nach den Potsdamer Radiobeobachtungen im decam-Gebiet tritt eine merkliche Typ IV-Emission auf 23 MHz nur noch sehr selten auf. Dieser Effekt wird nicht nur durch Mögel-Dellinger-Effekt hervorgerufen. Die Mehrzahl der mit Sicherheit auf 23 MHz feststellbaren Typ IV-Bursts waren von PCA oder in einem Fall einem Anstieg der kosmischen Strahlung begleitet.

In Tabelle 2 sind die in [1] angegebenen PCA zusammen mit den zugehörigen Radiostrahlungsbeobachtungen angegeben. Neben den Potsdamer Beobachtungen wurden die Spektralbeobachtungen aus Harvard und Sydney, die im Quarterly Bulletin of Solar Activity publiziert sind, hinzugezogen. Die Bursttypen, die mit den Flares zusammen auftreten, sind im letzten Teil der Tabelle angegeben. Wir haben uns darauf beschränkt, nur aufzuführen, ob bestimmte Bursttypen vorhanden sind oder nicht. Die unter der Spalte „Kontinuum" angegebenen Ereignisse sind alles späte Kontinua. In der letzten Spalte wird beschrieben, ob zusammen mit dem Kontinuum eine erhöhte Bursttätigkeit auftritt oder nicht. Für die Potsdamer Beobachtungen ist jeweils die oberste Frequenz vermerkt, auf der Bursttätigkeit auftrat. Ist keine Frequenz vermerkt und es ist trotzdem Bursttätigkeit angegeben, so trat auf allen Beobachtungsfrequenzen Bursttätigkeit auf. Leider ist für die Beobachtungen aus Harvard und Sydney aus dem Quarterly Bulletin of Solar Activity nicht zu ersehen, bei welchen Frequenzen Bursttätigkeit auftrat.

Man sieht, daß fast alle PCA mit späten Bursttypen korreliert waren. Es können auch noch extrem randnahe Flares von Typ IV-Bursts und PCA begleitet sein. Lediglich 5 PCA bilden eine Ausnahme. Wir würden folgende Erklärungen für plausibel halten: Nach [3] waren auch diese PCA von Outbursts im cm-Gebiet begleitet; lediglich für die PCA vom 21. August 1958 liegen keine genügend lückenlosen Flare- und Radiobeobachtungen vor. Zu dieser Zeit stand aber nahe der Sonnenmitte eine sehr aktive Fleckengruppe, in der mehrere Typ IV-Bursts mit und ohne PCA auftraten. Die PCA vom 10. April 1958 gehört zu einem sehr randnahen, schwachen Flare, die Magnetfelder in der zugehörigen Fleckengruppe dürften nicht sehr stark gewesen sein, und die Strahlungsquelle hat wahrscheinlich eine zu geringe Höhe erreicht, als daß sie im m-Gebiet hätte emittieren können. Die PCA vom 29. August und 12. September 1957 sind eventuell sehr starken Flares mit Typ IV-Bursts am Vortage zuzuschreiben. Diese Typ IV-Bursts waren allerdings auch von einer sehr starken Emission im cm-Gebiet begleitet; die Laufzeit der Partikel wäre in diesen Fällen etwa ein Tag gewesen, was im Widerspruch zu der Beobachtung von Kundu und Haddock, daß die Laufzeit der Partikel $< 5^h$ bei starker Emission im cm-Gebiet ist, steht.[1]) Die beiden PCA vom 19. Mai und 12. September 1957 sind nur von einem Typ II-Burst begleitet. Auch hier dürfte die Strahlungsquelle nicht die genügende Höhe, um im m-Gebiet zu emittieren, erreicht haben. Ein ähnliches Verhalten ist auch von geomagnetischen Stürmen bekannt. In einzelnen Fällen können geomagnetische Stürme auch nach Typ II-Bursts ohne dazugehörige Typ IV-Bursts auftreten. Im Mittel sind diese Stürme von geringerer Intensität als diejenigen, die zusammen mit Typ IV-Bursts auftreten.

[1]) Anmerkung bei der Korrektur: Die PCA vom 29. August und 12. September 1957 müssen tatsächlich den starken Typ IV-Bursts vom 28. August bzw. 11. September zugeordnet werden. Die Ursache der langen Laufzeiten der Partikel wurde z. B. in [12] diskutiert. Die PCA vom 21. August 1958 wurde durch den Flare am 20. August 0^h42^m verursacht. [12] Böhme, A., Gerlands Beiträge zur Geophysik (1962) (im Druck).

LITERATUR

[1] Reid, G. C. und Leinbach, H., J. of Geophys. Res. **64** (1959) No. 11, S. 1801.
[2] Bailey, D. K., Proc. of the IRE **47** (1959) No. 2, 255.
[3] Kundu, M. R. und Haddock, F. T., Nature **186** (1960) 610.
[4] Dorman, L. I., Proc. of the Moscow Cosmic Ray Conference IV (1960) 7.
[5] Dodson, H. W., Hedeman, E. R. und Owren, L., Astrophys. J. **118** (1953) 169.
[6] Parker, E. N., Physical Rev. **109** (1958) No. 4, 1328.
[7] Fokker, A. D. jr., Thesis, Leiden 1960.
[8] de Jager, C. und van't Veer, F., Verh. Akad. Amsterdam 1958.
[9] Bobrov, M. S., Astron Ž. XXXVI (1959) H. 4, 601.
[10] Scheffler, H., Z. f. Astrophys. **45** (1958) 113.
[11] McLean, D. J., Aust. J. Phys. **12** (1959) No. 4, 404.

Erhöhte Radiostrahlung und die großflächigen Flecken in der Nähe des Zentralmeridians der Sonne

Von V. Bumba und J. Olmr[1])

ZUSAMMENFASSUNG

1. Es zeigt sich, daß die Quellen einer erhöhten Radiostrahlung, soweit sie nicht über einer „unipolaren" Sonnenfleckengruppe liegen, vorwiegend in zwei Richtungen senden, die sich voneinander durchschnittlich um 45° bis 50° unterscheiden und durch die Konfiguration des magnetischen Feldes des aktiven Gebietes unter der Quelle beeinflußt werden.

2. Es zeigt sich weiter, daß die Bedingungen in dem aktiven Gebiet der Sonnenatmosphäre, die die Entstehung der Quellen einer erhöhten Radiostrahlung ermöglichen, sehr oft Resultate eines Zusammenwirkens des magnetischen Feldes zweier oder auch mehrerer Gruppen eines ausgedehnten Gebietes der Sonnenatmosphäre sind.

EINFÜHRUNG

Bisher weiß man wenig über den Mechanismus des Zusammenhanges der erhöhten Radiostrahlung und der Radiostürme auf Meterwellen mit den Sonnenfleckengruppen. Bis heute ist es nicht gelungen, eindeutig die Eigenschaften einer Gruppe, die in der Chromosphäre und in der Korona von einer Quelle erhöhter Radiostrahlung begleitet wird, zu bestimmen; ebenso sind die Eigenschaften von Gruppen, die eine solche Quelle nicht haben, unbekannt. Nur eines ist sicher: eine wichtige Rolle bei der Bildung einer solchen Quelle spielt das magnetische Feld der Gruppe, beziehungsweise das magnetische Feld in dem Gebiet über der Gruppe. Wenn es gelingt, Näheres über die Art auszusagen, wie das magnetische Feld über der Gruppe, wie die Quelle und der Mechanismus der erhöhten Radiostrahlung und der Radiostürme zusammenhängen, wird es erst möglich sein, aus der Analyse der Radiostrahlung einige Informationen über die magnetischen Felder im Gebiet der Gruppe zu gewinnen.

Wir wollen in dieser kurzen Bemerkung die vorläufigen Resultate, die wir bei der Analyse des Zusammenhanges der erhöhten Radiostrahlung mit den einzelnen Sonnenfleckengruppen in der Zeit vom Beginn des Internationalen Geophysikalischen Jahres bis zum Ende im Mai 1960 erzielten, kurz erläutern.

BEOBACHTUNGSMATERIAL

Zur Untersuchung wurden die Tagesmittelwerte des Radiostrahlungsflusses auf der Frequenz 201,5 MHz—200 MHz an der Station NERA [1] zwischen 1. August 1957 und 29. Februar 1960 gemessen und weiter die Tagesmittelwerte auf der Frequenz 231 MHz an der eigenen Station in Ondřejov bestimmt (die Messungen wurden regelmäßig vom Oktober 1958 an durchgeführt). Ferner wurden die an der Station NERA [1] interferometrisch gemessenen Lagen der Quelle der erhöhten Radiostrahlung auf der Frequenz 255 MHz herangezogen.

Der Vergleich der Tagesmittelwerte des Strahlungsflusses der Stationen NERA und Ondřejov zeigt gute Übereinstimmung, obwohl der Unterschied der Frequenzen $\Delta f = 29{,}5$ bis 30 MHz ist. Dagegen gibt es praktisch keine Übereinstimmung zwischen dem Gang des

[1]) Dr. V. Bumba und J. Olmr, Observatorium Ondrejov (ČSSR).

Strahlungsflusses auf den beiden angeführten Frequenzen und den Frequenzen 536 MHz und 808 MHz (eigene Beobachtungen) und eine verhältnismäßig schwache Korrelation mit der Frequenz 100 MHz [2]. Wir setzen deshalb voraus, daß die interferometrisch gemessenen Quellen bei der Frequenz 255 MHz mit den Quellen, die die Radiostrahlungserhöhung verursachen, identisch sind. Diese Voraussetzung widerspricht auch nicht anderen Beobachtungen [3].

Zur Untersuchung der Sonnenfleckengruppen wurde unser eigenes Beobachtungsmaterial (Photographien und Zeichnungen) verwendet; die Aufgaben über das magnetische Feld wurden vor allem aus den ,,Sonnendaten" entnommen [4].

RESULTATE

a) Zwei Maxima der Radiostrahlung

Schon eine oberflächliche Untersuchung des Ganges der Tagesmittelwerte des Strahlungsflusses zeigte, daß die Tage mit erhöhter Radiostrahlung, das sind die Kurvenmaxima, sich auffallend in Paaren anhäufen (siehe Beispiele in Abb. 1). Um eine genaue Untersuchung dieser Maxima zu ermöglichen, suchten wir alle einzelnen Maxima und Paare von Maxima auf, bei denen wenigstens bei einem Maximum der Mittelwert des Strahlungsflusses entweder in NERA oder in Ondrejov größer war als 40.10^{-22} Watt $\cdot$ m^{-2} $\cdot$ Hz^{-1}. Auf diese Art gewannen wir im ganzen 40 Paare von Maxima und 6 einzelne Maxima in der Zeit vom 1. 7. 1957 bis zum 29. 2. 1960.

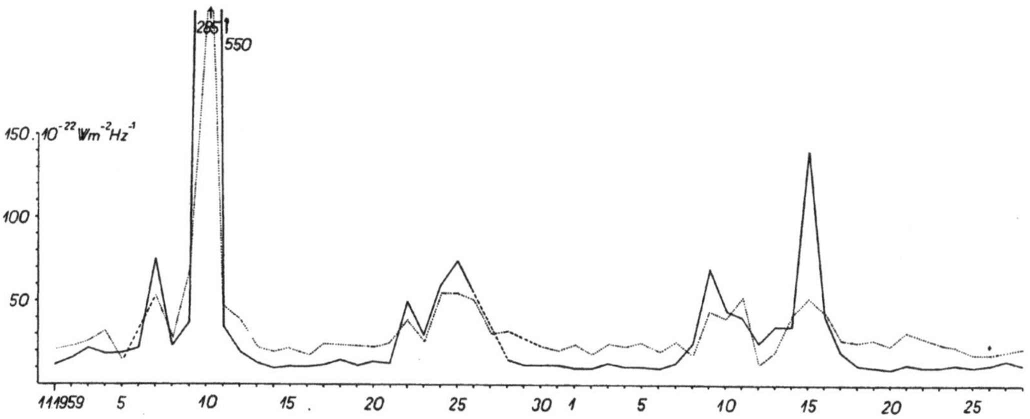

Abb. 1. Doppelmaxima der Tagesmittelkurven des Radiostrahlungsflusses auf der Frequenz von 201,5 MHz (volle Linie) und 231 MHz (punktierte Linie) für Januar und Februar 1959.

Die interferometrischen Lagen der Schwerpunkte der erhöhten Radiostrahlung für Tage, an denen diese Strahlung auftritt, wurden erst durch die Veröffentlichungen der NERA [1] im Juni 1958 bekannt. Infolgedessen konnten wir erst von dieser Zeit an die genaue Distanz der Quelle von dem Zentralmeridian feststellen und damit die Zugehörigkeit der Maxima zu einer Quelle bestimmen und auch den Zusammenhang der Quellen mit den Fleckengruppen aufsuchen. Nach der Feststellung der Identität der Maxima mittels der interferometrisch bestimmten Lagen ihrer Quellen kamen wir zu dem folgenden vorläufigen Resultat: Die meisten Paare der Maxima gehören jeweils zu einer Quelle; das bedeutet, daß die Erde größtenteils die Strahlung einer und derselben Quelle zweimal in einem zeitlichen Abstand von einigen Tagen auffängt. Es war möglich, die Zugehörigkeit der Maxima zu je einer Quelle für 32 Paare oder einzelne Maxima zu bestimmen. Darunter gehörten 23 Paare der Maxima ohne Zweifel zu einer Quelle, 6 Paare wahrscheinlich (es fehlte die interferometrische Lage der Quelle für eines der Maxima). Drei Maxima waren einfach.

Um die Eigenschaften der Quellen besser untersuchen zu können, bildeten wir für alle Quellen von bekannter Lage das „Strahlungs-Polardiagramm“, welches die zwei Richtungen der Emission des größten Teils der Quellen noch anschaulicher zeigt. (Auf dem Diagramm entspricht der Halbstrahl 0° dem Aufgang der Gruppe unter der Quelle am Rande der Sonnenscheibe, 90° dem Durchgang der Gruppe durch den Zentralmeridian, 180° dem Untergang der Gruppe an dem Westrand.) Auf die einen Tag voneinander entfernten Halbstrahlen wurden die Tagesmittelwerte des Strahlungsflusses — ähnlich wie bei den gewöhnlichen Diagrammen in Abb. 1 — aufgetragen (siehe Abb. 2a, b).

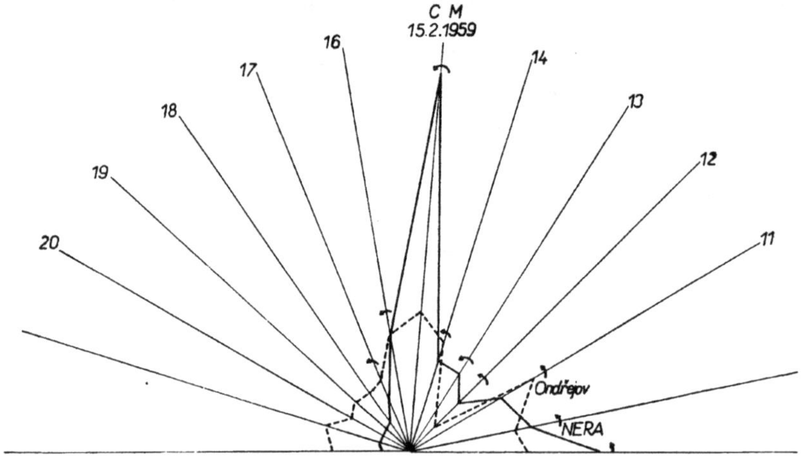

Abb. 2a. „Polardiagramm“ eines Doppelmaximums (NERA) des aktiven Gebietes bei Durchgang durch den Zentralmeridian am 22. 8. 1958.

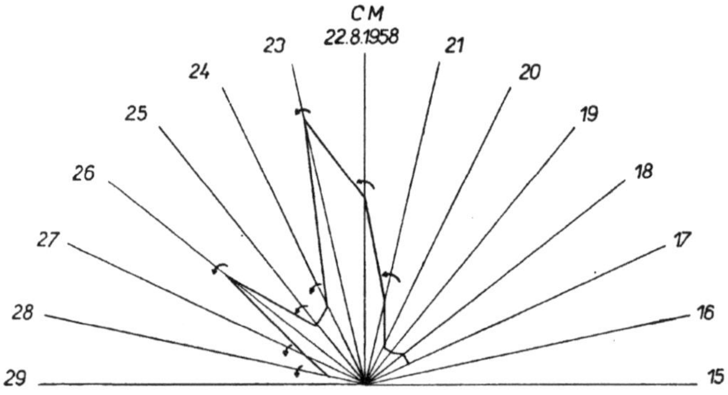

Abb. 2b. „Polardiagramm“ eines Doppelmaximums (NERA, Ondřejov) des aktiven Gebietes bei Durchgang durch den Zentralmeridian am 15. 2. 1959.

Es sei noch angeführt, daß schon die Intensitätskurve erhöhter Radiostrahlung von sechs Quellen, die R. Payne-Scott und A. G. Little ([5], Abb. 6) auf der Frequenz 97 MHz — untersuchten, deutlich zwei Maxima der Strahlung zeigt, und zwar das erste annähernd bei dem Durchgang der Quelle durch den Zentralmeridian und das zweite 2,5 Tage nach dem Durchgang durch den Zentralmeridian. Auch die auf demselben Bild angeführte Kurve Allens für 200 MHz hat zwei Maxima, und zwar einen Tag vor und einen Tag nach dem Durchgang durch den Zentralmeridian. Die Autoren scheinen jedoch dieser Tatsache keine besondere Aufmerksamkeit gewidmet zu haben.

Die durchschnittliche Distanz zweier Maxima der untersuchten Quellen beträgt annähernd 3,7 Tage, was ungefähr 45°—50° entspricht. Die Maxima können dem Durchgang der Quelle durch den Zentralmeridian vorangehen, ihm nachfolgen oder mit ihm zusammenfallen. Diese Eigenschaft ist eng mit der Konfiguration des magnetischen Feldes des aktiven Gebietes verbunden: Bei 26 Paaren der Strahlungsmaxima biegen sich entweder das Hauptmaximum oder beide Maxima der Strahlung in die Richtung der wachsenden Intensität des magnetischen Feldes, d. h. sie richten sich von einem Fleck oder einer Gruppe mit kleinerer Intensität nach einem

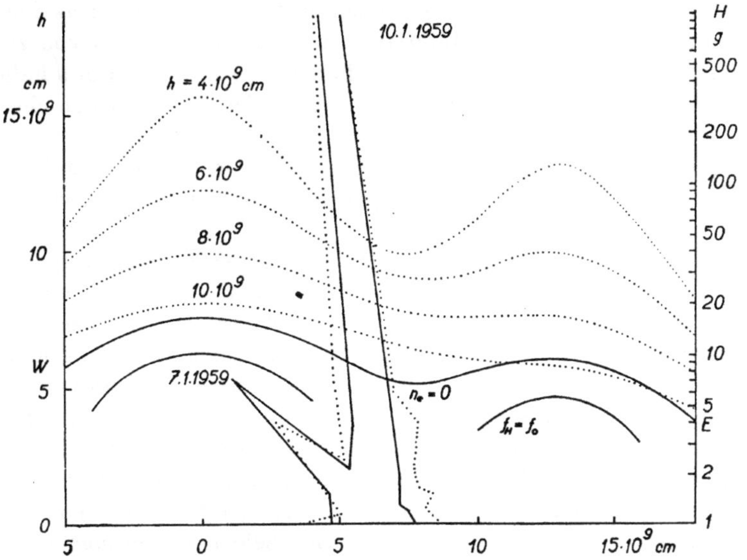

Abb. 3. Richtungen der Quellenstrahlung über der Sonnenfleckengruppe Nr. 11 (Durchgang C. M. 11. 1. 1959; $\varphi = +12{,}0°$; $L = 248{,}0°$), zusammen mit dem Verlauf der Kurven $n_e = 0$ und $f_H = f_0$ und dem Verlauf der Intensität des magnetischen Feldes in vier verschiedenen Höhen über der Gruppe Nr. 11 in einer zur Sonnenoberfläche senkrechten und durch die Mittelpunkte beider Hauptgruppen durchgehenden Ebene.

Fleck oder einer Gruppe mit größerer Intensität des Feldes. Abb. 3 verzeichnet die Tage der Emissionsmaxima, zusammen mit dem Gange der Kurve $n_e = 0$, $f_H = f_0$ und dem Gange der Intensität des magnetischen Feldes in vier verschiedenen Höhen über der Gruppe in einer zur Sonnenoberfläche senkrechten Ebene, die durch die Mitten der zwei Hauptflecken der Gruppe No 11 geht („Sonnendaten" Durchgang durch C. M. am 11. Januar 1959, $\varphi = +12{,}0°$, $L = 248{,}0°$). Die Intensitätswerte des Feldes wurden auf Grund der Erkenntnisse über die Konfiguration des magnetischen Feldes im Gebiete der Sonnenfleckengruppe berechnet, die wir in früheren Arbeiten veröffentlicht haben [6].

Über die Richtung der Polarisation in den Maxima der Strahlung und ihre Beziehung zur Hauptpolarität des aktiven Zentrums — soweit diese Polarität festgestellt werden konnte — berichtet die Tabelle.

Tabelle 1

	Hauptpolarität des Zentrums	Richtung der Polarisation
N Halbkugel	N	16 Fälle ↙⌒
	S	3 Fälle ⌒↘
S Halbkugel	N	1 Fall ⌒↘; 1 Fall ↙⌒ ?
	S	3 Fälle ↙⌒; 3 Fälle ⌒↘

In keinem Falle haben die gemeinsamen Maxima eine verschiedene Polarisation, in 12 Fällen ist die Polarisation des Nebenmaximums entweder schwach oder gleich Null.

b) Vorläufige Bestimmung der Eigenschaften des aktiven Zentrums unter der Quelle der erhöhten Strahlung

Unserer durch Resultate begründeten Meinung nach zeigt sich, daß die Entstehung einer Quelle erhöhter Radiostrahlung und der Radiostürme nicht nur auf eine Sonnenfleckengruppe zurückzuführen ist, sondern daß sie oft das Resultat eines Zusammenwirkens des magnetischen Feldes von zwei oder mehreren Gruppen eines umfangreichen aktiven Gebietes der Sonnenatmosphäre ist. In unserem Material findet man in 12 Fällen von zwei Strahlungsmaxima nur eine Gruppe unter der Quelle, in 7 Fällen 2 Gruppen und in 9 Fällen ist die Lage so unübersichtlich, daß man nur von einem aktiven Gebiet und nicht von einzelnen Gruppen sprechen kann.

Alle Quellen mit einem einzigen Maximum gehören zu der „unipolaren", aber komplizierten Gruppe d. h. zu der Gruppe, bei der die photographischen Messungen nur eine Polarität des magnetischen Feldes angeben [6].

Bei Quellen mit zwei Maxima scheint es, daß je mehr sich die Hauptpolarität neben der Nebenpolarität behauptet — sowohl durch die Intensität des Feldes als auch durch die meßbare Fläche bei sichtbaren Flecken (und die verringerte Distanz zwischen beiden entgegengesetzten Polaritäten) — desto kleiner die Intensität des Nebenmaximums der Strahlung ist.

Aus der Untersuchung der Konfigurationen des magnetischen Feldes von aktiven Gebieten mit Quellen einer erhöhten Strahlung sowie solchen ohne Quelle einer Strahlung, kann man vorläufig entnehmen, daß eine bestimmte Konfiguration des Feldes dazu nötig ist, um die Quelle einer erhöhten Strahlung beobachtbar zu machen. Es ist interessant, daß diese Konfiguration einen bestimmten Grad der Symmetrie in Bezug auf den Sonnenäquator hat, soweit Sonnenfleckengruppen des aktiven Gebietes auf den beiden Hauptkugeln auftreten. Wenn sich in einem aktiven Gebiet zwei oder mehrere Gruppen befinden, kann man wieder vorläufig aus den Modellen des magnetischen Feldes über dem aktiven Gebiet schließen, daß in Höhen von einigen zehn = bis hunderttausend km sich wahrscheinlich die Konfiguration des Feldes auf eine solche Weise vereinfacht, daß Fleckenfelder mit großer Intensität und entgegengesetzter Polarität überwiegen. Das heißt, daß das Feld der Flecken mit anderer Polarität und kleiner Intensität in diesen Höhen die resultierende Konfiguration des Feldes nicht mehr wesentlich beeinflußt, so als ob dieses Feld hier nicht mehr von mehreren Gruppen, sondern nur von einer bipolaren Gruppe hervorgerufen wäre.

Es wäre noch hinzufügen, daß sich alle aktiven Gebiete mit einer Quelle erhöhter Strahlung während des Durchganges über den sichtbaren Teil der Sonne in einem heftigen Entwicklungsstadium befinden, und daß sich die Fläche der Flecken in diesem Gebiet wesentlich ändert. Man kann feststellen, daß die Zeit, in der die Maxima der Strahlung gemessen wurden, nicht mit einer bestimmten Entwicklungsphase des Gebietes zusammenfällt, sondern nur mit einer Phase rascher Änderungen der Fläche der Flecken des Gebietes übereinstimmt; diese Phase hält praktisch während der ganzen Sichtbarkeit des aktiven Gebietes an. Es ist deshalb möglich vorauszusetzen, daß die Zeit, in der die Quelle erhöhter Strahlung sendet, viel länger ist als es der Dauer der gemessenen Maxima entspricht, daß es sich also um bestimmte Strahlenbündel, das heißt um zwei reale Strahlenkegel handelt.

DISKUSSION

Die vorstehenden Resultate sind nur vorläufige Schlußfolgerungen. Es ist heute noch schwierig, eine theoretische Interpretation der beobachteten Tatsachen vorzulegen. Unserer Meinung nach gibt es nur zwei Wege zur Erläuterung zweier Kegel einer erhöhten Radiostrahlung auf den Meterwellen: a) Einfluß der Konfiguration des magnetischen Feldes des Gebietes vorwiegend auf die Richtung der emittierten Strahlung; b) Wirkung des Feldes vorwiegend auf den Mechanismus der Entstehung der Strahlung [7].

LITERATUR

[1] Solar Geophysical Data Netherlands PTT, 1957—1960.
[2] Tokyo Astronomical Observatory Solar Radio Emission Data.
[3] DE JAGER, C., Handbuch der Physik III, Astrophysik III. Berlin 1959, S. 317.
[4] Sonnendaten (Солнеиные данные) 1957—1960.
[5] PAYNE-SCOTT, R. und LITTLE, A. G., Australian Journal of Scientific Research, Series A, Physical Sciences **4** (1951) S. 518.
[6] SVERNY, A. B. und BUMBA, V., Observatory **78**, (1958) No. 902, S. 33.
BUMBA, V., BAC **10** (1959) No. 5, S. 183.
BUMBA, V., Mitt. d. Astrophysikal. Obs. der Krim **23** (1960).
[7] TWISS, R. Q. und ROBERTS, J. A., Australian Journal of Physics **2** (1958) No. 3, S. 424.

Burst-Spektren der Sonne im cm-dm-Wellen-Bereich

Von O. HACHENBERG und G. WALLIS[1])

EINLEITUNG

Aus der Ähnlichkeit des zeitlichen Verlaufs der Burststrahlung im cm-Wellenbereich auf verschiedenen Frequenzen muß geschlossen werden, daß wir es hier im Gegensatz zur Strahlung im m-Wellenbereich vornehmlich mit einem kontinuierlichen Spektrum zu tun haben [1]. Das kontinuierliche Spektrum beginnt etwa bei 500—1000 MHz und erstreckt sich mindestens bis zu 25000 MHz. An der oberen Frequenzgrenze wird gewöhnlich der Strahlungsstrom relativ zu dem der ruhigen Sonne so gering, daß der Nachweis schwierig wird und er sich der Beobachtung entzieht.

Das häufig beobachtete monotone Ausklingen der Burststrahlung einerseits und die spektrale Verteilung des Strahlungsstroms andererseits legen den Schluß nahe, daß das Kontinuum in einem quasithermischen Emissionsprozeß entsteht [1].

Die Emission des cm-Kontinuums ist offenbar eng verknüpft mit den optischen Vorgängen im Flaregebiet, — es ist z. B. der zeitliche Verlauf des Strahlungsstromes der Variation der Linienbreite von H_α in den meisten Fällen ähnlich —. Auch scheinen enge Beziehungen zwischen der cm-Strahlung und der Röntgenkomponente der Flares zu bestehen, wie HACHENBERG und KRÜGER [2] nachweisen konnten. Eine erneute Untersuchung der cm-Strahlung der Eruptionen, insbesondere eine Klärung des Emissionsmechanismus des cm-Kontinuums, scheint offenbar für das Verständnis des Vorganges im Eruptionsgebiet besonders wichtig und soll im folgenden versucht werden.

DAS BEOBACHTUNGSVERFAHREN

Für die Untersuchung der Spektren, insbesondere der ,,dynamischen Spektren'', stehen im cm-Wellenbereich bisher keine Spektrographen zur Verfügung. Die Spektren müssen vielmehr aus Registrierungen bei diskreten Frequenzen gewonnen werden.

Um die Spektren möglichst bis zu hohen Frequenzen verfolgen zu können, wurde im Heinrich-Hertz-Institut neben den im IGJ betriebenen Empfangsanlagen bei 1500 MHz, 2000 MHz 3000 MHz und 9400 MHz eine weitere bei 24000 MHz (λ = 1,25 cm) eingerichtet. Die Anlage gleicht im Aufbau dem bisher verwendeten 3,2 cm-Empfänger. Sie ist ebenfalls mit einem DICKEschen Modulator ausgerüstet und gestattet, mit Hilfe einer Kompensation einen Gerätenullpunkt zu registrieren. Da uns die Stationen ,,Nera'' und ,,Potsdam-Tremsdorf'' bereitwillig Registrierungen bei 500 MHz und 540 MHz überließen, verfügen wir damit im Bereich von 500 MHz bis 24000 MHz über 6—7 Meßpunkte.

TYPISCHE MERKMALE EINIGER BURSTSPEKTREN

Einen großen Teil der auf diese Weise in der Zeit von Juni 1959 bis Februar 1960 deobachteten Burstspektren im cm-dm-Gebiet kann man in zwei Gruppen einteilen: Bei der ersten Gruppe findet man im langwelligen Teil des Spektrums eine Proportionalität der Strahlungs-

[1]) Prof. O. HACHENBERG und Dr. GÜNTHER WALLIS, Heinrich-Hertz-Institut, Berlin-Adlershof.

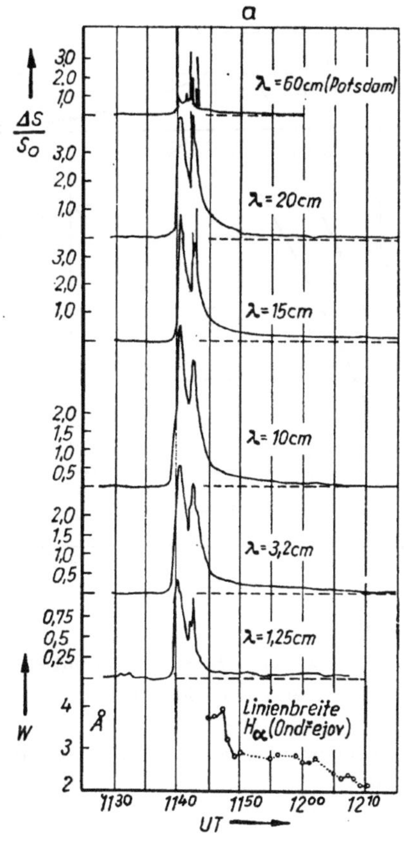

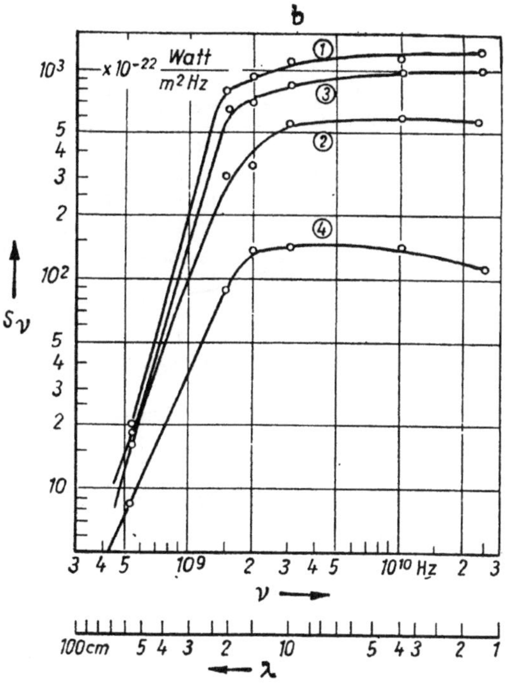

Abb. 1a. Burst 1959 Juni 18.

Abb. 1b. Spektrum des Bursts 1959 Juni 18.

1 1. Maximum 14^h 40^m0
2 1. Minimum 11^h 41^m6
3 2. Maximum 11^h 43^m3
4 Postburst increase 11^h 45^m0

ströme zu ν^n, wo n einen Wert in der Nähe von 2 oder darüber annimmt. Nach höheren Frequenzen schließt sich ein nahezu frequenzunabhängiger Spektralteil an. Ein Burst, bei dem diese Verteilung sehr gut ausgeprägt ist, findet sich zusammen mit den zeitlichen Registrierkurven auf den entsprechenden Beobachtungsfrequenzen in Abb. 1 dargestellt.

Bei der zweiten Gruppe sind die Hauptmerkmale dieser spektralen Verteilung ebenfalls zu beobachten. Sie sind nur überlagert von einem mehr oder weniger breiten Intensitätsmaximum (Abb. 2 und 3).

Die Spektren der ersten Burstgruppe sind sehr einfach als thermische Strahlung eines magnetfeldfreien Plasmas bei Frequenzen $\nu \gg \nu_p^{(\max)}$ zu deuten [3]; $\nu_p^{(\max)}$ ist die größte der in der emittierenden Schicht auftretenden Plasmafrequenzen. Die sich in der zweiten Gruppe von Burstspektren durch zusätzliche Maxima bemerkbar machenden Abweichungen von dem einfachen Spektrum der ersten Burstgruppe weisen auf die Einflüsse entweder von Dichteinhomogenitäten (besonders in der Nähe der jeweiligen Plasmafrequenz) oder auf magnetische Einflüsse (bei den jeweiligen Gyrofrequenzen oder deren Harmonischen) bezüglich der optischen Dicke der emittierenden Schicht hin [3]. Auch bei den Bursts dieser zweiten Gruppe kann es sich um eine thermische Strahlung handeln, solange die Intensität nicht die der schwarzen Strahlung bei der entsprechenden Temperatur überschreitet.

Die theoretische Behandlung der Burstspektren im cm-dm-Gebiet zerfällt danach ebenfalls in zwei Teile: Aus den Burstspektren der ersten Gruppe sowie den entsprechenden Spektralanteilen der zweiten Burstgruppe sind die Plasmadaten der emittierenden Schicht zu be-

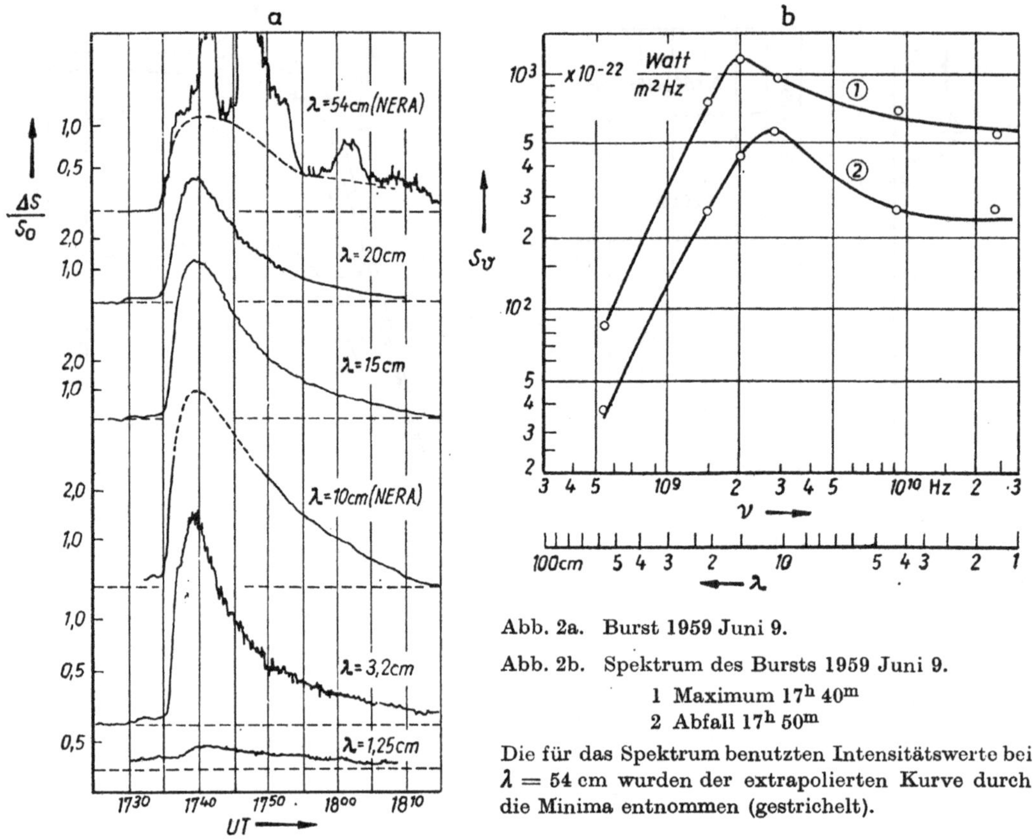

Abb. 2a. Burst 1959 Juni 9.

Abb. 2b. Spektrum des Bursts 1959 Juni 9.
1 Maximum $17^h\,40^m$
2 Abfall $17^h\,50^m$

Die für das Spektrum benutzten Intensitätswerte bei $\lambda = 54$ cm wurden der extrapolierten Kurve durch die Minima entnommen (gestrichelt).

stimmen, und zwar aus dem optisch dicken Teil des Spektrums Temperatur und strahlende Fläche, aus dem optisch dünnen Teil zusätzlich die Elektronendichte und die Dicke der strahlenden Schicht. Aus den bei den Burstspektren der zweiten Gruppe auftretenden Maxima sind nach Möglichkeit die Stärke der Dichtegradienten oder der lokalen Magnetfelder abzuschätzen.

Bei der Lösung der ersten Aufgabe treten gewisse Schwierigkeiten auf [3], die in folgendem bestehen: Unterscheiden sich im optisch dicken bzw. optisch dünnen Spektralteil die Temperaturen (weil nur lokales thermisches Gleichgewicht herrscht) oder wegen der Ausbreitungsbedingungen die strahlenden Flächen, so liefert das Spektrum zu wenig Gleichungen. Man kann die Bestimmung der charakteristischen Größen nicht einmal auf eine einparametrige Schar zurückführen. Die Diskussion der möglichen Grenzen zeigt, daß man bei den z. B. optisch bestimmten Werten für die Elektronendichten mit relativ großen im dm-Gebiet strahlenden Flächen rechnen muß, um mit den Temperaturen den Wert von 10^6 nicht zu stark überschreiten zu müssen. Und zwar übertreffen die im dm-Gebiet strahlenden Flächen etwa um den Faktor 2 bis 5 diejenigen, welche Kundu interferometrisch bei 3,2 gemessen hat [4].

Aus der Lage der Intensitätsmaxima der zweiten Burstgruppe kann man die bei einer Deutung als Synchrotronstrahlung erforderlichen Magnetfelder zu einigen 100 Gauß abschätzen, wenn man für die effektive Harmonische (d. h. diejenige, bei der die optische Dicke etwa gleich 1 wird) Werte von 5 bis 10 annimmt. Solche Intensitätsmaxima kann man sich auch durch Dichteinhomogenitäten zustande gekommen denken, welche die Ausbreitung der

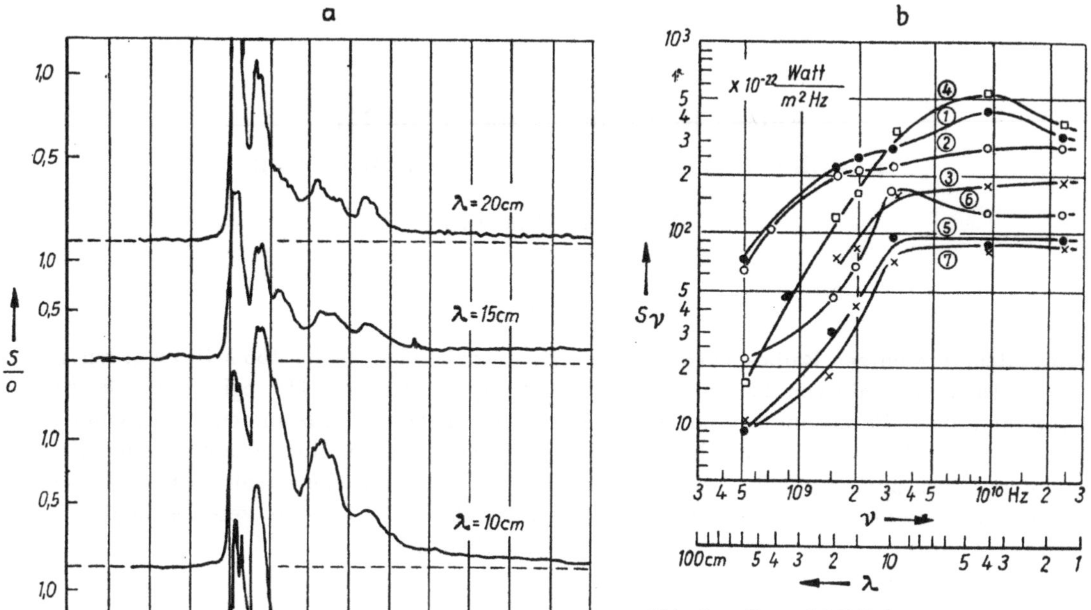

Abb. 3a. Burst 1960 Febr. 22.

Abb. 3b. Spektrum des Bursts 1950 Febr. 22. $13^h\ 55^m$

1 1. Maximum 13^h 56
2 Minimum zwischen den beiden ersten Spitzen $13^h\ 56^m5$
3 Minimum $13^h\ 58^m$
4 2. Maximum $13^h\ 59^m$
5 im Abfall $14^h\ 04^m$
6 Maximum $14^h\ 07^m$
7 Postburst increase $14^h\ 10^m$

Strahlen und damit die optische Dicke verändern. Dieser Effekt hängt jedoch in sehr unübersichtlicher Weise von einem Modell für diese Dichteinhomogenitäten ab. Eine Entscheidung zwischen beiden Möglichkeiten ist ohne genaue Polarisationsmessungen der Burststrahlung nicht möglich.

LITERATUR

[1] Hachenberg, O., Z. Astrophys. **46** (1958) 67.
[2] Hachenberg, O. und Krüger, A., J. Atmosph. Terrestr. Phys. **17** (1959) 20.
[3] Hachenberg, O. und Wallis, G., Z. Astrophys. **52**, (1961) 42.
[4] Kundu, M. R., Annals d'Astrophys. **22** (1959) 1.

Solare Radiobursts der Type III und deren Beziehungen zu den Eruptionen

Von H. H. Rabben[1])

EINLEITUNG

Mit dem Freiburger Radiospektrographen (Frequenzbereich 48 bis 165 MHz) wurden im Herbst 1958 innerhalb von 220 Stunden 136 Burstgruppen der Type III registriert. Die Abhängigkeit dieser Burstgruppen (die sich aus etwa 600 Einzelbursts zusammensetzen) von den Sonneneruptionen wurde untersucht. Es zeigte sich, daß 90% der Burstgruppen gleichzeitig mit Eruptionen auftraten oder kurze Zeit (bis zu 5 min) vorher oder nachher. Die genauen Einzelheiten der Untersuchung wurden in der Zs. Ap. **49** (1960) 95—110, veröffentlicht. Die Ergebnisse sollen in diesem Vortrag kurz wiedergegeben werden.

Abb. 1. Die Antennenanlage des Freiburger Radiospektrographen besteht aus sechs um eine horizontale Achse kippbaren Dipolfeldern mit aneinander anschließenden Frequenzbereichen. Die Dipolfelder hängen an einer 30 m langen Stahlkonstruktion, die auf einer Rundschiene umläuft. Ferner trägt die Stahlbrücke eine Kabine mit dem Empfänger und der Registriervorrichtung.

BEOBACHTUNGSMATERIAL

Der Freiburger Radiospektrograph, mit dem die Bursts registriert wurden, hat bei einer Bandbreite von 300 kHz eine Grenzempfindlichkeit von etwa $2 \cdot 10^{21}\ W \cdot m^{-2} \cdot Hz^{-1}$. Der Frequenzbereich (48 bis 165 MHz) wird zweimal in der Sekunde abgetastet. Die empfangene Radio-Strahlungsstärke steuert die Intensität der Elektronenstrahlen eines Oszillographen. Die Auslenkung der Strahlen ist mit der Einstellung der Empfangsfrequenz gekoppelt. Ein

[1]) Dr. Hans-Heinz Rabben, Fraunhofer-Institut, Freiburg/Br., jetzt: MPJ für Physik und Astrophysik, München-Garching

langsam vorbeilaufender 35 mm-Film registriert die Oszillographenbilder photographisch. Die genaue Beschreibung des Gerätes wurde in der Zs. Ap. 49 (1960) 61 (von KIEPENHEUER und RABBEN) veröffentlicht.

Type III-Bursts sind nach WILD und MCCREADY (1950) durch eine schnelle Frequenzdrift definiert. Das Intensitätsmaximum der Bursts wandert nämlich durch das Spektrum von hohen zu tiefen Frequenzen mit einer Geschwindigkeit, die im Meter-Wellenbereich (um 100 MHz) etwa 20 MHz/sec beträgt. Wie neuere Untersuchungen zeigen, können sich die Type III-Burstspektren sowohl bis zu den Dekameter-Wellen (s. BOISCHOT u. a. 1960) als auch bis zu den Mikrowellen (dm-Bereich: ROBERTS, 1960, cm-Bereich: HADDOCK, 1960 und A. MAXWELL, 1960) fortsetzen. Allerdings ändern sich dabei die Eigenschaften der Bursts etwas. Für den Meter-Wellenbereich seien diese Eigenschaften hier kurz aufgezählt: Dauer etwa 10 sec, Bandbreite 10 bis 100 MHz, manchmal tritt gleichzeitig die erste Oberwelle auf, der Frequenzbereich der Grundwelle liegt unterhalb von etwa 150 MHz, der der Oberwelle unterhalt von etwa 1000 MHz, die Bursts sind schwach oder gar nicht polarisiert, sie neigen zur Gruppenbildung, die Intensität großer Bursts beträgt etwa $2 \cdot 10^{-18}\ \mathrm{W} \cdot \mathrm{m}^{-2} \cdot \mathrm{Hz}^{-1}$. Die vorläufigen Ergebnisse lassen erkennen: Die Burstdauer nimmt sowohl nach den niedrigeren als auch nach den höheren Frequenzen hin zu. Es gibt Type III-Bursts, die bereits im cm-Bereich als Störung vorhanden sind und von 1000 bis 16 MHz — durchgehend — zu beobachten sind. (Für den Bereich 1000 bis 2000 MHz liegen noch keine Spektralbeobachtungen vor.) Es gibt aber auch Bursts, die nur bei 800 MHz in einem relativ schmalen Spektralbereich existieren und die eine sehr schnelle positive oder negative Frequenzdrift haben. Andere Bursts existieren nur bei 100 MHz, haben aber meist einen breiteren Spektralbereich und eine positive Frequenzdrift. Relativ selten wurden Bursts im Bereich 300 bis 600 MHz beobachtet, sowie im Bereich 2000 bis 4000 MHz.

Die bei dieser Untersuchung verwendeten Eruptionsdaten wurden den ,,Daily Maps of the Sun" des Fraunhofer Instituts entnommen. Während der radiospektrographischen Beobachtungsperiode wurden 372 Eruptionen im Lichte der $H\alpha$-Linie beobachtet.

ERGEBNISSE

I. Die Häufigkeit des gemeinsamen Auftretens von Bursts und Eruptionen:

Der hohe Prozentsatz an (92%) Type III-Burstgruppen, bei denen gleichzeitig oder fast gleichzeitig (Toleranz $\pm$ 5 min) Eruptionen auftraten, deutet darauf hin, daß wahrscheinlich alle Bursts(III) mit Eruptionen koinzidieren. Die wenigen Burstgruppen, für die keine koinzidierende Eruption beobachtet wurde, sind ziemlich klein: Durchschnittswert = 2,5 Bursts/Gruppe. Demgegenüber wurden für die koinzidierenden Burstgruppen in Abhängigkeit von der Eruptionsimportance folgende Durchschnittswerte gefunden:

Eruptions-Importance:	2	1	1—	keine Eruption	alle zusammen
Burstzahl/Burstgruppe:	5,3	3,4	2,7	2,5	3,2

Die Abhängigkeit von der Importance läßt den Schluß zu, daß bei den kleinen Burstgruppen die ,,zugehörige" Eruption nur wegen ihrer Kleinheit nicht gesehen wurde.

Andere Autoren (z. B. LOUGHHEAD u. a., 1957) fanden weniger hohe Prozentsätze für die mit Eruptionen koinzidierenden Bursts. Als Erklärung sei die Tatsache angeführt, daß bei unserer Untersuchung ein besonders reichhaltiges und lückenloses $H\alpha$-Beobachtungsmaterial zur Verfügung stand.

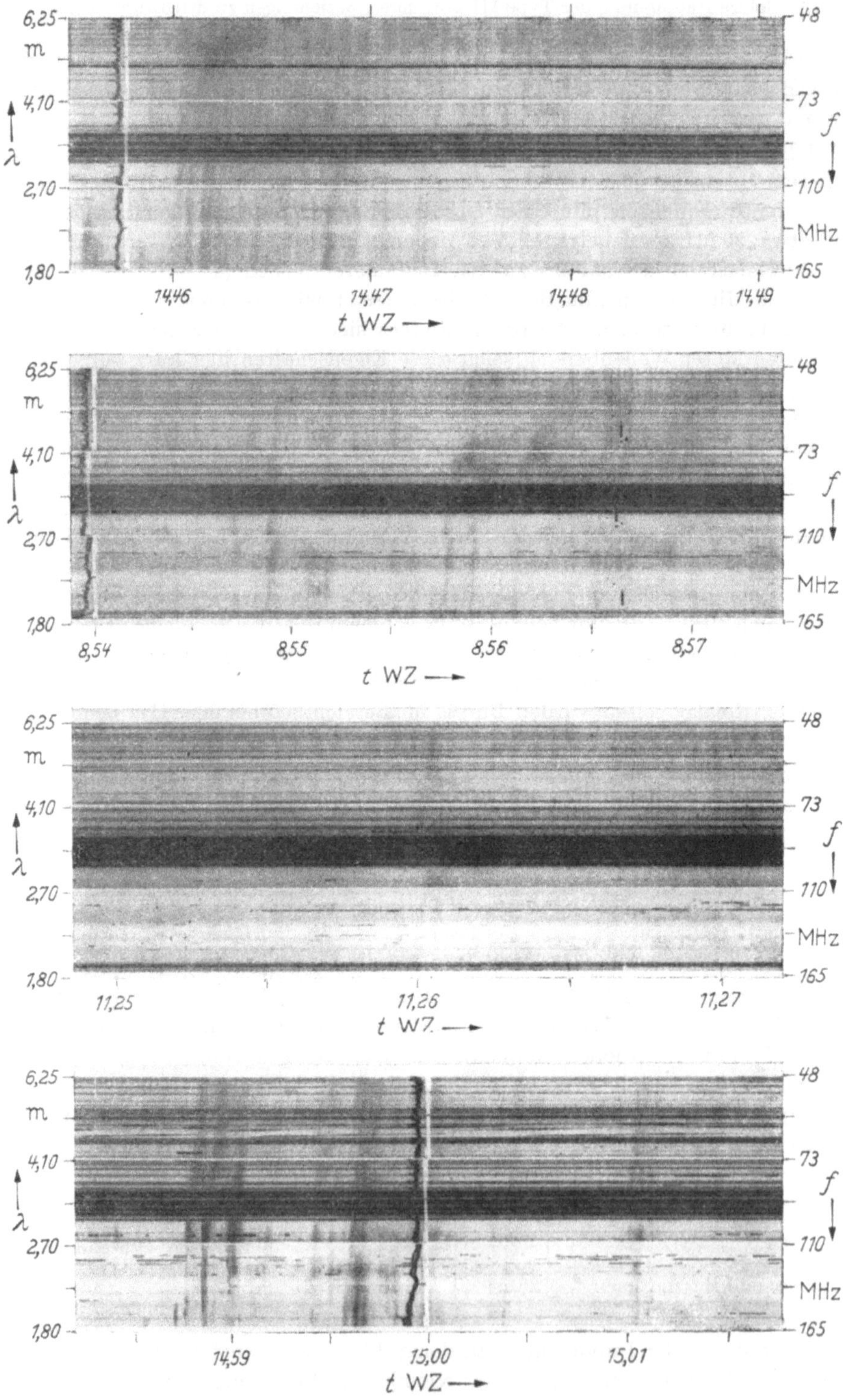

Abb. 2. Vier Registrierbeispiele vom Freiburger Radiospektrographen. a) Eine große Burstgruppe Type III, 1958, Okt. 22; b) eine Type III-Burstgruppe mit zwei U-Bursts, 1958, Nov. 23; c) zwei Type III-Bursts, bei dem linken sind Grund- und erste Oberwelle zu erkennen; rechts unten der Beginn eines Type I-Sturmes; 1958, Nov. 27; d) eine Type III-Burstgruppe mit Bursts sehr unterschiedlicher Driftgeschwindigkeiten: ein sehr schneller Burst links z. B. verbindet zwei langsamere; 1958, Dez. 9. Die horizontalen Linien werden durch Rundfunk-, Fernseh- und kommerzielle Sender verursacht. Die vertikale Aufhellung dient als Zeitmarke und entsteht durch umschalten von Intensitäts- auf Amplitudenmodulation.

Der Prozentsatz an „burstaktiven" Eruptionen, d. h. an Eruptionen, die mit Type III-Bursts assoziiert sind, ist dagegen wesentlich kleiner. Die Tabelle zeigt seine Abhängigkeit von der Importance:

Eruptions-Importance:	2	1	1—	alle zusammen
Anteil der „burstaktiven" Eruptionen	38%	25%	17%	22%

Die Zunahme der Burstaktivität mit der Importance war zu erwarten: Mit der Importance wachsen Koronavolumen und Lebensdauer, also auch die Wahrscheinlichkeit der Burstentstehung. Der geringe Prozentsatz an burstaktiven Eruptionen kann zwei Gründe haben: Entweder sind nicht bei jeder Eruption die Bedingungen vorhanden, die zur Burstentstehung führen, oder die Bursts, die entstehen, erreichen nicht unsere Erde infolge ungünstiger Abstrahlungsbedingungen.

Zur Klärung dieser Frage wurden die Aktivitätszentren (CAs) untersucht, bei denen Eruptionen beobachtet worden waren. Nur ein Viertel der 74 vorhandenen CAs erwiesen sich eindeutig als Quelle von 60 Burstgruppen. Die unterschiedliche Burstaktivität der CAs dürfte mit der Struktur der Fleckenmagnetfelder zusammenhängen. Nach den bisherigen Vorstellungen wird das Zustandekommen der Type III-Bursts von der Richtung der magnetischen Feldlinien beeinflußt.[1])

Im Zusammenhang mit dem Inhalt dieses Abschnittes sei auf das Ergebnis einer Untersuchung über das gemeinsame Auftreten von Eruptionen und 10-cm-Bursts (Coates, 1960) hingewiesen: 99% der Bursts koinzidierten mit einer $H\alpha$-Aktivität, aber nur 25% der Eruptionen waren von 10-cm Bursts begleitet. Die Zusammenhänge zwischen cm-Bursts und Type III-Bursts wiederum wurden z. B. von Neylan (1959) untersucht.

II. Die zeitlichen Beziehungen der Bursts zu den Eruptionen:

Da die Lebensdauer der Type III-Burstgruppen im Verhältnis zu der der Eruptionen sehr kurz ist, wurden Zusammenhänge zwischen der Eruptionsphase und dem Zeitpunkt des Auftretens der Bursts vermutet. Die Untersuchung ergab eine ziemlich gleichmäßige Verteilung der Burstgruppen über alle Eruptionsphasen von einigen Minuten vor Eruptionsbeginn bis zu einigen Minuten nach Eruptionsende. Berücksichtigt man jedoch die Größe der Burstgruppen, so zeigt sich: Burstgruppen, deren Burstzahl größer ist als etwa 10, treten nur bei Beginn der Eruptionen, während der sogenannten „Flash phase", auf. Nur diese Burstgruppen könnten mit dem Eruptionsmechanismus unmittelbar zusammenhängen. Im allgemeinen muß jedoch die Burstentstehung Teil eines umfassenderen Vorgangs in der Korona sein, der nicht nur während der flash phase wirksam ist. Solch ein Vorgang wird z. B. von de Jager (1960) beschrieben in Zusammenhang mit der Entstehung der solaren Röntgenstrahlung.

III. Die Bursteigenschaften:

Die schnelle Frequenzdrift der Type III-Bursts entsteht durch eine hohe Radialgeschwindigkeit der Burstquelle in der Korona (Wild u. a. 1959). Inferferometrische Messungen ergaben Werte zwischen 0,6 und $2{,}4 \cdot 10^{10}$ cm/sec (Mittelwert etwa $1{,}4 \cdot 10^{10}$ cm/sec), entspr. 0,2 und $0{,}8 \cdot c$ ($0{,}45 \cdot c$). (Die untere Grenzgeschwindigkeit bei $0{,}2 \cdot c$ wird ebenfalls durch die Theorie von de Jager, 1960, erklärt.)

[1]) Vgl. „General discussion on radio bursts" im Bericht über die Varenna-Tagung: Solare Radioastronomie 1959

Um einen Einblick in den Beschleunigungsmechanismus der Burstquellen zu bekommen, wurde die Wechselwirkung zwischen der Burstintensität und der Radialgeschwindigkeit der Burstquellen bzw. der Frequenzdrift der Bursts untersucht. Dabei ergab sich bei zunehmender Driftgeschwindigkeit im Mittel eine Zunahme der Burstintensität. Dieser Zusammenhang erwies sich nach der Untersuchung der Mitte-Rand-Variation der Bursts (siehe weiter unten) als ein Scheineffekt.

Wie zu erwarten war, besteht sowohl für die Burstintensität als auch für die Driftgeschwindigkeit keine Abhängigkeit von der Eruptions-Importance. Die Entstehung der Bursts steht mit den Eruptionen ja nur in mittelbarem Zusammenhang, wie bereits bei der Untersuchung der zeitlichen Beziehungen (Abschnitt 2) zu erkennen war. Der Start der Burstquellen erfolgt außerdem in einer sehr kurzen Zeitspanne verglichen mit der Gesamtlebensdauer der Eruptionen und aus Gründen der Gleichzeitigkeit in einem sehr kleinen Koronavolumen. Die Bursteigenschaften können also nur wenig mit der Gesamthelligkeit und der Gesamtausdehnung der Eruptionen, also mit der Importance, zu tun haben.

Ein weiterer Zusammenhang war zu vermuten zwischen den Burstgruppen-Eigenschaften und dem Frequenzumfang der Radiostörung und damit ihrer Höhenausdehnung in der Sonnenkorona. Zu einer Untersuchung wurden Festfrequenz-Registrierungen benachbarter Radioobservatorien bei verschiedenen Frequenzen zwischen 200 und 9400 MHz herangezogen. Es gab sich: Je größer die Burstzahl/Burstgruppe, je schneller die Frequenzdrift und je stärker die Burstintensität, je heftiger also das ganze Burstphänomen auftritt, desto größer ist im Mittel auch die Höhenausdehnung der Radiostörung in der Sonnenatmosphäre.

IV. Die Mitte-Rand-Variation der Type III-Radiostrahlung:

Mit dem Freiburger Radiospektrographen ist es nicht möglich, den Entstehungsort der Bursts auf der Sonnenscheibe festzustellen. Um trotzdem etwas über die Verteilung der Burstquellen auf der Sonnenscheibe aussagen zu können, wurde der Entstehungsort der Bursts mit der Position der koinzidierenden Eruption identifiziert.

Zunächst wurde die Burstaktivität der Eruptionen in Abhängigkeit vom Zentralmeridianabstand ermittelt. Das Ergebnis zeigt drei charakteristische Merkmale:

1. Eine „Randverdunklung“ der Burststrahlung, d. h. in der Mitte der Sonnenscheibe war der Anteil der burstaktiven Eruptionen größer als am Rande.
2. Eine starke Ost-West-Asymmetrie, d. h. auf der Osthälfte der Sonnenscheibe war der Anteil der burstaktiven Eruptionen größer als auf der Westhälfte.
3. Ein deutliches Minimum der Burstaktivität bei etwa 20° West.

Die gleichen Eigenschaften wurden auch von anderen Autoren gefunden (z. B. schon von Hey u. a., 1948, für unklassifizierte Bursts).

Zur Erklärung könnte folgende Betrachtung dienen: Unter 150 MHz dominiert die Grundwelle der Type III-Bursts wesentlich (Wild u. a. 1959). Eine Abstrahlung von Plasmaschwingungen[1]) aus der Korona auch in der Nähe des Sonnenscheibenrandes ist deshalb nur möglich, wenn die Koronastruktur von der Kugelsymmetrie wesentlich abweicht (z. B. in Form von Koronastrahlen) oder wenn sehr wirksame Streuprozesse stattfinden können. In beiden Fällen wäre es möglich, die Randverdunklung zu erklären. Die Erklärung der Ost-West-Asymmetrie und des Minimums bei 20° West ist nur durch Annahme einer bestimmten Struktur der Korona möglich, nämlich einer unsymmetrischen Dichteverteilung über den CAs. (Vgl. hierzu Hey und Hughes, 1955). Die interferometrischen Untersuchungen von Wild u. a. (1959) lassen die Koronastrahlen als Ort der Type III-Burststrahlung erscheinen.

[1]) Vgl. hierzu die Plasmaschwingungshypothese von J. P. Wild n. a. (1953) und (1959).

Ferner wurde die Mitte-Rand-Variation der Bursteigenschaften (Frequenzdrift und Intensität der Bursts) untersucht. Das Ergebnis läßt zwei Tendenzen erkennen: i) Hohe Burstintensitäten und große Driftgeschwindigkeiten wurden nur in der Nähe des Zentralmeridians beobachtet. ii) In der Mitte der Sonnenscheibe sind Bursts aller Intensitäten und Driftgeschwindigkeiten etwa gleich häufig; zum Sonnenscheibenrande hin dagegen wächst der Anteil der Bursts mittlerer Intensitäten und mittlerer Driftgeschwindigkeiten, während der Anteil der schwächeren und „langsameren" Bursts gleichbleibt oder sogar abnimmt; wegen der Randverdunklung sollte er eigentlich zunehmen. Dieser Zusammenhang läßt sich wohl erst deuten, wenn er durch weitere Beobachtungen statistisch besser gesichert worden ist.

Die Häufigkeitsabnahme der Bursts hoher Intensität und großer Driftgeschwindigkeiten zum Sonnenscheibenrande hin läßt sich aus der Betrachtung der geometrischen Verhältnisse als Laufzeiteffekt erklären.

Eine Burstquelle möge mit einer mittleren Geschwindigkeit (genauer: Geschwindigkeitskomponente in Richtung des Elektronendichtegradienten) v_0 durch die Korona aufsteigen und zur Zeit t_{160} in der Höhe h_{160} elektromagnetische Schwingungen mit 160 MHz anregen und zur Zeit t_{50} in der Höhe h_{50} solche mit 50 MHz. Für einen Beobachter ergibt sich dann die Zeitdifferenz $\Delta t \approx t_{50} - t_{160} = \frac{h_{50} - h_{160}}{v_0}$, vorausgesetzt $v_0 \ll c$. Ist aber $v_0 \approx c$, so wird Δt wesentlich von der Laufzeitdifferenz zwischen den beiden Wellenzügen der Frequenzen 160 und 50 MHz $= \Delta t_c = \frac{h_{50} - h_{160}}{c} \cdot \cos \gamma$ beeinflußt. (γ ist der von der Beobachtungsrichtung und der Richtung des Elektronendichtegradienten am Aufstiegsort eingeschlossene Winkel.) Der Beobachter registriert also statt der Zeitdifferenz $t_{50} - t_{160}$ die Differenz $\Delta t = t_{50} - t_{150} - \Delta t_c = (h_{60} - h_{160}) \cdot (1/v_0 - [1/c] \cdot \cos \gamma)$. Er hat also statt der wahren Geschwindigkeit v_0 die höhere Geschwindigkeit $v = v_0/(1 - \beta \cdot \cos \gamma)$ ermittelt ($\beta = v_0/c$). Durch diese Verkürzung der Zeitskala wird auch statt der wahren Intensität I_0 vom Beobachter die höhere Scheinintensität $I = k_0/(1 - \beta \cdot \cos \gamma)$ registriert; denn die abgestrahlte Gesamtenergie wird in einer kürzeren Zeitspanne am Beobachtungsort aufgenommen. — Bei dieser Betrachtung ist der Einfluß einer Abweichung des Brechungsindex von 1 nicht berücksichtigt worden (vgl. hierzu Wild u. a. 1959).

LITERATUR

[1] Boischot, A., Lee, R. H. und Warwick, J. W., Ap. J. **131** (1960) 61.
[2] Coates, R. J., Edelson, S., McCullough, T. und Santini, N., URSI-Tagung in London, Comm. V, 1960.
[3] de Jager, C., Space Res., Proc. First Int. Space Sympos. Nice 1960.
[4] Haddock, F. T., URSI-Tagung in London, Comm. V, 1960.
[5] Hey, J. S., Parsons, S. J. und Phillips, J. W., M. N. **108** (1948) 354.
[6] Hey, J. S. und Hughes, V. A., M. N. **115** (1955) 605.
[7] Kiepenheuer, K. O. und Rabben, H. H., Zs. Ap. **49** (1960) 61.
[8] Loughhead, R. E., Roberts, J. A. und McCabe, M. K., Austr. J. Phys. **10** (1957) 483.
[9] Maxwell, A., URSI-Tagung in London, Comm. V, 1960.
[10] Neylan, A. A., Austr. J. Phys. **12** (1959) 399.
[11] Rabben, H. H., Zs. Ap. **49** (1960) 95.
[12] Roberts, J. A., URSI-Tagung in London, Comm. V, 1960.
[13] Wild, J. P. und McCready, L. L., Austr. J. Sci. Res. A **3** (1950) 387.
[14] Wild, J. P., Murray, J. D. und Rowe, W. C., Nature **172** (1953) 533.
[15] Wild, J. P., Sheridan, K. V. und Neylan, A. A., Austr. J. Phys. **12** (1959) 369.

III. Kosmische Strahlung

Über die Entstehung der suprathermischen Teilchen

Von O. LUCKE[1])

Im Jahre 1954 hat A. EINSTEIN einmal gesagt, daß es zwei leicht beobachtbare Erscheinungen gäbe, die seiner Meinung nach einen tiefen, fundamentalen Mangel in unserer Kentnis der physikalischen Welt anzeigen würden. Diese beiden wären die kosmische Strahlung und das erdmagnetische Feld.

Die Existenz des erdmagnetischen Feldes ist auf elektromagnetische Induktion im turbulenten Plasma in den oberen Schichten des äußeren Erdkernes zurückzuführen [1, 2, 3].

Die Existenz der kosmischen Strahlung ist wahrscheinlich ein spezieller Fall der verbreiteten Existenz suprathermischer Teilchen. Das sind, allgemein gesprochen, Teilchen, die sich überhaupt nicht in den Rahmen der Energieverteilung des thermodynamischen Gleichgewichts oder einer ähnlichen Verteilung einordnen lassen. Dazu gehören außer der kosmischen Strahlung noch schnelle Protonen im Nordlicht, die Elektronen der VAN ALLENschen Gürtel, die kosmische Strahlung der Sonne und auch schnelle Teilchen in den Entladungsplasmen.

Die Entstehung suprathermischer Teilchen hängt mit dem Vorhandensein kollektiver Wechselwirkungen in vollständig oder weitgehend ionisierten Plasmen zusammen. Nach den Vorstellungen von P. DEBYE, D. BOHM und D. PINES ist die individuelle elektromagnetische Wechselwirkung von Teilchen des Plasmas aufeinander auf die Kugel mit der Länge

$$\lambda_D = \frac{1}{3\,\omega_p} \sqrt{3\,\langle w_e^2 \rangle}\,,\ \omega_p^2 = \frac{n_e\, e^2}{\varepsilon_0\, m_e}\ (\omega_p = \text{Plasmafrequenz}) \tag{1}$$

beschränkt. Das Elektronengas soll dabei nicht entartet sein. Nach BOHM und PINES sind die kollektiven elektrostatischen Wechselwirkungen als Plasmaschwingungen aufzufassen. Ferner gehören dazu die magneto-hydrodynamische Turbulenz, die ALFVÉNschen Wellen und die hydro-magnetischen Stoßwellen. Wir unterscheiden nach BOHM und PINES [4] die Koordinaten p, q, soweit ein Teilchen individuell auf andere wirkt, und die Koordinaten P, Q, soweit es einem kollektiven Verbande angehört. Die individuellen Wechselwirkungen des Teilchens beschränken sich auf das Innere der DEBYEschen Kugel mit dem Radius λ_D (1), während schon die Wellenlänge der nicht stehenden Plasmaschwingungen größer als λ_D ist. Die HAMILTON-Funktion des Systems wird nun entsprechend in individuelle, kollektive und Wechselwirkungs-Terme mit individuellen und kollektiven Koordinaten zerlegt und der HAMILTON-Operator aufgestellt. In stationären Fällen wird eine lineare Basis von Eigenfunktionen des Operators und die Verteilungsfunktion der BOLTZMANNschen Statistik gebildet.

Wir denken uns die Verteilungsdichte der Energiequanten graphisch dargestellt. Im allgemeinen werden die kollektiven Quanten die größeren Werte haben, weil sie schwerer anzuregen sind. Aber auch einzelne Teilchen, vor allen Dingen Ionen, werden große Energiewerte erwerben können; sie werden von den kollektiven Wechselwirkungen dazu aufgeschaukelt.[2])

---

[1]) Prof. Dr. OTTO LUCKE, Geomagnetisches Institut der DAdW, Potsdam.

[2]) Siehe Bemerkung am Schluß der Arbeit.

Diese allgemeinen Überlegungen sind durch Berechnung unter speziellen Voraussetzungen zu stüzen.

Wenn man von Plasmaschwingungen absieht, so kann man z. B. von den mit der Turbulenz verbundenen, zeitlich und räumlich variablen Magnetfeldern annehmen, daß sie weitgehend in dem Material „eingefroren“ sind. Dabei werden aber einzelne Teilchen beschleunigt.

$$m \frac{d\mathfrak{w}}{dt} = q_e (\mathfrak{E} + \mathfrak{w} \times \mathfrak{B}) . \tag{2a}$$

In einem quasineutralen Plasma gilt allgemein:

$$\mathfrak{E} \approx \mathfrak{v} \times \mathfrak{B} . \tag{2b}$$

$\mathfrak{v}$ ist die kollektive Plasmageschwindigkeit. Wenn man (2b) in (2a) einsetzt und das innere Produkt mit $\mathfrak{w}$ bildet, erhält man

$$\frac{m}{2} \frac{d}{dt} w^2 = q_e \mathfrak{w} \cdot (\mathfrak{v} \times \mathfrak{B}) . \tag{2c}$$

Die Leitung der Lorentzkraft ist der Änderung der kinetischen Energie des Teilchens gleich.

E. N. Parker und seine Mitarbeiter [5] haben zur Behandlung dieses ursprünglich von E. Fermi ersonnenen Beschleunigungsprozesses die Fokker-Planck-Gleichung benutzt. Demnach gilt für die Verteilungsdichte:

$$\left(\frac{\partial f}{\partial t}\right)_{\text{Fermi}} = \frac{1}{2} \frac{\partial^2}{\partial w^2} [\langle \Delta w^2 \rangle f] - \frac{\partial}{\partial w} [\langle \Delta w \, f \rangle]^1) . \tag{3}$$

Verschiedene Modelle wurden vorgeschlagen, wie die Momente $\langle \Delta w^2 \rangle$ und Δw mit den von der Turbulenz erzeugten Stoßprozessen zusammenhängen könnten. Die Turbulenzkörper wurden dabei z. B. als elastische oder starre Körper angesetzt. Bei den Berechnungen sind außer dem Fermi-Mechanismus auch die Coulomb-Streuungen zu berücksichtigen. Die kritische Geschwindigkeit w_0 ist diejenige, bei der beide Mechanismen gleichwertig sind. Das Resultat der Rechnungen ergab deutliche, schnelle Schwänze bei Geschwindigkeiten w, die sich der Lichtgeschwindigkeit nähern. Dort wuchs die Verteilungsdichte noch einmal an. Auf Einzelheiten soll in diesem Bericht nicht eingegangen werden.

Man kann leicht zeigen, daß auf diese Weise die suprathermischen Elektronen der van Allenschen Gürtel nicht erzeugt werden können.[2]) Durch den Fermi-Mechanismus der hydromagnetischen Turbulenz oder der Alfvénschen Wellen könnten sie höchstens bis zur Geschwindigkeit der Protonen beschleunigt werden. Wenn man auch daran denken muß, daß so schnelle Protonen vom erdmagnetischen Feld oberhalb $r = 2\,a_0$ nicht eingefangen werden könnten (a_0 = Erdradius), so scheint jedoch ein anderer Mechanismus wirksam zu sein. Parker hat folgenden Vorschlag genauer behandelt:

Wenn 2 Plasmaströme hoher Geschwindigkeit aufeinander auftreffen, behalten die Ionen in den ersten Augenblicken ihre Geschwindigkeit bei, während die Elektronen getrennt werden. Die so entstehenden starken lokalen elektrischen Felder erzeugen Plasmaschwingungen, deren Amplitude um den Faktor $\left(\frac{m_p}{m_e}\right)^{\frac{1}{2}}$ größer ist als die der gewöhnlichen. Auf diese Weise können nach Parker Elektronen relativ große Geschwindigkeiten erwerben. Es ist möglich, daß dieser Effekt dem ähnelt, der die run-away-Elektronen der Plasma-Physik erzeugt [6].

Während für die schnellen Protonen des van Allenschen Gürtels im allgemeinen angenommen werden kann, daß sie aus den Zerfallsprodukten der kosmischen Strahlung stammen, ist nach [7] eine entsprechende Hypothese für die Elektronen abzulehnen. Die Beschleunigung der Teilchen der kosmischen Strahlung und die schnellen Elektronen in der Magnetosphäre gehören daher zu den interessantesten Problemen der Gegenwart.

---

[1]), [2]) Siehe Bemerkung am Schluß der Arbeit.

1) Die Schlüsse, die E. N. PARKER aus der Fokker-Planck-Gleichung (3) zieht, werden ebenso wie elegantere von A. V. GUREVICH (J. E. T. F.) 38 (1960) S. 1597 von G. WALLIS kritisiert (Hydrodynamische und Strahlungseigenschaften magnetfeldbestimmter Plasmen, noch nicht veröffentlicht).

2) Zu diesem Vorschlag vergleiche die Arbeiten:
W. M. BJAKOV, R. G. ALBANOV, J. E. T. F. 35 (1958) S. 1181,
P. J. COLEMAN, J. Geophys. ERes. 66 (1961) S. 1351.

3) Vergleiche die Arbeiten:
A. J. DESSLER and R. KARPLUS, Phys. Rev. Letters 4 (1960) S. 271.
A. ROSEN, T. A. FARLEY, C. P. SONETT, Space Research Nice, Jan. 1960,
ED. H. KALLMANN-BIJL, North. Holland Publ. Comp. Amsterdam 1960,
C. Y. FAN, P. MEYER, J. A. SIMPSON, North Holland Publ. Comp. Amsterdam 1960,
T. A. FARLEY and A. ROSEN, J. Geophys. Res. 65 (1960) S. 3494.

LITERATUR

[1] LUCKE, O., Kapitel 12 in Geomagnetismus und Aeronomie, Band III. Herausg. G. Fanselau, Deutscher Verlag der Wissenschaften, Berlin.
[2] HIDE, R. und ROBERTS, P. H., Physics and Chemistry, Band IV, London 1961.
[3] LUCKE, O., Über das Geomagnetische Hauptfeld, Jahrbuch 1959 des Adolf-Schmidt-Observatoriums, Niemegk. Akademie-Verlag Berlin 1961.
[4] PINES, D., Solid State Physics, New York 1955.
[5] PARKER, E. N., Phys. Rev. 109, S. 1874; 109, S. 1328; 112, S. 1429.
PARKER, E. N., und TIDMAN, D. A., Phys. Rev. 111, S. 1206, 112, S. 1043.
[6] LINHART, J. G., Plasma Physics, Amsterdam 1960.
[7] KELLOGG, P. I., J. Geophys. Res. 65 (1960) S. 2705.

Über periodische Schwankungen der Kosmischen Strahlung

Von W. Messerschmidt[1])

Die Kosmische Strahlung zeigt eine Reihe periodischer Schwankungen. Ihre genaue Untersuchung ist bei der Klärung der Frage der Konstanz der Primärstrahlung über große Zeitabschnitte von Wichtigkeit. Folgende Perioden sind vorhanden:

1. eine elfjährige Periode,
2. eine jährliche Periode,
3. eine 27 tägige Periode,
4. eine tägliche Periode und
5. eine sternzeitliche Periode.

Die elfjährige und 27 tägige Periode stehen mit der Sonnentätigkeit derart in einem unmittelbaren Zusammenhang, daß die auf der Erde beobachtete Strahlungsintensität mit wachsender Aktivität der Sonne abnimmt. Die Erscheinung wird heute durch eine elektrostatische Modulation infolge einer Erhöhung des positiven Potentials in der Umgebung der Erde erklärt.

Eine jährliche Periode tritt nur in der Mesonenintensität auf. Sie ist durch den thermischen Aufbau der hohen Atmosphäre bedingt. Mit der Erwärmung erfolgt eine Auflockerung der Atmosphäre und damit ein Anstieg des Erzeugungsortes der μ-Mesonen, was infolge der begrenzten Reichweite der μ-Mesonen mit einer Abnahme der Strahlungsintensität am Erdboden verbunden ist. Diese Strahlungsschwankung ist also erdgebunden und jahreszeitlich bedingt. Es handelt sich daher nicht um eine Variation der primären Strahlung.

Der Verfasser führt seit dem 1. 4. 1956 mit 4 Ionisationskammern in verschiedenen Aufstellungen Dauerregistrierungen der Kosmischen Strahlung durch. Die Ergebnisse der Messungen von 3 Jahren wurden veröffentlicht [1], wobei auf die eben genannten Perioden eingegangen wurde. Es erübrigt sich eine nochmalige Wiederholung im Rahmen des Vortragsberichtes. Ausführlich wurde die tägliche Periode der Kosmischen Strahlung behandelt. Inzwischen sind die Neutronenregistrierungen im Rahmen des Internationalen Geophysikalischen Jahres für die Zeit vom 1. Juli 1957 bis 30. Juni 1958 erschienen [2], so daß sich nun Aussagen über das Verhalten der täglichen Periode der Kosmischen Strahlung auf der ganzen Erde während eines Jahres machen lassen [3].

Zur Untersuchung des Einflusses der geographischen bzw. der geomagnetischen Lage ist zum Ausschalten eventuell zufälliger Ereignisse die Zusammenfassung möglichst vieler Stationen zu Gruppen zweckmäßig. Für die Auswahl wurde folgende Einteilung vorgenommen: Polnähe $\varphi > 70°$, mittlere Breiten $70° > \varphi > 25°$ und das Äquatorgebiet $25° > \varphi > -25°$.

[1]) Prof. Dr. Wilhelm Messerschmidt, Institut für experimentelle Physik der Universität Halle und Arbeitsstelle für Kosmische Strahlung der DAdW.

Die einzelnen Gruppen sind:

1. Polnähe $\varphi > 70°$, 5 Stationen (Thule, Resolute-Bay, Murchison-Bay, Churchill und Mawson)
2. Mittlere nördliche Breiten $70° > \varphi > 25°$
   a) Nordamerika, 8 Stationen (Sulphur Mt., Mt. Washington, Climax, Deep River, Ottawa, Chikago, Lincoln und Berkeley)
   b) Europa und Asien, 10 Stationen (Uppsala, Leeds, London, Herstmonceux, Göttingen, Weißenau, Zugspitze, Rom, Alma Ata und Yakutsk.)
3. Äquatorgebiet $+ 25° > \varphi > - 25°$, 7 Stationen (Mt. Norikura, Huancayo, Buenes Aires, Makapuu Point, Lae, Kodaikkanal und Ahmedabad).
4. Mittlere südliche Breiten $\varphi \sim - 50°$, 2 Stationen (Mt. Wellington, Ushuaia).

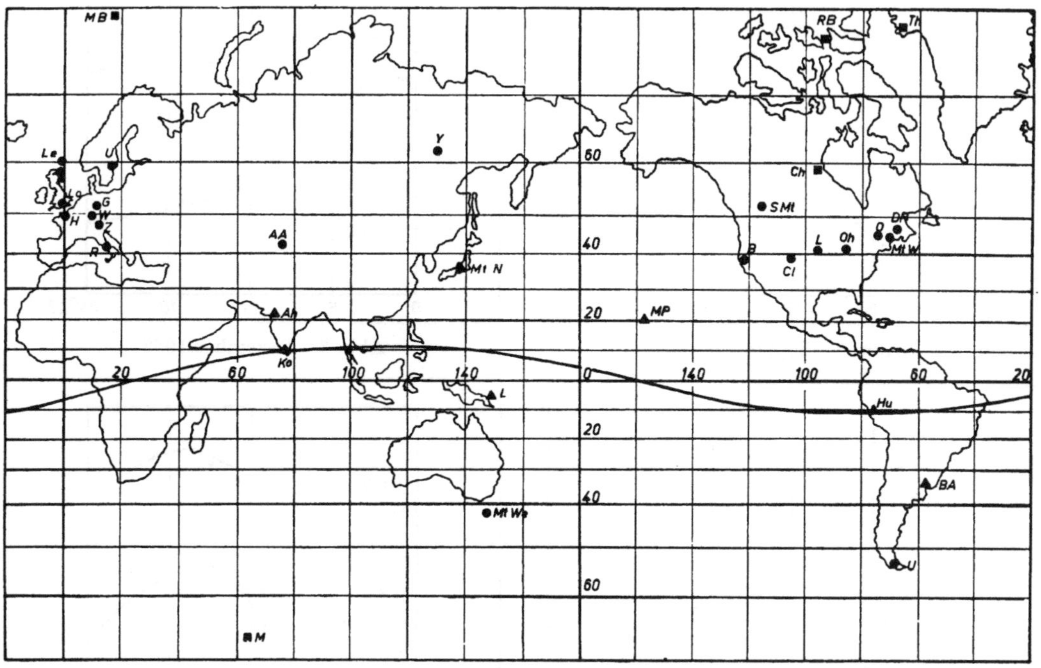

Abb. 1. Lage der zur Ermittlung der täglichen Periode verwandten Stationen.

■ Hohe Breiten, $\varphi > 70°$ ● Mittlere Breiten $70° > \varphi > 25°$ ▲ Äquatorgebiet $+ 25° > \varphi > - 25°$

Die Stationen sind auf der Erdkarte in Abb. 1 mit entsprechenden Symbolen eingezeichnet. In den nördlichen mittleren Breiten befinden sich die meisten Stationen. Aus diesem Grunde erfolgte noch eine weitere Aufteilung in eine nordamerikanische und eine eurasische Gruppe. Die sich ergebenden Tageskurven wurden zuerst zu monatlichen Mittelwerten zusammengefaßt. In den Abb. 2—5 sind die Monate September und Dezember 1957 sowie März und Juni 1958 ausgewählt. Im September 1957 waren die Amplituden am größten (Abb. 2). Es zeigt sich hier das auch aus der Mittelwertsbildung über das gesamte Jahr (Abb. 6) ergebende Bild besonders ab: die Amplitude ist in den mittleren Breiten am größten, während sie nach den Polen und zum Äquator hin abnimmt. An den Polen verschwindet die Schwankung z. B. im März 1958 fast vollständig, während sie am Äquator bestehen bleibt. Zwischen den beiden nördlichen Gruppen in mittleren Breiten besteht im allgemeinen eine gute Übereinstimmung.

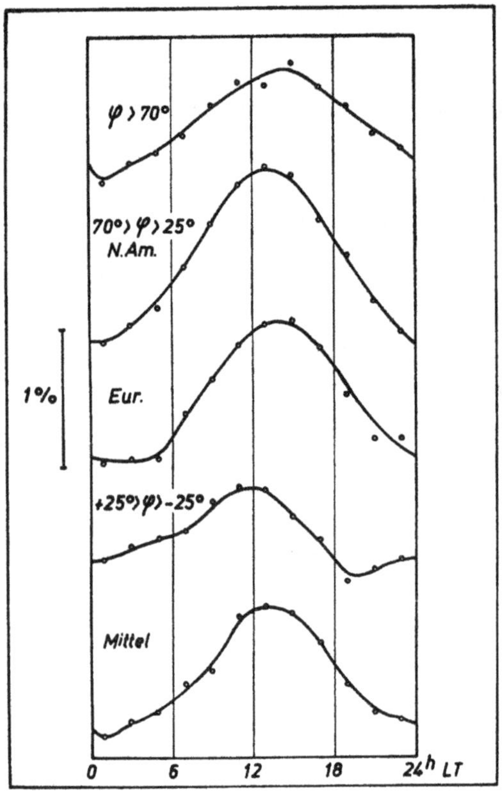

Abb. 2. September 1957

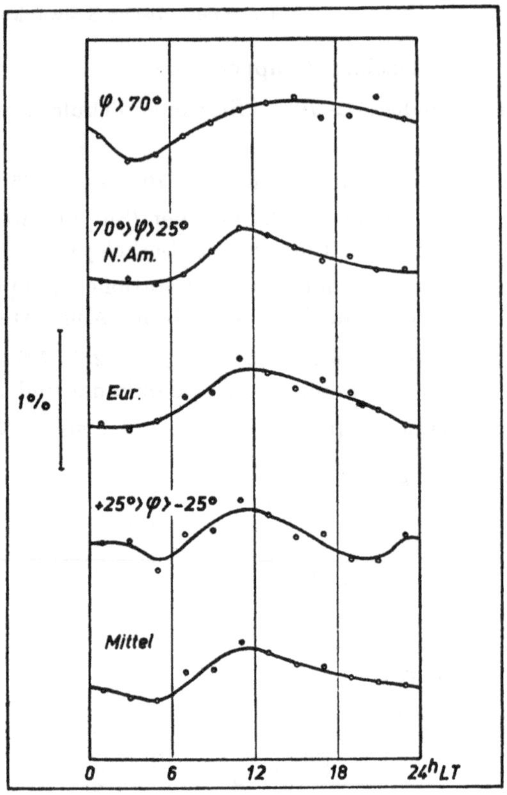

Abb. 3. Dezember 1957

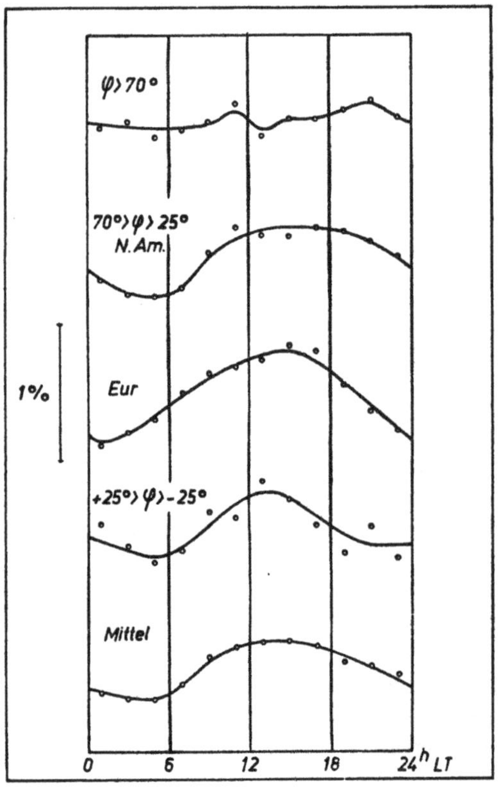

Abb. 4. März 1958

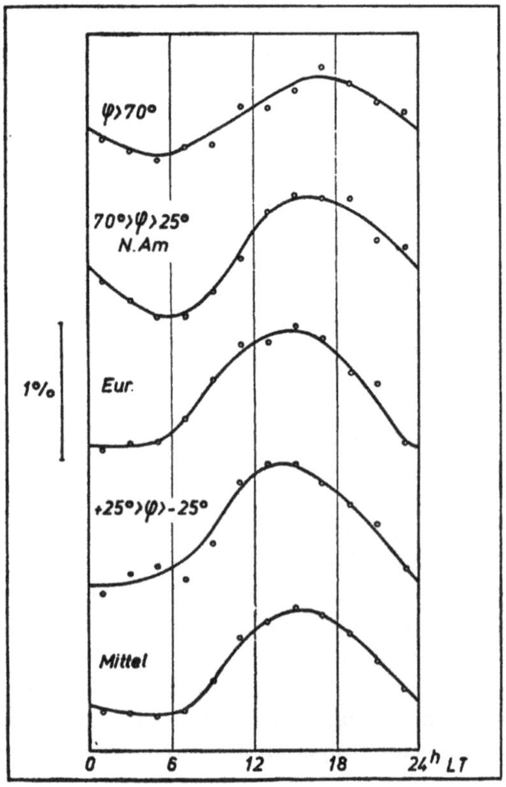

Abb. 5. Juni 1958

Abb. 2—5. Neutronenregistrierungen der täglichen Periode in Abhängigkeit von der magnetischen Breite nach dem Material des IGJ

Die Kurvenformen können in den einzelnen Gebieten als charakteristisch angesehen werden: Der Verlauf ist in hohen Breiten nahezu sinusförmig mit dem Maximum gegen 15 Uhr Ortszeit. In den mittleren Breiten liegt das Maximum gegen 14 Uhr, wobei das Minimum in den beiden Gruppen verschieden liegt. Am Äuqator verschiebt sich das Maximum auf 13 Uhr,

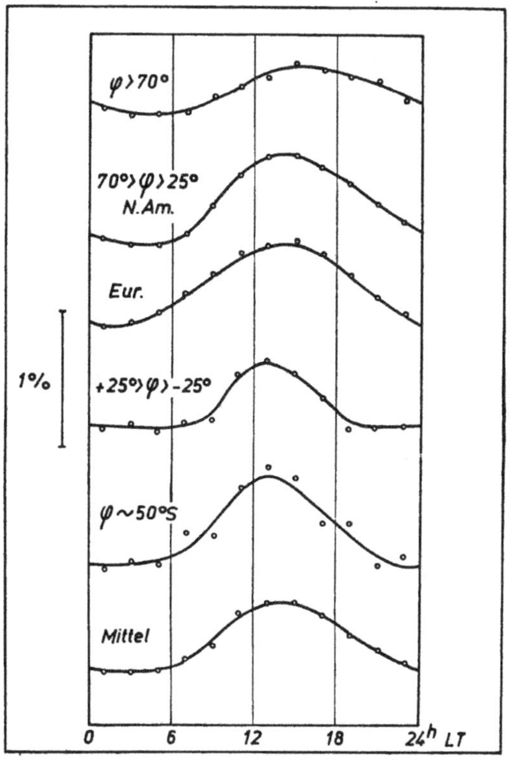

Abb. 6

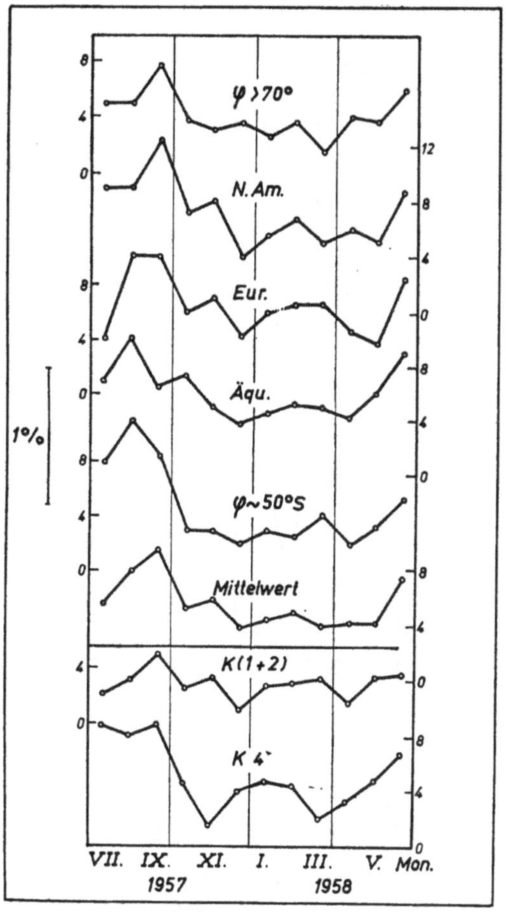

Abb. 7

Abb. 6. Neutronenregistrierungen der täglichen Periode in Abhängigkeit von der magnetischen Breite. Jahresmittel vom 1. 7. 57—30. 6. 58. nach dem Material des IGJ.

Abb. 7 Mittlere monatliche Amplituden der täglichen Periode der Neutronen in Abhängigkeit von der magnetischen Breite.

b) Messungen des Verfassers
K (1 + 2) = 2 Ionisationkammern 100 m über NN.
K 4 = Ionisationskammer unter 14 m Wasseräquivalent.

es erhebt sich im Vergleich zu den anderen Kurven nur für etwa 9 Stunden, während die Strahlung in der übrigen Zeit konstant ist. Diese verschiedenen Abläufe des Tagesganges lassen sich bei der Annahme eines von der Sonne kommenden Teilchenstromes in folgender Weise erklären:

An den Polen trifft die Strahlung unter einem kleinen Erhebungswinkel ein. Hierbei ist der magnetische Einfluß gering. Bei der täglichen Periode in hohen Breiten scheint mehr die geographische als die geomagnetische Breite ausschlaggebend zu sein, weil die nahe am magnetischen

Pol liegende Station Thule ($\varphi_{magn} = 88°$, $\varphi_{geogr.} = 76{,}5°$) im Jahresmittel noch eine tägliche Periode mit einer Amplitude von etwa 3‰ besitzt. Im Äquatorgebiet macht sich einmal die Abdeckung durch die Erde stark bemerkbar, woraus sich die lange Konstanz der Strahlung erklärt. Zum anderen enthält das Maximum durch die magnetische Selektion nur harte Strahlungsanteile und ist daher kürzer im Vergleich zu den höheren Breiten.

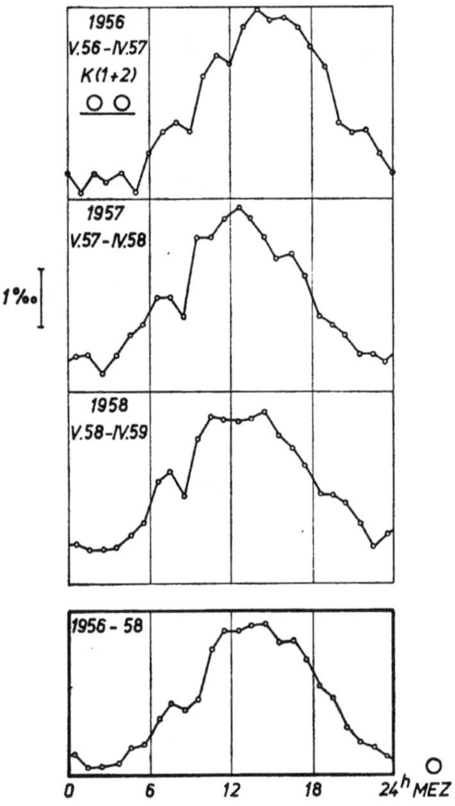

Abb. 8a

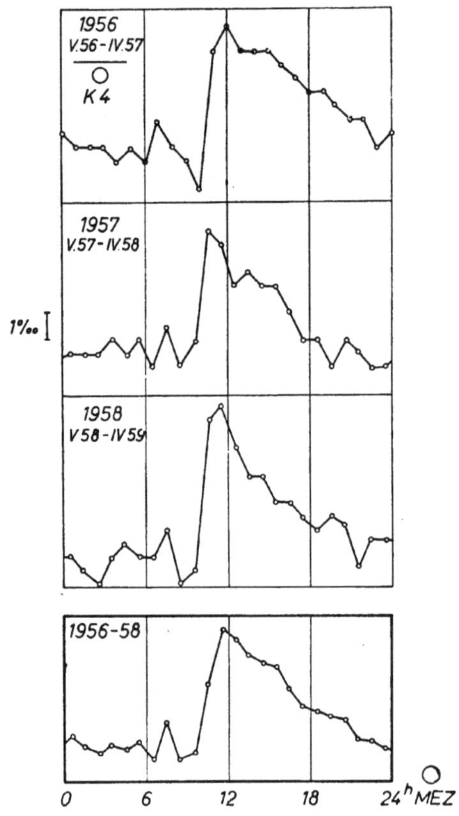

Abb. 8b

Abb. 8. Jahresmittel der täglichen Periode und dreijähriges Mittel nach Messungen des Verfassers
a) K (1 + 2) am Erdboden b) K 4 unter 14 m Wasseräquivalent.

Aus den für jeden Monat gezeichneten Kurven wurden die Amplituden entnommen und im Jahresablauf zusammengestellt. Abb. 7 zeigt, daß überall das Maximum im August bzw. September 1957 eintritt. Es folgt eine schnelle Abnahme im Oktober. Die Werte bleiben dann nahezu konstant, um im Frühjahr 1958 wieder anzusteigen. Der parallele Verlauf in allen Gruppen ist besonders bemerkenswert. Es bestehen also zwischen der nördlichen und südlichen Halbkugel keine jahreszeitlichen Unterschiede, d. h., daß die Neigung der Erdachse gegenüber der Ekliptik keinen Einfluß hat. Es ist dies ein Beweis für den weltweiten Charakter der täglichen Periode. Das Maximum im Herbst 1957 geht weitgehend mit der Eruptionstätigkeit der Sonne parallel, während bei der Zunahme im Frühjahr 1958 die Sonnenaktivität nicht in dem Maße zunimmt. Ohne Zweifel bestehen aber dabei Zusammenhänge. Auch die eigenen Messungen[1]) mit 2 Ionisationskammern über dem Erdboden (K (1 + 2)) und unter

[1]) Einzelheiten über die Ionisationskammern mit den verschiedenen Aufstellungen s. [1].

14 m Wasseräquivalent (K 4) stehen mit den Ergebnissen in Einklang. Sie sind in Abb. 7 mit eingezeichnet.

Aussagen über einen eventuellen Jahresgang der täglichen Periode lassen sich aus dem vorliegenden Material des IGJ nicht machen. Nach den dreijährigen Messungen des Verfassers[1]) ist ein solcher Gang am Erdboden nicht vorhanden, jedoch unter 14 m Wasseräquivalent.

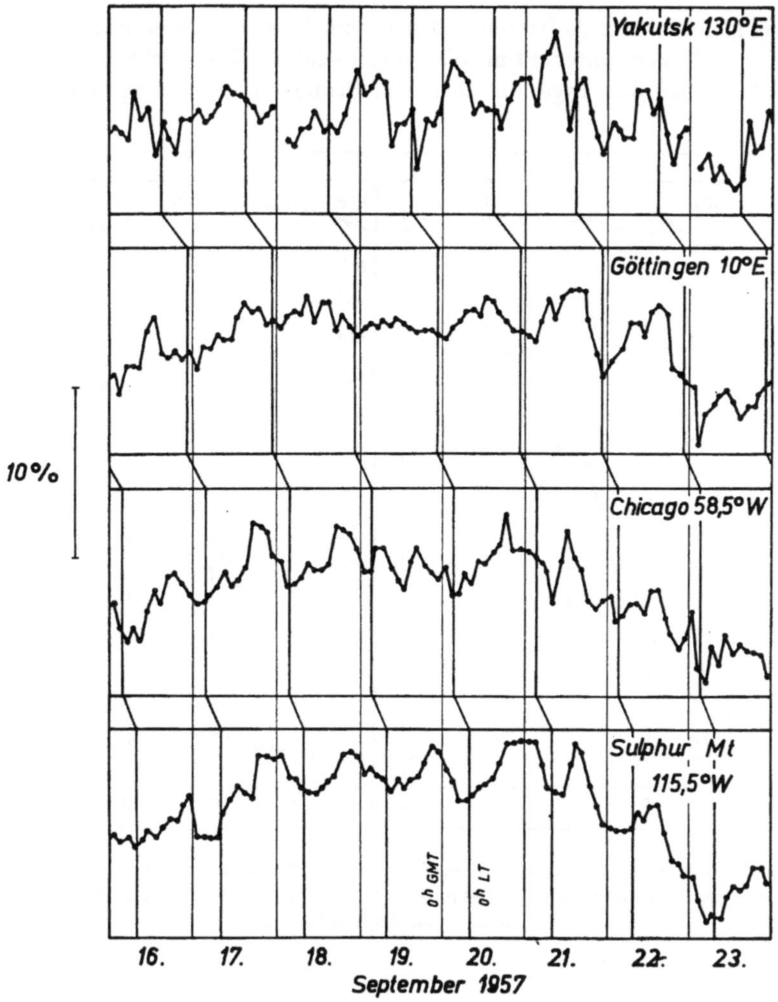

Abb. 9. Auftreten ausgeprägter täglicher Perioden in Abhängigkeit von der geographischen Länge nach den Neutronenregistrierungen des IGJ.

Bei den Mittelwertsbildungen der täglichen Periode über größere Zeitabschnitte tritt schon ein weitgehender Ausgleich in der Größe der Amplitude ein, wie es z. B. die Jahresmittel von 1956 bis 1959 zeigen (Abb. 8). Die tägliche Periode selbst ist aber verschieden stark ausgeprägt, wenn einzelne Ereignisse betrachtet werden. Die Amplituden sind meist nach Eruptionen auf der Sonne der Größe 3 und 3+ besonders groß. Solche Ereignisse haben weltweiten Charakter und dauern öfters einige Tage an. Besonders stark war die Periode um den 20. 9.

[1]) S. [1]. Abb. 12 und 22.

1957 ausgeprägt. Aus den Neutronenregistrierungen des IGJ sind in Abb. 9 mehrere Stationen zusammengestellt. Aus ihnen ist zu erkennen, wie sich die tägliche Periode mit Ortszeit auf der Erde verschiebt. Vom 20. bis 22. 9. 1957 ist die tägliche Periode überall gut ausgeprägt, was an den vorhergehenden Tagen nicht der Fall ist. Der Abfall der mittleren Strahlungsintensität am 21. und 22. 9. ist dem durch eine Eruption ausgelösten Forbush-Effekt zuzuschreiben.

Ein derartig gleichzeitiges Auftreten ließ sich vom Verf. beim Vergleich der Messungen am Erdboden K(1 + 2) und unter 14 m Wasseräquivalent (K 4) nicht immer auffinden. Es konnte gezeigt werden, daß Tage, die über dem Erdboden eine ausgeprägte tägliche Periode

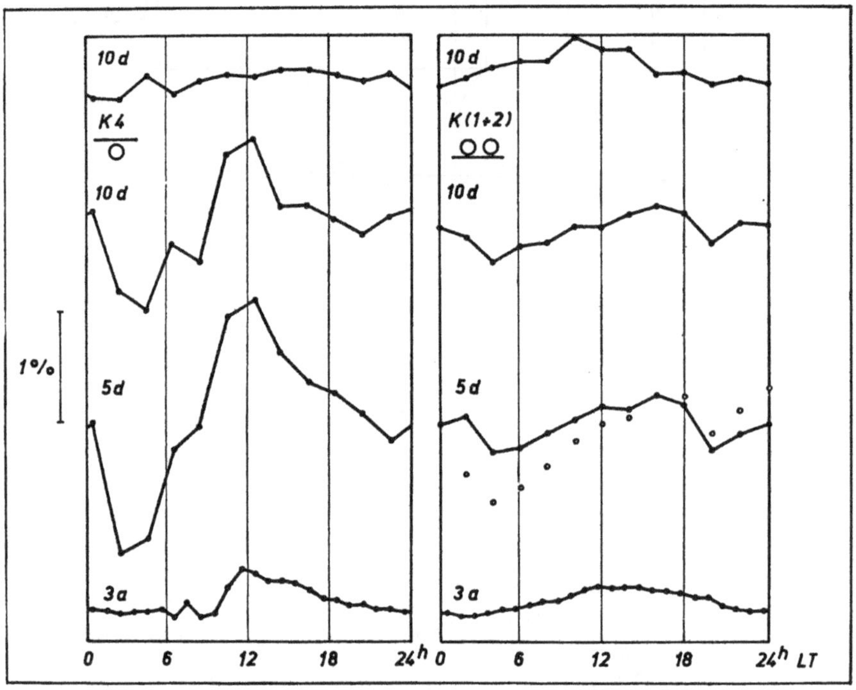

Abb. 10. In K 4 unter 14 m Wasseräquivalent ausgesuchte Tage ohne und mit ausgeprägter täglicher Periode im Vergleich mit K (1 + 2) 100 m über NN. 1. Quartal 1957. 3a = dreijähriges Mittel. Messungen des Verfassers.

besitzen, unter der Erde nur zum Teil hervortreten und bei einer Mittelwertsbildung schließlich die gleiche Größe wie das mehrjährige Mittel haben. In einer mit einem Vierteljahr durchgeführten Voruntersuchung ließ sich auch der umgekehrte Fall feststellen [3]. Hierzu wurden in Abb. 10 aus dem 1. Quartal 1957 in K 4 unter der Erde je 10 ruhige und 10 ausgeprägte Tage ausgewählt und mit K (1 + 2) am Erdboden verglichen, wo abgesehen von einer Verschiebung des Maximums keine nennenswerten Änderungen in der Amplitude auftreten. Bei den 5 Tagen mit größter Amplitude in K 4 findet sich in K (1 + 2) eine steigende Tendenz der Strahlung (offene Kreise in Abb. 10). Die Kurve wurde deshalb etwas gedreht. Dieser Befund deutet darauf hin, daß diese Tage in die Erholungszeit nach magnetischen Stürmen fallen. Dieses Ergebnis deutet darauf hin, daß die Anisotropie der Strahlung in ihrer spektralen Energieverteilung variieren muß. Diese Fragen sollen am vorhandenen Material noch genauer untersucht werden.

Schließlich wurde im Vortrag noch die Frage der sternzeitlichen Periode behandelt. Diese konnte vom Verfasser mit einer Ionisationskammer in einem 10 m tiefen nach oben offenen Schacht nachgewiesen werden[1]).

LITERATUR

[1] Messerschmidt, W., Z. Naturforschg. 15a (1960) 470.

[2] Cosmic-Ray Intensity during the International Geophysical Year, No. 1 und 2, Sc. Council Japan, Tokyo, 1959.

[3] Messerschmidt, W., Z. Naturforschg. 15a (1960) 734.

---

[1]) S. [1] Abb. 20 bis 23.

Über den Einfluß meteorologischer und geomagnetischer Größen auf die unter der Erdoberfläche gemessene Intensität der kosmischen Strahlung

Von T. Sándor, A. Somogyi und F. Telbisz[1])

I. EINLEITUNG

Im Rahmen der Internationalen Geophysikalischen Zusammenarbeit wird die Intensität der kosmischen Strahlung an mehr als hundertzwanzig Stationen mittels mehr als zweihundert Apparaturen ununterbrochen registriert. Tabelle 1 zeigt die wichtigsten Typen dieser Apparate, zusammen mit den mittleren Energien der Primärstrahlung, deren Sekundärteilchen mit der betreffenden Apparatur beobachtet werden können. (Die Angaben der Energien wollen nur die Größenordnungen veranschaulichen. Bei 1 und 2a hängen die Energien auch von der geomagnetischen Breite ab.)

Tabelle 1

	Apparatur	Durchschnittliche Energie E in GeV
1.	Neutron-monitor	10
2.	Zählrohrteleskop oder Ionisationskammer	
	a) auf der Erdoberfläche	20
	b) in 40 m W. ä. Tiefe	100
	c) in 100 m W. ä. Tiefe	2000
3.	Ausgedehnte Luftschauer	$E > 10.000$

Das Ziel der Dauerregistrierung der kosmischen Strahlung ist 1. jene Einflüsse, die auf die Strahlungsintensität einerseits durch den Zustand der Atmosphäre, andererseits durch die Sonnentätigkeit ausgeübt werden, auszumessen, 2. ihren Mechanismus zu bestimmen und 3. die zeitlichen oder räumlichen Schwankungen in der primären Strahlung selbst festzustellen.

In diesem Artikel beschränken wir uns nur auf solche Messungen, die unter der Erdoberfläche durchgeführt wurden, die also den mittleren Teil des Energiespektrums berühren.

II. METEOROLOGISCHE KOEFFIZIENTEN UND SOLARER TAGESGANG

Obwohl die unter der Erdoberfläche durchgeführten Messungen interessante Aufklärungen über die Ausbreitung der Intensitätsschwankungen geben, sind bisher nur ziemlich selten solche Experimente durchgeführt worden. In Tabelle 2 haben wir nur die wichtigsten Angaben der einzelnen Stationen sowie die dort bezüglich der meteorologischen Koeffizienten und des solaren Tagesganges erzielten Resultate angegeben. Die Messungen 1—6 sind bereits beendet, 7—11 sind noch im Gange.

Die in Budapest in 40 m Tiefe aufgestellte Apparatur wurde in den Arbeiten [11] ausführlich beschrieben. Hier möchten wir nur so viel erwähnen, daß die Apparatur aus zwei unabhängigen Teleskopen mit je 1,44 m² Oberfläche und mit je 120 Zählrohren in Vierfach-

[1]) Zentralforschungsinstitut für Physik der Ungarischen Akademie der Wissenschaften; Laboratorium für Kosmische Strahlung — Budapest.

koinzidenzschaltung besteht (Abb. 1). Der Parallellauf zweier unabhängig arbeitenden Teleskope ermöglichte uns, die Amplitude der falschen Schwankungen, d. h. solcher Schwankungen, die durch die Instabilität des Apparates hervorgerufen wurden, abzuschätzen. Während einer Meßperiode von 12 Monaten betrug die durchschnittliche Amplitude der falschen Schwankungen in der Summe der Intensitäten, mit beiden Teleskopen gemessen (1,6 ± 0,2) ‰.

Abb. 1. Gesamtansicht der Zählrohranlage, aufgestellt zur Dauerregistrierung der Intensität der μ-Mesonenkomponente in 40 m W. ä. Tiefe in Budapest.

Obwohl die Apparatur sich als genügend stabil erwiesen hat, zeigen die aus den einzelnen Monaten ausgewerteten atmosphärischen Koeffizienten eine erheblich höhere Streuung als jene, die man auf Grund der statistischen Fluktuationen erwarten würde (Abb. 2 und 3). Unserer Meinung nach beruht diese Tatsache auf der zufälligen Korrelation zwischen meteorologischen Größen und Intensitätsschwankungen nicht meteorologischen Ursprunges. Einen solchen Fall haben wir in [6] bereits beschrieben. Um also zufällige störende Korrelationen zu vermeiden, sollten die meteorologischen Koeffizienten aus „ungestörten" Perioden berechnet werden. In 40 m W. ä. Tiefe sind aber die meisten Störungen kaum zu bemerken, die Beseitigung der gestörten Perioden stößt also auf die größten Schwierigkeiten.

Trotz dieser Schwierigkeiten konnten wir einen zweifellos signifikanten Höheneffekt (Zerfallseffekt der μ-Mesonen), mit einem Koeffizienten von (— 1,95 ± 0,09)% pro km, bzw. (— 1,20 ± 0,02)% pro km (in 17 m bzw. 40 m Tiefe) nachweisen. Die in den Spalten 8. und 10. (Tabelle 2) angegebenen meteorologischen Koeffizienten sind nicht aus kürzeren Perioden berechnete Mittelwerte; wir haben diese auf Grund einer einzigen, 12 Monate langen Periode

Erläuterungen zu Tabelle 2

T+ Zählrohrkoinzidenzteleskop, nicht standardisiert
T —"— standardisiert, kubisch
U —"— standardisiert, halbkubisch
I Ionisationskammer
* Mit Doppelkorrelationsberechnung erhaltene Werte
** Diese Amplituden sind berechnet als halbe Differenzen Tagesmaximalwert — Tagesminimalwert. Die übrigen Amplituden sind diejenigen des ersten Gliedes einer harmonischen Analyse.

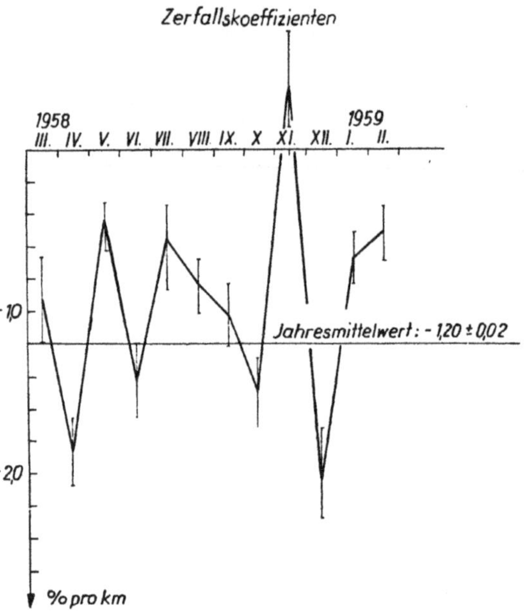

Abb. 2. Zahlenwerte der Zerfallskoeffizienten, d. h. der partiellen Regressionskoeffizienten zwischen der Intensität der μ-Mesonen und der Höhe der 200 mb-Isobarenschicht.

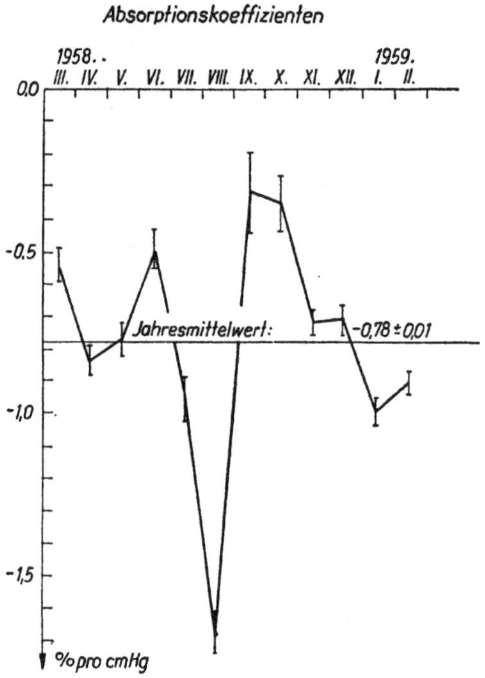

Abb. 3. Zahlenwerte der Absorptionskoeffizienten, d. h. der partiellen Regressionskoeffizienten zwischen der Intensität der μ-Mesonen und dem Luftdruck.

berechnet. Die angegebenen statistischen Fehler wurden mittels der in [12] und [14] angegebenen Formeln berechnet.

Auf Grund der in Tabelle 2 angegebenen Meßresultate scheint ein solarer Tagesgang, dessen Amplitude mit der Tiefe abnimmt, klar erwiesen zu sein. Es ist interessant, daß sich das Maximum in größeren Tiefen (d. h. bei höheren Energien) jeweils nach späteren Zeitpunkten zu verschieben scheint.

III. INTENSITÄTSSCHWANKUNGEN BEI MAGNETISCHEN STÖRUNGEN

Es ist seit langer Zeit bekannt, daß magnetische Störungen mit Intensitätsschwankungen der kosmischen Strahlung verknüpft sein können. Solche Beobachtungen wurden zuerst von Messerschmidt [15] gemacht. Später wurde von Forbush [16] eine typische Korrelation zwischen Sonnenausbruch, geomagnetischer Störung und Intensitätsschwankung festgestellt. Die Frage ist nun, ob solche Forbush-Effekte auch unter der Erdoberfläche wahrgenommen werden können. Eine Antwort wäre eben deshalb von Wichtigkeit, weil man mit

Tabelle 2

	Autor(en)	Apparatentyp	Station Geomagn. Breite	Höhe über Meeresniveau	Tiefe unter der Erdoberfläche	Messperiode	Koinzidenzzahl pro Stunde	Barometereffekt % pro cmHg	Höheneffekt % pro km	Temperatureffekt % pro C°	Solarer Amplitude $^0/_{00}$	Tagesgang Maximum Ortszeit
1	Forro [1]	T*	Tatabánya 47 °N	200	1000	Dez. 1940 — Juni 1943	~0,2	—	—	+0,74±0,19 Temperatur am Erdboden	—	—
2	Rau [2]	J	Konstanzer-See	395	40	Jan. 1937—März 1938	—	—	—	—	2 ± 0,8**	Zwei Max 09 und 22
3	Barrett und Mitarbeiter [3]	T*	Ithaca	134	1600	Aug. 1950 — Okt. 1951	5 bzw. 10	—	—	+0,79±0,20 „Effektive" Temperatur +0,05 Temp. 100—200 mb Schicht	—	—
4	Mac Anuff [4]	T*	London 54,3 °N	M. N.	60	·	2×7000	—0,47	—		—0,5**	1600
5	Sándor, Somogyi und Telbisz [5], [6]	T*	Budapest 47 °N	410	17	Jan.—Dez. 1957	2×12000	—0,65 ± 0,05*	—113 ± 0,12* Höhe der 500 mb Schich Schicht	—	3,0 ± 0,2	1450 ±0020
6	Regener und Kenney [7]	T*	Chacaltaya 3 °S	5220	30	Jan.—Mai 1959	5000	—	—	—	3,6	1510
7	Messerschmidt [8]	I	Halle/Saale 51,5 °N	100	14	April 1956	—	—1	—	—	2**	1130
8	Bloch, Vernov, Dorman u. Dubrovin [9]	T	Moskau 52,0 °N	M. N.	40	Julli 1957	2×8000	—0,28 ± 0,11	—	—	0,4	1300
9	Kuzmin [10]	U	Jakutsk 51,0 °N	M. N.	7 20 60	1957	·	—13 —11 —0,5	—	—	2,6 ± 0,25 1,7 ± 0,2 0,5 ± 0,2	1400 ± 30 1500 ± 40 1600 ±0100
10	Sándor, Somogyi und Telbisz [11], [12]	U	Budapest 47 °N	410	40	Febr. 1958	2×50000	—0,78 ± 0,01*	—120 ± 0,02* Höhe der 2000 mb Schicht	—	0,68 ±0,08	1700 ± 30
11	Mac Cracken [13]	U	Hobart 51,6° S	M. N.	40	Juni 1957	2×34000	—0,85*	—	+0,07* Tem- 100—200 mb Schicht	—	—

ihrer Hilfe zwischen der Kausalität oder der Parallelität geomagnetischer Störungen und kosmischer Strahlungsschwankungen entscheiden könnte. Ein μ-Meson, das eine Tiefe von 40 m W. ä. durchdringen kann, muß nämlich eine Energie von mindestens 9 GeV haben; das erdmagnetische Feld hingegen kann — auf einer geomagnetischen Breite von etwa 50° — nur auf die Teilchen mit Intensitäten von höchstens 3—4 GeV Energie einen Einfluß ausüben [17]. Die bei höheren geomagnetischen Breiten und in 40 m W. ä. Tiefe beobachteten Intensitätsschwankungen können daher nicht durch erdmagnetische Störungen verursacht sein; ihr eventuelles gleichzeitiges Auftreten würde also auf gemeinsame Ursachen, d. h. auf einen Parallelismus hinweisen.

Messungen von kleinerer statistischen Genauigkeit haben unter der Erdoberfläche keinen FORBUSH-Effekt gezeigt [4, 9]. Im Laufe unserer Messung konnten wir aber einige gut ausgeprägte Fälle beobachten. Den ersten solchen Effekt in unserer Meßreihe haben wir in der Zeit vom 25. bis zum 31. März 1958 registriert [18], wo eine durchschnittliche Abnahme von $(6{,}5 \pm 0{,}6)‰$ und gleichzeitig eine etwa zehnfache Vergrößerung der Amplitude des Tagesganges von $(6{,}8 \pm 1{,}2)‰$ anstatt von $(6{,}8 \pm 0{,}08)‰$ — wahrgenommen wurde. Ähnliche Fälle haben wir auch am 29. 5. 1958 und am 10. 5. 1959 beobachtet. Eine systematische Untersuchung dieser Effekte ist im Gange.

Auch andere Autoren haben über den FORBUSH-Effekt unter der Erdoberfläche berichtet [8, 10, 13], und in den Arbeiten [7, 9] wurde auch die Zunahme der Tagesamplitude während der FORBUSH-Effekte erwähnt.

Diese Erfahrungen zeigen, daß FORBUSH-Effekte nur teilweise — falls überhaupt — durch geomagnetische Störungen hervorgerufen werden können; vielmehr muß man in FORBUSH-Effekten und in geomagnetischen Störungen die verschiedenen Folgen gemeinsamer Ursachen sehen. Solche Ursachen mögen etwa die von der Sonne ausgestrahlten ionisierten Teilchenströme sein [19].

Einen Beweis ganz anderer Art haben dafür neuerdings FAN, MEYER und SIMPSON [20] gebracht, die mittels des Satelliten Explorer VI. nachgewiesen hatten, daß die FORBUSH-Abnahme vom 20. 8. 1959 — bis auf eine Unsicherheit von 10% — in einer Entfernung von 48.000 km dieselbe Amplitude wie auf der Erdoberfläche hatte. Ein Einfluß, der vom geomagnetischen Feld hervorgerufen worden ist, hätte aber in einer Entfernung von 48.000 km wesentlich geringer als auf der Erdoberfläche sein müssen.

IV. 27TÄGIGE WIEDERHOLUNGSTENDENZ

Die ersten Beobachtungen wurden von HESS [21] mit einer Ionisationskammer und von KOLHÖRSTER [22] mit einem Zählrohrteleskop durchgeführt. Den ersten Nachweis für eine 27tägige Rekurrenz bei Messungen unter der Erdoberfläche finden wir bei KUZMIN [10]. Auf Grund von zwei Jahre lang dauernder Messungen wurde die Rekurrenz in den Tiefen von 7 m und 20 m W. ä. mit Sicherheit festgestellt. Die Amplituden sind in KUZMINS Arbeit zwar nicht angegeben, den publizierten Kurven zufolge betragen sie aber 1 bis 2‰. In 60 m W. ä. Tiefe konnte die Rekurrenz nur aus der Korrelation mit der Intensität in 7 m W. ä. bzw. 20 m Tiefe nachgewiesen werden (Korrelationskoeffizient $r = 0{,}3$).

Aus unserer Meßreihe (Febr. 1958—Juni 1959) konnten wir eine Amplitude von etwa 2‰ feststellen bei einer Tiefe von 40 m W. ä. In der dritten Reihe von Abb. 4 haben wir die 2¼tägige durchschnittliche, auf Luftdruck- und Höheneffekt korrigierten Intensitätswerte dargestellt. Zwölf solcher Werte gehören zu einer Sonnenrotationsperiode (SRP). Eine CHREE-Diagramm wurde für die SRP-n 1711—13; 1716—20; 1729—23 aufgestellt (Abb. 5), aus welchen man die Existenz der Wiederholungstendenz mit Sicherheit feststellen und ihre Amplitude zu etwa 2‰ abschätzen kann.

Auf Abb. 4 sind auch die relativen Sonnenfleckenzahlen von Zürich (R) und die Monatsmittelwerte der auf Luftdruck- und Höheneffekt korrigierten Intensität (Stufenkurve in der Mitte) dargestellt. Die Monatsmittelwerte zeigen eine Schwankung, deren Betrag kleiner

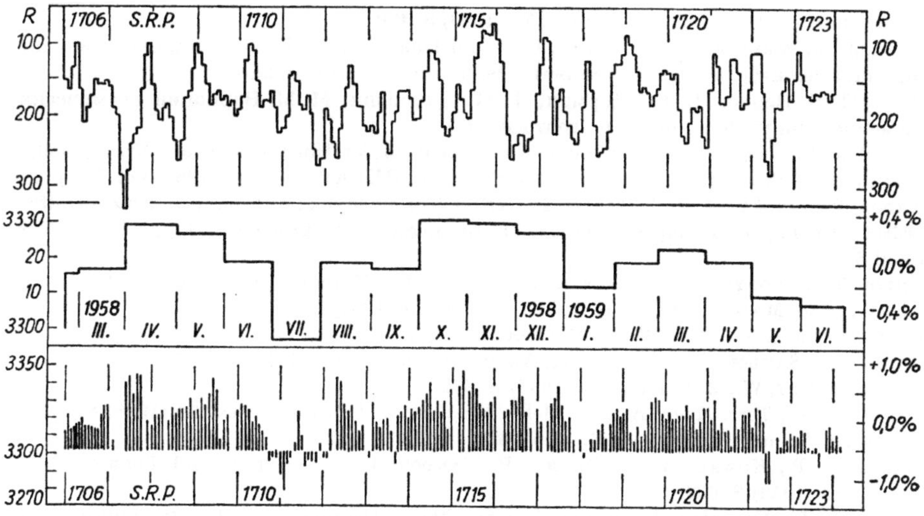

Abb. 4. Erste Reihe: Relative Sonnenfleckenzahl (Zürich); zweite Reihe: Monatsmittelwerte der Intensität der μ-Mesonenkomponente, reduziert auf konstanten Luftdruck und konstante Isobarschichthöhe; dritte Reihe: Ähnliche Mittelwerte, berechnet für je $2^1/_4$ Tage, eingeteilt in Sonnenrotationsperioden (SRP). Zwölf Mittelwerte machen ein Zeitinterkall von 27 Tagen (d. g. ein SRP) aus.

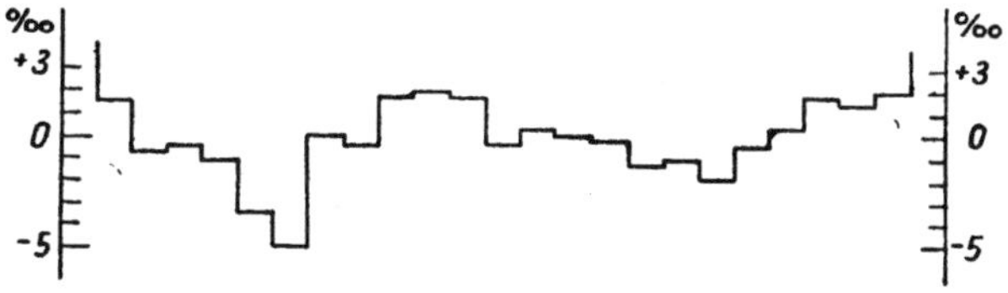

Abb. 5. Chree-Diagramm der 27tägigen Rekurrenztendenz.
Erstes Minimum: Ausgewählte $2^1/_4$ Tagesinterwalle aus gewissen SRP-n (siehe Text).

als 4‰ ist, und die keine sicher feststellbare Tendenz hat. Die scheinbare halbjährige Periode kann ein Zusammenspiel nicht kontrollierbarer minuziöser Effekte sein.

Die Erklärung der 27tägigen Wiederholungstendenz bedarf noch weiterer genauerer Messungen.

Eine genaue Untersuchung unserer Meßangaben auf Grund der täglichen Mittelwerte und einer längeren Meßperiode ist im Gange.

LITERATUR

[1] Forró, M., Phys. Rev. 72 (1947) S. 868.

[2] Rau, W., Naturwiss. 27 (1939) S. 803.

[3] Barrett, P. H., Bollinger, L. M. und Cocconi, G., Y. Eeisenberg, K. Greisen, Rev. Mod. Phys. 24 (1952) 133.

[4] Mac Anuff, I. W., Ph. Thesis, D., London 1951 (zitiert aus dem Artikel von E. P. George in Progress of Cosmic Ray Physics. Ed. J. G. Wilson, Amsterdam 1952 Bd. 1.)

[5] Sándor, T., Somogyi, A. und Telbisz, F., Magyar Fizikai Folyóirat **6** (1958) S. 295 (in ungarischer Sprache).
[6] Sándor, T., Somogyi, A. und Telbisz, F., Acta Phys. Sc. Sci. Hung. **11**, (1960) S. 205.
[7] Regener, V. H. und Kenney, J. F., Proc. of the Moscow Cosmic Ray Conf. (IUPAP), Moskau, 1960, Vol. IV, S. 216.
[8] Messerschmidt, W., Ztschr. f. Naturf. **15a** (1960) S. 470.
[9] Bloch, J. L., Werner, S. N., Dorman, L. J. und Durowin, M. M., Variation der kosmischen Strahlung unter der Erde, an der Meeresoberfläche und in der Stratosphäre.
(Блох, Я. Л. Вернов, С. Н., Дорман, Л. И. Дубровин, М. М. Вариации космических лучей доп эемлей, на уровне моря и в стратосфере.)
Sammelband Verlag der Akademie der Wissenschaften der UdSSR, Moskau, Nr. 1 (1959) S. 37.
[10] Kuzmin, A. I., Proc. of the Moscow Cosmic Ray Conf. (IUPAP), Moskau, 1960, Vol. IV, p. 252.
[11] Sándor, T., Somogyi, A. und Telbisz, F., KFKI Közlemények (Mitteilungen des Zentralforschungsinstitutes für Physik, Budapest) **6** (1958) 117 (in ungarischer Sprache) — Suppl. Nuovo Cimento **16**, (1960) S. 209.
[12] Sándor, T., Somogyi, A. und Telbisz, F., Proc. of the Moscow Cosmic Ray Conference (IUPAP), Vol. IV., p. 30, Moskau, 1960 — Il Nuovo Cimento **17** (1960) 1.
[13] Mac Cracken, K. G., Phys. Rev. **117** (1960) S. 1570.
[14] Jánossy, L., Sándor, T. und Somogyi, A., Suppl. Nuovo Cim. **8** (1958) S. 70.
[15] Messerschmidt, W., Z. f. Phys. **85** (1933) S. 332.
[16] Forbush, S. E , Terr. Magn. Atmos. Elekt. **43** (1938) S. 207; Phys. Rev. **54** (1938) S. 975.
[17] Quenby, J. J. und Webber, W. R., Phil. Mag. **4** (1959) S. 90.
[18] Chaloupka, P., Kowalsky, T., Mokry, P., Sándor, T., Somogyi, A. und Telbisz, F., Il Nuovo Cimento **12** (1959) S. 639.
[19] Dorman, L. J., Variation der kosmischen Strahlung. (Дорман, Л. И., Вариации космических лучей.) Gostechisdat, Moskau 1957.
[20] Fan, C. Y., Meyer, P. und Simpson, J. A., Phys. Rev. Letters **4** (1960) S. 421.
[21] Hess, V. F., Terr. Magn. Atmos. Elect. **41** (1936) S. 345.
[22] Kolhörster, W., Phys. Z. **40** (1939) S. 107.

IV. Sonneneruptionseffekte

D-Region Absorption and the Rate of Radio Meteors

By J. P. BALDWIN and T. R. KAISER[1])

ABSTRACT

During observations of meteors on a frequency of 17 Mc/s, sudden decreases in the echo rate have been observed due to increased D-region absorption during sudden ionospheric disturbances. The attenuation along the propagation path can be estimated from the decrease in rate, however the accuracy is limited due to the finite meteor rate and the consequent statistical errors in its determination, especially during strong absorption. It is suggested that this limitation may be largely eliminated, and the technique extended to the study of the normal non-deviative D-region absorption, through simultaneous observations on two or more wavelengths.

1. INTRODUCTION

The detection, by the radio-echo technique, of the ionized trails of meteors provides an important method for the investigation of meteoric phenomena. With a conventional radio-echo equipment the part of the trail initially effective in reflection is a limited region in the vicinity of the geometrical specular reflection point (where a vector from the observer intersects the trail normally). The meteor echoes fall into two broad categories, the enduring echoes from trails with electron line densities in excess of a few times 10^{12} cm^{-1} and the decay type echoes from trails with electron line densities less than this limit. With a metre-wavelength equipment the enduring echoes persist for times from less than a second to several minutes or more while the decay-type echoes rise relatively abruptly and then decrease exponentially in amplitude with a time constant of a small fraction of a second. With equipment of quite modest sensitivity the majority of echoes are of the short duration decay type for which the echo amplitude (voltage) is proportional directly to the electron line density in the vicinity of the reflection point, and inversely to the threehalves power of the slant range. The reflection points are distributed in a relatively narrow height range in the vicinity of 100 km (the meteor layer).

2. THE EFFECT OF D-REGION ABSORPTION ON THE ECHO RATE

At the metre wavelengths normally employed for meteor observations the effects of D-region ionization is generally negligible and the rate of echoes with voltage amplitudes greater than A is found to be

$$N \propto A^{1-s} \tag{1}$$

where s characterizes the distribution of electron line densities in the trails (KAISER [1]). s is close to 2.0 for sporadic meteors and is generally less for faint shower meteors.

If an absorbing D-layer forms below the meteor region the echo amplitudes will be reduced by the factor $10^{0 \cdot 1x}$ where $x\ dB$ is the one way attenuation along the slant path to the meteors.

[1]) Dr. J. P. BALDWIN und Dr. T. R. KAISER, Department of Physics, University of Sheffield.

Thus if N_0 is the echo rate in the absence of D-region absorption and N_1 the observed rate, we get, for sporadic meteors

$$\frac{N_0}{N_1} = 10^{1.0\,x} \tag{2}$$

or

$$x = 10 \log_{10}\left(\frac{N_0}{N_1}\right). \tag{3}$$

3. OBSERVATIONS DURING SUDDEN IONOSPHERIC DISTURBANCES

The effects of sudden ionospheric disturbances have been frequently observed during meteor investigations at Sheffield (England). The equipment used operates on a frequency of 17 Mc/s with rhombic aerials directed 65° W of N, 20° W of N and 25° E of N and under normal conditions it can detect meteors brighter than magnitude + 11, when the meteor rate can exceed a thousand per hour. As well as echoes due to oblique scatter from meteors and other ionospheric irregularities, ground scatter is usually present (the propagation being via the normal ionospheric lyaers).

During a typical S.I.D. the amplitude of the ground scatter decreases considerably, as does the noise level, and the meteor rate diminishes. The range of the ground scatter echoes does

Figure 1. ——— Intersection of aerial beams with the 100 km level surface.
.... Intersection of aerial beams with the 80 km level surface.

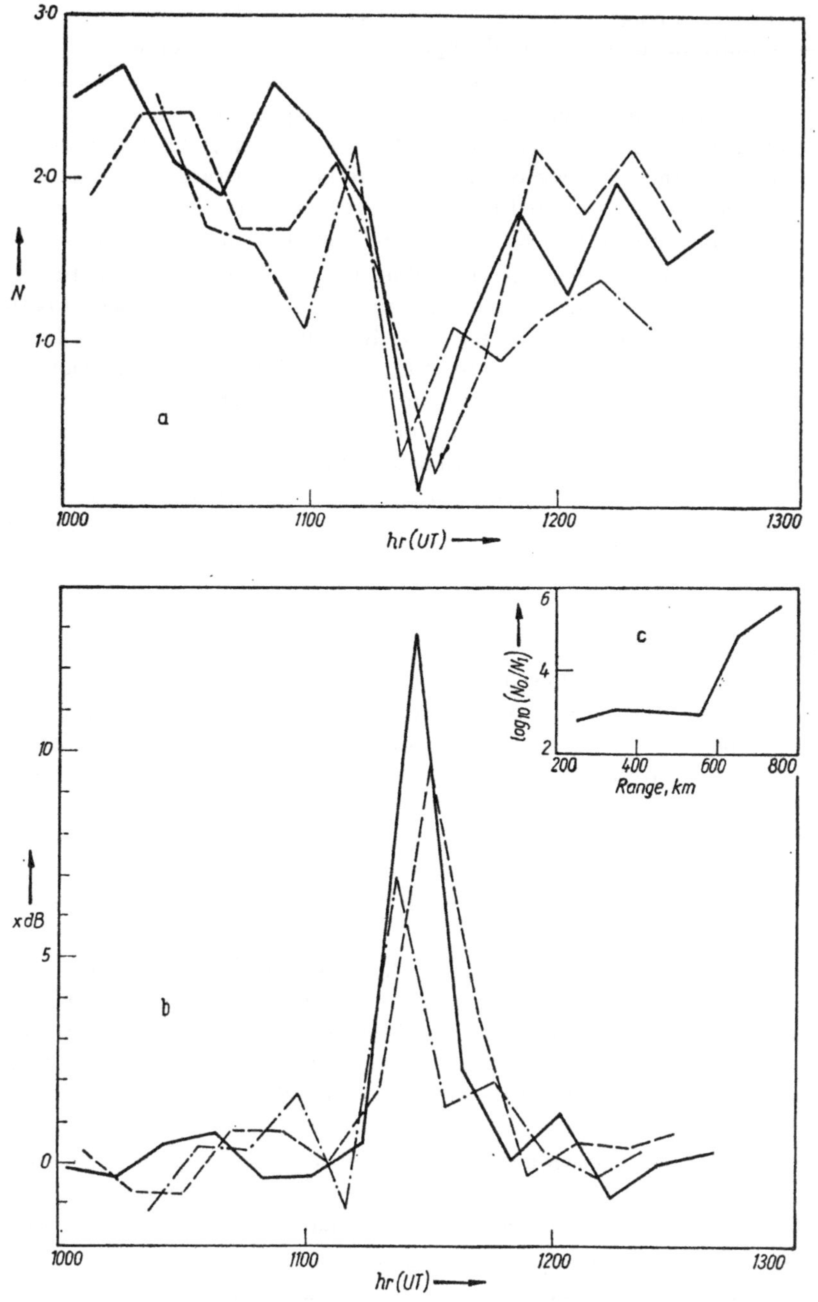

Figure 2. ——— Aerial orientation N 65 °W. - - - - - - - Aerial orientation N 65 °W. - · - · - · - Aerial orientation N 25 °E.

(a) N = number of echoes in a 4 minute interval within range limits 300—600 km.

(b) $x\,dB$ = one way attenuation along slant path.

(c) see text.

not change significantly, confirming that the higher ionospheric layers are unaffected. The intersections of the Sheffield aerial beams with the meteor layer and with an absorbing layer, assumed to be at 80 km height, are represented in Figure 1. The transmitter and receiver are switched sequentially to the three aerials, operating for 4 minutes on each.

Some representative results are illustrated in figure 2. The echo rates between ranges 300 and 600 km are plotted in figure 2(a) and the corresponding one-way attenuation, $x\,dB$. derived from (3) is given in figure 2(b). The value for N_0 during the disturbance is obtained by extrapolating from the echo rate observed before and afterwards. The equivalent absorption along a vertical path is estimated to be $0.2\,x$; it is obtained by deriving the mean angular elevation of the meteors for a mean range of 450 km and a meteor layer height of 100 km.

The attenuation curves, particularly the values near the peak of the disturbance, clearly suffer in accuracy due to the finite meteor rate and to the 12 minute interval between observations on a given aerial. For this reason it is difficult to divide the data further without losing all statistical significance. Thus, to study the variation in attenuation with angular elevation of the oblique transmission path, the number of meteors N_1 observed per 100 km range interval (on all aerials) over the duration of the disturbance were compared with the corresponding number N_0 counted during an equal time interval before the commencement of the disturbance. The ratios N_0/N_1 have just sufficient statistical significance to show that, as expected, they increase with increasing range, i. e. with decreasing angular elevation (figure (2c)).

4. DISCUSSION

The effects described are characteristic of disturbances associated with solar flares in that they exhibit a sudden onset followed by a slower decay. The relatively small differences between the absorption observed on the different aerials can be accounted for by the statistical limitation (especially for the peak absorption) and by the sequential aerial switching, hence the disturbances are essentially uniform over the region covered by the three aerial beams (see figure 1).

A total of 27 such flare-associated events, have been studied and compared with world-wide data. It is found that the CRPL radio fade-out wide-spread index is never less than 5 when 17 Mc/s absorption is observed. The mean CRPL fade-out importance index was 2 + and the mean flare importance index was 2.

It is possible that magneto-ionic effects in the D-region, by changing the wave polarization, may also contribute to a diminution in the amplitude and hence in the observed rate of meteors, in which case we have overestimated the absorption. In the present case the intersections between the directions of propagation and the magnetic field lines in the D-region are near to normal and the effect on the rate is estimated to be small compared with that of absorption.

The integrated product of electron density and collision frequency along a vertical path can be obtained from the absorption measurements. For a representative one-way vertical non-deviative attenuation of $2\,dB$ at 17 Mc/s this is calculated to be $5 \cdot 10^{16}$ cm^{-2} sec^{-1}.

The present techniques for studying ionospheric absorption are limited to measuring either the total non-deviative absorption through the whole ionosphere (through attenuation of radio noise from cosmic sources) or the deviative plus non-deviative absorption in the lower ionosphere (by reflection of low frequency waves from the E-region), hence a method which determines only the D-region non-deviative absorption would be of some value. The observations reported above suggest the possibility of utilizing meteor reflections for this purpose. The present results were obtained in the course of experiments not specially designed for the purpose and the method suffers on at least two counts: the first, due to statistical limitations, has been referred to; the second derives from the need to know the meteor rate in the absence of absorption which creates difficulties except when, as in the flare associated events, the effect is of short duration. It should be possible largely to eliminate these limitations by making simultaneous observations of the same meteor on two suitably chosen wavelengths using aerials having identical polar diagrams. The absorption may then be estimated from the echo amplitude ratio and we might hope to measure the normal D-region absorption as well as that during disturbed conditions, without requiring an excessively high echo rate.

ACKNOWLEDGMENTS

The Sheffield University meteor research programme is supported by a grant from the Department of Scientific and Industrial Research.

REFERENCES

[1] Kaiser, T. R., Adv. Phys. (Phil. Mag. Supp.), 2 (1953) 495.

Variationen der Reflexionshöhe und der Reflexionskoeffizienten im Langwellenbereich bei Sonneneruptionseffekten

Von G. Entzian und E. A. Lauter[1])

SUMMARY

The very significant field anomalies (SFA) in long wave propagation over great distances during solar flare effects are interpreted in terms of change in phase — height and an altering of reflection coefficient. The variation of these parameters during a single effect is nearly the same in the whole frequency range (150—250 kHz) and over distances of more than 1000 km. The reflectioncoefficient is normally decreasing at the beginning but is passing through a maximum at the top of the effect and may rise to three times of the normal value. So the frequently observed absorption during the first phase of the effect may indicate the formation of a new reflection layer with steep electron density gradient instead of a simple decrease of apparent reflection height.

Bei Feldstärkerregistrierungen im Langwellenbereich über große Entfernungen (1000 km) werden außerordentlich markante Anomalien während des Auftretens von Sonneneruptionen beobachtet [1, 2], die alle anderen Überwachungsmethoden an Empfindlichkeit übertreffen und sehr präzise Angaben über Anfang und Höhepunkt der ionosphärischen Auswirkungen der Sonneneruptionen erlauben. Boden- und Raumwellenfeldstärken sind auf diesen Entfernungen ungefähr in gleicher Größenordnung, und die Interferenzerscheinungen sind bei Änderungen der Reflexionshöhen in diesem Frequenzbereich besonders deswegen ausgeprägt, weil schon bei Änderungen der scheinbaren Reflexionshöhe h' von wenigen Kilometern Phasendurchläufe von mehrfachem π erreicht werden. Dementsprechend schwankt die Feldstärke zwischen Maxima und Minima hin und her und wird beschrieben durch

$$E = E_B \sqrt{2\,\frac{\varrho}{\eta}}\sqrt{\frac{1}{2}\left(\frac{\eta}{\varrho}+\frac{\varrho}{\eta}\right)+\cos\frac{2\,\pi}{\lambda}\,\Delta\,r}$$

E_B = Feldstärke der Bodenwelle
η = Bodenwellendämpfung
ϱ = scheinbarer ionosphärischer Reflexionskoeffizient
Δr = Wegunterschied zwischen Boden- und Raumwelle.
λ = Wellenlänge

Zwei Beispiele solcher Effekte sind in Abb. 1 dargestellt für die Frequenzen 155 und 164 kHz; entsprechend den Meßstrecken sind die Effekte auf die Streckenmitten (155 kHz: $\varphi = 49{,}9°$ N, $\lambda = 18{,}7°$ E; 164 kHz: $\varphi = 50{,}7°$ N, $\lambda = 6{,}6°$ E) zu beziehen und man erhält unter Berücksichtigung der einfachen geometrischen Ausbreitungswege sehr einfach die Änderung der scheinbaren Reflexionshöhen, wenn man den Phasenänderungen bei 0 und π d. h. den Maxima und Minima entsprechende scheinbare Höhen h' zuordnet. So läßt sich dann bei Heranziehung verschiedener Meßstrecken [3] ein recht eindeutiger Verlauf von h' im Tagesgang und bei Sonneneruptionseffekten erzielen.

---

[1]) Dipl.-Phys. G. Entzian und Prof. Dr. Ernst August Lauter, Observatorium für Ionosphärenforschung, Kühlungsborn.

Beispiele für die vollständige Analyse solcher SFA sind in Abb. 2 und 3 für einen starken und einen mittleren Effekt gegeben. Der unter 2b und 3b gegebene Verlauf von h' läßt eine typische Besonderheit erkennen. Obgleich die Effekte entsprechend dem von der Sonnenhöhe abhängigen Tagesgang auf den verschiedenen Meßstrecken in unterschiedlichen Höhen einsetzen, ist die minimale Höhe beim Höhepunkt nahezu gleich. Erst beim Abklingen des

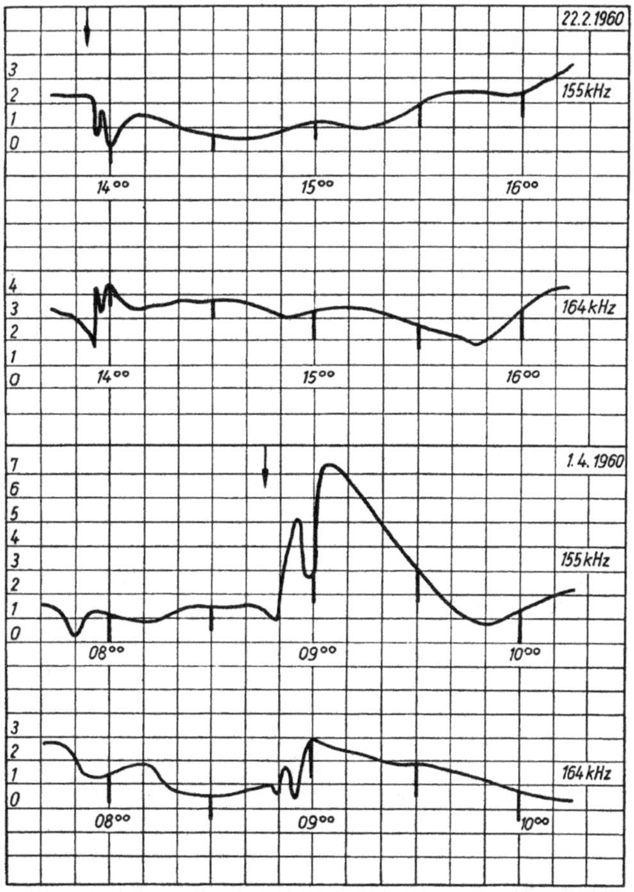

Abb. 1. Registrierungen von SFA-Effekten im Langwellenbereich (willkürliche Intensitätsskala) → Beginn der Effekte.

Effektes und beim Einlaufen von h' in den ungestörten Tagesgang wird der Unterschied in der LMT der Reflexionspunkte ($\Delta t = 45$ Min) wieder merkbar. Die Abhängigkeit der Höhenänderung während des Effektes vom Zenitwinkel der Sonne scheint danach sehr gering zu sein. (Bei Abb. 3 geht dem Haupteffekt ein Vorläufer voraus. Die lange Dauer des Haupteffektes erklärt sich vermutlich aus einem der Sonneneruption folgenden Einbruch kosmischer Strahlung solaren Ursprungs.)

Während die Höhenänderungen verhältnismäßig eindeutig zu übersehen sind, zeigen die Änderungen des Reflexionskoeffizienten keinen kontinuierlichen Verlauf während des Effektes, so daß in der Darstellung der Effekte in der komplexen Ebene der Verlauf recht kompliziert erscheint (Abb. 2c, 3c).

Im allgemeinen beginnt der Effekt mit einer Abnahme des Reflexionskoeffizienten ϱ' (hier definiert als das Verhältnis der Intensitäten von Boden- und Raumwelle, $\varrho' = E_R/E_B$).

ϱ' erreicht das Minimum meistens vor dem ersten Phasenumlauf und wächst dann schnell zu einem Maximum an, das ungefähr beim Höhepunkt des Effektes erreicht wird. Mit dem Abklingen des Effektes nimmt auch ϱ' ab, wobei jedoch nicht immer wieder ein Minimum wie in Abb. 2a erreicht wird.

Das Auftreten einer Phase vermutlich selektiver Absorption könnte darauf hindeuten, daß während des Effektes das Reflexionsniveau neu gebildet wird und es sich nicht um ein einfaches

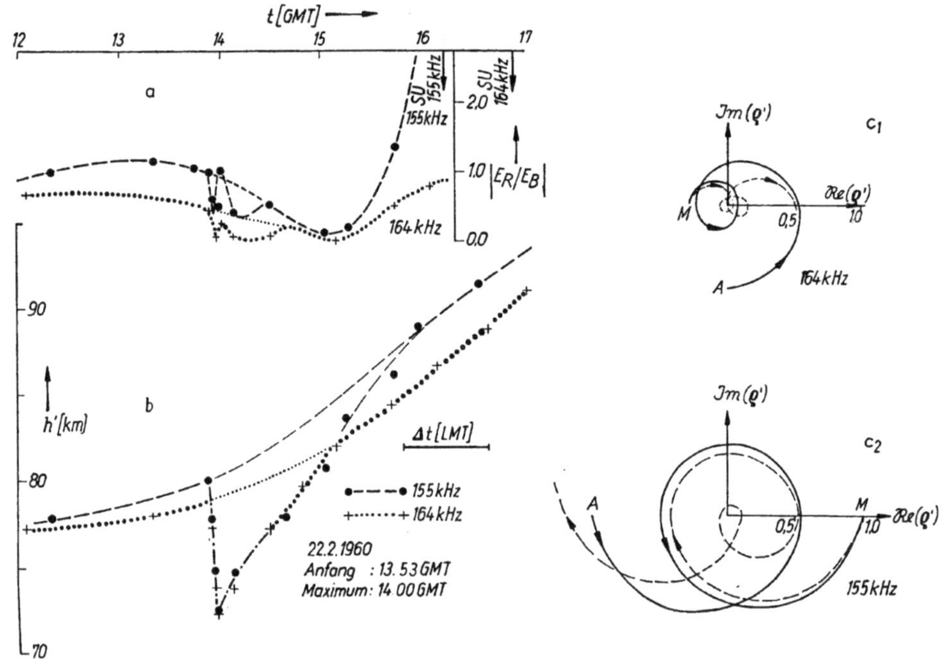

Abb. 2. SFA-Effekt am 22. 2. 1960

a) zeitlicher Verlauf des Reflexionskoeffizienten ϱ'

b) zeitlicher Verlauf des Reflexionsniveaus h'[km]

c) Darstellung des Reflexionskoeffizienten in der komplexen Ebene

Absinken des normalen Reflexionsniveaus handelt. Diese Interpretation hätte dann auch Konsequenzen hinsichtlich der Art der ionisierenden Strahlung, die dann für normale und abnormale Ausbildung des Reflexionsniveaus verschieden sein müßte.

Bei starken Effekten sinkt nicht nur das Reflexionsniveau extrem tief ab (bis zu 60 km), sondern auch der Reflexionskoeffizient ϱ' erreicht extreme Werte und kann bis auf das Dreifache des normalen Wertes ansteigen (Abb. 3a). Ein Anstieg des Reflexionskoeffizienten wäre prinzipell beim Absinken des Reflexionsniveaus wegen des sich ergebenden flacheren Einfalls und der verstärkten Fokussierung [4] zu erwarten, doch können solche starken Zunahmen nur erklärt werden, wenn man annimmt, daß auch ein steiler Gradient der Elektronenkonzentration im Reflexionsniveau vorhanden ist. Das setzt aber ein Herabreichen einer verhältnismäßig hohen Elektronenkonzentration bis in diese niedrigen Höhen voraus. Es scheint deshalb auch nur nennenswerte Effekte in Absorption des cosmic nois (SCNA) zu geben, wenn sich mit Hilfe der SFA-Effekte ein extremes Absinken der Reflexionshöhen (unter 70 km) nachweisen läßt.

Während sich die Einheitlichkeit normaler SFA-Effekte in h' und ϱ' über einen großen Raum anhand einer Reihe von Meßstrecken in verschiedenen Himmelsrichtungen demonstrieren läßt ergibt sich beim Einbruch hochenergetischer Korpuskularstrahlung in die Hochatmosphäre kein einfach überschaubares Bild. Die Höhenänderungen und besonders die Änderungen des Reflexionskoeffizienten sind dabei völlig irregulär und meist auf einzelnen Meßstrecken nicht mehr zuzuordnen. Diese Effekte haben entsprechend der Lage des äußeren Strahlungsgürtels eine starke Breitenabhängigkeit und sind nur sehr selten noch bis in 50° Breite nachzuweisen [5].

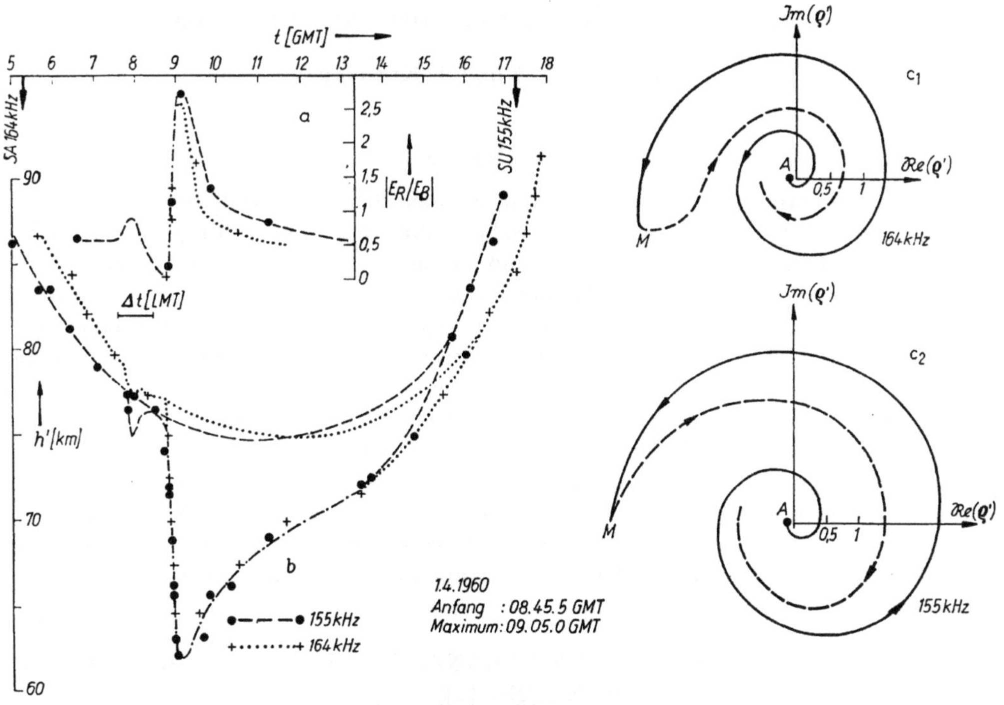

Abb. 3. SFA-Effekt am 1. 4. 1960

a) zeitlicher Verlauf des Reflexionskoeffizienten ϱ'

b) zeitlicher Verlauf des Reflexionsniveaus h'[km]

c) Darstellung des Reflexionskoeffizienten in der komplexen Ebene

LITERATUR

[1] Lauter, E. A. und Sprenger, K., Z. f. Met. 12 (1958) 205—210.

[2] Lauter, E. A., Tagungsberichte, Kleinheubach 1959 FTZ-Darmstadt.

[3] Lauter, E. A. und Třiska, P., Z. f. Met. 13 (1958) S. 190—192.

[4] Watt, A. D., u. a., Journ. Res. 68 D (1959) 99—112.

[5] Lauter, E. A., UGGI-Symposium July event 1959. Helsinki 1959 (in Druck).

Ionisierende Strahlung der Spritzprotuberanzen

Von L. Křivský und J. Kleczek[1])

ZUSAMMENFASSUNG

Die Spritzprotuberanzen sind von einer ionisierenden Strahlung begleitet.

Während des Internationalen Geophysikalischen Jahres wurde am Ondřejov-Observatorium Aufmerksamkeit den Spritzprotuberanzen und ihrem Zusammenhang mit ionosphärischen Störungen der D-Schicht gewidmet. Als Spritzprotuberanzen bezeichnen wir Auswürfe von chromosphärischen Gasen hoch in die Korona. Die Spritzprotuberanzen erscheinen in aktiven Gebieten der Sonnenoberfläche und begleiten entweder Eruptionen oder wenigstens lokale Aufhellungen chromosphärischer Fackeln. Man benützt manchmal auch die englische Benennung „surge". (Der feine Unterschied zwischen Spritzprotuberanzen [spray prominences] und surges ist für unsere Arbeit bedeutungslos.) Als Material für diese Arbeit dienten die Spritzprotuberanzen, die mit unserem Spektrohelioskop beobachtet wurden.

Die Angaben über die ionisierende Strahlung haben wir durch Registrierung der atmosphärischen Störungen gewonnen. Unsere Apparatur registriert auf 27 kHz. In einigen Fällen konnten wir auch die Koinzidenz der Spritzprotuberanzen mit Radiostrahlungsstößen oder Radiostrahlungsausbrüchen feststellen.

1. DAS GEBIET DER SPRITZPROTUBERANZEN ALS QUELLE DER RÖNTGENSTRAHLUNG [1]

Während der chromosphärischen Eruptionen wird eine Erhöhung von atmosphärischen Störungen registriert [2]. Die Extra-Ionisation der unteren D-Schicht wird mit einer erhöhten Röntgenstrahlung $\lambda < 8$ Å aus dem aktiven Gebiet erklärt. Dieses Resultat ergibt sich aus den Raketenaufstiegen während der chromosphärischen Eruptionen [3]. Schon in einer früheren Arbeit wurde darauf hingewiesen, daß die Spritzprotuberanzen, auf die Chromosphäre projiziert, eine Zeitkorrelation mit der Erhöhung der atmosphärischen Störungen andeuten [4]. Auch die Arbeit von Warwick und Wood [5] zeigt, daß die ionisierende Strahlung in den Koronagebieten über der Eruption entsteht.

Um den Einfluß der Eruptionen oder der Aufhellung der chromosphärischen Fackeln zu eliminieren, haben wir aus unserem Material für die weitere Bearbeitung nur solche Spritzprotuberanzen gewählt, bei denen das betreffende Aktivitätszentrum sich hinter dem Sonnenrande auf der unsichtbaren Hemisphäre befand. Wegen der Eindeutigkeit wurde die Auswahl noch durch die Bedingung eingeschränkt, daß während der Spritzprotuberanzen keine anderen Änderungen auf der Sonnenscheibe beobachtet wurden. Die ausgewählten Fälle sind in der Tabelle in der letzten Kolonne als „surge" bezeichnet. Die Zeit des Beginns des Maximums und des Endes und die heliographische Position wird angegeben. Auf der rechten Hälfte der Tabelle wird die anomale Erhöhung der atmosphärischen Störungen (sudden enhancements of atmospherics — SEA) angegeben. Die Tabelle illustriert eine enge Korrelation zwischen den Spritzprotuberanzen auf der Sonne und den Störungen der unteren D-Schicht, wie sie durch

[1]) Dr. L. Křivský und Dr. Jerzy Kleczek, Astronomisches Institut der Tschechoslowakischen Akademie der Wissenschaften — Ondřejov (ČSSR).

Tabelle

	Protuberanzaktivität			SEA-Störungen der D-Schicht			
Datum	Anf.-Max.-Ende UT	Position	Protuberanzenklasse	Anf.-Max.-Ende UT	Importanz	Zuverlässigkeit	Anmerk.
9. Sept. 1958	12 50—12 55 + 13 00—13 35	15 °N, 90 °E	surge	~ 12 55—13 04—?	1	2	1
8. Mai 1959	6 58— 7 13 + 7 53—(8 02)	16 °N, 90 °E	surge	7 15—7 25—7 47	2	5	2
13. Mai 1959	8 56— 9 01—(9 23)	12 °S, 90 °E	surge	8 56—9 02—(9 27)	2 +	5	3
13. Mai 1959	(9 25)—(9 36)—?	12 °S, 90 °E	surge	9 28—9 40—(10 30)	2	5	4
9. Juni 1959 [10]	16 52 17 40	18 °N, 90 °E	surge	16 38—16 56—(18 30)	2 +	5	5
10. Juli 1959	12 26—12 33 + 12 42—? 12 57—13 04—?	~20 °S, 90 °E 32 °N, 90 °W	surge	12 18—? + 12 45—12 58	1	3	
10. Juli 1959	14 53—15 10—15 30	~20 °S, 90 °E	surge	14 57—15 08—(14 45)	1 +	5	
10. Juli 1959	16 41—16 51—?	~20 °S, 90 °E	surge	16 43—16 51—?	1 +	3	
8. Aug. 1959	<14 04—(14 09) + 14 36—?	14 °N, 90 °W	loop	(14 00)—14 22—(14 48)	1	4	6
8. Aug. 1959	15 26—15 45—>16 09	14 °N, 90 °W	surge und strahlende Knoten	15 30—15 34—16 00	1	3	
22. Aug. 1959	(10 20)—(11 02)—>11 32	~30 °S, 90 °W	aktivisierte Protuberanz in der Form einer loop	(10 10)—(10 38) + 11 02 + 11 29	1 +	3	
4. Mai 1960	9 56—10 21 + (10 40) + (11 15)?	15 °N, 90°W	loop	10 09—10 28 + (10 42) + 11 34—?	2 +	5	7

In der siebenten Kolonne ist die Zuverlässigkeit in einer 5-Grad-Skala angegeben. Bemerkungen in der letzten Kolonne beziehen sich auf die Radiostrahlungseffekte der Sonne: (1) 200 Mc/s [11]; (2) 231 Mc/s [Ondřejov], 200 Mc/s [11]; (3) 536 Mc/s [Onřejov]; (4) 536 Mc/s [Ondřejov]; (5) 69760 Mc/s [10], 9400 Mc/s [12], 2980 Mc/s [11], 2800 Mc/s [10], 1500 Mc/s [12], 545 Mc/s [11], 200 Mc/s [11]; (6) 200 Mc/s [11]; (7) 808 Mc/s [Ondřejov], 536 Mc/s [Ondřejov], 231 Mc/s [Ondřejov].

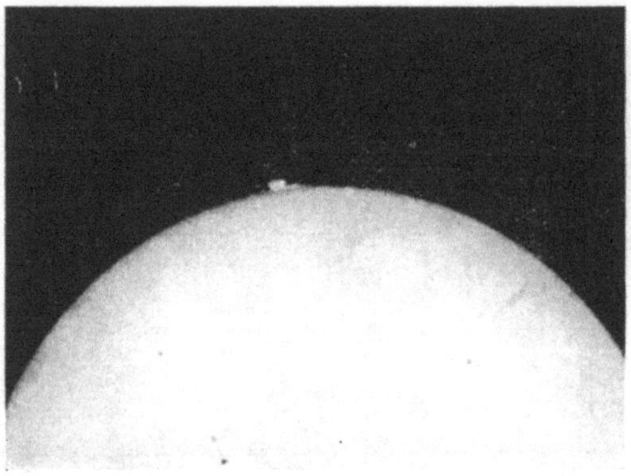

Abb. 1a

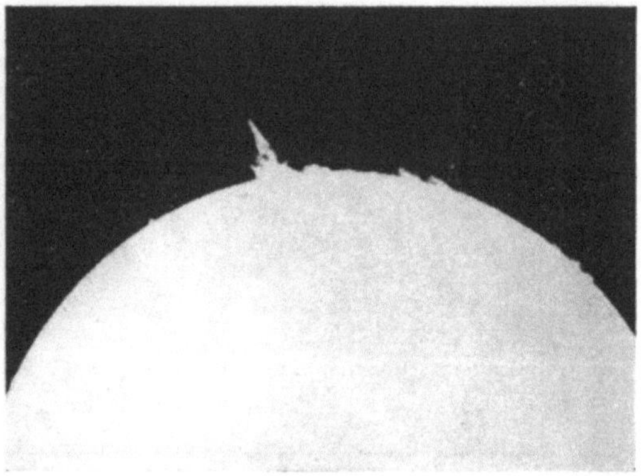

Abb. 1b

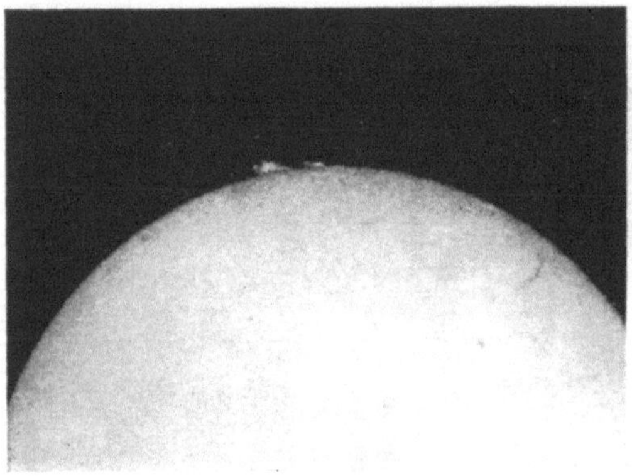

Abb. 1c

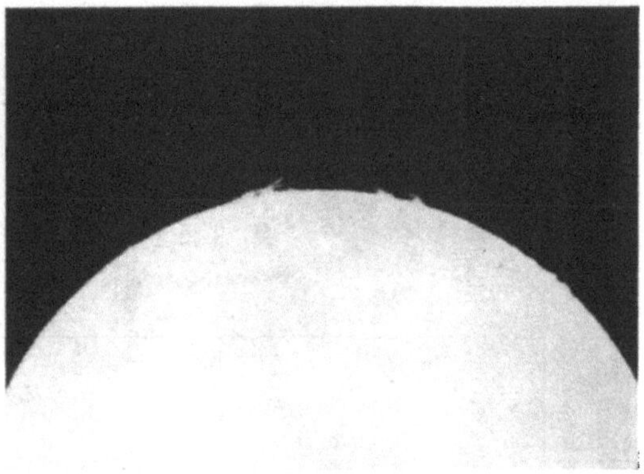

Abb. 1d

Abb. 1. Entwicklung der Spritzprotuberanz vom 13. Mai 1959. Das aktive Zentrum selbst, aus dem die Spritzprotuberanz ausgeschleudert wurde, war noch hinter dem östlichen Rande versteckt. Die Entwicklungsgeschwindigkeit ist nach den Zeitangaben sichtbar. Im Anfangsstadium war die Protuberanz heller als die Sonnenscheibe im H_α-Licht. Für diese H_α-Aufnahme vom Observatorium Harestua (Norwegen) sind wir den Herren S. Rosseland und T. S. Ringnes sehr verpflichtet.

atmosphärische Störungen registriert werden. Dieser enge Zusammenhang könnte durch die Hypothese erklärt werden, daß die Gebiete der Spritzprotuberanzen die Röntgenstrahlung emittieren. In einigen Fällen könnten wir auch die Höhe der Emissionsgebiete mit bestimmter Wahrscheinlichkeit berechnen: ihre Quelle — oder wenigstens ihr oberer Teil — lag mehr als 30000 km über der Photosphäre.

2. SPRITZPROTUBERANZEN VOM 13. MAI 1959

Als Beispiel des beschriebenen Zusammenhanges betrachten wir den Fall vom 13. Mai 1959 etwas näher. Hinter dem östlichen Rande (12° S) war ein aktives Zentrum, das sich durch Protuberanzenaktivität verriet. Um 8.56 WZ wurde ein außerordentlich heller Knoten mit schneller Spritzprotuberanz gebildet (siehe Abb. 1). An derselben Stelle erschien nachher eine rekurente Spritzprotuberanz, die sich in ihrem letzten Stadium in ein System von schlingenförmigen Fäden umwandelte. Die beschriebene Entwicklung ist in den beigelegten Photos sichtbar.

Mit Beginn der ersten Spritzprotuberanz fallen die Radiostrahlungsstöße auf 56 cm zusammen. Während ihrer Entwicklung wurde eine verstärkte Emission auf 56 cm registriert. Auch während der zweiten Spritzprotuberanz (9.38—9.56 WZ) wurde ein erhöhter Rauschpegel registriert (siehe Abb. 2).

Der erste SEA-Effekt der Importanz 2 + begann um 8.56 WZ mit einem Maximum um 9.02 WZ. Die zweite Protuberanz wurde von einem SEA-Effekt der Importanz 2 zwischen 9.28 WZ und 10.30 WZ begleitet.

Die Fleckengruppe, die am 14. Mai in Erscheinung trat, war vom späteren Typus G-H und trotzdem ungewöhnlich aktiv in Eruptionen.

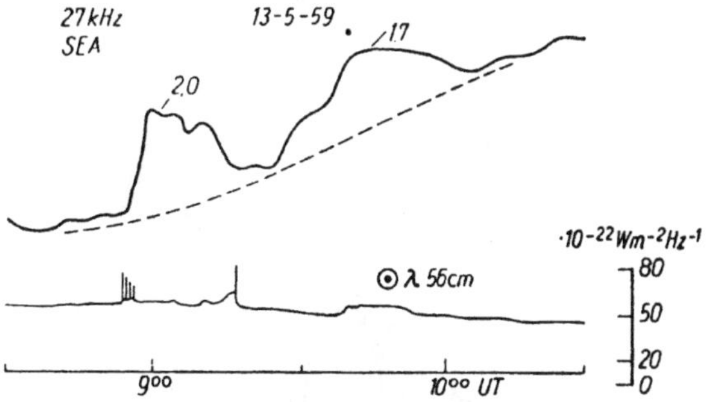

Abb. 2. Die Spritzprotuberanz vom 13. Mai 1959 wurde von SEA-Effekten und einer Radiostrahlungserhöhung bei $\lambda = 56$ cm begleitet. Die Zahlen 2,0 und 1,7 geben die Höhe der SEA-Maxima an, wobei der ruhige Rauschpegel gleich Eins gesetzt ist.

Abb. 3. Diese H_α-Aufnahme der 100 p-Protuberanz vom 4. Mai 1960 wurde in späterer Entwicklungsphase um 12.03 WZ von Herrn J. Klepešta am Observatorium Prag-Petřín gemacht.

3. LOOP-PROTUBERANZEN, RÖNTGENSTRAHLUNG UND KOSMISCHE STRAHLUNG

In der Tabelle werden einige Fälle als „loop" bezeichnet. Das ist ein ganz anderes Phänomen als die Spritzprotuberanzen. Die loops stellen den Prozeß der Kondensation und Abkühlung der Koronamaterie in das Protuberanzenstadium dar. Bei der Entstehung von loops wird eine große Menge von Energie ausgestrahlt [6]. Der Effekt vom 4. Mai 1960 (Abb. 3 und 4) zeigt, daß die ausgestrahlte Energie teilweise als Röntgenstrahlung emittiert wurde [7]. Diese loop wurde auch von einer starken Erhöhung der kosmischen Strahlung begleitet [8, 9].

4. SCHLUSSBEMERKUNG

Nicht nur die Eruptionen, sondern auch die Spritzprotuberanzen und die sich rasch kondensierenden loops können die ionosphärischen Störungen verursachen.

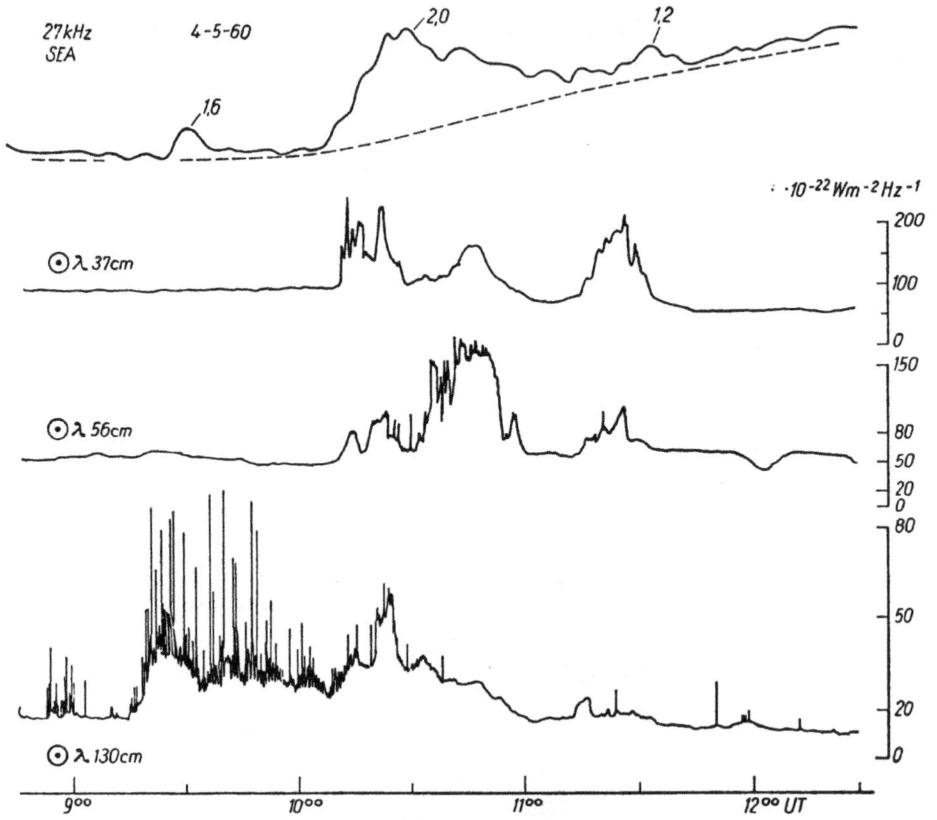

Abb. 4. In der Anfangsphase der 100 p-Protuberanz vom 4. Mai 1960 wurden am Ondřejov Observatorium der SEA-Effekt (erste Kurve) und große Radiostrahlungsausbrüche auf den Wellenlängen 37 cm, 56 cm und 130 cm registriert.

Der SEA-Effekt und der λ 130 cm Ausbruch um $\sim$ 9,30 WZ gehören zu einer anderen Erscheinung auf der Sonne.

LITERATUR

[1] Kleczek, J. und Křivský, L., Nature **186** (1960) 1035.
[2] Ellison, M. A., J. Brit. Astro. Assoc. **69** (1959) 127.
[3] Friedman, H., Joint Discussion on Astro. Observations by Artificial Sattelite, Tenth Gen. Assembly I. A. U. Moscow, 1958.
[4] Křivský, L. und Letfus, V., Bull. Astro. Inst. Czechosl., **11** (1960) 53.
[5] Warwick, C. und Wood, M., Astrophys. J. **129** (1959) 801.
[6] Kleczek, J., Bull. Astro. Inst. Czechosl. **8** (1957) 120; **9** (1958) 115.
[7] Kleczek, J. und Křivský, L., Bull. Astro. Inst. Czechosl. **11** (1960) 165.
[8] Hladký, J., Kleczek, J., Křivský, L. und Mokrý, P., Nuovo Cimento **17** (1960) 610.
[9] Santochi, O. R., Manzano, J. R. und Roederer, J. G., Nuovo Cimento **17** (1960) 119.
[10] Coates, R. J., Covington, A. J. und Edelson, S., Astron. J. **64** (1959) 326.
[11] Solar Geophysical Data, Netherlands PTT.
[12] Beobachtungsergebnisse Heinrich-Hertz-Institut.

Die Feststellung von Sonneneruptionseffekten in der Ionosphäre mit Hilfe der Cosmic-Noise-Methode

Von W. LIPPERT[1])

ZUSAMMENFASSUNG

Es wird über die Messung der ionosphärischen Absorption mit Hilfe der Cosmic-Noise-Methode berichtet unter besonderer Berücksichtigung der Sonneneruptionseffekte. Die Neustrelitzer Cosmic-Noise-Anlage wird erläutert. Einige typische Registrierungen werden gezeigt, SCNA-Effekte diskutiert und mit korpuskularen Dämpfungseinbrüchen verglichen.

I. EINLEITUNG

Im Rahmen dieser kurzen Darlegungen möchte ich versuchen einen kleinen Überblick zu geben über die Messungen der ionosphärischen Absorption mit der Cosmic-Noise-Methode (A 2-Methode), wie sie seit Februar 1959 auf der Außenstelle Neustrelitz (Koordinaten: $\varphi = 53°17'N$, $\lambda = 13°05'E$) des Heinrich-Hertz-Institutes für Schwingungsforschung der Deutschen Akademie der Wissenschaften zu Berlin erfolgen. Veröffentlichungen über die Messung der ionosphärischen Absorption mit der Cosmic-Noise-Methode liegen vor von SHAIN und MITRA [1, 2], LITTLE und LEINBACH [3], sowie REID und COLLINS [4]. Die zweite Arbeit von SHAIN und MITRA beschäftigt sich mit den Sonneneruptionseffekten in der Ionosphäre. Es wurde auf der Frequenz von 18,3 MHz gemessen. Die Neustrelitzer Empfangsanlage arbeitet auf einer Frequenz von 24,95 MHz. Die ursprünglich geplante Frequenz 25,0 MHz konnte nicht benutzt werden, da die Sender von WWV sehr gut empfangen wurden.

II. MESSAPPARATUR

Das Blockschaltbild der Anlage zeigt Abb. 1. Für die Messungen wurde ein industriell gefertigter Allwellenempfänger eingesetzt, dessen Grenzempfindlichkeit durch eine rauscharme Kaskode-Vorstufe verbessert wurde. Das Eigenrauschen des Empfängers ist am Ausgang durch eine Gegenspannung kompensiert. Die danach verbleibende Gleichspannung entspricht dem kosmischen Rauschen — oder exakter ausgedrückt: der allgemeinen extraterrestrischen Radfiorequenzstrahlung —, wird durch einen Gleichspannungsverstärker verstärkt und auf mehreren Tintenschreibern mit verschiedenen Geschwindigkeiten registriert (60 mm/h,

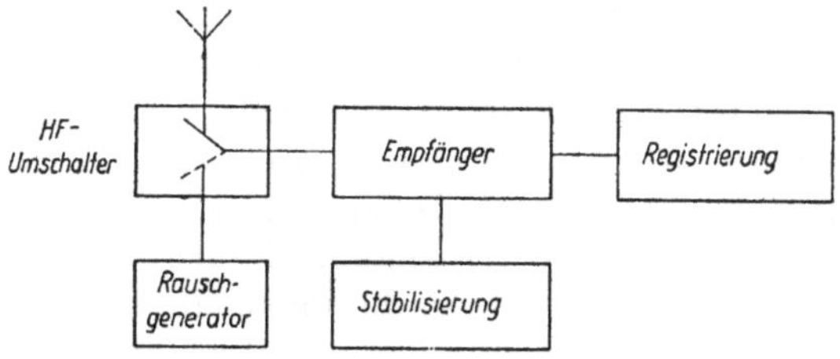

Abb. 1. Blockschaltbild der Cosmic-Noise-Anlage.

[1]) Dipl.-Phys. WERNER LIPPERT, Heinrich-Hertz-Institut für Schwingungsforschung der Deutschen Akademie der Wissenschaften zu Berlin, Außenstelle Neustrelitz.

120 mm/h und 200 mm/h, letztere zum Vergleich mit den burst-Registrierungen). Alle Registrierungen sind mit Zeitmarken für GMT und Sternzeit versehen. Die Zeitmarkengeber werden durch Pendeluhren gesteuert.

Um in diesem von Sendern stark belegten Frequenzgebiet eine möglichst umgestörte Registrierung erreichen zu können, erweist es sich als notwendig, mit kleiner Bandbreite zu arbeiten. Die vorliegenden Messungen erfolgten bei einer mittels Quarzfilter fest eingestellten Bandbreite von 1 KHz. Treten trotzdem noch Störungen auf, so wird die Frequenz zwischen 24,90 und 24,98 MHz geringfügig geändert. Heizströme und Anodenspannungen sind stabilisiert. Außerdem wird die Netzspannung der Anlage über einen automatischen Netzregler zugeführt. Als Antenne findet eine Dipolzeile Verwendung. Sie besteht aus 8 Doppelfaltdipolen, die in Ost-West-Richtung im Abstand der halben Wellenlänge angeordnet sind. Die Bündelung erfolgt also zunächst nur in der Ost-West-Richtung. Zur Zeit werden die ersten Messungen mit einer vergrößerten zweizeiligen Antenne gemacht. Die Bündelung in der Nord-Süd-Richtung ist nun gerade so groß, daß die Radiostrahlung der Sonne die Registrierungen des kosmischen Rauschens nicht mehr stören kann, es sei denn, daß sehr große Sonneneruptionen auftreten, und über die Nebenkeulen der Antenne wird noch genügend Energie eingestrahlt. Die Antennenkeule ist bei der Neustrelitzer Anordnung zum Zenit gerichtet. Die Halbwertsbreite beträgt in Ost-West-Richtung ca. 15°, in der Nord-Süd-Richtung etwa 60°. Eichungen der Registrierungen werden mit einem Rauschgenerator mehrmals täglich vorgenommen. Ein HF-Umschalter vor der Kaskode-Vorstufe gestattet es, die Anlage wahlweise auf die Antenne oder den Rauschgenerator zu schalten.

III. MESSGRÖSSEN

Mit dieser Anlage werden folgende uns interessierende Meßgrößen gewonnen:

1. CNA = Cosmic Noise Absorption (normale Tagesdämpfung)
2. SCNA = Sudden Cosmic Noise Absorption (plötzliche Dämpfungseinbrüche entsprechend den SID auf Kurzwelle)
3. Korpuskulare Dämpfungseinbrüche

Zu 1.: Die Auswertung der Messungen der normalen Tagesdämpfung erfolgt nach Typ I gemäß den Empfehlungen des URSI-AGI-Committee, d. h. die stündlichen Werte der Absorption werden durch Auswertung der ersten Minute jeder Stunde gewonnen und in monatlichen Tabellen zusammengefaßt. Dabei gilt:

$$|L| = 10 \lg \frac{N_1}{N_0}.$$

N_1 stellt den jeweiligen Minutenwert der empfangenen Energie an einem ungestörten Tag dar, N_0 ist die von außen in die Erdatmosphäre einfallende Energie. Sie wird aus Nachtmessungen gewonnen, für die $f_0 F_2 < 5{,}0$ MHz ist. Trägt man diese N_0-Werte über der Sternzeit auf, so erhält man die sogenannte Standardkurve, die die ungedämpfte kosmische Radiostrahlung wiedergibt. Entnehmen wir die N_1-Werte der Registrierung und die N_0-Werte der Standardkurve, so bekommen wir also die Absorption der Radiostrahlung, die beim Durchgang der Strahlung durch alle Schichten der Ionosphäre entsteht.

Zu 2. und 3.: Die plötzliche Absorption der kosmischen Radiofrequenzstrahlung — SCNA —, die bei solar flares auftritt, und auch die Dämpfungseinbrüche bei Korpuskularstörungen werden ausgewertet nach Beginn, Zeit des Maximums, Dauer und Intensität der Effekte. Die Intensität wird als $\Delta L/L_0$ angegeben, wobei ΔL die maximale Dämpfung (zusätzliche Dämpfung) während des Effektes darstellt und L_0 die ungestörte Tagesdämpfung zur Zeit des Effektmaximums ist. Es gilt also:

$$|\Delta L| = 10 \lg \frac{N_2}{N_1}$$

N_2 bedeutet die empfangene Energie der Radiostrahlung im Maximum des Effektes. In der Abb. 2 ist ein SCNA schematisch dargestellt und die bei der Auswertung zu bestimmenden Größen sind eingezeichnet. Bei B beginnt der Effekt, erreicht in M sein Maximum und endet etwa bei E. NP stellt den Nullpunkt der Registrierung dar. Die gestrichelte Linie zwischen B und E gibt uns den Verlauf der Registrierkurve an, wenn sich keine Eruption auf der Sonne ereignet hätte und demzufolge auch kein SCNA aufgetreten wäre, also ungestörte Verhältnisse in der Ionosphäre vorgelegen hätten.

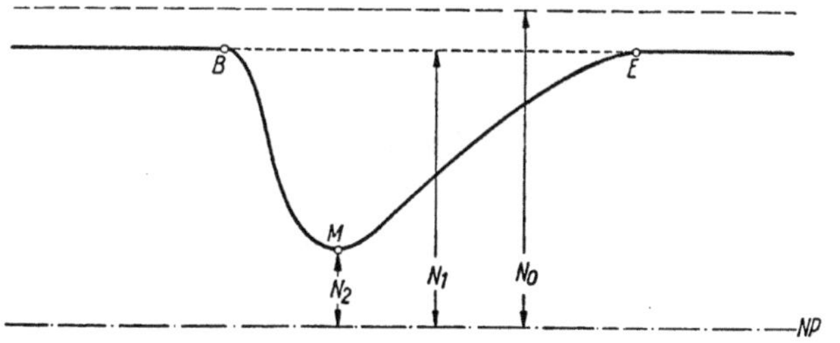

Abb. 2. Schematische Darstellung der Registrierung eines SCNA sowie die für seine Auswertung wichtigen Punkte und Größen. (Wegen der besseren Übersicht wurden N_0, N_1 und N_2 nicht für den gleichen Zeitpunkt eingezeichnet.)

IV. AUSWERTUNG

Für einen quantitativen Vergleich mit den Ergebnissen der Messungen der ionosphärischen Dämpfung nach der A 1-Methode (Kurzwellenecholotung), der zusammen mit KRETSCHMER durchgeführt und bereits in Kleinheubach auf der Tagung der Arbeitsgemeinschaft Ionosphäre vorgetragen wurde und wozu die Werte unserer Ionosphärenstation Juliusruh auf Rügen herangezogen wurden, erfolgte die Auswertung der Mittagsmittelwerte und der Tagesgänge (stündliche Werte) [5]. Darauf soll hier nicht mehr eingegangen werden. Die Auswertung der SCNA-Effekte und auch der korpuskularen Dämpfungseinbrüche erscheint uns im Augenblick wesentlich interessanter und vor allem auch lohnenswerter; denn die schmale Registrierspur, die nicht vorhandenen Fadings und die damit verbundene Möglichkeit der genauen Angabe der Einsatz- und Maximumszeit der Effekte gestattet eine einwandfreie Auswertung. Außerdem wirkt sich die hohe Arbeitsfrequenz günstig aus. Alle Effekte werden zwar in ihrer Intensität verkleinert, doch kann man gerade dadurch starke SID, die in ihrer Intensität auf der Kurzwelle niemals im Maximum beobachtet werden können, in ihrem gesamten Verlauf quantitativ verfolgen. Als Vorteil gegenüber der Kurzwellenecholotungsmethode ist ferner anzusehen, daß Ausfälle, wie sie bei der Unterschreitung der Meßfrequenz durch die kritische Frequenz vorkommen, bei der A2-Methode niemals auftreten können.

Abb. 3 zeigt uns als Beispiel die Registrierung des SCNA vom 22. März 1959. Auf der folgenden Abb. 4 ist zum Vergleich der MÖGEL-DELLINGER-Effekt auf 6,0 MHz (Strecke Stuttgart — Neustrelitz) vom gleichen Tage gezeigt. Man erkennt sofort die oben erläuterten Vorteile, die die Cosmic-Noise-Methode gegenüber der Registrierung von Sendern auf Kurz-

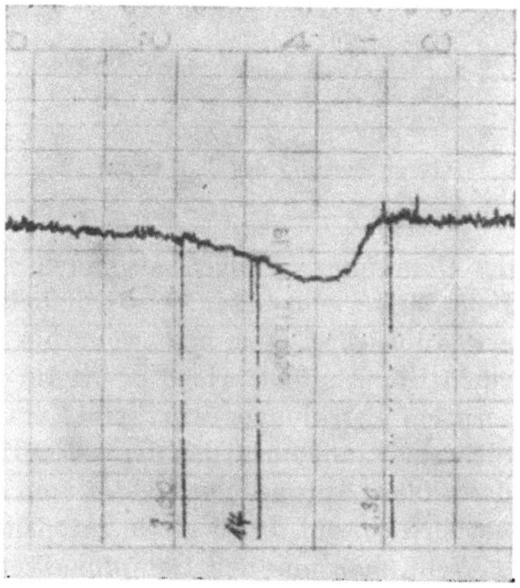

Abb. 3. Registrierung des SCNA auf 25 MHz vom 22. 3. 1959
(Zeit läuft von rechts nach links!)

welle bietet. Die Abb. 5 bis 8 zeigen uns weitere SCNA-Effekte. Beim SCNA vom 29. 3. 1959 wurde eingezeichnet, wie die Registrierspur verlaufen wäre, wenn keine Störung aufgetreten wäre. Der Effekt vom 8. 4. 59 ist bemerkenswert durch seinen sehr steilen Abfall zu Beginn und verhältnismäßig rasche Rückkehr in den ungestörten Zustand. Die auf den Abb. 7 und 8 gezeigten Dämpfungseffekte sind insbesondere zu Beginn durch solare Radiostrahlungsausbrüche etwas gestört. Trotzdem ist eine gute Auswertung möglich. Man kann eindeutig den Verlauf

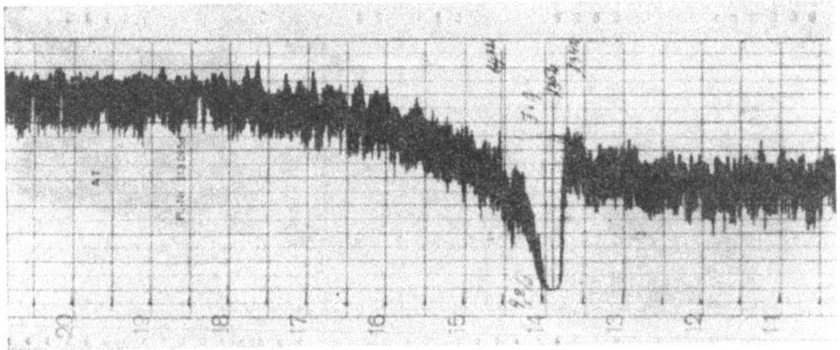

Abb. 4. Registrierung des MDE auf 6,0 MHz vom 22. 3. 1959

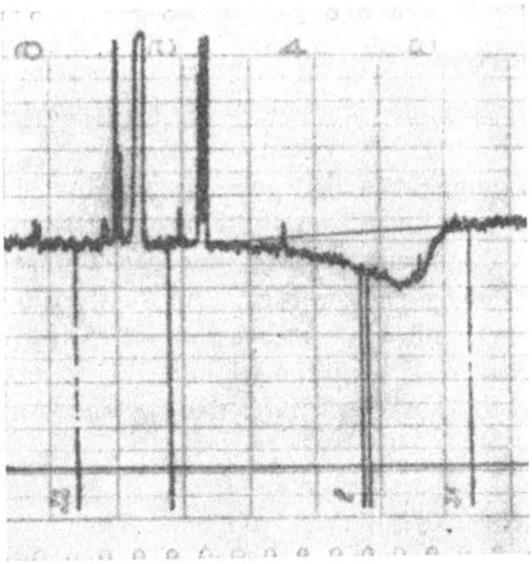

Abb. 5.
Registrierung des SCNAvom 29. 3. 1959

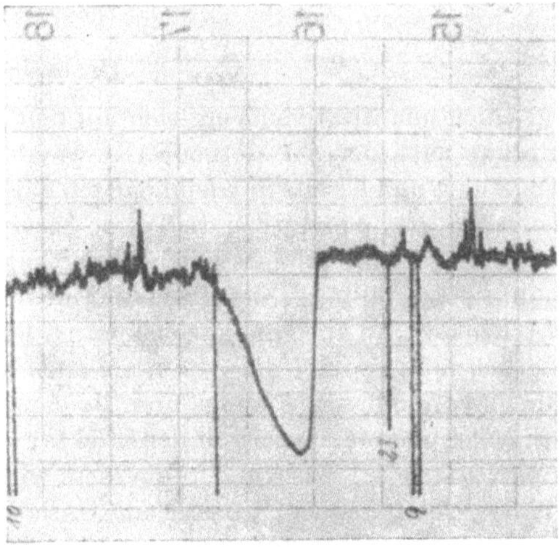

Abb. 6.
Registrierung des SCNA vom 8. 4. 1959

der Dämpfung verfolgen, also auch das Maximum zeitlich und intensitätsmäßig bestimmen. Beim SCNA vom 12. 4. 59 ist lediglich die Einsatzzeit und damit auch die Dauer des Effektes etwas unsicher. Wie man weiterhin erkennen kann, handelt es sich bei diesem SCNA um einen Doppeleffekt. Noch bevor die durch eine Sonneneruption verursachte zusätzliche Absorption abgeklungen war, setzte ein zweiter Dämpfungseinbruch ein. Man kann wohl mit Sicherheit annehmen, daß der ersten Eruption eine zweite folgte. Abb. 9 gibt die Registrierung des großen Korpuskulareffektes vom 15. Juli 1959 wieder. Dieser Dämpfungseinbruch zeichnet sich sowohl durch große Intensität als auch Dauer aus.

Wenn man nun den Dämpfungsverlauf während der gesamten Störung ermitteln will, so muß über die ganze Zeit des Effektes hinweg $\Delta L/L_0$ bestimmt werden, wobei natürlich N_0, N_1 und N_2 für die jeweils betrachtete Minute auf der Registrierung ausgemessen werden müssen. Bei der Intensitätsangabe der SCNA wurde dasselbe nur für den Maximalwert der

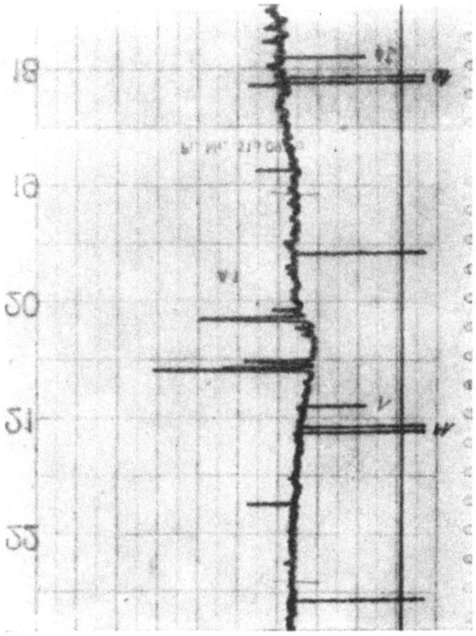

Abb. 7. Registrierung des SCNA vom 10. 4. 1959

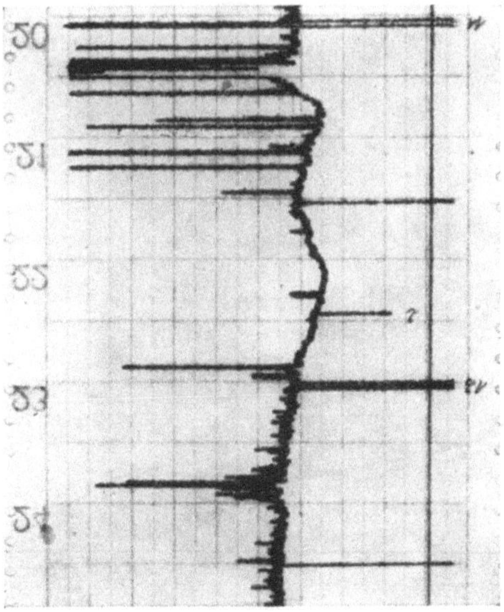

Abb. 8. Registrierung des SCNA vom 12. 4. 1959

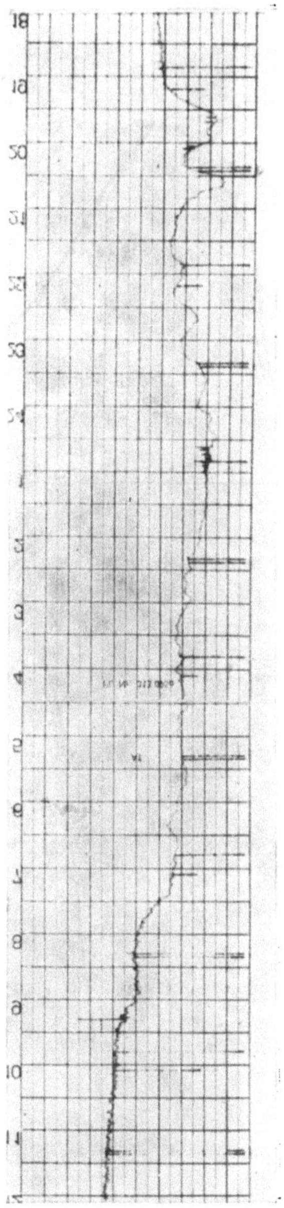

Abb. 9. Registrierung des korpuskularen Dämpfungseinbruches vom 15. Juli 1959

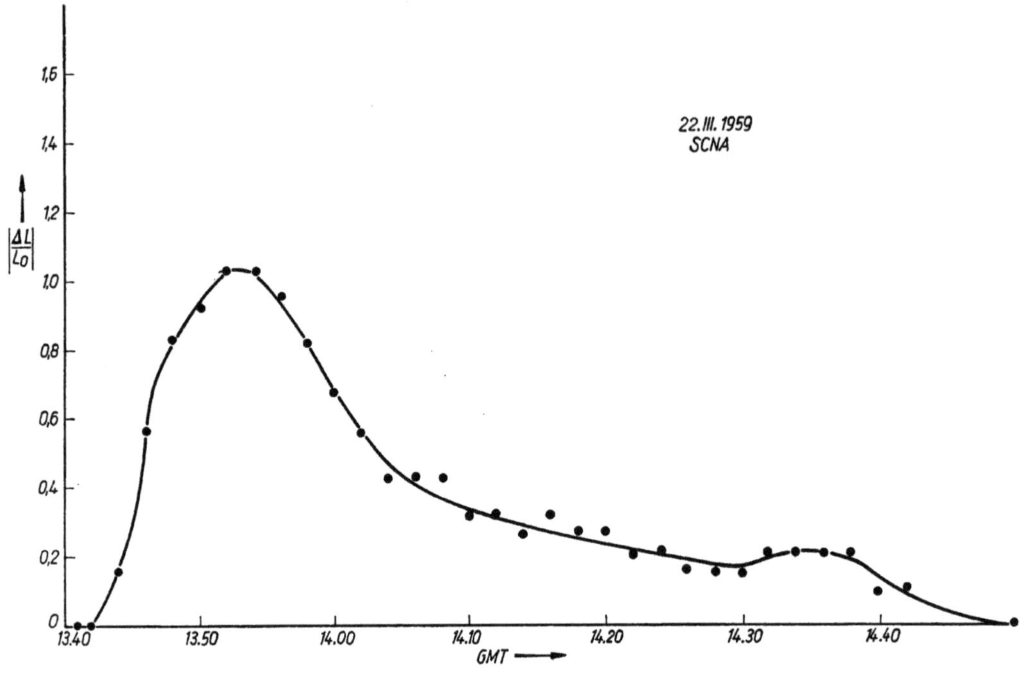
22.III.1959
SCNA
1,6
1,4
1,2
1,0
0,8
0,6
0,4
0,2
0
$\left|\frac{\Delta L}{L_0}\right|$
13.40
13.50
14.00
14.10
14.20
14.30
14.40
GMT

a)

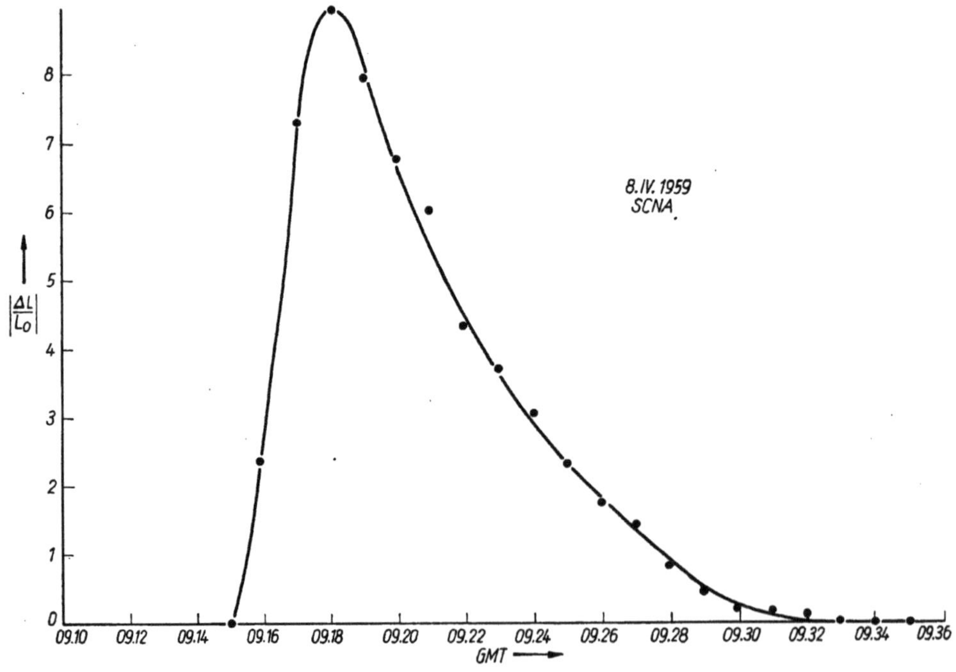
8.IV.1959
SCNA
8
7
6
5
4
3
2
1
0
$\left|\frac{\Delta L}{L_0}\right|$
09.10
09.12
09.14
09.16
09.18
09.20
09.22
09.24
09.26
09.28
09.30
09.32
09.34
09.36
GMT

b)

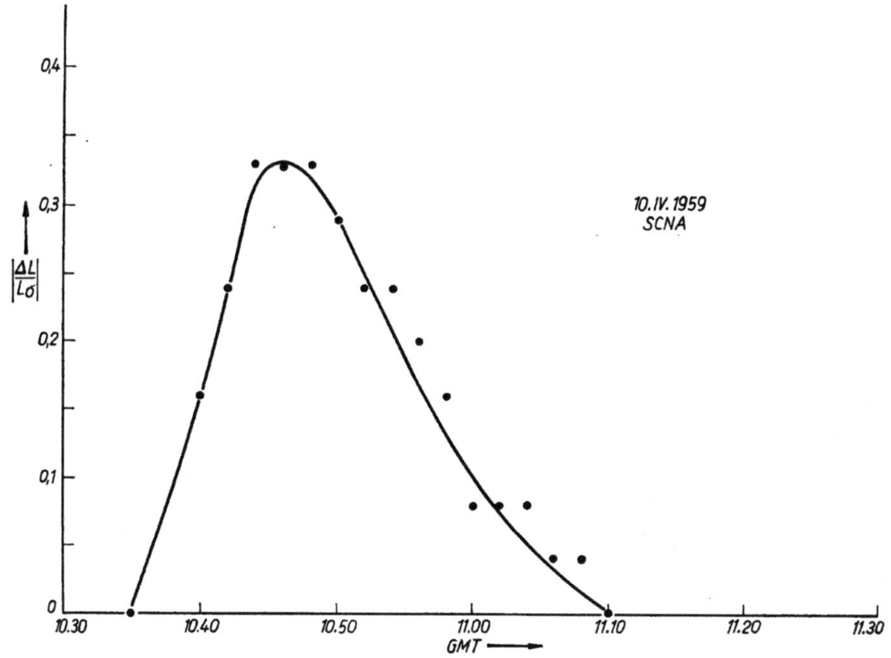

c)

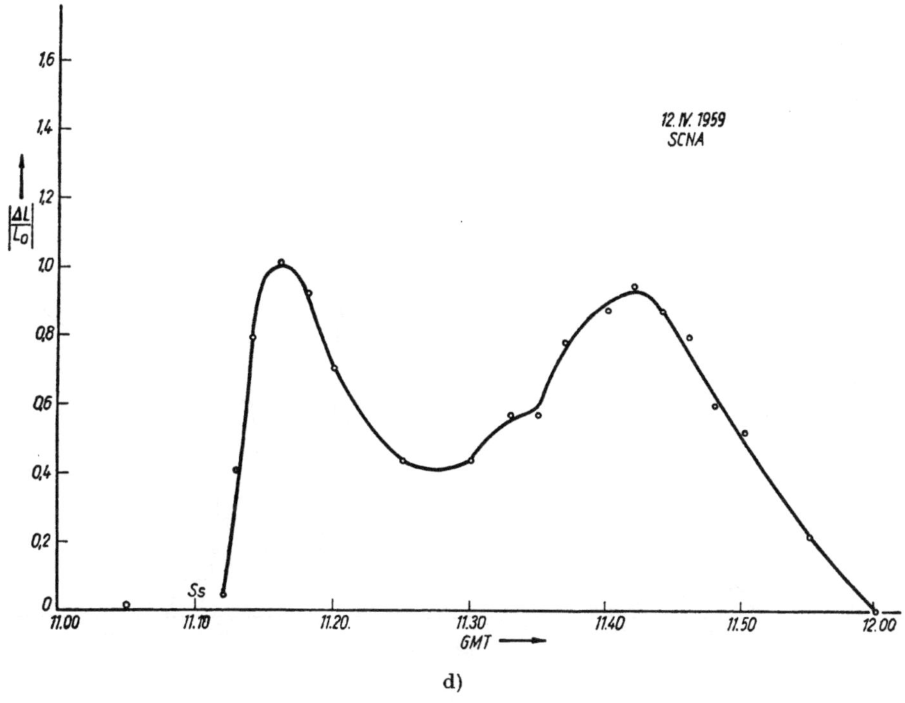

d)

Abb. 10. Darstellung des durch Auswertung ermittelten Dämpfungsverlaufes des Sonneneruptionseffektes vom a) 22. 3. 1959, b) 8. 4. 1959, c) 10. 4. 1959, d) 12. 4. 1959

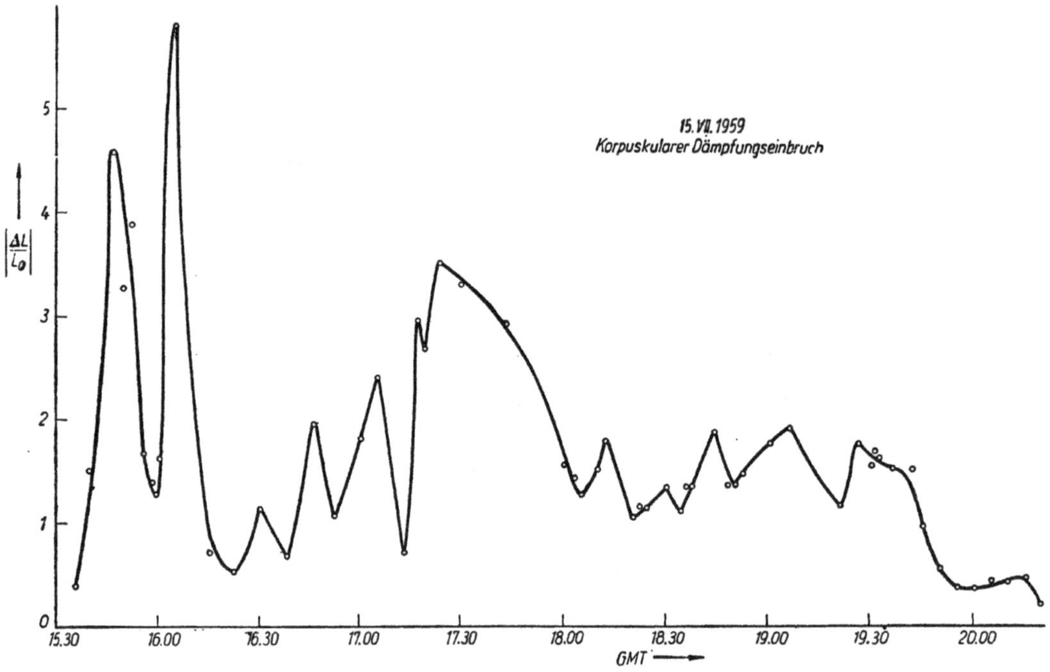

a)

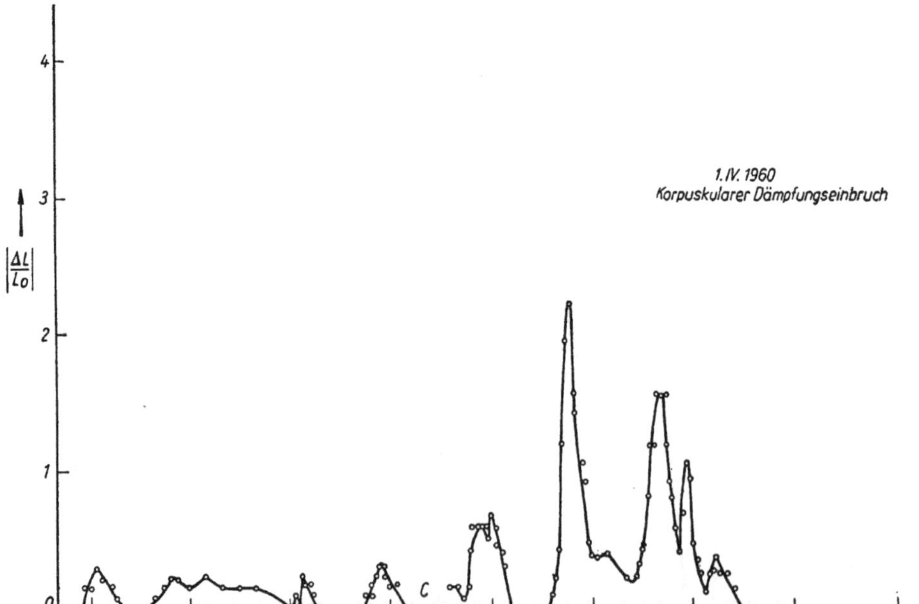

b)

Abb. 11. Darstellung des Dämpfungsverlaufes während des Korpuskulareffektes vom a) 15. 7. 1959, b) 1. 4. 1960

Dämpfung gemacht. Die Abb. 10a bis 10d zeigen den Verlauf der zusätzlichen Dämpfung in Einheiten der normalen Tagesdämpfung während einiger SCNA. Ferner wurden noch zwei Korpuskulareffekte in ihrem Dämpfungsverlauf ausgewertet. Auf den Abb. 11a und 11b sind die ermittelten Kurven dargestellt. Hier zeigt es sich besonders, daß bei korpuskularen Dämpfungseinbrüchen immer ein relativ schneller Abfall der Strahlung erfolgt, aber auch ein sehr schneller Anstieg bzw. eine sehr schnelle Abnahme der Dämpfung nach dem Maximalwert vor sich geht. Bei den flare-Effekten ist das nicht so. Hier geht die Zunahme der Dämpfung meist etwas langsamer vonstatten und in jedem Fall folgt dem Maximum ein langsamer, allmählicher Rücklauf in den ungestörten Zustand. Bemerkenswert ist der Verlauf der Dämpfung während des sehr starken Effektes vom 8. April des vergangenen Jahres. Es handelt sich hier um einen äußerst schnellen und tiefen Abfall der Strahlung. Das ΔL lag etwas über 13 db auf 25 MHz! Jedoch ist die Dauer des Effektes (17 Minuten) sehr klein im Vergleich zur Größe. Intensitätsmäßig gesehen war dies der bisher größte in Neustrelitz gemessene SCNA.

Abschließend läßt sich sagen, daß die Möglichkeit der genauen Bestimmung des Dämpfungsverlaufes der Radiowellen während eines Flares mit Hilfe der Cosmic-Noise-Methode uns die Hoffung gibt, in Zukunft Weiteres über den Mechanismus der Entstehung dieser Dämpfung aussagen zu können.

LITERATUR

[1] Mitra, A. P. and Shain, C. A., Journ. Atm. Terr. Phys. 4 (1953) S. 204—218.
[2] Shain, C. A. and Mitra, A. P., Journ. Atm. Terr. Phys. 5 (1954) S. 316—328.
[3] Little, C. G. and Leinbach, H., Proc. IRE 46 (1958) S. 334—348.
[4] Reid, G. C. and Collins, C., Journ. Atm. Terr. Phys. 14 (1959) S. 63—81.
[5] Kretschmer, R. G. und Lippert, W., Berichte d. Tagg. d. Arbeitsgem. Ionosphäre, Kleinheubach 1960 (im Druck).

Zur Erschließung der ionisierenden Strahlung von Sonneneruptionen aus dem ionosphärischen Absorptionseffekt

Von J. Taubenheim[1])

EINLEITUNG

Sonneneruptionen (flares) sind sehr häufig sowohl mit Strahlungsausbrüchen im Radiofrequenzbereich (burst) als auch mit abnormen Ionisationseffekten in der Ionosphäre (Mögel-Dellinger-Effekt) verbunden. Dabei ist anzunehmen, daß die ionisierende Strahlung (wahrscheinlich Röntgenstrahlung) aus dem Inneren desjenigen Volumens des Flares kommt, in dem auch die cm-Wellen-Emission ihren Ursprung hat. Die naheliegende Vermutung, daß für beide Spektralbereiche der gleiche Erzeugungsmechanismus verantwortlich ist, könnte dadurch erhärtet werden, daß sich Ähnlichkeiten im zeitlichen Verlauf der Intensitäten zwischen cm-Burst und ionisierender Strahlung des Flares nachweisen lassen.

Die ionisierende Strahlung der Sonne kann vom Erdboden aus nur aus ihren Wirkungen auf die Ionosphärenschichten erschlossen werden, von denen durch Sonneneruptionen am stärksten das D-Gebiet (zwischen 60 und 100 km Höhe) betroffen wird. Dieser Effekt kann entweder mit Hilfe von Ausbreitungsbeobachtungen an langen Rundfunkwellen (kHz-Bereich) oder durch Beobachtung der Absorption von Kurzwellen (MHz-Bereich) erfaßt werden. Für die letztere Beobachtung stehen entweder an der Ionosphäre reflektierte Funkwellen oder das kosmische Rauschen auf Kurzwellen zur Verfügung. Sowohl statistische Untersuchungen (Hachenberg und Krüger 1959) als auch qualitative Diskussionen des Zeitverlaufes von Mögel-Dellinger-Effekten (Hachenberg und Volland 1959) haben bereits sehr enge Beziehungen zwischen den ionosphärischen Absorptionseffekten und den Bursts auf $\lambda = 3{,}2$ cm aufgedeckt.

Das Problem des quantitativen Rückschlusses vom Absorptionseffekt auf den Verlauf der ionisierenden Strahlung besteht darin, daß zwei Schritte mit zunächst hypothetischen Annahmen notwendig sind. Die Messung der Kurzwellen-Absorption gestattet gewisse Aussagen über die Veränderung der Elektronendichte im D-Gebiet. Danach muß von der Elektronendichte auf die ionisierende Strahlung geschlossen werden, wobei die Strahlungsintensität nur in einem relativen Maß angegeben werden kann, da ihr Spektralbereich noch nicht bekannt ist.

DAS SCHLUSSVERFAHREN

Durch die Strahlung der Sonneneruption erhöht sich die Elektronendichte um den Betrag N' [cm^{-3}]. Das führt zu einer Erhöhung der Absorption einer elektromagnetischen Welle in der Ionosphäre, und zwar um den Betrag L', gemessen in Dezibel oder Neper. Die zusätzliche Absorption $L'(t)$ ist eine integrale Funktion der zusätzlichen Elektronendichte $N'(z, t)$ auf dem gesamten Weg des Funkstrahls bis zur Gipfelhöhe h^* in der Ionosphäre (Erdkrümmung vernachlässigt)

$$L'(t) = \text{const.} \cdot \int_0^{h^*} N'(z, t)\, \nu(z)\, dz \,. \tag{1}$$

[1]) Dr. Jens Taubenheim, Heinrich-Hertz-Institut der DAdW, Berlin-Adlershof.

$\nu(z)$ ist dabei die Stoßfrequenz zwischen Elektronen und neutralen Gasteilchen. Man sieht, daß ein bestimmter Wert L' durch beliebig viele Verteilungen von $N'(z)$ mit der Höhe realisiert werden kann.

Der Zusammenhang zwischen der Elektronendichte N' und dem Maß q' für die zusätzliche Strahlung (ausgedrückt als Zahl der Ionisationen pro Zeit- und Raumeinheit) wird durch die ionosphärische Bilanzgleichung hergestellt, die wir in unserem Fall schreiben können:

$$\frac{\partial N'}{\partial t} = q' - \varphi(N'; z) . \tag{2}$$

Transportvorgänge sind dabei vernachlässigt. $\varphi(N'; z)$ ist eine Funktion, die das Verschwinden freier Elektronen beschreibt und durch das Zusammenwirken von Rekombinations-, Anlagerungs- und Abspaltungsprozessen bestimmt ist. Je nach Überwiegen des einen oder anderen Prozesses sind zwei Grenzfälle wichtig, die „effektive Anlagerung" mit der Form

$$\varphi(N'; z) = \beta(z) \cdot N' \tag{3}$$

und die „effektive Rekombination", die für die zusätzliche Ionisation beim Eruptionseffekt die Form hat

$$\varphi(N'; z) = \alpha(z) \cdot N' (N' + 2 N_0) . \tag{4}$$

N_0 ist dabei die normale (ungestörte) Elektronendichte.

Die wirkliche Form der Funktion $\varphi(N'; z)$, die für den Fall des Eruptionseffektes anzuwenden ist, kennen wir nicht. Wir müssen versuchen, sie aus dem Verhalten während des Effektes selbst zu ermitteln. Betrachten wir die Elektronendichte für Zeiten nach dem Ende des Strahlungsausbruches, also bei $q' = 0$, dann gibt die Einsetzung von (2) in (1), wenn (1) nach t differenziert wird,

$$\frac{dL'}{dt} = - \text{const.} \cdot \int_0^{h^*} \varphi(N'; z)\, \nu(z)\, dz . \tag{5}$$

Die Grenzfälle (3) und (4) zeigen, daß wir im allgemeinen den Faktor N' aus der Funktion $\varphi(N'; z)$ abspalten können:

$$\varphi(N'; z) = N' \gamma(N'; z) , \tag{6}$$

so daß die rechte Seite von (5) in erster Näherung lautet

$$- \gamma(N_s'; z_s) \cdot \text{const} \cdot \int_0^{h^*} N'(z, t)\, \nu(z)\, dz = - \gamma(N_s'; z_s) \cdot L' . \tag{7}$$

Der Index s bedeutet den Schwerpunkt der Höhenverteilung von $(N' \nu)$. Die Koeffizienten $\alpha(z)$ und $\beta(z)$ in Gleichung (3) und (4) verändern sich im gleichen Sinne wie die Luftdichte, nehmen also mit wachsender Höhe ab. Man macht sich leicht klar, daß sich der Schwerpunkt der $(N' \nu)$-Verteilung stets nach der Seite verschiebt, wo die relative zeitliche Änderung von N' langsamer ist. Dann verändert sich aber auch $\gamma(N_s'; z_s)$ stets im gleichen Sinne wie N' (und damit auch wie L'). Für die zeitliche Veränderung der Absorption gilt somit nach (5) und (7) angenähert die Beziehung

$$\frac{dL'}{dt} = - g(L') \cdot L' , \tag{8}$$

wo $g(L')$ eine mit L' gleichsinnig variierende Funktion ist. Trägt man den Logarithmus von $\left(-\frac{dL'}{dt}\right)$ über dem Logarithmus von (L') auf, so muß die Steigung der Punktreihe stets ≥ 1 sein. Die Steigung 1 kann nur auftreten, wenn $g(L') = \text{const.}$, das heißt, wenn sowohl ein effektives Anlagerungsgesetz (3) gilt als auch keine Höhenverlagerung des Schwerpunktes der $(N' \nu)$-Verteilung stattfindet. Letzteres ist nur dann möglich, wenn die Zusatzionisation des Eruptionseffektes auf ein kleines Höhenintervall begrenzt ist.

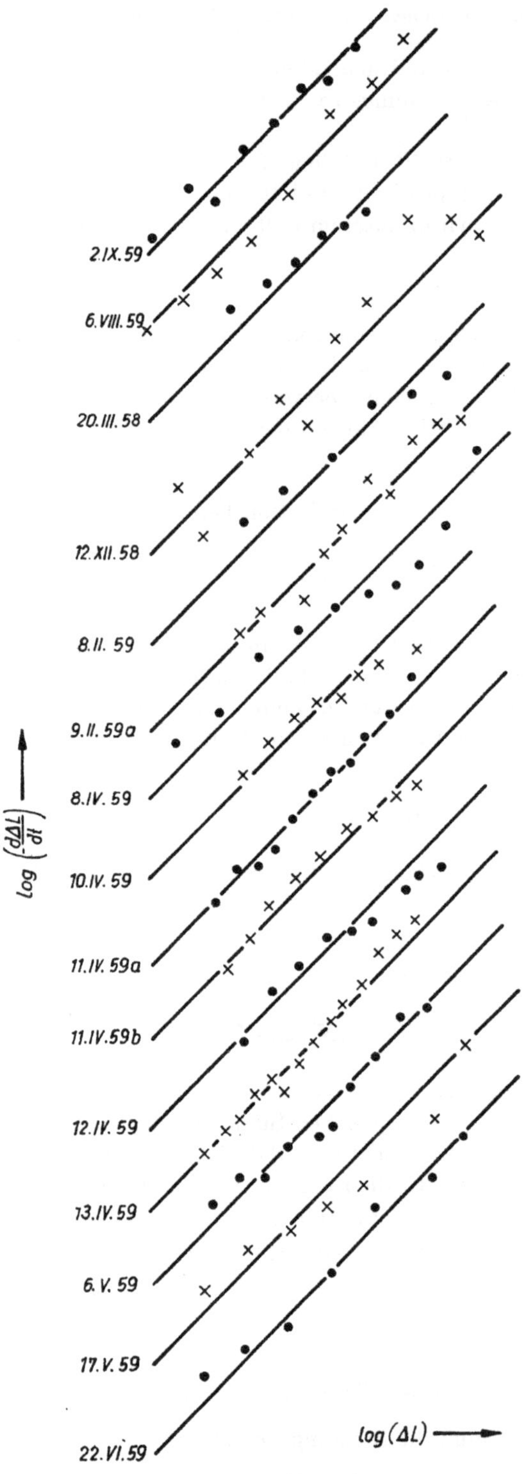

Abb. 1. Diagramm von $\log\left(-\frac{dL'}{dt}\right)$ als Funktion von $\log(L')$ für einige MÖGEL-DELLINGER-Effekte (L' = zusätzliche Kurzwellenabsorption). Alle eingezeichneten Geraden haben die Steigung 1.

DISKUSSION EXPERIMENTELLER ERGEBNISSE

Die Absorptionsänderungen infolge von Sonneneruptionen wurden im Heinrich-Hertz-Institut (Meßstation Neustrelitz) mittels Registrierung der relativen Feldstärke seine Kurzwellensenders auf 6,03 MHz gemessen. In einem Fall (8. IV. 59) wurde zusätzlich eine Registrierung des kosmischen Rauschens auf 25 MHz herangezogen. In 18 von 27 ausgewerteten Effekten entsprach die Absorptionsänderung von einem gewissen Zeitpunkt an der Gleichung (8) mit $g(L') =$ const., was in Abb. 1 an der guten Anpassung der Meßpunkte an eine Gerade mit der Steigung 1 zu erkennen ist.

Dann gelten die am Schluß des vorigen Abschnittes gezogenen Folgerungen, wenn angenommen werden kann, daß zu diesen Zeiten keine zusätzliche ionisierende Strahlung mehr von der Sonneneruption ausgeht. Diese Annahme rechtfertigt sich durch die Tatsache, daß in allen diesen Fällen zur fraglichen Zeit auch die Burst-Strahlung auf $\lambda = 3{,}2$ cm (gemessen im Heinrich-Hertz-Institut, Berlin-Adlershof) auf wenige Prozent ($< 9\%$) der normalen Emission der Sonne abgeklungen war. Somit ist für die Elektronendichte des Sonneneruptionseffektes in der D-Schicht ein effektives Anlagerungsgesetz (3) anzunehmen, bei dem $L' \sim N'$ gesetzt werden kann; der Anlagerungskoeffizient ergibt sich im Mittel zu $\beta = 2 \times 10^{-3}$ [sec^{-1}]. Daraufhin kann man nun versuchen, aus der Gleichung (2) mit dem Anlagerungsgesetz (3) die ionisierende Strahlung q' zu berechnen. Dabei ergibt sich wiederum eine gute Übereinstimmung im zeitlichen Verlauf mit den Bursts auf $\lambda = 3{,}2$ cm, was die Richtigkeit unserer Deutung der experimentellen Ergebnisse zu bestätigen scheint (Abb. 2). Bei Annahme effektiver Rekombination ist die Übereinstimmung schlechter.

SCHLUSSFOLGERUNGEN

Bei zahlreichen MÖGEL-DELLINGER-Effekten in Zusammenhang mit Sonneneruption (flares) läßt sich das Abklingen der Kurzwellen-Absorption in der Ionosphäre in der Endphase des Effektes durch die Gleichung

$$-\frac{dL'}{dt} = \text{const} \cdot L'$$

beschreiben. Das kann so gedeutet werden, daß der Absorptionseffekt durch eine ionisierte Schicht relativ geringer Dicke hervorgerufen wird, in der die Elektronendichte einem „effektiven Anlagerungsgesetz" mit dem Koeffizienten $\beta = 2 \cdot 10^{-3}$ [sec^{-1}] folgt. Bei dieser Deutung ergibt sich eine gute Übereinstimmung im zeitlichen Intensitätsverlauf der ionisierenden Strahlung mit dem Burst auf $\lambda = 3{,}2$ cm. Wenn man weiterhin annimmt, daß die Eruptionseffekte in der Langwellenausbreitung durch die gleiche Schicht wie der Absorptionseffekt hervorgerufen werden, dann muß diese Schicht etwa in einem Bereich um 75 km Höhe liegen.

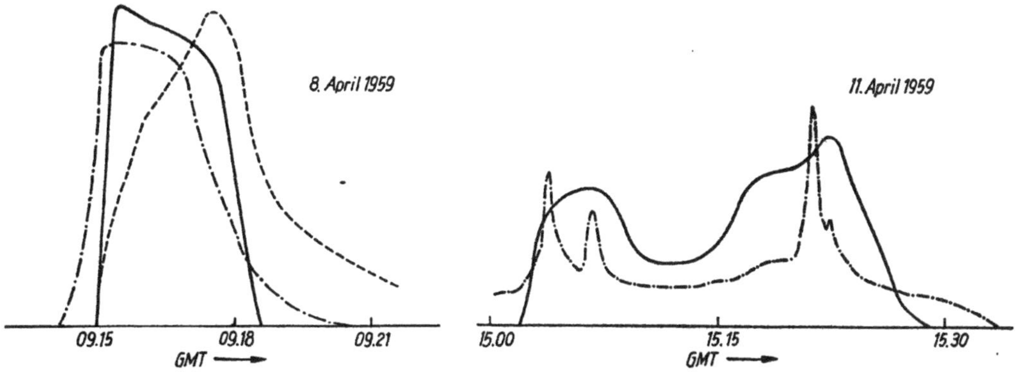

Abb. 2. Intensitätsverlauf der Strahlung bei zwei Sonneneruptionen. Strichpunktiert: Burst auf $\lambda = 3{,}2$ cm; ausgezogen: Ionisierende Strahlung bei effektiver Anlagerung; gestrichelt: Ionisierende Strahlung bei effektiver Rekombination. Der Intensitätsmaßstab ist willkürlich.

Da andererseits sowohl aus theoretischen Abschätzungen als auch aus Raketenmessungen (Mende, Rawer und Vassy 1957) hervorgeht, daß bei ungestörten Verhältnissen kein wesentlicher Beitrag zur Kurzwellen-Absorption von den Niveaus unterhalb 80 km Höhe geleistet wird, ist die absorbierende Schicht beim Eruptionseffekt nicht identisch mit dem Absorptionsgebiet unter normalen Verhältnissen. Diese Tatsache geht auch aus Untersuchungen des erdmagnetischen Effekts (crochet) von Sonneneruptionen hervor (Volland und Taubenheim 1958, Veldkamp und van Sabben 1960). Die erdmagnetischen Eruptionseffekte weisen ebenfalls auf ein effektives Anlagerungsgesetz hin, allerdings mit einem kleineren Koeffizienten ($\beta = 5 \cdot 10^{-4}$ [sec^{-1}]; Veldkamp und van Sabben 1960). Für die Ausbildung einer Schicht im Bereich um 75 km Höhe kommt eine Röntgenstrahlung von etwa 3···4 Å Wellenlänge in Frage, deren Verstärkung bei Eruptionen bereits aus den Raketenmessungen von Friedmann (1960) hervorgeht. Eine endgültige Entscheidung über die Richtigkeit der hier gegebenen Deutung könnte durch Messungen der Höhenverteilung der Ionisation im D-Gebiet mittels Raketen herbeigeführt werden, die aber bisher noch nicht vorliegen.

LITERATUR

[1] Friedman, H., XIII th General Assembly of U. R. S. I., London 1960.
[2] Hachenberg, O. und Krüger, A., J. Atmosph. Terrestr. Physics **17** (1959) S. 20—33.
[3] Hachenberg, O. und Volland, H., Z. Astrophys. **47** (1959) S. 69—80.
[4] Mende, H., Rawer, K. und Vassy, E., Ann. Géophys. **13** (1957) S. 231—33.
[5] Veldkamp, J. und van Sabben, D., J. Atmosph. Terrestr. Physics **18** (1960) S. 192—202.
[6] Volland, H. und Taubenheim, J., J. Atmosph. Terrestr. Physics. **12** (1958) S. 258—265.

V. Exosphäre und Magnetosphäre

Korpuskulare Sonnenstrahlung und Strahlungsgürtel der Erde

Von J. KLECZEK[1])

ZUSAMMENFASSUNG

Der Energiebereich der korpuskularen Sonnenstrahlung übertrifft weit den der Energie der Protonen und Elektronen in den Strahlungsgürteln. Es wird gezeigt, daß auch die Partikeln des inneren Strahlungsgürtels ihren Ursprung (wenigstens zum Teil) auf der Sonne haben.

Obwohl das Energiespektrum der Strahlungsgürtel und seine Abhängigkeit von Ort, Richtung und Zeit nicht völlig bekannt sind, wurden daraus schon wichtige Schlüsse über den Ursprung der energetischen Protonen und Elektronen gezogen [1, 2, 3, 4, 5]. Es wird heute allgemein angenommen, daß die Partikeln des äußeren Gürtels ihrem Ursprung nach eingefangene korpuskulare Sonnenstrahlung sind. Dagegen werden die energetischen Protonen des inneren Gürtels manchmal als Zerfallsprodukte der Neutronenalbedo erklärt. Von quantitativer Seite aus ist aber diese Erklärung nicht zufriedenstellend. Der Neutronenzerfall liefert außerdem nur Protonen, und er kann nicht das eventuelle Vorkommen von schwereren Kernen in dem inneren Strahlungsgürtel erklären. Beide Anwendungen verlieren ihre Bedeutung, wenn man als Quelle der energetischen Partikeln des inneren Strahlungsgürtels die korpuskulare Sonnenstrahlung annimmt.

Es ist schon längere Zeit bekannt, daß Polarlichter und magnetische Stürme durch die Protonen mit Energien von $\sim 10^4$ eV verursacht werden. Wichtige Ergebnisse beim Studium der korpuskularen Sonnenstrahlung wurden bereits in den letzten Jahren erzielt. Es hat sich gezeigt, daß die Sonne eine bedeutende Quelle für die Korpuskeln mit sehr verschiedenen Energien ist. Das Spektrum der korpuskularen Sonnenstrahlung reicht von thermischen Partikeln mit Energien 10^2—10^3 eV bis zu relativistischen Partikeln mit Energien von 10^{10} eV.

In der schematischen Darstellung (Tabelle) sind die energetischen Verhältnisse in den Strahlungsgürteln auf der linken Seite dargestellt worden. Die rechte Seite repräsentiert die festgestellten Energie-Intervalle der korpuskularen Sonnenstrahlung.

Die thermische Energie der Teilchen in der Korona ist zu klein, so daß die Dissipation in der korpuskularen Sonnenstrahlung nur eine unwesentliche Rolle spielt. Geschwindigkeiten von 10^8 cm/s werden bei verschiedenen Erscheinungen beobachtet, z. B. bei magnetischen Stürmen, Polarlichtern, raschen eruptiven Protuberanzen [6] und bei dem Typ II der Radiostrahlung. Die Wolke der relativistischen Elektronen, die später in der hohen Korona als TypV strahlen, bewegt sich mit einer Geschwindigkeit von etwa 10^{10} cm/s [7]. Typ V und IV der Radiostrahlung der Sonne werden als Synchrotronstrahlung der relativistischen Elektronen mit der Energie von etwa 10^6 eV in lokalem Magnetfeld hoch in der Korona erklärt [7, 8]. Die Protonen mit Energien von $5 \cdot 10^6$ bis $5 \cdot 10^7$ eV werden in Polargebieten mittels eines „Riometers“ registriert [9, 10]. Die kosmische Strahlung nach den Eruptionen ist nicht energiereich (10^9—10^{10} eV) und wurde in einem Falle auch bei einer schnellen Kondensation von

[1]) Dr. JERZY KLECZEK, Astronomisches Institut der Tschechoslowakischen Akademie der Wissenschaften, Ondřejov.

Loop-Protuberanzen beobachtet [11, 11a]. Die Partikeln im Typ IV der Radiostrahlung sind wahrscheinlich auch die Quelle des kosmischen Strahlung [12].

In der Tabelle sind die beobachteten Energie-Intervalle durch voll ausgezogene Linie gekennzeichnet worden. Es ist aber höchst wahrscheinlich, daß das Spektrum kontinuierlich ist. Die Lücken sind durch den sporadischen Charakter der Erforschung gegeben, und es besteht kein Grund für die Existenz der energetischen Lücken in der Korpuskularstrahlung. In der Tabelle sind die Lücken durch Punkt angedeutet. In jedem Falle ist das energetische Spektrum der korpuskularen Sonnenstrahlung viel breiter als das Energiespektrum der Strahlungsgürtel.

Die chemische Zusammensetzung der korpuskularen Sonnenstrahlung (und auch der Gürtel) blieb bisher eine offene Frage. Ein wichtiges Resultat in dieser Hinsicht wurde durch Čerenkov-Zähler in dem zweiten sowjetischen Raumschiff gewonnen [13]. Die Instrumente registrierten eine starke Vermehrung schwerer relativistischer Kerne ($Z > 15$), die mit der Radiostrahlung der Sonne korreliert war. Diese in der Höhe von etwa 300 km gemessene Vermehrung zeugt dafür, daß der Beschleunigungsmechanismus auf der Sonne nicht nur auf Elektronen, Protonen und α-Partikel wirkt, sondern auch schwere Kerne beschleunigt.

Obwohl die Frage, wie die Partikeln in den inneren Gürtel quer zum Magnetfeld eindringen, nicht endgültig theoretisch gelöst ist, zeigen die Resultate der Ballonaufstiege über Minnesota, daß die Protonen ($\sim 10^8$ eV) nach chromosphärischen Eruptionen bis in die Höhe von 40 km eindringen können. Es ist deshalb möglich, daß die Partikeln in niedrigen geomagnetischen Breiten ($< 40°$) in das Gebiet des inneren Gürtels direkt eindringen und dort eingefangen werden.

Energetische Verhältnisse in den Strahlungsgürteln und in der korpuskularen Sonnenstrahlung. Die Logarithmen der Energie (eV) werden hier angegeben. *E* bedeutet Elektronen, *P* Protonen.

Erde:		Sonne:	
Strahlungsgürtel	Logarithmen der Energie der Partikeln (eV)		Korpuskularstrahlung, begleitende Erscheinung
	9	*P*	Kosmische Strahlung, chromosphärische Eruptionen, loop-Protuberanzen, Radioemission Typ IV
Protonen im äußeren Strahlungsgürtel	8	*P*	Radiostrahlung Typ III Protonen über Minnesota
	7	*P*	Protonen registriert mit Riometer
	6	*E*	Radiostrahlung Typ IV, Typ V
Elektronen im inneren Strahlungsgürtel	5	*E*	Radiostrahlung Typ III
	4	*P*	Eruptive Protuberanzen, Magnetische Stürme, Polarlicht, Radiostrahlung Typ II
	3		← Entweichen von Protonen aus der Korona (untere Grenze)
	2	*E*, *P*	Thermische Protonen, Thermische Elektronen
	1		
	0		

LITERATUR

[1] VAN ALLEN, J. A. u. a., J. Geoph. Res. **64** (1959) 271.
[2] VERNOV, S. N. u. a., Doklady Akad. Nauk SSSR **125** (1959) 304.
[3] VAN ALLEN, J. A., J. Geoph. Res. **64** (1959) 1683.
[4] VERNOV, S. N. u. a., Proceedings of the Moscow Cosmic Ray Conference Vol. III, Moscow (1960) 46.
[5] SINGER, J. F., Phys. Review Letters **1** (1948) 171, 181.
[6] MENZEL, D. H., Astron. J. **61** (1956) 186.
[7] WILD, J. P. u. a., Austr. J. Phys. **12** (1959) 369.
[8] BOISCHOT, A., Annales d'Astrophysique **21** (1958) 273.
[9] REID, G. C. und LEINBACH, H., J. Geoph. Res. **64** (1959) 1801.
[10] LITTLE, C. G. und LEINBACH, H., Proc. I. R. E. **46** (1958) 334.
[11] KŘIVSKÝ, L. und KLECZEK, J., Vortrag dieses Symposiums.
[11a] HLADKÝ, J. u. a., Nuovo Cimento 1960 (im Druck).
[12] DENISSE, J. F., Paris Symposium on Radioastronomy, edited by R. N. Bracewell, Stanford 1959, S. 237.
[13] Pravda (UdSSR), No 250 vom 6. Sept. 1960, S. 3.
[14] NEY, E. P., Astroph. J. Supplement Vol IV (1960) 376.

Jahreszeitliche Phasenunterschiede im Whistler-Tagesgang

Von L. Klinker und G. Entzian[1])

ZUSAMMENFASSUNG

Jahreszeitliche Unterschiede in der Phase des Whistler-Tagesganges werden auf den Einfluß der ionosphärischen Dämpfung zurückgeführt. Der Tages- und der Jahresgang der Whistleraktivität deuten daraufhin, daß das Quellgebiet der in Mitteleuropa beobachteten kurzen Whistler in niederen Breiten als nach der Storey-Theorie zu suchen ist.

SUMMARY

Annual differences in the phase of the diurnal variation in the whistler-activity are suggested to originate from the absorption of ionosphere. The diurnal and annual variation of whistler-activity seems to indicate that the origin of short whistlers, observed in middle europe, is situated in lower latitudes than follows from Storey-theory.

Sowohl die Beobachtungen über starke Änderungen der Whistlerdispersion innerhalb kurzer Zeit von Popp und Entzian [1] wie auch die theoretischen Untersuchungen von Maeda und Kimura [2] und die experimentellen Ergebnisse von Dowden und Goldestone [3] weisen darauf hin, daß der Whistlerweg nicht so eng an den Verlauf der erdmagnetischen Kraftlinien gebunden ist, wie in der Storey-Theorie zunächst angenommen wurde [4]. Einen weiteren Hinweis darauf geben die in Kühlungsborn beobachteten jahreszeitlichen Unterschiede im Tagesgang der Whistlerhäufigkeit.

Die Beobachtungen von jeweils 15 Minuten Dauer wurden von Mai 1957 bis Dezember 1958 im 2stündigen Abstand, ab Januar 1959 im einstündigen Abstand von 19.00 bis 7.00 Uhr MOZ durchgeführt.

In Abb. 1a und b sind der tageszeitliche Verlauf der Whistlerdichte sowie die Häufigkeit der Eintrittszeiten der größten nächtlichen Whistlerdichte getrennt für Sommer und Winter eingetragen. In beiden Abb. fällt auf, daß der morgendliche Abfall in der Whistlertätigkeit in den Sommermonaten etwa 1 bis 2 Stunden später eintritt als im Winter. Zu diesen Abb. ist das obenerwähnte zweistündige Material aus dem Zeitraum von Mai 1957 bis April 1960 verwandt worden. Wie die einstündigen Messungen in Kühlungsborn ab Januar 1959 und die ebenfalls einstündigen Messungen in Pruhonice bei Prag [5] zeigen, dürfte diese Differenz genauer etwa eine Stunde betragen.

Vermutlich ist diese Erscheinung eine Auswirkung der tiefionosphärischen Dämpfung. In Abb. 2a ist die mittlere D-Schichtdämpfung für Sommer und Winter nach Messungen auf 245 kHz [6] wiedergegeben. Da die Durchgangsdämpfung im Whistlermode porportional $\nu \sqrt{N}$, die Langwellendämpfung jedoch proportional νN ist, können aus den 245 kHz-Messungen nur qualitative Rückschlüsse auf die Whistlerdämpfung gezogen werden (ν = Stoßzahl, N = Elektronendichte). Die in Abb. 2a erkennbaren jahreszeitlichen Dämpfungsunterschiede werden in abgeschwächter Form auch im Whistlermode auftreten, so daß zunächst angenom-

[1]) Dr. L. Klinker und Dipl.-Phys. G. Entzian, Observatorium für Ionosphärenforschung, Kühlungsborn.

men wird, daß die Whistlerdämpfung im wesentlichen von der jeweiligen Sommerhalbkugel bestimmt wird. Da die Whistlerdämpfung außerdem einem ähnlichen Sonnenstandsgesetz folgen dürfte wie die der Langwellen, könnte die um 30° östlichere Lage des konjugierten Punktes (Abb. 3) gegen den Beobachtungsort die Zeitdifferenz im morgendlichen Abfall der Whistlertätigkeit zwischen Sommer und Winter erklären.

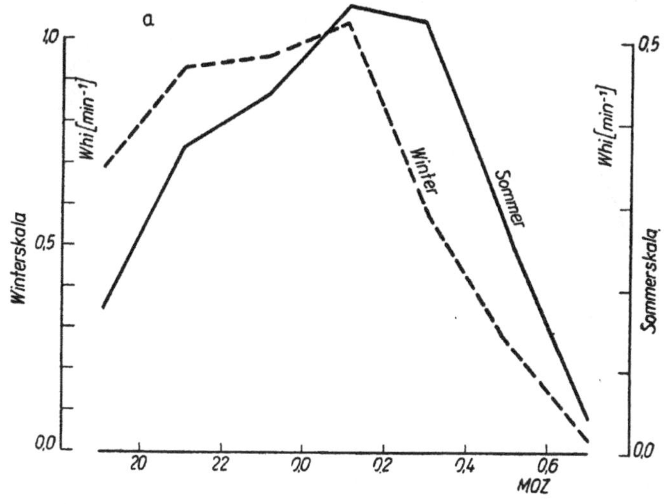

a)

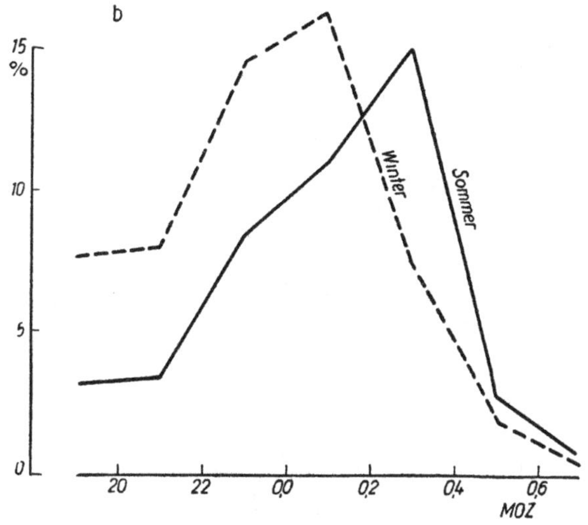

b)

Abb. 1. Nächtlicher Gang der Whistleraktivität im Sommer- und Winterhalbjahr.
a) Whistlerdichte (Whistler pro Beobachtungsminute)
b) Häufigkeit der Eintrittszeiten der größten nächtlichen Whistlerdichte

Zur genaueren Untersuchung der jahreszeitlichen Variationen der Whistlertätigkeit müssen neben der abweichenden geographischen Länge des vermutlichen Whistlerquellgebietes und des Beobachtungsortes auch eventuelle Unterschiede in der geographischen Breite berücksichtigt werden. In der Tabelle sind die bei verschieden angenommener Lage der Quelle auf dem erdmagnetischen Meridian von Kühlungsborn für 50° (theoretisch konjugierter Punkt 51,1 °S,

41,1 °E für Dipolfeld), 40° und 30° südlicher Breite sich ergebenden Phasenunterschiede in der Nord- und Südsommerdämpfung zusammengestellt. Danach scheint das im Bereich von 40° Süd berechnete frühere Einsetzen des morgendlichen Dämpfungsanstieges während des Südsommers dem um 1 Stunde früheren Abfall der Whistlertätigkeit am besten zu entsprechen.

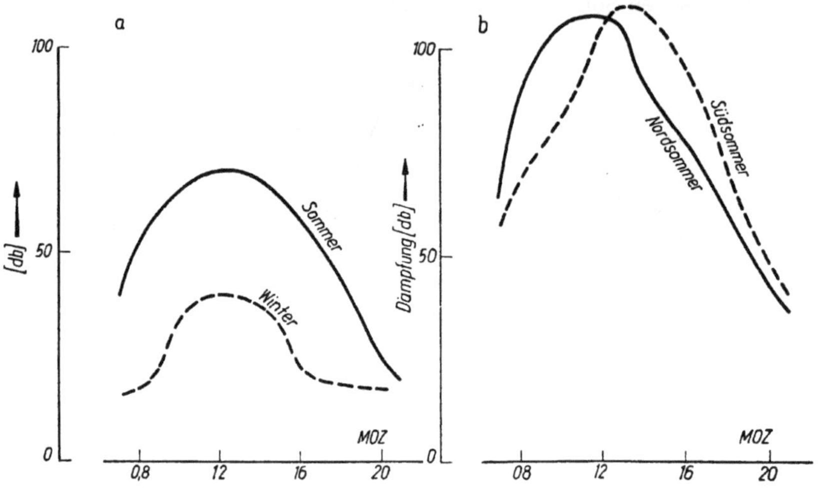

Abb. 2.

a) Mittlere Langwellendämpfung (245 kHz) in Kühlungsborn für Sommer und Winter.
b) Qualitativer Verlauf der Whistlerdämpfung in Nord- und Südsommer unter Berücksichtigung beider Hemisphären nach den Werten der Abb. 2a.

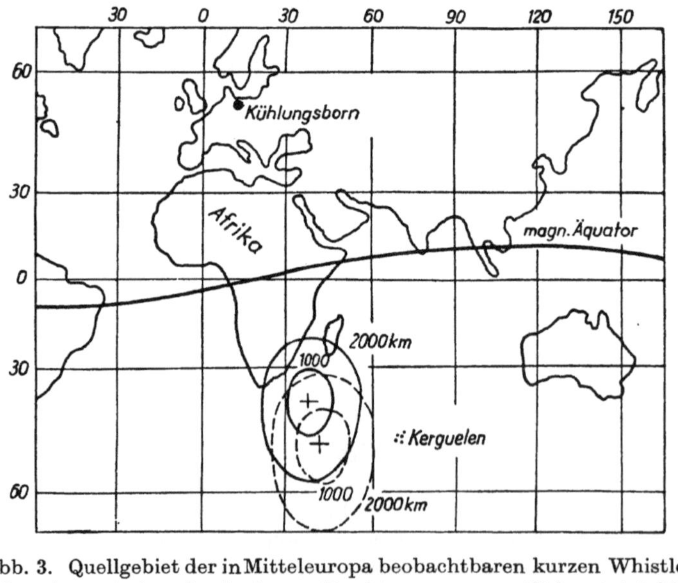

Abb. 3. Quellgebiet der in Mitteleuropa beobachtbaren kurzen Whistler (- - - - Gebiet um den theoretischen konjugierten Punkt, —— vermutliches tatsächliches Quellgebiet).

Das würde darauf hinweisen, daß das tatsächliche Whistlerquellgebiet in niederen Breiten liegt als der Storey-Theorie entspricht, bzw. daß die Whistlerwege polseitig von den erdmagnetischen Kraftlinien abweichen können.

Dagegen treten nun aber die in der Tabelle für die Zeit des Sonnenunterganges abgeleiteten jahreszeitlichen Phasendifferenzen im Beobachtungsmaterial der Whistler nicht auf. Dieser

Widerspruch läßt sich lösen, wenn die jeweilige Winterdämpfung nicht mehr vernachlässigt wird. Mit den Dämpfungswerten in Abb. 2a ist daher in Abb. 2b die Gesamtdämpfung beider Halbkugeln jeweils für Nordsommer — Südwinter und für Nordwinter — Südsommer dargestellt worden. Dem Unterschied in der geographischen Länge von Beobachtungsort und

Tabelle

Theoretische Unterschiede in der Phase der Nordsommer- und Südsommerdämpfung für eine mittlere Deklination von ± 14° unter Berücksichtigung der Unterschiede in der geographischen Breite und Länge des Beobachtungspunktes Kühlungsborn und der vermutlichen Quellengebiete der Whistler. (Berechnet für Sonnenaufgangshöhen in 80 bis 150 km, + Südsommerdämpfung setzt vor Nordsommerdämpfung ein (SA) bzw. aus (SU).)

Breite	Längeneffekt (min)	Breiteneffekt (min)	Gesamteffekt (min)	
			SU	SA
50 °S	+ 120	± 20	+ 140	+ 100
40 °S	+ 100	± 50	+ 150	+ 50
30 °S	+ 80	± 65	+ 145	+ 15

Quellgebiet entsprechend ist dabei ein zweistündiger Phasenunterschied in der Dämpfung der beiden Hemisphären angenommen worden. Dadurch wird das Maximum der Gesamtdämpfung im Südsommer um etwa 2 Stunden später erreicht als im Nordsommer. Eine entsprechende Verschiebung tritt auch in den frühen Abendstunden auf und dürfte sich in der Whistlerdämpfung stärker ausprägen als auf 245 kHz. Während die 245 kHz Dämpfung nachts etwa konstant bleibt, müßte die Durchgangsdämpfung der Whistler in der Ionosphäre entsprechend dem sonnenperiodischen Gang der Elektronenkonzentration in der E- und F_1-Schicht sicher weiter — etwa nach einem Sinusgesetz — abnehmen.

Insgesamt würde das also bedeuten, daß der in der Tabelle abgeleitete frühere Anstieg der Whistleraktivität während des Südsommers nicht oder nur abgeschwächt aufteten kann. Dagegen bildet sich während des Nordsommers in den Stunden des Sonnenaufgangs ein entsprechender Effekt nicht aus, da das Quellgebiet dann etwa zur gleichen Weltzeit Sonnenaufgang hat wie der Beobachtungspunkt.

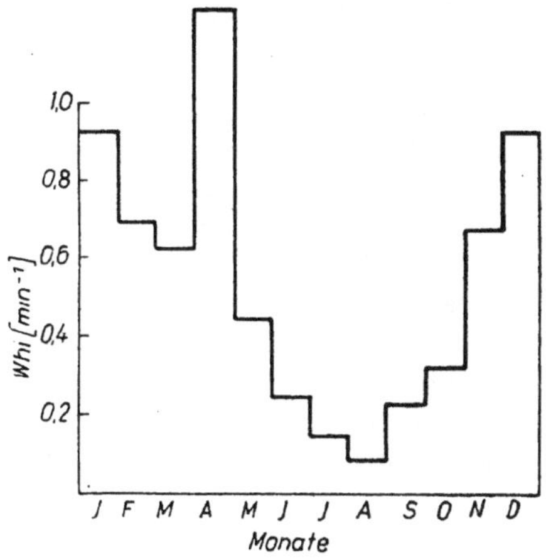

Abb. 4. Jahreszeitlicher Gang der Whistlerdichte in Kühlungsborn nach einem dreijährigen Beobachtungsmaterial.

Einen weiteren Hinweis für die Abweichung der Whistlerwege von den erdmagnetischen Kraftlinien ergibt sich auch aus den jahreszeitlichen Variationen der Whistleraktivität. Nach Abb. 4 zeigt die mittlere Whistlerdichte der einzelnen Monate einen kräftigen Jahresgang mit hohen Werten im Winter und niedrigen Werten im Sommer (einen ähnlichen Verlauf weist auch die nicht dargestellte mittlere Häufigkeit der Whistlertage auf). Ein Vergleich dieses Jahresganges mit der Gewitteraktivität [7] im Raum des magnetisch-konjugierten Punktes in Abb. 5a ergibt keine befriedigende Übereinstimmung (in Kühlungsborn werden vorwiegend kurze Whistler beobachtet, die den Ausbreitungsweg nur einmal zurückgelegt haben). Entsprechend dem maritimen Charakter dieses Gebietes ist die Gewittertätigkeit im Jahresablauf sehr ausgeglichen und zeigt ein nur schwaches Maximum in den späten Frühjahrsmonaten. In dieser Zeit ist aber die Whistlerdichte — wenn man von dem Monat April absieht, dessen hohen Werte allein durch die abnormale Aktivität des April 1959 hervorgerufen wurden — gegenüber den winterlichen Höchstwerten bereits stark abgefallen. Eine gute Übereinstimmung des Jahresganges der Whistleraktivität ergibt sich dagegen nach Abb. 5b mit der Gewitterhäufigkeit des südafrikanischen Raumes. Die hohe Whistleraktivität in den Monaten des Nordwinters korreliert mit dem Maximum der Gewittertätigkeit in Südafrika; gleichzeitig gestattet die geringe Gewitterzahl in diesem Raum während des Südwinters eine zwanglose Deutung der zu dieser Zeit niederen Whistlerdichte in Kühlungsborn.

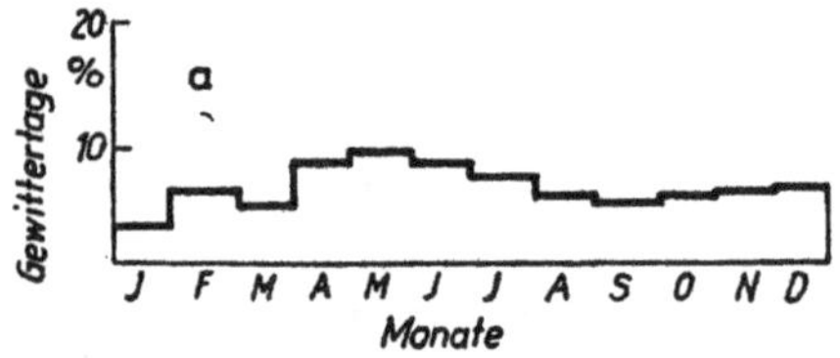

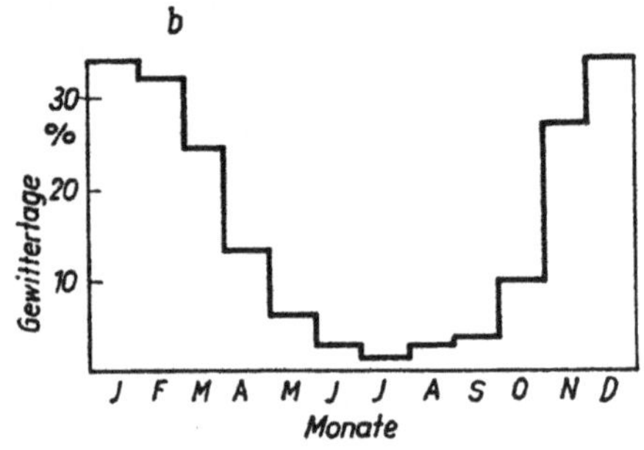

Abb. 5.

a) Gewitterhäufigkeit im Meeresgebiet des theoretischen konjugierten Punktes
b) Jahresgang der Gewitterhäufigkeit im südafrikanischen Raum

Sowohl aus dem jahreszeitlichen Unterschied in der Phase des Whistlertagesganges wie auch aus dem Jahresgang der Whistleraktivität ergeben sich somit Hinweise für eine äquatornähere Lage des Whistlerquellgebietes als es dem theoretischen konjugierten Punkt für Kühlungsborn entspricht. Während der erstere den Schwerpunkt der Quelle etwa in 40° Süd vermuten läßt, deutet der letztere auf den Raum von etwa 30° Süd. Bei einem Einzugsbereich der Whistler von 1000 bis 2000 km Radius (4,8) scheinen beide Ergebnisse miteinander vereinbar zu sein.

Unter Berücksichtigung der geographischen Koordinaten wäre eine gemeinsame Deutung der tages- und jahreszeitlichen Variationen der Whistleraktivität auch für den Fall möglich, daß das Gebiet von Madagaskar wesentlich zu den in Mitteleuropa beobachteten Whistlern beitragen sollte. In diesem Falle wäre dann allerdings neben der polseitigen Abweichung der Whistler von den Kraftlinien auch noch eine in Ost-West-Richtung anzunehmen.

Das Auftreten von jahreszeitlichen Phasenunterschieden im Whistlertagesgang als Folge der unterschiedlichen ionosphärischen Dämpfung ist gleichzeitig ein Hinweis dafür, daß der mittlere Tagesgang der Whistleraktivität über einen längeren Zeitraum als relatives Maß der in diesem Ausbreitungsmode auftretenden Dämpfung dienen kann.

LITERATUR

[1] Popp, C. und Entzian, G., Lokalisierung von Initialsferics langer Whistler. Z. f. Met. **13** (1959) S. 193.

[2] Maeda, K. und Kimura, J., Calculation of the propagation path of whistling atmospherics; URSI XII th General Assembly 1957, Nr. 34, comm. III.

[3] Dowden und Goldstone, Whistler mode echoes remote from the conjugate point. Nature **183** (1959) S. 385.

[4] Storey, L. R. O., An investigation of whistling atmospherics. Phil. Trans. Roy. Soc. A. 246 Juli **9** (1953) S. 113.

[5] Ionosphärische Sonderbeobachtungen der Stationen Pruhonice und Panska ves 1958/1959.

[6] Lauter, E. A., Die Struktur der tiefen Ionosphäre und ihre Variationen. Ber. d. Deutsch. Wetterdienstes Nr. 22.

[7] World distribution of thunderstorm days. WMO—OMM, Nr. 21 TP 6 und TP 21.

[8] Entzian, G., Mattern, G. und Mrazek, J., Über simultane Whistlerbeobachtungen an 3 benachbarten europäischen Stationen (erscheint in Z. f. Meteorologie).

Über die „Dawn chorus"-Beobachtungen des Taunus-Observatoriums

Von G. Mattern[1])

Seit April 1957 werden am Taunus-Observatorium regelmäßig Längstwellenemissionen der Atmosphäre beobachtet, wobei außer den von den Blitzen erzeugten Sferics und Whistlern auch die meist mit „dawn chorus" bezeichnete Erscheinung einer Längstwellenemission häufig festgestellt wurde.

Dieser dawn chorus wurde zuerst von Storey [1] beschrieben und besteht in seinem Klangbild aus einer Folge von aufwärts gleitenden Tönen, die mehr oder auch weniger rasch aufeinander folgen. Nach R. M. Gallet und R. A. Helliwell [2, 3] wird diese Erscheinung durch das Zusammenwirken von schnellen Korpuskeln, die von der Sonne stammen, und dem erdmagnetischen Feld in der Exosphäre erzeugt, wobei ein Verstärkungsmechanismus ähnlich dem in Wanderfeldröhren verwandten zu zu beobachten ist. Nach G. McK. Allcock [4] breiten sich diese Störungen genau wie die Whistler längs der Kraftlinien des erdmagnetischen Feldes aus. Zum Empfang dieser Störungen wurde am Taunus-Observatorium eine 170 m lange und im Mittel 15 m hohe L-Antenne benutzt, die mit dem Eingang eines Niederfrequenzverstärkers verbunden war, der einen Durchlaßbereich von 200 bis 8000 Hz besitzt. Jede Stunde wird durch eine Schaltuhr der Ausgang dieses Verstärkers mit einem Tonbandgerät für die Dauer von 1,5 Min. verbunden, das die empfangenen Störungen speichert. Der starke aus dem Lichtnetz stammende Brumm gestattet nur das Erkennen von Signalen, die mehr als 100 μV Spannung am Eingang des Verstärkers liefern.

Da die Erscheinung des dawn chorus oft nur wenige Minuten lang hörbar ist, wurde vom Frühjahr 1960 an eine Dauerregistrierung zur Zeit des Sonnenaufganges durchgeführt.

Zwischen dem 1. 9. 1957 und dem 31. 12. 1960 konnte an insgesamt 145 Tagen ein dawn chorus (DC) festgestellt werden.

Die Verteilung über die Stunden des Tages zeigt die nachstehende Abb. 1. Aus ihr ersieht man, daß um die Zeit des Sonnenaufganges, mit einem Maximum um 05^{00} GMT, die Mehrzahl aller DC-Beobachtungen erfolgte. Während der Mittagszeit konnte bisher kein und während des Sonnenunterganges nur in 2 Fällen ein DC beobachtet werden.

Wenn man, wie in Abb. 2 geschehen, das gesamte Material in Sommer- und Winterbeobachtungen zusammenfaßt und dann über der Zeit aufträgt, so bleibt in beiden Fällen das Maximum um 05^{00} GMT erhalten. Die Sommerwerte (in Abb. 2 gestrichelt gezeichnet) zeigen jedoch nach der Nachtseite zu einen weniger raschen Abfall als die Winterwerte, was durch den früheren Sonnenaufgang im Sommer bedingt ist.

Dieses Maximum der Häufigkeit um 05^{00} GMT paßt gut in die von J. Crouchley und N. M. Brice [5] angeführte Zusammenstellung über die Abhängigkeit der zeitlichen Lage des Maximums der DC-Feldstärken von der geomagnetischen Breite. (Taunus-Observatorium Geomagnet. Breite 51 Grad.)

[1]) Dr. G. Mattern, Taunus-Observatorium, Kl. Feldberg.

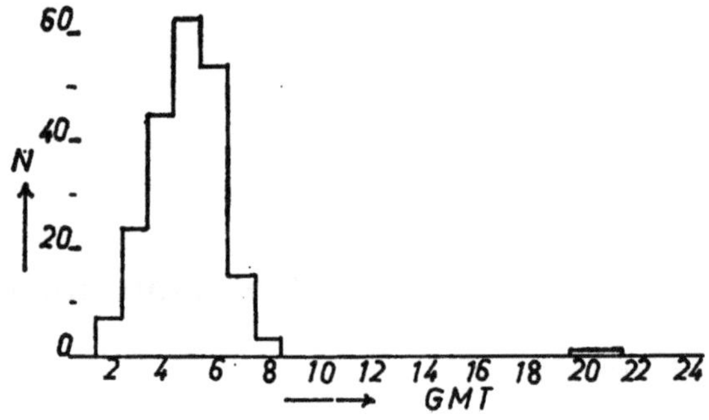

Abb. 1. Anzahl der zu den einzelnen Tagstunden beobachteten DC.

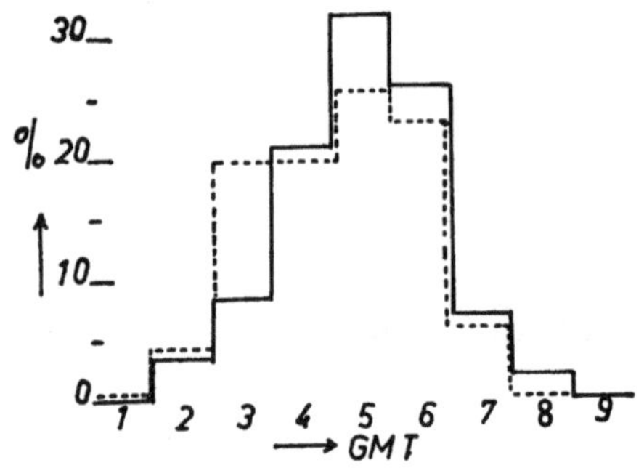

Abb. 2. Verteilung der Tagstunden mit DC während des Sommers (- - - -) und des Winters (——).

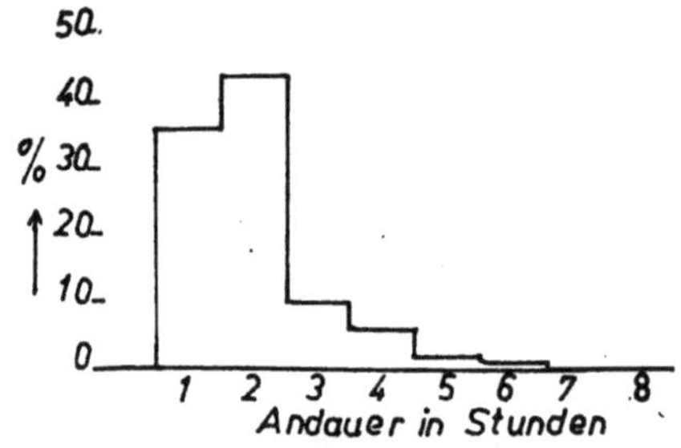

Abb. 3
Andauerverteilung der beobachteten DC.

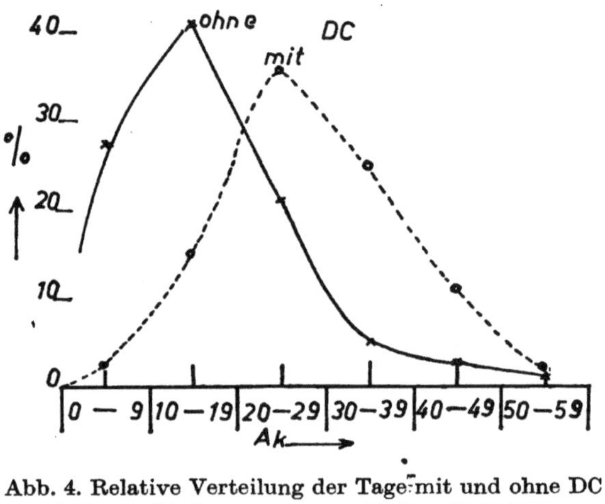

Abb. 4. Relative Verteilung der Tage mit und ohne DC bei verschiedener erdmagnetischer Aktivität.

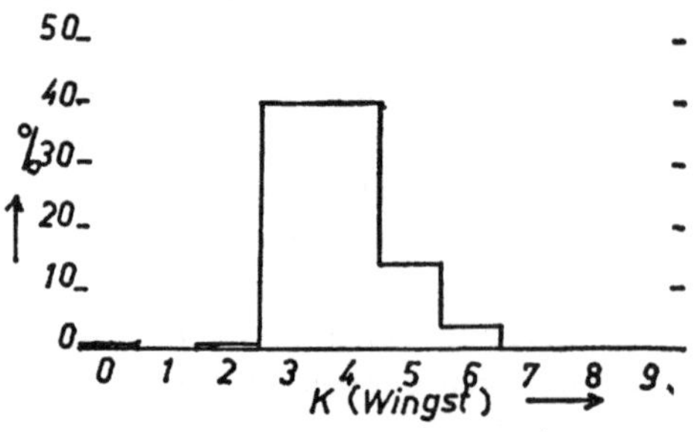

Abb. 5
Verteilung der erdmagnetischen Kennziffern während des Ablaufes eines DC.

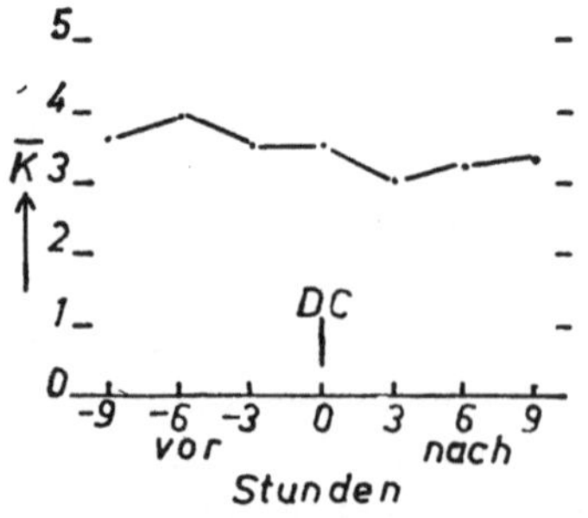

Abb. 6
Gang der mittleren erdmagnetischen Aktivität in den Stunden vor und nach einem DC.

Die Andauer der beobachteten DC lag zwischen 10 Minuten und 6 Stunden. Abb. 3 gibt die Verteilung der Andauer der festgestellten DC wieder. Hierbei sind in der Gruppe „1 Stunde" auch alle Registrierungen enthalten, die weniger lang andauerten. In 80% aller Fälle konnte der DC nicht länger als maximal 2 Stunden lang beobachtet werden.

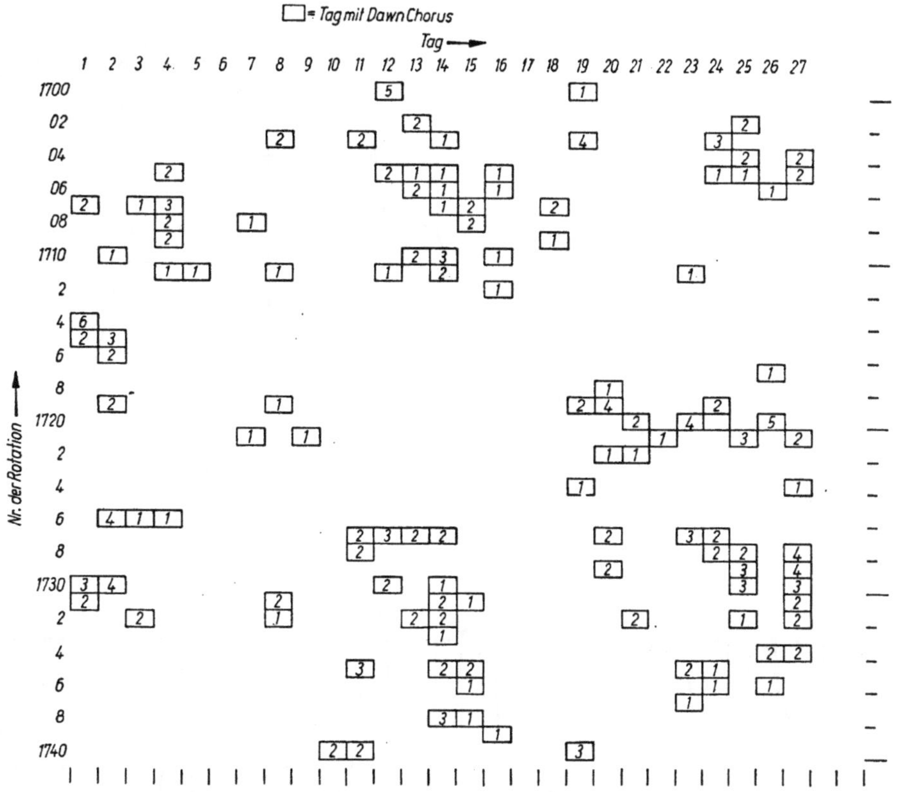

Abb. 7. Tage mit einem DC geordnet nach Sonnenrotationen.

Betrachtet man die Verteilung der positiven Termine während der einzelnen Monate, so ergibt sich, wie bereits an anderer Stelle [6] gezeigt wurde, keine Abhängigkeit von der Jahreszeit.

Offensichtlich besteht jedoch, wie aus der nachfolgenden Abb. 4 ersichtlich ist, ein Zusammenhang zwischen den Tagen mit einem DC und der gleichzeitigen erdmagnetischen Aktivität. In Abb. 4 ist die relative Verteilung der Tage mit einem DC über der mittleren erdmagnetischen Aktivität des Tages aufgetragen. Als Maß für die magnetische Aktivität wurde der Ak-Wert von Wingst benutzt. Zum Vergleich ist in Abb. 4, ausgezogene Kurve, die Verteilung für alle Tage des Beobachtungszeitraumes, der hier die Jahre 57 und 58 umfaßt, aufgeführt.

Man erkennt eine Häufung der DC-Tage bei einer etwas erhöhten erdmagnetischen Aktivität im Bereich der Ak-Werte zwischen 20 und 40. Auffällig ist, daß bisher an allen Tagen mit extrem hohen Ak-Werten kein DC beobachtet wurde. Dieser Befund ändert sich nur unwesentlich, wenn man diese Auswertung auf das Material von 1959 und 1960 ausdehnt.

Stellt man die erdmagnetischen Kennziffern von Wingst während des Ablaufes der DC zusammen (Abb. 5) so zeigt sich auch hier, daß die Mehrzahl der DC bei einer Kennziffer zwischen 3 und 4 beobachtet wird. Zu den Zeiten mit magnetischen Stürmen wurde bisher nie ein DC registriert. Auch vor und nach den Stunden mit einem DC liegen, wie Abb. 6

zeigt, die mittleren Kennziffern zwischen K = 3 und K = 4, wobei eine schwache Abnahme nach dem DC vermutet werden darf.

Ein auffälliges Ergebnis erhält man, wenn man die Tage, an welchen ein DC beobachtet wurde, im 27tägigen Rhythmus der Sonnenrotation aufträgt. Wie die Abb. 7 zeigt, ist eine starke Wiederholungstendenz aus der Aufstellung ersichtlich.

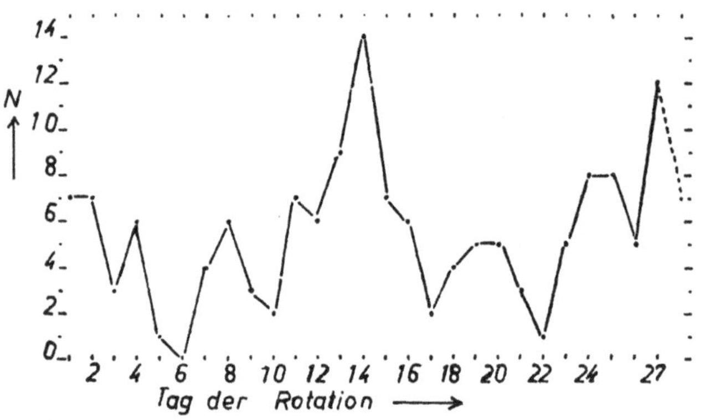

Abb. 8. Summe der an den einzelnen Tagen der Sonnenrotation beobachteten Tagen mit einem DC

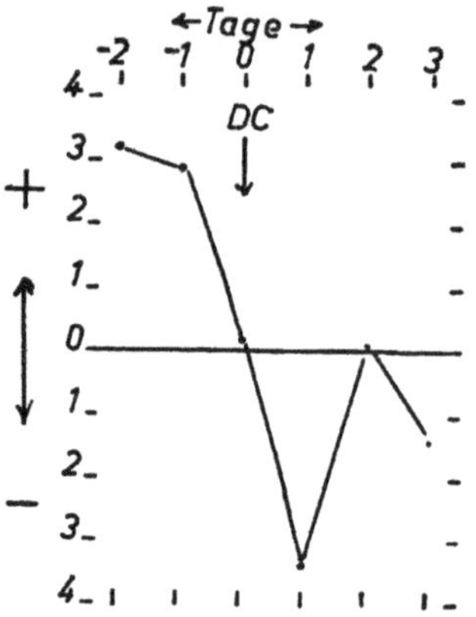

Abb. 9. Änderung der Sonnenflecken-Relativzahlen an den Tagen vor, während und nach einem DC (Mittelwerte)

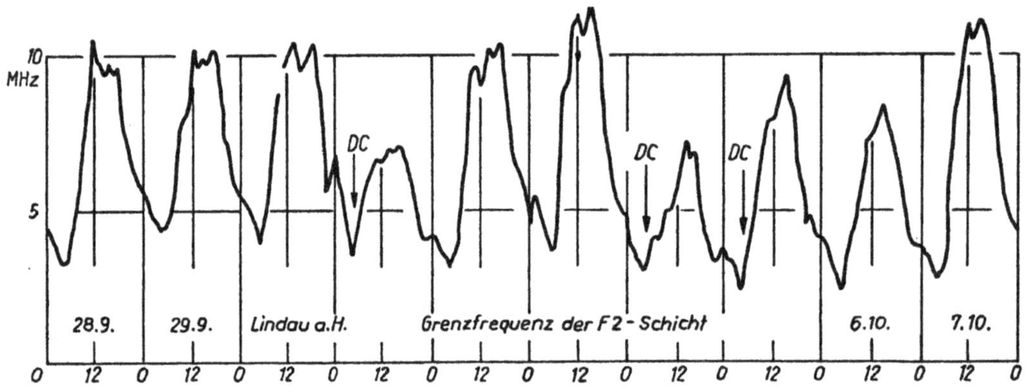

Abb. 10. Beispiel einer Störung der Grenzfrequenz der F_2-Schicht an Tagen mit DC

Diese Wiederholungstendenz ist auch aus der Abb. 8 erkennbar. Hier wurden für den Zeitraum der Sonnenrotationen 1700 bis 1740 die zu den einzelnen Tagen des Rhythmus festgestellten Tage mit einem DC ausgezählt. Deutlich hebt sich an den Tagen 14 und 27 ein Maximum der Häufigkeit heraus. Während im Mittel an jedem Tag der Rotationen 5,3 mal ein DC gehört wurde, konnte am Tag 14 in 14 Fällen und am Tag 27 in 12 Fällen ein DC beobachtet werden. Kein DC wurde bisher am Tage 6 der 27tägigen Rotation aufgezeichnet. Benutzt man statt 27 Tage 27,5 zur Synchronisation, so wird der Zusammenhang noch etwas besser. Sicher ist jedoch die vorhandene Registrierreihe für weitergehende Folgerungen noch zu klein.

Auch zwischen den Sonnenfleckenrelativzahlen vor und nach einem Tag mit einem DC läßt sich ein Unterschied vermuten. Abb. 9 zeigt das Ergebnis, wenn man für die DC Beobachtungen der Jahre 1957—59 die mittlere Änderung der Sonnenfleckenrelativzahlen 2 bzw. 1 Tag vor, am Stichtag und 1 bzw. 2 Tage nach einem Tag mit DC aufträgt. Nach einem Ansteigen der Relativzahlen vor dem Stichtag (Tag mit DC) kann im Mittel am Tage nach dem DC eine Verminderung Relativzahlen beobachtet werden. Wegen der großen Streuung der Einzelfälle ist auch in diesem Falle eine längere Beobachtungsreihe wünschenswert.

Zum Schluß sei noch auf eine Erscheinung hingewiesen, die besonders während des Frühlings häufig beobachtet wird und in Abb. 10 dargestellt ist. Hier ist, entnommen den Veröffentlichungen der Arbeitsgemeinschaft Ionosphäre, der Verlauf der Grenzfrequenz der F_2-Schicht, wie er in Lindau a. H. festgestellt wurde, für die Zeit vom 28. 9. 59 bis 7. 10. 59 aufgetragen. Zusätzlich sind noch die Zeiten, zu welchen ein DC gehört wurde, eingetragen. Es zeigt sich, daß an den Tagen mit einem DC in den frühen Morgenstunden die Werte der Grenzfrequenz der F_2-Schicht während der nachfolgenden Mittagsstunden erheblich unter den Werten der benachbarten Tage liegen. Diese Erscheinung wird auch im Herbst relativ häufig, nicht jedoch im Sommer und nur selten im Winter beobachtet. Auch hier reicht die vorhandene Meßreihe nicht zu einer statistischen Sicherung aus.

LITERATUR

[1] Storey, L. R. O., Phil. Trans. Roy. Soc. 246 (1953).
[2] Gallet, R. M., Proc. Inst. Radio Engrs. N. Y. **47** (1959).
[3] Helliwell, R. A., AFCRC Techn. Rep. part. 1 (1956).
[4] McK. Allcock, G., Aust. j. Phys. **10** (1957).
[5] Crouchley, J. und Brice, N. M., Planet. Space Sci. **2** (1960).
[6] Mattern, G., Z. f. Geophysik **25** (1959) H. 6.

Whistlerbeobachtungen in Průhonice während des Internationalen Geophysikalischen Jahres

Von J. Mrázek[1])

In der Tschechoslowakischen Republik haben wir mit den Whistlerbeobachtungen Anfang 1958 begonnen. Zuerst handelte es sich nur um normale Tonbandaufnahmen, die jede 30. Minute während eines 2 Minuten langen Zeitintervalles gemacht wurden; später trat jeden Tag noch eine 10 bis 15 Minuten lange Beobachtungsperiode ein, die mit einer ähnlichen am Ionosphärischen Observatorium der DDR in Kühlungsborn sowie auch einer am Observatorium Taunus (Westdeutschland) synchronisiert wurde. Außerdem hatten wir noch die Möglichkeit, die ausgewählten Whistler optisch — mit Hilfe eines amerikanischen Sonagraphen — auszuwerten. In der zweiten Jahreshälfte machten wir auch von Zeit zu Zeit Spezialmessungen der oberen Grenzfrequenzen der Whistler an unserer kleinen Ionosphärenstation in Panská Ves, die etwa 70 km nördlich von Průhonice liegt. Die normalen Magnetophonaufnahmen werden mit Hilfe eines bei uns gebauten Spezialempfängers für 300 bis 16000 Hz durchgeführt. Der wichtigste Teil dieses Empfängers ist ein Filter, der die Harmonischen der Netzfrequenz und auch die Signale von den Radiosendern im Längstwellenbereich streng ausscheidet. Der Empfänger mit dem Magnetophon wurde automatisch ein- und ausgeschaltet. Als Antenne diente eine 80 m lange horizontale Fuchsantenne. In Panská Ves wurde ein normaler Kommunikationsempfänger mit einem Konverter benutzt. Dies ermöglichte die gleichzeitige Mitbenutzung eines BFO und damit auch die Beobachtungen der oberen Grenzfrequenzen. Der amerikanische Sonagraph erlaubt, die genaue Niederfrequenzanalyse im Bereich von 0 bis 8000 Hz durchzuführen.

Wenden wir uns jetzt zur Auswertung der Messungen selbst. Die einfachste uns interessierende Whistlercharakteristik ist die Anzahl der beobachteten Whistler in jedem Zweiminutenintervall. Außerdem konnten wir den schon bekannten täglichen und den jährlichen Gang beobachten. Der Tagesgang hat ein relatives Maximum in den Nachtstunden — dabei sind fast immer zwei Teilmaxima zu erkennen, stets ungefähr drei Stunden nach Sonnenuntergang und vor Sonnenaufgang — und ein Hauptminimum in den Tagesstunden. In diesen Stunden wurden fast nie Whistler beobachtet, was trotzdem aber nicht immer gelten kann: am 2. 4. und 29. 8. 1958 haben wir zwischen 14 und 16 Uhr GMT einen kleinen Whistlersturm beobachtet. Ein zweites relativ nur kleines sekundäres Minimum kommt immer gegen Mitternacht (Ortszeit) vor.

Im Jahresgang können wir zwei Maxima — eines im Sommer, ein anderes im Winter — und zwei Minima — im Frühling und im Herbst — erkennen. Dabei gibt es immer Tage — im Frühling und Herbst auch ganze Reihen von Tagen — ohne irgendeinen Whistler. Im Gegensatz dazu gibt es auch manchmal Tage — sehr selten auch Reihen von Tagen — mit einer sehr hohen Whistleranzahl, die wir Whistlerstürme nennen. Maximal wurden etwa 65 Whistler pro Minute beobachtet.

[1]) Dr. Jiří Mrázek, Geophysikalisches Institut der Tschechoslowakischen Akademie der Wissenschaften, Praha/CSSR.

Für das Studium der Exosphäre hat die Whistleranzahl allein keine allzu große Bedeutung, da sie nämlich nicht nur von den Ausbreitungsbedingungen abhängig ist, sondern auch von der Anzahl der auftretenden Stürme und Blitze entweder in Mitteleuropa oder in einem geomagnetisch konjugierten Gebiet, wie etwa im Gebiet zwischen Südafrika und Australien. Trotzdem können wir zwei statistische Untersuchungen durchführen, die vielleicht für das Studium der Exosphäre von gewissem Wert sind. Zu diesem Zweck müssen wir jeden Tag mit einer Kennziffer, die von der Whistleraktivität abhängig ist, charakterisieren. Diese Kennziffer sei die größte Anzahl von Whistlern in den zwei Minuten dauernden Beobachtungen. Bilden wir nun von diesen Tagesrepräsentanten eine Reihe. Machen wir jetzt mit dieser Reihe folgende Abbildung: wo < 5 steht, setzen wir Null, und wo $\geqq 5$ steht, setzen wir Eins. Bilden wir jetzt folgende Matrizen:

$$P^{(k)} = \begin{pmatrix} p_{11}^{(k)} & p_{12}^{(k)} \\ p_{21}^{(k)} & p_{22}^{(k)} \end{pmatrix},$$

wo $p_{ij}^{(k)}$ die Wahrscheinlichkeit bedeutet, daß in unserer Reihe k Tage nach der abgebildeten Kennziffer i die Kennziffer j vorkommt $(i, j = 1,2)$. Für $k = 1, 2, 3, \ldots, 27$ entstehen so folgende Matrizen:

$$P^{(1)} = \begin{pmatrix} 75 & 25 \\ 37 & 43 \end{pmatrix}, \quad P^{(2)} = \begin{pmatrix} 73 & 27 \\ 66 & 34 \end{pmatrix}, \quad P^{(3)} = \begin{pmatrix} 74 & 26 \\ 54 & 35 \end{pmatrix}, \quad P^{(4)} = \begin{pmatrix} 72 & 28 \\ 57 & 39 \end{pmatrix},$$

$$P^{(5)} = \begin{pmatrix} 71 & 29 \\ 63 & 32 \end{pmatrix} \ldots P^{(27)} = \begin{pmatrix} 72 & 28 \\ 67 & 33 \end{pmatrix}.$$

Es scheint, daß es sich um eine Markowsche Kette handelt; obgleich die genaue Analyse nicht gemacht wurde, zeigen auch die Übergangsmatrizen darauf hin; z. B. für $k = 6$ sind diese wie folgt:

$$\begin{pmatrix} 70 & 13 \\ 70 & 30 \end{pmatrix}, \quad \begin{pmatrix} 70 & 30 \\ 69 & 31 \end{pmatrix}, \quad \begin{pmatrix} 71 & 29 \\ 70 & 30 \end{pmatrix}, \quad \begin{pmatrix} 71 & 29 \\ 71 & 29 \end{pmatrix}, \quad \begin{pmatrix} 71 & 29 \\ 70 & 30 \end{pmatrix}.$$

Unter der Voraussetzung, daß es sich sicher um eine Markowsche Kette handelt, bekommen wir für das Auftreten der abgebildeten Kenziffer 1 die Wahrscheinlichkeit 69,5% und für das Auftreten der Kennziffer 2 die Wahrscheinlichkeit 30,5%. Außerdem zeigt die in Abb. 1 dargestellte Relation zwischen $p_{22}^{(k)}$ und k, daß hier keine Periode, die kleiner als 30 Tage ist, zu finden ist.

Dann wurde noch ein statistisches Verfahren angewandt, um einen eventuellen Zusammenhang mit der größeren geomagnetischen Aktivität festzustellen. Dazu wurde die Stichtagmethode benutzt: Als Stichtag wurde der Tag gewählt, an welchem zum erstenmal im 7 Tage dauernden Intervall mit dem Stichtag in der Mitte eine sehr große Whistleranzahl r beobachtet wurde. In diesen so ausgewählten Zeitintervallen wurde dann die durchschnittliche Whistleraktivität und die geomagnetische Aktivität berechnet. Das Resultat ist in Abb. 2 zu finden. Umgekehrt wurde zum Stichtag der Tag mit der ersten großen geomagnetischen Aktivität A_k für dasselbe Intervall gewählt und dazu immer die Whistleraktivität r berechnet. Das Resultat ist in Abb. 3 dargestellt. Man sieht, daß hier ein Zusammenhang zwischen der Whistleraktivität und der großen geomagnetischen Aktivität besteht. Eingehendere Untersuchungen zeigen anscheinend, daß das Maximum der Whistleraktivität in die letzten Stunden der geomagnetischen Ruhe fällt; unmittelbar nach Beginn des geomagnetischen Sturmes sinkt die Zahl der beobachteten Whistler sehr rasch ab.

Kehren wir nun zur Exosphäre zurück: Es existieren andere Whistlercharakteristiken, die nichts Gemeinsames mit der meteorologischen Ursache des Whistlers haben. Dazu gehören vor allem die Dispersion und die sogenannte obere Grenzfrequenz der Whistler. Nicht so genau können wir einige Fragen der Koinzidenz der auf zwei verschiedenen Stellen beobachteten einzelnen Whistler beantworten. Wenden wir uns also diesen Fragen zu.

Wenn wir das Sonagramm eines ausgewählten Whistlers konstruieren, so können wir daraus leicht die Zeit des zugehörigen initialen Atmospheric berechnen (manchmal ist dieser Atmospheric in der Aufnahme leicht zu finden) und mit Hilfe dieser Atmospherics die Dispersion D des Whistlers ableiten. Wir benutzen dazu die aus der Theorie bekannte Formel

$$t\, f^{-1} = D\,.$$

Die gefundenen Dispersionen zeigen die durchschnittliche Gültigkeit der bekannten Dispersionsverhältnisse, wie z. B. 1:2 bei den „kurzen" und „langen" Whistlern. Für unsere Ausführungen ist die Tatsache interessant, daß die aus der Dispersionsformel berechnete Zeit des

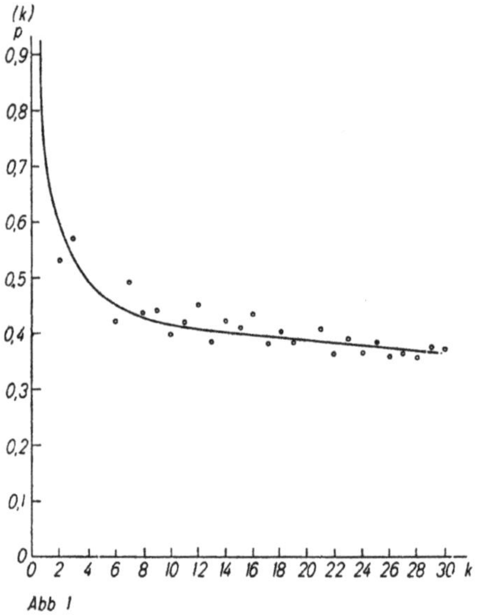

Abb. 1. Relation zwischen $p_{22}^{(k)}$ und k

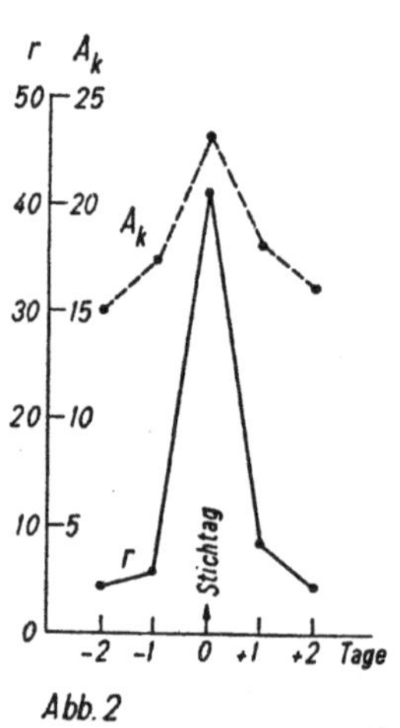

Abb. 2. siehe Text

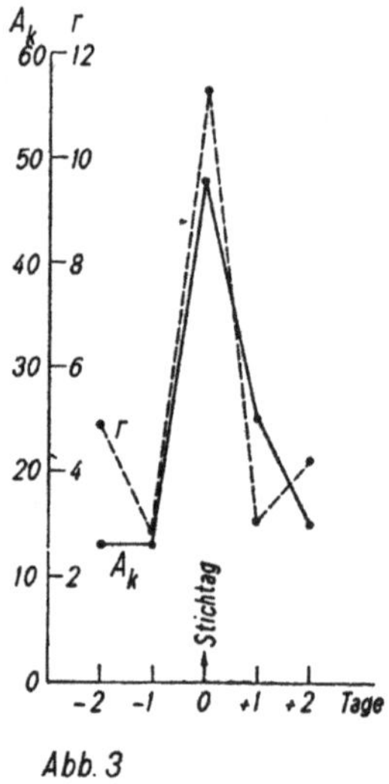

Abb. 3. siehe Text

Auftretens des initialen Atmospheric nicht mit diesem Atmospheric (für den Fall, daß er auf dem Sonagramm zu finden ist) übereinstimmt. Noch klarer kommt dies zum Ausdruck, wenn wir so einen Whistler mit mehreren Echos auswerten. Hier sollen die Dispersionen im Verhältnis 1:3:5:... (wenn es sich um einen „kurzen" Whistler handelt) oder 2:4:6... (wenn es sich um einen „langen" Whistler handelt) stehen. Auch die Zeitdifferenzen zwischen den einzelnen Echos — stets bei ein und derselben Frequenz gemessen — sollen immer gleich sein oder wenigstens sich nur wenig unterscheiden. In Wirklichkeit ist dies aber nicht der Fall. Wenn wir aber die Zeit des initialen Atmospheric so verschieben, damit das Dispersionsverhältnis zwischen dem Whistler und seinem ersten Echo der Theorie entspricht, so stimmen auch alle anderen Verhältnisse gut überein. Es gilt also entweder die Dispersionsformel nicht, oder wir müssen dafür eine Erklärung finden.

Eine interessante Erklärung dürfte folgende sein: die aus der Dispersionsformel berechnete Anfangszeit t_0 und die „korrigierte" Anfangszeit t_0' können einen und denselben Augenblick bedeuten, aber in zwei verschiedenen Zeitsystemen, die sich durch sehr große Ausbreitungsgeschwindigkeit der Whistler voneinander wesentlich unterscheiden, wie es die Relativitätstheorie fordert. Ist dies der Fall, und berechnen wir für beide Systeme die Zeitabstände der einzelnen Echos und auch die Dispersionen der Whistler, so kommen wir immer zu denselben

Ergebnissen. Das würde dann zu folgendem Verfahren zur Erforschung der Struktur der Exosphäre führen: Wenn wir eine gewisse Abhängigkeit der Ausbreitungsgeschwindigkeit von der Intensität des geomagnetischen Feldes und der Elektronendichte in verschiedenen Höhen voraussetzen, so können wir uns dann ein „Modell" der Exosphäre in der Weise vorstellen, daß der relativistische Koeffizient der Wirklichkeit, d. h. den berechneten und beobachteten Anfangszeiten und Dispersionen entsprechen würde. Die mathematische Durchbrechung verschiedener solcher Modelle ist bereits im Gange.

Zum Schluß sei noch die Frage der Koinzidenz der gemeinsam registrierten Whistler gestreift: Zwischen Průhonice und Panská Ves (etwa 60 km nördlich davon) stehen etwa 85% Whistler, zwischen Průhonice und Kühlungsborn an der Ostseeküste der DDR nur etwa 10—15% und zwischen Průhonice und Moskau weniger als 2% Whistler in Koinzidenz. Das weist darauf hin, daß diese Koinzidenz rasch mit der wachsenden Entfernung sinkt. Hinzu kommt, daß in einigen Fällen die Sonagramme der in Průhonice und in Kühlungsborn koinzidierten Whistler so verschieden waren, daß wahrscheinlich auch einige solche Whistler nur scheinbar miteinander koninzidieren.

Schwankungen der höchsten Erdatmosphäre nach Satelliten-Beobachtungen

Von H. K. PAETZOLD [1])

I. EINLEITUNG

Der Start erdnaher künstlicher Erdsatelliten gab zum ersten Mal die Möglichkeit, die höchste Erdatmosphäre oberhalb von 300 km Höhe direkt zu erforschen. Denn bis dahin konnten durch die ionosphärischen Echolotungen nur unterhalb des Maximums der F_2-Schicht direkte Informationen gewonnen werden. Für größere Höhen standen nur wenige indirekte Methoden (Polarlichter, Radiosterne) zur Verfügung, die nur verhältnismäßig unsichere Anhalte gaben. Immerhin konnte, ergänzt durch theoretische Überlegungen, dadurch wenigstens ein qualitatives Bild des physikalischen Zustandes der höchsten Ionosphäre und der Exosphäre gewonnen werden, wie der Verf. in einem Referat bei dem Physikertag München 1956 zeigen konnte [1].

In der höchsten Atmosphäre interessiert vor allem der Verlauf der Luftdichte mit der Höhe, da aus ihm wenigstens annähernd auf die kinetische Temperatur der nichtionisierten Atome und Moleküle geschlossen werden kann. Hier gibt allein schon die Beobachtung der Erdsatellitenbahnen und ihre Störungen reiche Aufschlüsse. Vor allem fällt die Abnahme der großen Halbachse der Bahn infolge des Luftwiderstandes auf, die sich gemäß dem 3. KEPLERschen Gesetz in einer entsprechenden Abnahme der Umlaufzeit äußert, die verhältnismäßig einfach gemessen werden kann. Diese Abnahme der Umlaufzeit ist der Luftdichte proportional.[2])

Es hat sich nun gezeigt, daß die beobachtete Abbremsung der Erdsatelliten nicht konstant ist, sondern beträchtliche Schwankungen aufweist. Damit stellt sich das folgende Programm:

$$\Delta \frac{dP}{dt} \rightarrow \Delta \varrho(h) \rightarrow \Delta T(h) \rightarrow \Delta E_{\text{Extrat.}} \cdot$$

Da die Satelliten in verschiedenen Höhen h kreisen, können aus den beobachteten Schwankungen der Abnahme der Umlaufzeit $\Delta dP/dt$ auf die ihnen zu Grunde gelegten Luftdichteschwankungen $\Delta \varrho(h)$ in verschiedenen Höhen geschlossen werden. Aus ihnen folgen nach der barometrischen Höhenformel die entsprechenden Temperaturschwankungen $\Delta T(h)$. Diese müssen aber ihrerseits durch Variationen $\Delta E_{\text{extr.}}$ des Zuflusses extraterrestrischer Energie verursacht sein. Falls die Höhenabhängigkeit der Dichte- oder Temperaturschwankungen abzuleiten ist, besteht die Hoffnung, verschiedene Komponente des extraterrestrischen Energiezuflusses zu unterscheiden, sowie ihre Größe und Natur etwas näher bestimmen zu können. Es läßt sich leicht zeigen, daß für die Abnahme der Umlaufzeit pro Umlauf dP/dn eine einfache Formel gilt [2]:

$$\frac{dP}{dn} = -(1 + 2\,\varepsilon)\, 3\, P\, \frac{\overline{F}}{M} \oint \varrho\,(h)\, ds\,. \tag{1}$$

[1]) Dr. HANS KARL PAETZOLD, Inst. für Geophysik u. Meteorlogie der Univ. Köln, früher TH München.

[2]) Die Abbremsung durch elektrische Kräfte kann für Höhen unterhalb von etwa 1500 km gegenüber dem Widerstand der nichtionisierten Atmosphäre vernachlässigt werden.

ε: Exzentrizität, $\bar{F}$: mittlerer Satellitenquerschnitt senkrecht zur Bahn, M: Satellitenmasse. Wegen des exponentiellen Abfalles der Luftdichte mit der Höhe trägt zu dem Bahn-Dichte-Integral hauptsächlich der Höhenbereich in der Umgebung des Perigäums bei. Für die numerische Auswertung läßt sich daher Gl. (1) umschreiben in:

$$\frac{dP}{dn} = -(1 + 2\,\varepsilon)\, 3\, P\, \frac{\bar{F}}{M}\, \varrho(h_{Pe})\, 2\,\pi\, (R + h_{Pe})\, c(\varepsilon, H'(h)) \,. \tag{2}$$

R: Erdradius, h_{Pe}: Höhe des Perigäums, $H'(h)$ ist die sog. Skalenhöhe der Dichte, d. h. die Höhenstufe, bei der die Dichte auf den e-ten Teil absinkt. Der Faktor $c(\varepsilon, H'(h))$ ändert sich bei gegebener Exzentrizität nur langsam mit $H'(h)$. Damit gibt Gl. (2) schon eine erste Näherung, wenn für $H'(h)$ eine mittlere vertikale Dichteverteilung angenommen wird. Liegen Beobachtungen von Erdsatelliten mit verschiedenen Perigäumshöhen vor, so kann aus der ersten Näherung ein neuer Wert für den Faktor $c(\varepsilon, H')$ bestimmt werden und mit diesem eine zweite Näherung für $\varrho(h)$. Das Verfahren ist so schnell konvergent, daß die dritte Näherung meist schon die Beobachtungen befriedigt. Allerdings muß in Gl. (1) noch berücksichtigt werden, daß der vertikale Dichtegradient sich auch längs der Bahn ändert, wie die starken Dichteunterschiede zwischen Tag- und Nachthemisphäre zeigen (s. Abschn. III).

Im folgenden wurden einmal eigene Messungen (Sputnik III (1958 δ_2) benutzt, für andere Satelliten auf die Bahndaten des Space Track Control Center Bedford/Mass. und der Smithsonian Institution Cambridge/Mass. zurückgegriffen. Unsere Sputnik-III-Beobachtungen wurden mit einem modernen Sichtpeilgerät auf 20 MHz durchgeführt [3]. Dabei konnten die Störungen der Radiopeilungen durch die Ionosphäre soweit eliminiert werden, daß die wesentlichen Effekte sicher erfaßt wurden.

Schon bald zeigte sich, daß die Abnahme der Umlaufzeit dP/dn große Schwankungen aufweist, wie King-Hele [4] bei Sputnik II (1957 β) fand. Allerdings war damals noch unsicher, ob diese Schwankungen der Atmosphäre zugeschrieben werden mußten, oder vielmehr durch Variationen des Querschnittes $\bar{F}$ in Gl. (1) verursacht wurden, da Sputnik II eine mehr zigarrenförmige Gestalt aufwies. Daß es sich wirklich um Einflüsse der Erdatmosphäre handelt, wurde wahrscheinlich, als Jacchia [5] bei dem kugelförmigen Vanguard I (1958 β_2) ebenfalls Abbremsungsschwankungen beobachtete und auch bei Sputnik III (1958 δ_2) mit seinem wenig variablen $\bar{F}$ dasselbe beobachtet wurde [6]. Ein endgültiger Beweis wurde durch Paetzold [7] durch den Vergleich der Abbremsungsschwankungen bei Sputnik III (Radiopeilungen) und bei seiner Raketenstufe 1958 δ_1 (visuelle Moonwatch-Beobachtungen) erbracht. Es traten nämlich ganz gleichartige Variationen auf, obwohl beide Körper eine ganz verschiedene Gestalt aufwiesen. Daß die Abbremsungsschwankungen durch zeitliche und nicht durch örtliche Luftdichteschwankungen bedingt sein mußten, ging daraus hervor, daß sie z. B. auch bei Sputnik III und Vanguard simultan auftraten (außer den Tag-Nacht-Variationen), obwohl die Perigäen dieser Satelliten mit sehr unterschiedlicher Geschwindigkeit ihre geographische Breite änderten. Da im folgenden aus den beobachteten Abbremsungsschwankungen auf sehr markante Schwankungen der höchsten Atmosphäre geschlossen wird, sollten doch die Beweisgründe hierfür noch einmal aufgeführt werden.

Die Diskussion der Beobachtungen der verschiedenen Erdsatelliten hat nun mehrere Effekte unterscheiden lassen, die die Luftdichte der höchsten Erdatmosphäre stark beeinflussen. Wegen der komplexen Überlagerung der verschiedenen Effekte ist eine eindeutige Trennung derselben nur möglich, wenn Beobachtungsdaten verschiedener Satelliten zur Verfügung stehen, deren Bahnelemente (Neigung, Perigäumshöhe) sich unterscheiden.

Für die numerische Analyse muß bedacht werden, daß nicht die Luftdichte $\varrho(h)$ sondern $\log \varrho(h)$ die wesentliche Größe bei den Schwankungen darstellt unter der Annahme, daß die Dichteschwankungen vornehmlich durch Variationen der kinetischen Temperatur verursacht werden.

II. DER SOLARE WELLENEFFEKT (W-EFFEKT)

Schon bald fand Paetzold [8] zwischen den markanten Schwankungen von dP/dn bei Sputnik III, die etwa alle 27 Tage auftreten, und der Sonnenfleckenrelativzahl einen auffälligen Gleichlauf (Abb. 1). In der Folgezeit konnte diese Korrelation gesichert werden (Abb. 2). Danach war zu vermuten, daß die Luftdichte in der Ionosphäre im solaren Zyklus einen ausgesprochenen Gang aufweisen müßte, wodurch sich z. T. die 1957/58 nach Satelliten gemessenen höheren Luftdichten gegenüber den Raketenresultaten von 1951 erklären würden [9]. In

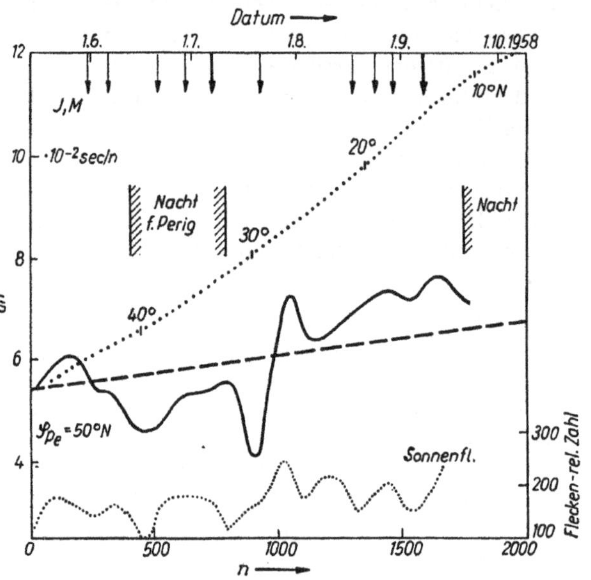

Abb. 1. Abbremsungsschwankungen von Sputnik III (210 km) und solare und magnetische Aktivität. Die Pfeile geben magnetische Stürme

der Tat ist ein solcher Einfluß der solaren Aktivität auch zu erwarten. Denn nach Bartels [10] Abb. 3 besteht zwischen der Sonnenfleckenrelativzahl und der ionisierenden kurzwelligen solaren Ultraviolettstrahlung eine der stärksten bekannten Korrelationen in der Geophysik. Bei der Ionisierung wird aber immer ein Teil der absorbierten Strahlungsenergie die kinetische Temperatur der Atmosphäre erhöhen. Entsprechend der Korrelation zu den Sonnenfleckenzahlen wurde ein sehr enger Gleichlauf der Abbremsungsschwankungen denn auch bei der solaren Radiostrahlung im Dezimeterwellengebiet gefunden (20 cm: Priester [11], 10 cm: Jacchia [12]). Nach dieser engen Korrelation der solaren Dezimeterstrahlung zu diesen Dichteschwankungen der hohen Atmosphäre werden dieselben sehr vermutlich durch die solare kurzwellige Ultraviolettstrahlung bewirkt, die von der Basis dvon Korona-Kondensationen ausgesandt wird, wie sie sich über Flecken- und Fackelgebieten bilden. Über die Natur der UV-Strahlung kann ebenfalls ein Anhalt gewonnen werden aus der Höhenabhängigkeit der durch sie bedingten Dichteschwankungen. Sie nehmen nach Abb. 4 zwischen 210 km (Sputnik III) und 260 km Höhe (Explorer IV) noch stark zu, um dann nur langsam mit der Höhe anzusteigen. Die absorbierende Schicht muß also unterhalb der Perigäumshöhe von Explorer IV liegen. In Abb. 5 gibt Kurve 2 den Wert von: $\log(\varrho(220)/\varrho(100))$ in Abhängigkeit von h, wobei $\varrho(220)$ die Luftdichte bei einer Intensität der solaren 10 cm-Radiostrahlung von $220 \cdot 10^{-22}$ Watt/m^2 Hz bedeutet, wie er bei einem mittleren Sonnenfleckenmaximum herrscht, während die Stärke von $100 \cdot 10^{-22}$ Watt/m^2 Hz etwa dem Minimum entspricht. Die Kurve 2 in Abb. 5 gibt demnach etwa die Dichteamplitude im solaren Zyklus, wie er heute aus den Beobachtun-

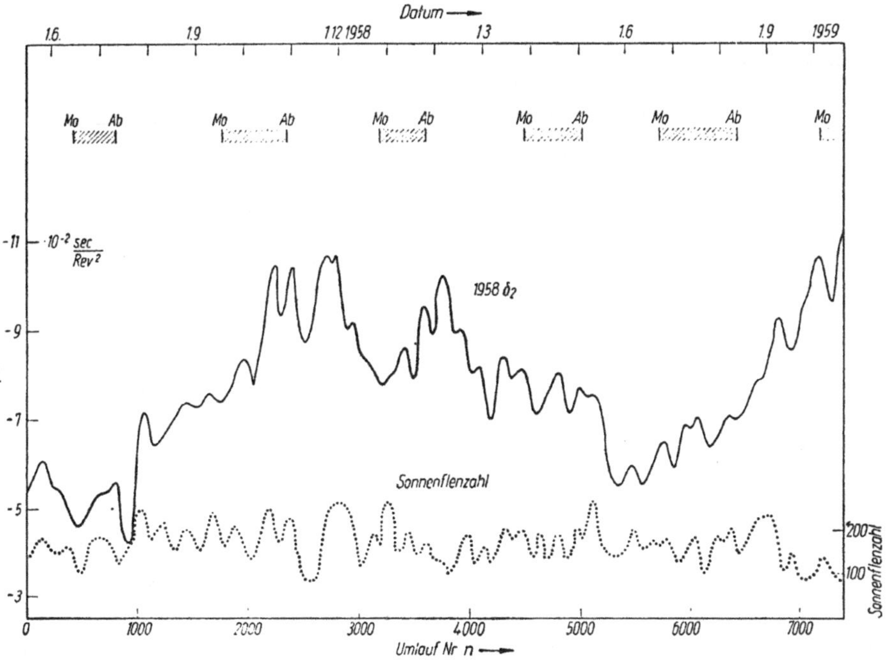

Abb. 2. Tag-Nacht-Effekt und W-Effekt bei Sputnik III (Punktiert: Sonnenflecken)

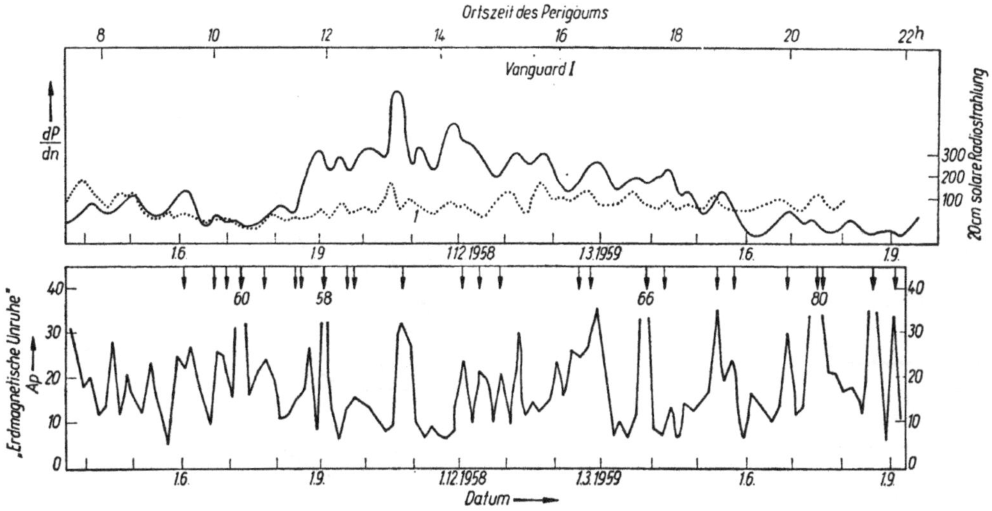

Abb. 3. W-Effekt und P-Effekt bei Vanguard I (650 km) (Punktiert: 20 cm Radiostrahlung)

gen extrapoliert werden kann. Dieses Absinken konnte inzwischen im Jahre 1961 sehr gut bestätigt werden, als die Sonnenaktivität schon sehr stark abgesunken war. Danach beträgt der Dichteunterschied in 600 km Höhe zwischen Sonnenfleckenmaximum- und -minimum etwa den Faktor 10. Aus den beobachteten Schwankungen läßt sich ferner ableiten, daß mit guter Annäherung gilt:

$$\Delta \log \varrho_W(h) = \Delta F \cdot W_W(h) ,$$

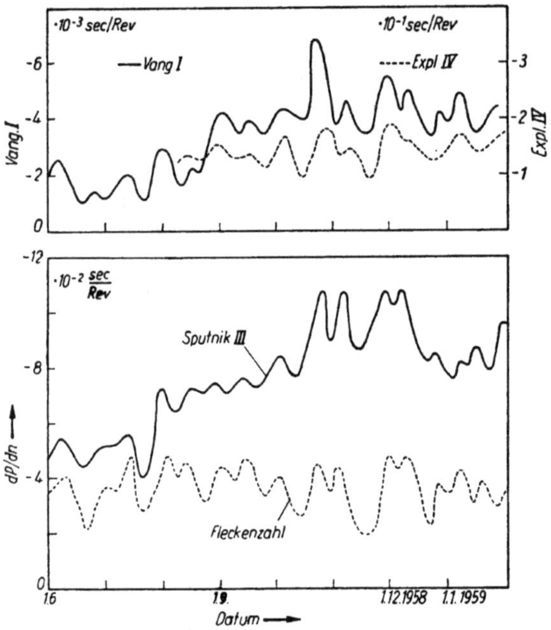

Abb. 4. W-Effekt bei Vanguard I (655 km), Explorer IV (260 km) und Sputnik III (210 km)

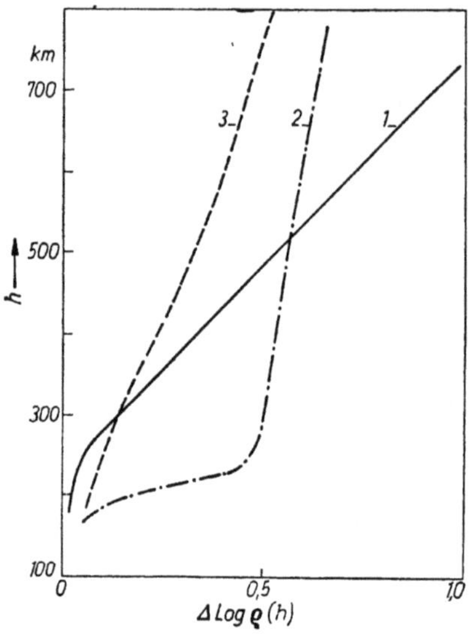

Abb. 5
Dichteschwankungen der hohen Atmosphäre
1: Tag—Nacht Variation,
2: solarer W-Effekt,
3: jährlicher Effekt

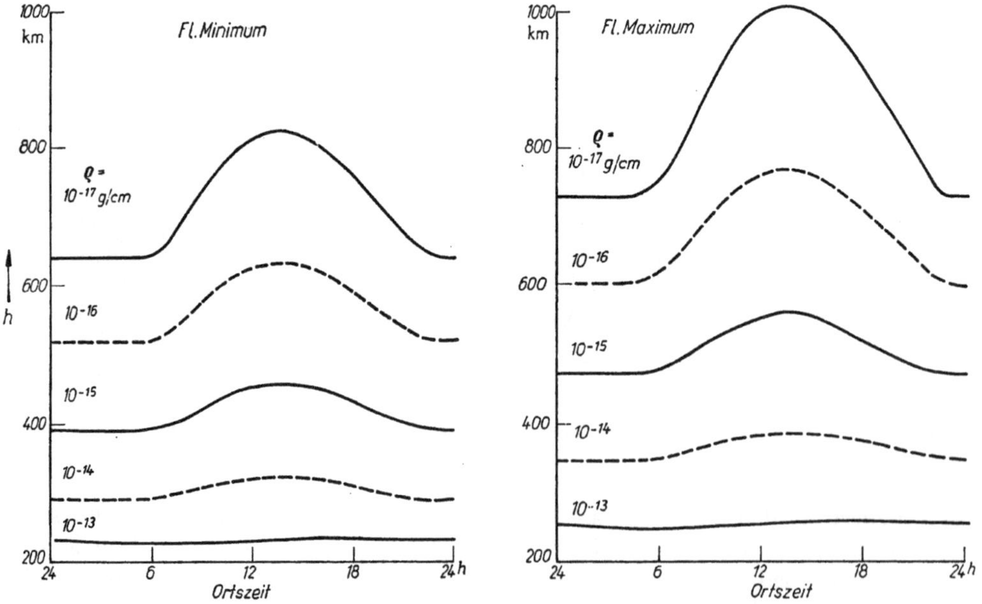

Abb. 6. Tag—Nacht Amplitude der hohen Atmosphäre

wobei F die Stärke der solaren dm-Strahlung und $W(h)$ die Höhenabhängigkeit des W-Effektes bedeuten. Diese Beziehung ist auch physikalisch sinnvoll, während eine Proportionalität mit F, wie sie von anderer Seite vermutet wurde, kaum möglich erscheint, der nach ihr keine Temperaturänderungen mit der solaren Aktivität folgen würde. Ferner ergibt sich nach Beobachtungen von Sputnik III während seiner letzten Lebenszeit, wo sein Perigäum immer tiefer sank, daß die Temperatur oberhalb von 160 km Höhe stark ansteigt [13]. Außerdem scheint in 200 km Höhe ein — wenn auch schwaches — sekundäres Temperaturmaximum zu bestehen (vgl. Abb. 13). Dies alles stimmt gut mit amerikanischen Messungen [14] der solaren Linie des He II bei 304 Å und ihrer Absorption in der Atmosphäre überein, die danach als hauptverantwortlich für die F_1-Schicht anzusehen ist. Die Stärke der He II-Linie beträgt einige Zehntel erg/cm² sec. Wegen dem hohen Ionisierungspotential des Heliums wird die He II-Linie vornehmlich in den obigen Korona-Kondensationen ausgestrahlt werden mit ihren hohen Temperaturen von mehreren Millionen Grad.

Ein vertikaler Temperaturgradient wie in Abb. 13 läßt sich in der hohen Atmosphäre nur durch eine dauernde Energiezufuhr aufrechterhalten. Denn die höchste Atmosphäre verliert ihre Energie im wesentlichen durch molekulare Wärmeleitung, so daß ein Wärmestrom Q entlang dem Temperaturgradient gemäß Gl. (3) besteht:

$$Q = \text{const} \frac{K\sqrt{\overline{c^2}}}{a^2} \frac{dT}{dh}. \tag{3}$$

K: Boltzmann Konstante, $\overline{c^2}$: mittlerer Geschwindigkeitsquadrat, a: Stoßradius. Zwischen 200 und 300 km Höhe ergibt sich nach Abb. 13 im Mittel dieser Wärmestrom zu 0,5 erg/cm² sec. Doch wird der durch diesen bedingten Energieverlust der hohen Atmosphäre wahrscheinlich nicht ganz ausschließlich durch die solare UV-Strahlung gedeckt (s. Abschn. V).

III. DER TAG-NACHT-EFFEKT

Nach Gl. (3) ist ein Absinken der Temperatur und damit der Dichte in der hohen Atmosphäre während fehlender Einstrahlung (Nacht) zu erwarten. In Abb. 2 sind die Nachtzeiten des Perigäums von Sputnik III schraffiert gekennzeichnet. Danach ist im Mittel für Sputnik III die Abbremsung tagsüber deutlich etwas höher als während der Nacht. Die Tag-Nacht-Amplitude steigt mit der Höhe stark an, wie Jacchia u. Priester bei Vanguard II (650 km) und Explorer I (365 km) zeigen konnten [15] [27]. In Abb. 8 sind für Explorer I die beobachteten Monatsmittel von dP/dt (Kurve 1) und ihre auf eine konstante Sonnenaktivität reduzierten Werte gegeben. Man erkennt den starken Einfluß der Ortszeit auf die Luftdichte. Dies ist zu erwarten, da der Energiegehalt einer Luftschicht proportional der Luftdichte $\varrho(h)$, dagegen der Wärmestrom Q in Gl. (3) unabhängig von dieser ist. Allerdings erwies sich die genauere Bestimmung der Abhängigkeit der Luftdichte von der Ortszeit Θ unerwartet kompliziert [16]. Dies wird verständlich, wenn man bedenkt, daß die Periode der Tag-Nacht-Wechsel der Perigäen der einzelnen Satelliten zwischen einigen Monaten und einigen Jahren liegt. Besteht nun ein weiterer Effekt mit einer ähnlichen Zeitkonstanten, wie es sich tatsächlich gezeigt hat (Abschn. V), wird dieser sich in komplizierter Weise den Tag-Nacht-Variationen der einzelnen Satelliten überlagern. Diese Trennung ist eindeutig nur möglich, wenn verschiedene Satelliten herangezogen werden, deren Tag-Nacht-Zyklus sich in Periode und Phase unterscheiden. Nach Abspaltung dieses Effektes (s. Abschn. V) ergibt sich die Amplitude des Tag-Nacht-Effektes in Abhängigkeit von der Höhe, wie in Abb. 5 durch Kurve 1 dargestellt. Die maximale Dichte $\varrho_{\text{Max}}(\Theta)$ tritt um 14.00 Uhr Ortszeit ein. Der Anstieg ist morgens rascher als die Abnahme abends, während sie in der Nacht nahezu konstant bleibt. Abb. 6 zeigt die Flächen gleicher Luftdichte über der Tag- und Nachthemisphäre. Danach weist die höchste Atmosphäre eine markante Ausbuchtung zur Sonne hin auf, deren Höhe im Sonnenfleckenmaximum am größten ist. Da die Erde unter dieser Ausbuchtung rotiert, resultiert für einen festen Ort auf der Erde ein Wind in der Ionosphäre, dessen Richtung täglich einmal die Windrose durchläuft, wie es von der F_2-Schicht schon bekannt ist. Die täglichen Temperaturschwankungen sind nach über Abb. 13 mit über 1000 °K sehr erheblich in Höhen oberhalb von 300 km.

IV. DER SOLARE PARTIKEL-EFFEKT (P-EFFEKT)

Von der Ionosphäre ist lange bekannt, daß der Einbruch von solaren Partikelwolken sehr starke Störungen verursacht. Es war daher von besonderem Interesse, ob ebenfalls eine Korrelation zwischen der magnetischen Aktivität und den Schwankungen der Satellitenabbremsungen zu beobachten war. In Abb. 3 sind die planetarischen Kennziffern A_P ebenfalls gegeben. Die Pfeile bedeuten magnetische Stürme. Man erkennt, daß bei sehr starken magnetischen Stürmen (dick markiert) ein Anwachsen der Abbremsung von Vanguard I zu bemerken ist, z. B. im Mai 1958, März 1959 und Juli 1959[1]). Doch ist der allgemeine Einfluß der magnetischen Störungen im zeitlichen Mittel wesentlich geringer als der des solaren W-Effektes. Nur bei starken magnetischen Stürmen ist ein stärker ins Auge fallender Effekt zu beobachten. Ein Beispiel gibt Abb. 7 nach eigenen Messungen bei Sputnik III. Hier steigt während des starken Sturmes am 31. 3. bis 1. 4. 1960 die Abbremsung um ca. 40% an. Dies entspricht einer Luftdichtezunahme in der damaligen Höhe des Perigäums von 165 km um etwa 20%. Die Lebenszeit von Sputnik III wurde durch diesen magnetischen Sturm um etwa 10 Stunden verkürzt, eine recht deutliche Wirkung. In Abb. 7 sind nur der Anstieg *c* und der schwächere *d* durch die Magnetik bedingt, während die Maxima bei *a* und *b* offensichtlich durch eine stärkere solare Aktivität (Sonnenflecken) verursacht werden.

Das Ansteigen der Luftdichte während eines magnetischen Sturmes wurde auch noch in weiteren Fällen bei Sputnik III (1958 δ_2) festgestellt [17]. Eine statistische Untersuchung der einzelnen Abbremsungsschwankungen in Abb. 2 und 3 läßt auch den Einfluß der schwächeren magnetischen Aktivität erkennen. Danach nimmt die Luftdichte in 600 km Höhe jeweils etwa um 5% zu, wenn die planetare magnetische Kennziffer A_P sich um den Wert 10 erhöht.

Der Mechanismus dieser Dichteschwankungen ist noch nicht ganz geklärt. Denn es ist nach neueren Untersuchungen bekannt, daß bei magnetischen Bahnstörungen die F-Schicht durch elektromagnetische Kräfte bis um 200 km Höhe emporgehoben wird [18]. Dabei ziehen die Ionen die nichtionisierten Atome und Moleküle etwas verzögert mit, so daß auch die Flächen konstanter Luftdichte sich heben. Ein derartiger Dichteanstieg in einer gegebenen Höhe wäre demnach nicht durch eine Temperaturerhöhung infolge einer zusätzlichen Aufheizung bewirkt. Allerdings erscheint die Dichteerhöhung in Abb. 8 etwas zu hoch und zu lang andauernd, um allein durch den obigen Effekt gedeutet werden zu können. Ferner sollte danach eine stärkere Verzögerung gegenüber dem Beginn des magnetischen Sturmes beobachtet werden, während in Abb. 8 die Zunahme der Satellitenabbremsung ziemlich simultan mit dem Beginn des Sturmes einsetzt. Daher ist wohl auch eine wirklich zusätzliche Aufheizung der hohen Atmosphäre anzunehmen. Sie erfolgt vielleicht durch hydromagnetische Wellen, die an der äußeren Grenze des terrestrischen Magnetfeldes durch die ausströmenden Korpuskelwolken erzeugt werden. Beim Einlaufen werden derartige hydromagnetische Wellen in der Ionosphäre dissipiert und heizen diese auf. Dafür spricht auch, daß nach neueren Beobachtungen die Abbremsungserhöhung bei Magnetstürmen für Satelliten aller magnetischen Breiten auftritt.

Ferner ist auch an das Einströmen von Korpuskelwolken (Elektronen) aus dem äußeren Van Allen Belt zu denken. Dieser entleert sich nach neueren Messungen mit Erdsatelliten und Raumsonden während eines starken Sturmes weitgehend [19]. Dabei werden Polarlichter bis in mittlere und niedere Breiten beobachtet, die sich von den gewöhnlichen in dem Polarlichtgürtel auftretenden durch eine härtere sekundäre Röntgenstrahlung unterscheiden. In Abb. 8

[1]) Dasselbe ist auch bei Sputnik III in Abb. 1 während der beiden starken Stürme angedeutet.

lag das Perigäum von Sputnik III bei 30° N, also noch in niederen Breiten, für die ein Zustrom geladener Korpuskel nur bei stärkeren magnetischen Stürmen möglich ist. Man kann nun umgekehrt aus den bisherigen Beobachtungen schließen, daß mit stärkeren Polarlichtern eine beträchtliche Aufwölbung der Flächen konstanter Dichte verbunden ist. Damit läßt sich die bekannte Tatsache deuten, daß bei intensiven Polarlichtern die Strahlen bis hinauf zu 1000 km Höhe reichen können.

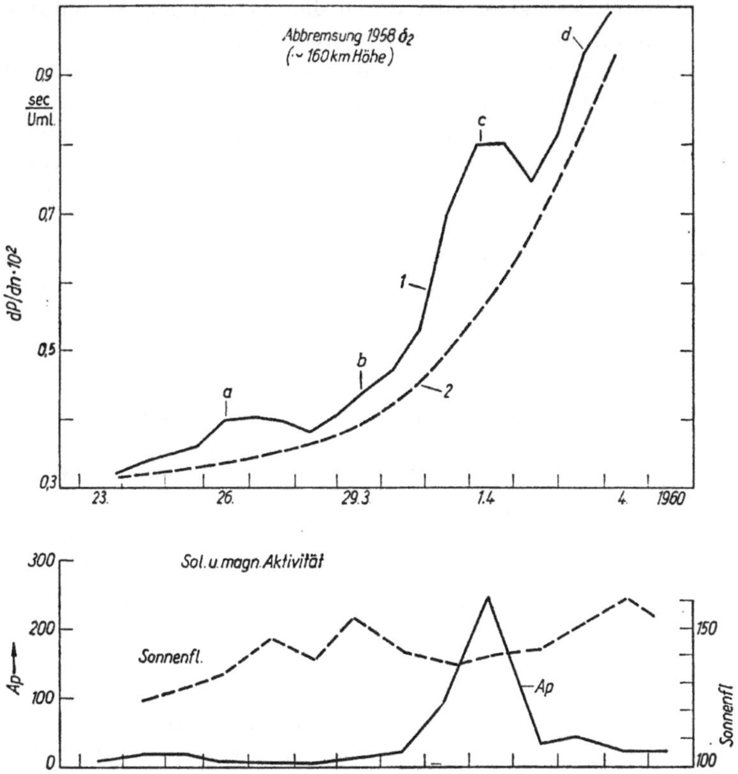

Abb. 7. P-Effekt bei Sputnik III

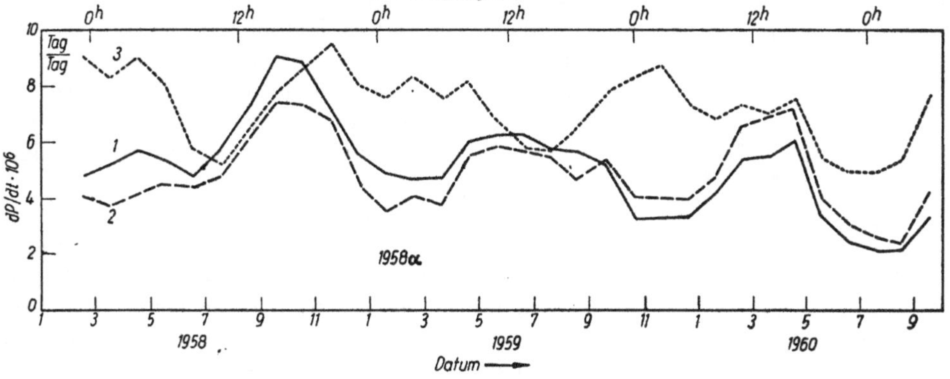

Abb. 8. Abbremsung von Explorer I (365 km) (Monatsmittel)

1: Beobachtung, 2: Normalisierung für W- und P-Effekt 3: Jahrlicher Effekt

V. DER JÄHRLICHE UND HALBJÄHRLICHE EFFEKT

Es stellt sich die Frage, ob neben den bisher erwähnten noch weitere Einflüsse auf die Dichte der hohen Atmosphäre bestehen und zu erkennen sind. In Abb. 9 sind bei Vanguard I die beobachteten relativen Amplituden der monatlichen Abbremsungsschwankungen in Abhängigkeit von den simultanen der solaren 10 cm- und 20 cm-Radiostrahlung aufgetragen. Man erkennt, daß bei einer Zunahme der letzteren immer eine Erhöhung der Luftdichte beobachtet wird, doch zeigt das Verhältnis der relativen Amplitude sehr starke Schwankungen. Sie sind zu groß, als daß sie durch Meßfehler oder durch die magnetische Aktivität erklärt werden könnten. Danach muß auf die Existenz noch weiterer Effekte auf die hohe Atmosphäre geschlossen werden mit einer Zeitkonstanten nicht wesentlich größer als einige Wochen.

Neben diesen wohl mehr unregelmäßigen Einflüssen hebt sich noch ein anscheinend periodischer Effekt stark hervor. In Abb. 3 fällt auf, daß von August bis November 1958 die Abbremsung stark ansteigt. obwohl sich die Ortszeit des Perigäums nur von 11.30 Uhr bis 14.00 Uhr fortbewegt. Nach Abb. 6 ist aber zu dieser Tageszeit der Gang der Dichte mit der Ortszeit sehr klein.

Von April bis Juni 1959 fällt wieder ein markantes Absinken der Abbremsung auf. Auch Explorer I zeigte diesen starken Anstieg im Juli 1958 nach Abb. 8. Bei diesen beiden Satelliten variiert die geographische Breite des Perigäums nur zwischen 32 °N und 32 °S. Anders ist es bei Sputnik III, dessen Bahnneigung 65° betrug. Andererseits ist bei diesem Satelliten die Tag-Nacht-Amplitude nach Abb. 5 sehr klein. In Abb. 10a sind die beobachtete Abbremsung (Kurve 3) sowie (1) die für die Tageszeit und den W-Effekt normalisierten Monatsmittel bei Sputnik III gegeben. Die gestrichelte Kurve 2 gibt die Abbremsung, wie sie nach der Breitenverschiebung des Perigäums infolge der Erdabplattung, sowie wegen des Höhenverlustes des Perigäums während der Lebenszeit des Satelliten zu erwarten ist. Um eine Dichteabhängigkeit mit der Breite auszuschließen, wurden nur die Abbremsungen für konstante geographische Breiten $|\varphi|$ bei den Kurven 1 und 2 verglichen, wobei Zeiten im Winter ausgeschlossen wurden. Nach Abb. 10b ergibt sich ein ebenfalls markantes Ansteigen der Abbremsung von August bis November 1958 und wieder im nächsten Jahr zu denselben Monaten, während von November bis April dieser zusätzliche Effekt konstant blieb, so daß der Verdacht einer jährlichen Periode nahe lag. Daß es sich um einen gesonderten Effekt handeln mußte, war nach PAETZOLD [20] schon früher wahrscheinlich, da seine Höhenabhängigkeit sich markant von der des solaren W-Effektes unterschied. Seine genauere Abbremsung ist etwas kompliziert, da die Tag-Nacht-Periode der Perigäen der meisten Satelliten zwischen mehreren Monaten und mehreren Jahren liegt. Doch kann man für den Tagesgang, wenn er für den W- und P-Effekt normalisiert ist, zwei physikalisch plausible Bedingungen stellen:

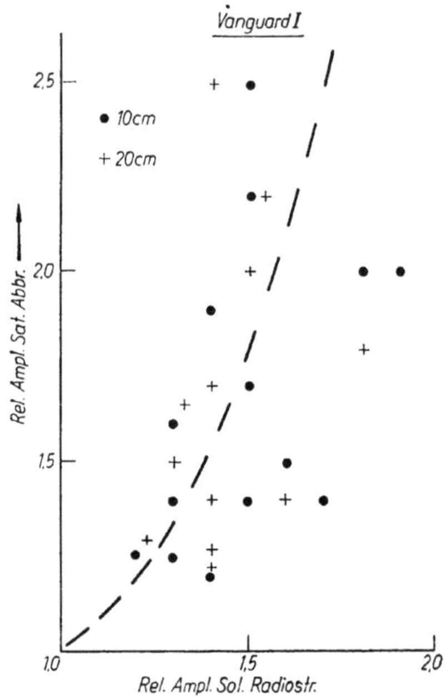

Abb. 9. Korrelation zwischen der Abbremsung und der solaren dm-Radiostrahlung bei Vanguard I

1. Der nächtliche Energieverlust gemäß Gl. (3) erfolgt oberhalb von 300 km sehr rasch. Ferner wird das mittlere Atom- und Molekülgewicht der Atmosphäre bis herauf zu etwa 800 km Höhe keine beträchtlichen Tag-Nacht-Unterschiede aufweisen, da die Diffusionsentmischung für dieses Intervall sich erst wenig auswirken kann. Für mehrere Satelliten sollte sich der Tagesgang der Luftdichte darstellen lassen durch die

Gleichung (4)

$$\log \frac{\varrho_{\max}(\Theta)}{\varrho(\Theta)} = f(\Theta) \cdot \Theta(h) . \tag{4}$$

Diese Produktaufspaltung in einen höhenabhängigen und einen höhenunabhängigen Teil hat sich sehr bewährt, um die Schwankungen der Satellitenabbremsung (bei Vanguard bis zum Faktar 100) bis auf 20% genau darzustellen.

Die Funktion $f(\Theta)$ sollte annähernd identisch für verschiedene Satelliten sein, während $\Theta(h)$ die Höhenabhängigkeit des Tag-Nacht-Effektes gibt (vgl. Abb. 5).

2. Für einen Satelliten sollte sich für dieselbe Ortszeit Θ dieselbe normalisierte Luftdichte ergeben.

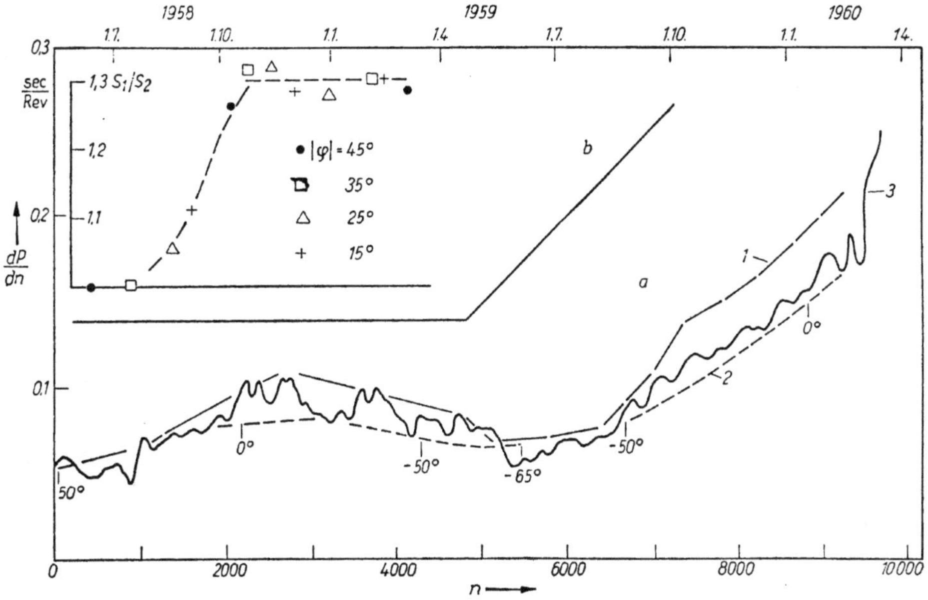

Abb. 10. Jährlicher Effekt bei Sputnik III

1: Normalisierte Monatsmittel, 2: Sollkurve, 3: Beobachtungen

Diese beiden Bedingungen sind nicht erfüllt, so daß ein beträchtlicher Resteffekt verbleibt. Wie Abb. 8 demonstriert, läßt bei Explorer I als Beispiel die normalisierte Tageskurve (Kurve 2) einen überlagerten Effekt von beträchtlicher Größe erkennen, den Kurve 3 darstellt. In Abb. 11 ist dieser Effekt für eine Reihe weiterer Satelliten gegeben, wie er aus den obigen Bedingungen 1 und 2 folgt. Danach hat sich der Anstieg erneut wieder von August bis Oktober 1960 wiederholt, während von April bis Juli jeweils ein Absinken erfolgt, so daß die von Paetzold [21] schon früher vermutete jährliche Periode nun gesichert erscheint [22]. Die Gleichartigkeit der Kurven in Abb. 12 trotz großer Unterschiede des Tag-Nacht-Ganges in Periode, Phase und Amplitude bei verschiedenen Satelliten beweist einmal:

Der Tag-Nacht-Gang wird nach Gl. (4) richtig dargestellt, zum anderen: der Resteffekt ist signifikant.

Dieser zeigt eine ausgesprochene jährliche Periode. Ihr überlagert ist eine halbjährliche nach dem sekundären Minimum im Januar. Die harmonische Analyse ergibt, daß die halbjährliche Periode ihre Maxima um den 10. April und 10. Oktober aufweist mit einer 30% kleineren Amplitude als die jährliche Periode [23]. Daß derartige Jahres-Effekte reell sind, wird auch u. a. nach neuesten Beobachtungen der Elektronendichte in der Exosphäre nach Whistlerbeobachtungen bestätigt [24]. Sie zeigen einen mit den Kurven in Abb. 11 praktisch identischen Jahresgang. Ferner sind schon lange die Unterschiede der Amplitude des jahreszeitlichen[1]) Ganges der Elektronendichte der F-Schicht auf der Nord- gegenüber der Südatmosphäre bekannt, aus denen auf einen unbekannten zusätzlichen jährlichen Effekt mit dem Minimum in der Mitte des Jahres geschlossen wird [25]. In bezug auf den halbjährlichen Effekt

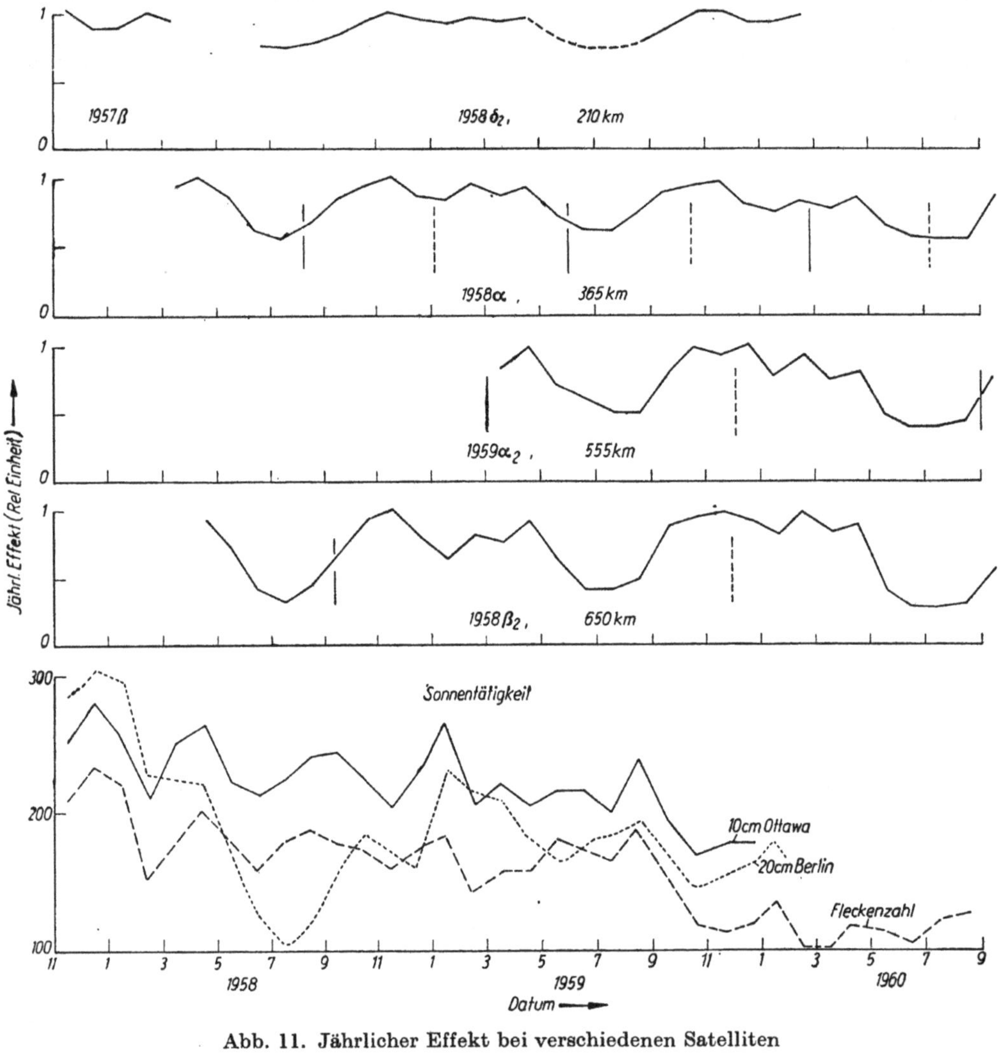

Abb. 11. Jährlicher Effekt bei verschiedenen Satelliten

wurden bei der magnetischen Aktivität Maximalwerte um die Äquinoktien beobachtet. Auch die Elektronendichte in der E-Schicht scheint nach neuesten Ergebnissen eine weltweite halbjährliche Schwankung aufzuweisen mit Maxima im April und Oktober [26].

Diese jährliche Variation der Satellitenabbremsung zeigt nach Abb. 11 höchstens eine nur geringe Korrelation zu der solaren Aktivität. Als wegen der Kürze der Beobachtungsperioden die jährliche Wiederholungstendenz noch nicht zu erkennen war, schien ein Gleichlauf des Minimums 1958 mit einem langzeitlichen Gang der 20 cm-Radiostrahlung zu bestehen, wie er sich in

[1]) Es muß streng unterschieden werden zwischen einem weltweiten jährlichen Gang, der sich auf Variationen in Abhängigkeit von der Kalenderzeit im Jahr bezieht und jahreszeitlichen Schwankungen in bezug auf die örtlichen Jahreszeiten.

den Messungen Berlin-Adlershof[1]) zeigte. Es wurde daraus auf eine ausgesprochene Sonderstellung der solaren 20 cm-Strahlung geschlossen gegenüber den anderen Indikatoren der solaren Aktivität (Sonnenflecken, 10 cm-Radiostrahlung usw.) [27, 28]. In der Folgezeit zeigten jedoch die Berliner 20-cm-Messungen keine derartige Abweichung von den anderen Beobachtungen der solaren dm-Radiostrahlung oder den Sonnenflecken mehr, während der jährliche Effekt voll weiter bestehen blieb.[2]) Es muß ferner betont werden, daß die monatlichen Schwankungen der Luftdichte nach Abb. 9 ebenfalls keinen Anhalt dafür geben, daß die solare 20 cm-Strahlung als signifikant besserer Indikator für den W-Effekt als die 10 cm-Strahlung anzusehen ist. Eine derartige Sonderstellung der solaren 20 cm-Strahlung gegenüber der 10 cm- und 30 cm-Strahlung wäre auch vom Standpunkt der Sonnenphysik nur schwer zu verstehen.

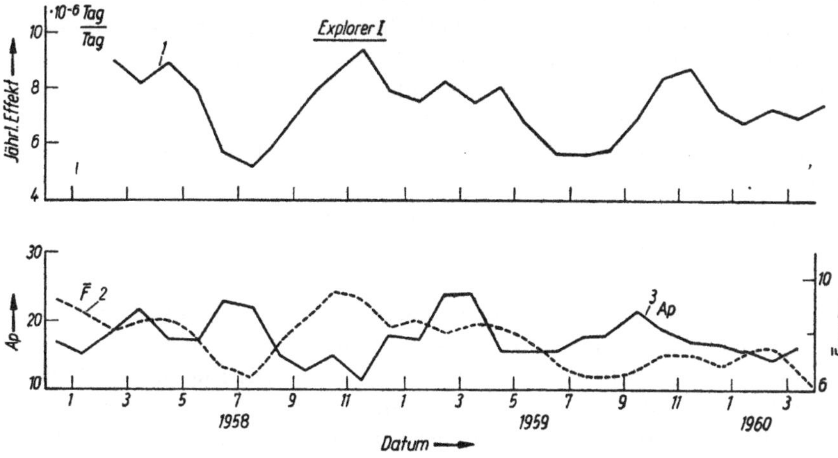

Abb. 12. Jährlicher Effekt bei Explorer I

1: Jährlicher Effekt, 2: Monatsmittel der F_2-Grenzfrequenz 3: Monatsmittel von Magnetik A_P

Das Ganze ist wieder ein Beispiel, welche Vorsicht geboten ist, wenn über eine zu kurze Beobachtungszeit der Gang von Kurven miteinander korreliert wird. Es ist ferner selbstverständlich, daß durch eine solche falsche Korrelation und die Nichtberücksichtigung des starken jährlichen Effektes beträchtliche Fehler in bezug auf die genauere Ableitung der Höhenabhängigkeit des W-Effektes, des Tag-Nacht-Ganges usw. entstehen müssen.[3])

Auch mit der magnetischen Aktivität zeigt der jährliche Effekt (Abb. 12, Kurve 3, A_P) keine erkennbare Korrelation, ein Beweis, daß er nicht durch unrichtige Eliminierung des P-Effektes vorgetäuscht wird. Dagegen scheint in den Variationen der Elektronendichte der F_2-Schicht eine Komponente enthalten zu sein, die einen Gleichlauf mit dem Jahreseffekt zeigt nach Kurve 2 in Abb. 12, die das Mittel der Grenzfrequenzen für Orte auf der Süd- und Nordhalbkugel darstellt.

Bei der Deutung des jährlichen Effektes ist davon auszugehen, daß entsprechend dieser Amplitude eine Energiezufuhr angenommen werden muß, die gemäß Gl. (3) und Abb. 13 um den Betrag von ca. 0,2 erg/cm² sec variiert. Dabei wird vorausgesetzt, daß die Dichte-

[1]) Für die Übermittlung der Beobachtungsdaten sei Herrn Prof. Hachenberg herzlich gedankt.

[2]) Auch im Jahre 1960 zeigten die Berliner 20-cm-Messungen kein derartiges Minimum mehr wie im Jahre 1958 (nach freundlicher Mitteilung von Herrn Prof. Hachenberg).

[3]) Für nach Jahren messende Zeiträume scheint nach allem die Möglichkeit nicht auszuschließen zu sein, daß die Messungen der solaren Radiostrahlung einen durch die Instrumente bedingten Gang zeigen. Daher ist es ratsam, auch fernerhin die Sonnenfleckenrelativzahl als Indikator für die solare Aktivität mit heranzuziehen. Man sollte nicht vergessen, daß die Fleckenzahl bislang den homogensten Parameter für solar-terrestrische Beziehungen darstellt.

schwankungen durch eine unterschiedliche Aufheizung der Hochatmosphäre verursacht wird. Diese kann nicht durch die jährliche Schwankung der Entfernung Erde-Sonne zwischen 152 und 146 Mill. km bewirkt werden, da dadurch nur eine Dichteänderung um 5% resultiert. Als zusätzlicher Energiequell kommt wohl nur die interplanetare Materie (solarer Wind) in Frage. Die Dichte des interplanetaren Plasmas wird zu 10—100 Prot./cm³, die des Staubes zu 10^{-21} bis 10^{-23} g/cm² angenommen.

Die Energiezufuhr aus dem interplanetaren Plasma ist auf verschiedene Weise denkbar. Einmal werden durch die Relativbewegungen des Plasmas zur Erde an der äußeren Grenze des magnetischen Erdfeldes in 10—15 Erdradien Entfernung hydromagnetische Wellen erzeugt. Sie sind von Sonett u. a. durch Raumsonden mit einer Frequenz um 0,1 sec^{-1} und einer Amplitude von 20—30 Γ direkt nachgewiesen worden [29]. Entscheidend ist, daß die Höhenabhängigkeit der Absorption von hydromagnetischen Wellen dieser Frequenz recht genau der Dichteschwankung des jährlichen Effektes nach Kurve 3 in Abb. 5 entspricht [30]. Nach dieser sollte noch in 400—500 km Höhe bei dem jährlichen Effekt merkliche Energie absorbiert werden, wie man es auch bei hydromagnetischen Wellen erwarten muß, während nach dem in Abschnitt IV gesagten die dem W-Effekt zu Grunde liegende Energieabsorption hauptsächlich in dem Höhenbereich zwischen 160 und 220 km erfolgt. Nimmt man eine Protonendichte von 100 Proton/cm³ und eine Relativgeschwindigkeit zur Erde von $3 \cdot 10^6$ cm/sec an, so folgt ein möglicher mittlerer Energiezufluß auf dem skizzierten Weg von $\approx$ 0,2 erg/cm² sec, also gerade in der richtigen Größenordnung.

Eine andere Möglichkeit der Energieübertragung aus dem interplanetaren Plasma hat Chapman angegeben [31]. Danach würde ein stetiger Wärmestrom aus der sonnennahen Korona bis in ihre Ausläufer über die Erdbahn hinaus bestehen. Die Energie würde von den interplanetaren Protonen auf die Wasserstoffatome in der Exosphäre übertragen werden dank des großen Wirkungsaustausches des Ladungsaustausches zwischen beiden. Dieser beträgt $7 \cdot 10^{-16}$ cm² für 20 Ke V-Protonen und ist umgekehrt proportional der Protonenenergie. Auch ein solcher Mechanismus würde die Kurve 3 in Abb. 5 deuten. Vielleicht sind beide Vorgänge beteiligt.

Unabhängig von der speziellen Deutung muß nach der jährlichen Variation angenommen werden, daß die Dichte des interplanetaren Plasmas entsprechend entlang der Erdbahn variiert. Eine plausible Erklärung dafür besteht im Augenblick wohl nur in der Annahme eines interstellaren Windes, der die interplanetare Plasmawolke um die Sonne etwas exzentrisch zu dieser verschiebt. Dies ist nur möglich, wenn die Energiedichte des interplanetaren Plasmas nicht zu groß ist gegenüber dem Druck des anströmenden interstellaren Plasmas. Mit einem ungestörten interplanetaren Magnetfelde von etwa 3 Γ, wie es durch Pioneer V kürzlich gemessen wurde, folgt daraus eine notwendige Dichte der interstellaren Protonen (oder H-Atome[1])) von etwa 0,5 Prot./cm³, ein plausibler Wert. Die Existenz eines interstellaren Windes wird auch dadurch wahrscheinlich, daß das Maximum des jährlichen Effektes recht genau zu dem Zeitpunkt eintritt, in dem die Erde auf ihrer jährlichen Bahn gerade die Projektion auf die Ekliptik des Vektors der Pekuliarbewegung der Sonne im lokalen Sternsystem schneidet, während das Maximum eintritt, wenn die Erde sich auf der Rückseite der Sonne befindet.

In dem skizzierten Bild würde der jährliche Effekt nicht direkt durch den interstellaren Wind erzeugt werden. Dieser würde vielmehr die Energiezufuhr, die durch die relative Bewegung der Erde zu dem interplanetaren Plasma verursacht wird, durch eine verhältnismäßig geringe Verschiebung des letzteren modulieren. Dabei reicht eine Variation der mittleren Dichte des interplanetaren Plasmas um den Faktor 1,5 aus, was schätzungsweise in Erd-

[1]) Letztere haben dieselbe Wirkung wie die Protonen, da sie innerhalb von etwa 20 Tagen in dem ultravioletten Strahlungsfeld der Sonne ionisiert werden.

bahnentfernung eine Verschiebung entgegen der solaren Pekuliarbewegung von 15 Mill. km entsprechen würde.

Der halbjährliche Effekt legt eine Anisotropie der Dichte des interplanetaren Plasmas in bezug auf die Ebene des Äquators nahe. Denn die Zeit der beiden Maxima tritt annähernd ein, wenn die Erde besonders weit nördlich bzw. südlich dieser Ebene steht. Solare Materie wird aber bevorzugt aus den beiden Fleckenzonen nördlich und südlich des Sonnenäquators in den Raum geblasen werden.

Schließlich ist noch die Rolle des interstellaren Staubes zu bedenken. Nach den ekliptikalen Meteorströmen wird seine Dichte sich entlang der Erdbahn ändern. Allerdings ist selbst bei einem zu hoch angenommenen Wert der Dichte von 10^{-22} g/cm³ die direkte Energiezufuhr mit

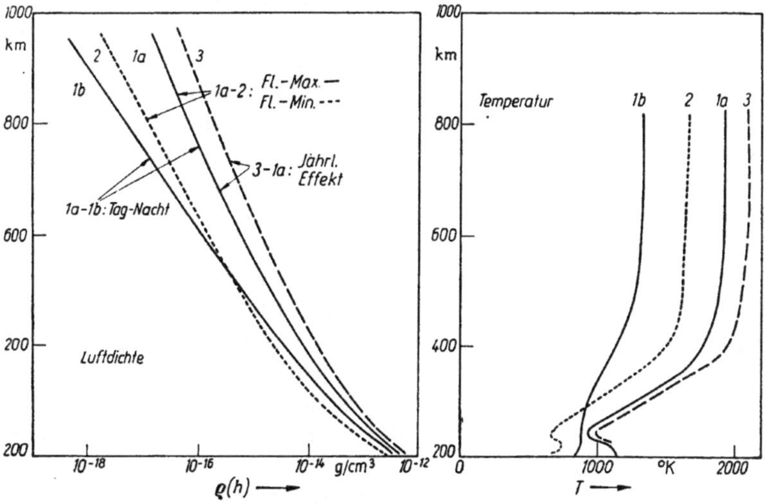

Abb. 13. Dichte- und Temperaturamplituden der hohen Atmosphäre

rund 0,01 erg viel zu gering. Doch könnte eine Erhöhung der Materiedichte in der hohen Atmosphäre durch eine Akkumulation des Staubes infolge einer längeren Verweilzeit eintreten. Wird diese wieder zu 50 Tagen angenommen, so ergibt sich für eine Schicht zwischen 200 und 800 km Höhe eine durchschnittliche Dichte dieses Staubes zu $5 \cdot 10^{-16}$ h/cm³, ein Wert, der sich nach Abb. 13 erst oberhalb von 600 km Höhe gegenüber der Dichte der atmosphärischen Gase bemerkbar machen könnte. Eine größere Verweilzeit ist unwahrscheinlich, da andernfalls der jährliche Effekt zu stark verschmiert würde. Danach ist die Rolle des interplanetaren Staubes wohl über den Jahresgang zu vernachlässigen. Allerdings können kleinere noch übrigbleibende unregelmäßige Schwankungen der Luftdichte vielleicht durch den Einbruch interstellaren Staubes gedeutet werden. Jedenfalls ist die Bedeutung des interplanetaren Staubes noch näher zu klären. Denn ein merklicher Anteil desselben an der Materiedichte der höchsten Atmosphäre würde die Temperaturbestimmung aus dem vertikalen Dichtegradient erheblich verfälschen.

VI. SCHLUSSFOLGERUNG

Die oben behandelten drei Effekte scheinen die Hauptrolle zu spielen. Daneben scheint nach den Beobachtungen an einigen Discoverer Satelliten, deren Bahnneigung über 80° betrug, noch eine geringere Abhängigkeit der Luftdichte von der Breite und den Jahreszeiten zu bestehen [32]. Danach ist die Luftdichte in 200 km Höhe in polaren Breiten im Sommer um

15% höher als in niederen, während auf der Winterhalbkugel umgekehrt ein schwaches Gefälle von 10% polwärts gerichtet ist. Nach dem ausgeprägten Tag-Nacht-Effekt sollte ein viel stärkerer jahreszeitlicher Gang in polaren Breiten (Polarnacht) erwartet werden. Daß dieser nicht beobachtet wird, läßt wieder den Schluß zu, daß die hohe Atmosphäre neben der solaren UV-Strahlung noch merklich durch einen Mechanismus aufgeheizt wird, der nach den Polen zu sich stärker auswirkt, wie es bei elektrisch geladenen Korpuskeln und hydromagnetischen Wellen der Fall ist.

Unabhängig von der endgültigen Deutung des jährlichen Effektes muß eine intensive Wechselwirkung der höchsten Erdatmosphäre mit der interplanetaren Materie bestehen. Dies ist wesentlich für alle Theorien über die Bildung von Planetenatmosphären. Z. B. folgt, daß bei einer 100-mal höheren Dichte des interplanetaren Plasmas die Erde wahrscheinlich keine Atmosphäre besitzen würde. Denn dann wäre die Temperatur der Exosphäre so hoch ($\approx$ 6000 °K), daß auch die schweren Gase wie Sauerstoff und Stickstoff in den Weltraum abdampfen würden, wie es heute schon bei Wasserstoff und Helium der Fall ist.

Im Ganzen reagiert die höchste Erdatmosphäre sehr empfindlich und mit kleiner Trägheit auf die verschiedenen extraterrestrischen Einflüsse, was durch ihren geringen Energiegehalt bedingt ist. In Abb. 13 sind die Dichte- und Temperaturschwankungen für die verschiedenen Effekte noch einmal zusammengestellt. Dabei wurde als mittleres Atom- bzw. Molekulargewicht ein mittlerer Wert von 15 angenommen, da oberhalb von 300 km Höhe auch der Stickstoff z. T. dissoziert sein wird. Maximal kann in 1000 km Höhe die Luftdichte um den Faktor 1000 und die Temperatur zwischen 1000° und 2000 °K schwanken. Eine solche Variationsbreite bedingt, daß kein repräsentatives mittleres Atmosphärenmodell mehr aufgestellt werden kann. Vielmehr müssen für jeden speziellen Fall die entsprechenden Parameter für die Zusammensetzung, kinetische Reaktionen usw., benutzt werden. Z. B. ergibt sich während der Nacht in 1000 km Höhe für den molekularen Stickstoff eine Dichte von 10^{-1} N_2-Molek./cm³ während für den Tag ein Wert von 10^2 N_3-Molek./cm³ folgt. Dieser genügt, um die in sonnenbeschienenen Polarlichtern beobachtete Resonanzfluoreszensstrahlung der negativen Stickstoffbanden des N_2-Moleküls zu erzeugen. Das komplexe Zusammentreten der verschiedenen Einflüsse auf die höchste Atmosphäre läßt es geraten erscheinen, keine Modelle für dieselbe selbst aufzustellen, sondern vielmehr Modelle der Variationen zu geben, aus denen dann der Zustand der Hochatmosphäre für spezielle Fälle abgeleitet werden kann [33].

LITERATUR

[1] Paetzold, H. K., Tagungsbuch Physikertagung München 1956, S. 152.
[2] Paetzold, H. K., Raketentechnik u. Raumfahrtforschg. 3, (1959) 45.
[3] Paetzold, H. K. und Zschörner, H., Telefunken Z. 31, (1958) 99.
[4] King-Hele, D. G., Nature 181, (1957) 1762.
[5] Jacchia, L. G., IGY Sat. Rep. Nr. 4, (1958) 23.
[6] Paetzold, H. K. und Zschörner, H., Naturwiss. 45, (1958) 485.
[7] Paetzold, H. K. und Zschörner, H., J. Atmosph. Terr. Phys. 16, (1959) 259.
[8] Paetzold, H. K. und Zschörner, H., Tagungsbericht Arbeitsgem. Ionosphäre Klein-Heubach 1959, p. 90.
[9] Paetzold, H. K. und Zschörner, H., Tagungsbericht Arbeitsgem. Ionosphäre Klein-Heubach 1959, S. 90.
[10] Bartels, J., Abhdlg. Preuß. Akad. Wissensch. Berlin, Math. Naturwissensch. Kl. Nr. 12, 1941.
[11] Priester, W., Naturwiss. 46, (1959) 197.
[12] Jacchia, L. G., Nautre 183, (1959) 327.
[13] Paetzold, H. K., Naturwissensch., 48, 39 (1961)
[14] Hinteregger, Proc. I. Cospar-Symp. Nice 1960.

[15] JACCHIA, L. G., Smiths. Astr. Obs. Spec. Rep. Nr. 29 (1959).
[16] PAETZOLD, H. K. und ZCHÖRNER, H., Proc. XI. Int. Astron. Congress Stockholm 1960.
[17] JACCHIA, L. G., Nature **183**, (1959) 1662.
[18] KOHL, H., Tagungsber. Arbeitsgem. Ionosph., Klein-Heubach 1959, S. 67.
[19] ARNOLD, R., HOFFMANN, R. und WINKLER, R. J., Proc. I. Cospar Symp. Amsterdam 1960, S. 877.
[20] PAETZOLD, H. K. und ZSCHÖRNER, H., Proc. X. Int. Astron. Congress, Wien 1959, S. 55.
[21] PAETZOLD, H. K. und ZSCHÖRNER, H., Proc. I. Cosp. Symp. Amsterdam 1960, S. 24.
[22] PAETZOLD, H. K., Geof. Pur. et. Appl. **48**, 85 (1961)
[23] PAETZOLD, H. K., Z. Naturforsch., **16a**, 50 (1961).
[24] HELLIWELL, R. A., Aeron. Symp. Kopenhagen 1960.
[25] BERKNER, L. V. und WELLS, H. W., Terr. Magn. **43**, (1938) 13.
[26] MINNIS, C. M. und BAZZARD, G. H., J. Atm. a. Terr. Phys. **18**, (1960) 306.
[27] PRIESTER, W., MARTIN, H. A. und KRAMP, K., Mitt. Univ. Sternw. Nr. 34 Bonn (1960).
[28] JACCHIA, L. G., Smiths. Astroph. Obs. Nr. 39 (1960).
[29] SONNET, C. P., SMITH, E. J. und SIMS, R. A., Proc I. Cospar Symp. Amsterdam 1960, S. 921.
[30] DRESSLER, J. A., J. Geophys. Res. **64**, (1959) 397.
[31] CHAPMAN, S. C., in: The Thresholf of Space, London 1957, p. 65.
[32] PAETZOLD, H. K., unveröffentlicht.
[33] PAETZOLD, H. K., Nature, **190**, 35 (1961).

Die Elektronenkonzentration der äußeren Ionosphäre

Von K. H. SCHMELOVSKY[1])

Der Zustand des Plasmas in der äußeren Ionosphäre wurde mit Hilfe des Faraday-Fadings am Satelliten 1958 δ_2 untersucht. Dabei ergaben sich markante Unterschiede zwischen Sommer- und Winterhalbjahr. Während die Elektronenkonzentration, wie bereits aus Grenzfrequenzmessungen bekannt, in niedrigen Höhen im Winter höher ist als im Sommer kehren sich die Verhältnisse oberhalb ca 600 km um. Die Höhenabhängigkeit läßt sich bis ca. 800 km durch ein Exponentialgesetz mit einer Skalenhöhe von 210 km im Winter und 390 km im Sommer beschreiben, oberhalb dieser Höhe verlangsamt sich in beiden Fällen die Abnahme. Die jahreszeitlichen Unterschiede lassen sich nur durch eine entsprechende Variation der Plasmatemperatur deuten, obwohl über jahreszeitliche Variationen der Neutralgastemperatur nur wenig bekannt ist. Die errechneten Plasmatemperaturen betragen etwa $1{,}5 \cdot 10^3$ °K im Winter und $2{,}8 \cdot 10^3$ °K im Sommer. Auch in den tageszeitlichen Variationen der Gesamtelektronenzahl zeigen sich starke Unterschiede zwischen Sommer und Winter. Während der nächtliche Minimalwert mit $1{,}8 \cdot 10^{17}\,m^{-2}$ in beiden Fällen ungefähr gleich ist, erreicht das Mittagsmaximum mit $7{,}0 \cdot 10^{17}\,m^{-2}$ im Winter einen wesentlich höheren Wert als im Sommer mit $4{,}1 \cdot 10^{17}\,m^{-2}$. Der Tagesgang des Sommers zeigt hierbei besonders in den Messungen des Jahres 1959 ein sekundäres Minimum in den Mittags- und frühen Nachmittagsstunden. Dieses Minimum kann ebenso wie die sonstigen jahreszeitlichen Unterschiede im Aufbau der Ionosphäre nicht durch thermische Ausdehnung erklärt werden, da die Flughöhe des Satelliten so hoch lag, daß nur ein vernachlässigbarer Anteil der Gesamtelektronenzahl über diese Höhe gehoben wird. Wie spätere Untersuchungen zeigten, findet infolge der Temperaturunterschiede zwischen Sommer- und Winterhemisphäre ein Ionenaustausch durch thermische Diffusion längs der Kraftlinien statt. Der mittlere Fluß wird mit ca $3 \cdot 10^8$ Ionen-Elektronenpaaren $cm^{-2}\,sec^{-1}$ errechnet, was durchaus ausreicht um die mittleren Unterschiede zu deuten. Für die Mittagsstunden wird ein etwa 2 bis 3 mal größerer Fluß benötigt, der aber ebenfalls plausibel ist.

Die apogäumsnahen Durchgänge des Satelliten zeigen eine Abnahme der Elektronenzahl mit der Breite um im Mittel 0,6% pro 100 km. Dieser Effekt besitzt einen Tagesgang mit einem Maximum in den Mittagsstunden.

Untersuchungen der Gesamtelektronenzahl während gestörter Perioden zeigen, daß diese im allgemeinen mit der $f_0 F_2$ parallel läuft, kurz vor Beginn eines magnetischen Sturmes jedoch einen ausgeprägten Anstieg besitzt, der sich in der Grenzfrequenz höchstens schwach wiederfindet.

LITERATUR

[1] SCHMELOVSKY, K. H., KLINKER, L. und KNUTH, R., Über die Elektronenkonzentration der äußeren Ionosphäre nach Untersuchungen am Satelliten 1958 δ_2. Gerl. Beitr. Geophys. **68** (1959) H. 6, S. 321 bis 341.

[2] KLINKER, L., SCHMELOVSKY, K..H. und KNUTH, R., Jahreszeitliche Variationen der mittleren Elektronenkonzentration zwischen 400 und 1200 km Höhe. Naturwissenschaften **47** (1960) H. 9, S. 197.

[3] KLINKER, L., SCHMELOVSKY, K. H. und KNUTH, R., Die Elektronenkonzentration der äußeren Ionosphäre: winterliche Verhältnisse und jahreszeitliche Variationen. Gerl. Beitr. Geophys. **69** (1960) H. 6, S. 328.

[4] SCHMELOVSKY, H. K., Die Elektronenkonzentration in der äußeren Ionosphäre, Messungen des Sommers 1959. Gerl. Beitr. Geophys. **70** (1961) H. 4 S. 201.

[1]) Dr. KARL HEINZ SCHMELOVSKY, Observatorium für Ionosphärenforschung, Kühlungsborn.

VI. Ionosphäre

Zur Dynamik der Inosphäre

Von W. Becker[1])

1. EINLEITUNG

Vor vier Jahren konnte der Verfasser [1] auf relativ schnelle Höhenänderungen der gesamten F-Schicht der Ionosphäre hinweisen. Ein Jahr später [2] wurde auf einen engen Zusammenhang mit erdmagnetischen Baistörungen hingewiesen, und wieder ein Jahr später von H. Kohl [3] der Zusammenhang theoretisch gedeutet.

Demnach folgt die gesamte F-Schicht Störungen der horizontalen erdmagnetischen Feldkomponente mit einer Verzögerung von nur ein bis zwei Minuten. Das Verhältnis der horizontalen zur vertikalen Driftkomponente der gesamten F-Ionisation ist gleich tg J, wobei J der Inklinationswinkel des Erdmagnetfeldes ist.

Experimentell, d. h. durch Reduktion der scheinbaren Höhen nächtlicher Ionogramme fand der Verfasser [2] für positive Baistörungen von etwa 50 γ vertikale Driftgeschwindigkeiten von etwa 30 m/sec und Hübe bis zu 200 km [4].

Diese große Empfindlichkeit der F-Schicht der Ionosphäre gegenüber erdmagnetischen Störungen legte es nahe, das Verhalten derselben Schicht während äußerst ruhiger erdmagnetischer Bedingungen zu studieren.

Eine Beschränkung auf nächtliche Ionogramme war gleichfalls angebracht, da die fortgesetzte Ionisierung während der Tagesstunden die Untersuchungen unnötigerweise erschweren müßte.

Die vorliegende Arbeit soll über derartige, noch nicht abgeschlossene Lindauer Untersuchungen berichten.

2. DAS VERHALTEN DER NÄCHTLICHEN IONOSPHÄRE WÄHREND ÄUSSERST RUHIGER ERDMAGNETISCHER BEDINGUNGEN

Aufschluß über den Zustand des erdmagnetischen Feldes gaben uns die Registrierungen des Geophysikalischen Institutes der Universität Göttingen. Die im Folgenden mit herangezogenen dreistündigen erdmagnetischen Kennziffern K wurden vom Erdmagnetischen Observatorium Wingst gewonnen. Beiden Instituten sei auch an dieser Stelle für die Überlassung ihres Beobachtungsmaterials recht herzlich gedankt. Das ionosphärische Beobachtungsmaterial verdanke ich meinen Mitarbeitern. Zur Rückführung der Ionogramme in Elektronendichte-Profile der Ionosphäre bedienten wir uns des in unserem Institut entwickelten manuellen Verfahrens [5]. Über die Konsistenz der gewonnenen viertelstündlichen Daten geben am besten die stetigen Kurvenzüge Aufschluß; die Genauigkeit der Daten kann mit durchschnittlich $\pm$ 5 km angegeben werden.

---

[1]) Dr. Walter Becker, Max-Planck-Institut für Aeronomie, Institut für Ionosphären-Physik, Lindau (Harz).

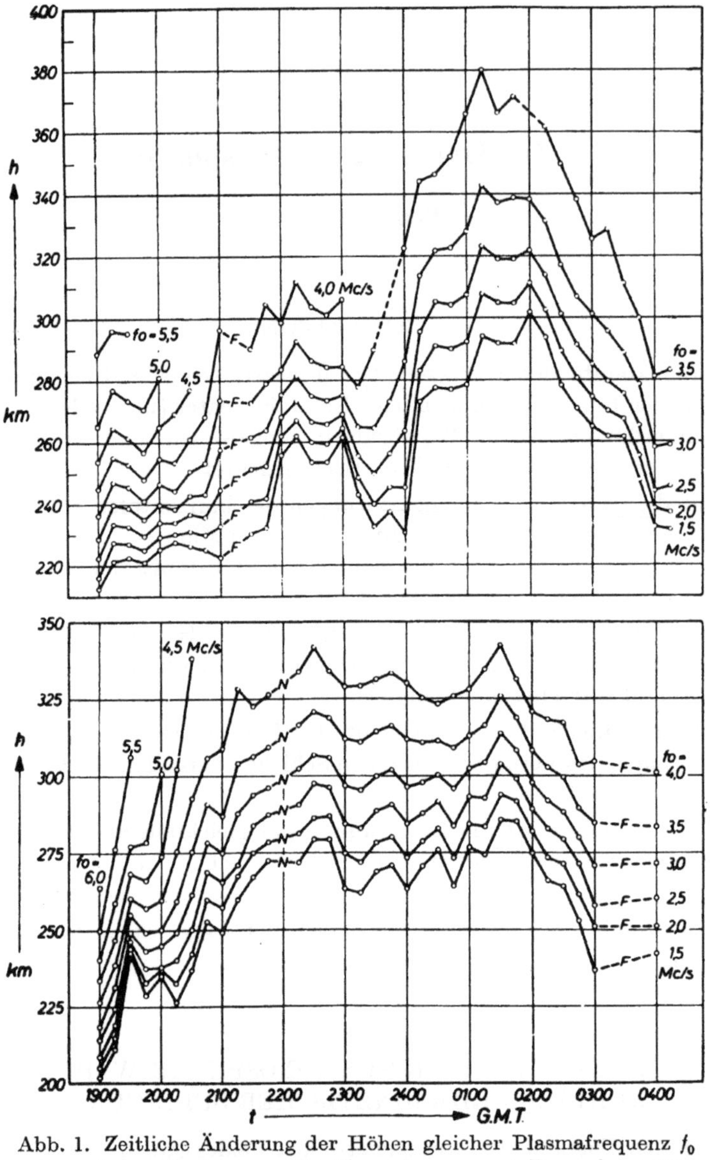

Abb. 1. Zeitliche Änderung der Höhen gleicher Plasmafrequenz f_0 während der Nächte vom 30. November zum 1. Dezember 1958, unteres Diagramm, und vom 1./2. Januar 1959, oberes Diagramm

2.1 *Unstetige Höhenänderungen der F-Schicht*

Erdmagnetisch ungewöhnlich ruhige Bedingungen herrschten in der Nacht vom 30. November zum 1. Dezember 1958 und vom 1./2. Januar 1959, also etwa 4 Wochen später. Die erdmagnetischen Kennziffern dieser Tage wurden vom Observatorium Wingst wie folgt angegeben:

30. November 1958	$K = 011\ 120\ 00$
1. Dezember 1958	$K = 000\ 121\ 21$
1. Januar 1959	$K = 000\ 110\ 00$
2. Januar 1959	$K = 000\ 221\ 21.$

Abb. 1 stellt die Höhenänderung der F-Ionisationsniveaus dieser Nächte einander gegenüber.

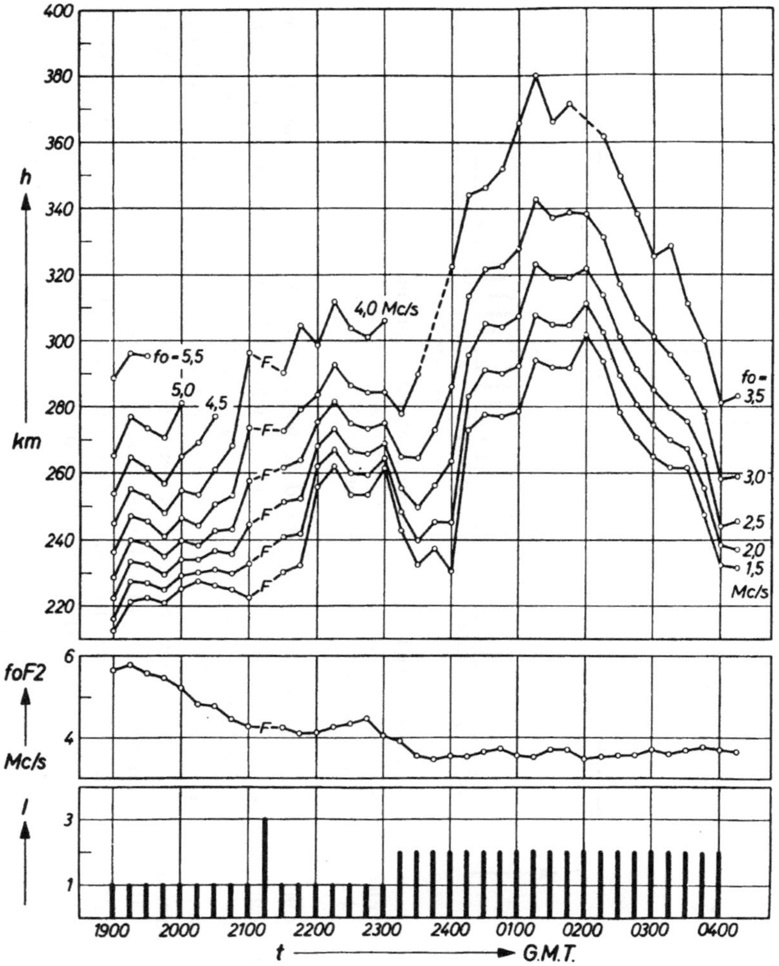

Abb. 2. Zeitliche Änderung der Höhen gleicher Plasmafrequenz f_0, der Grenzfrequenz der F_2-Schicht, f_0 F 2 und der Intensität I der F-Streuechos während der Nacht vom 1./2. Januar 1959

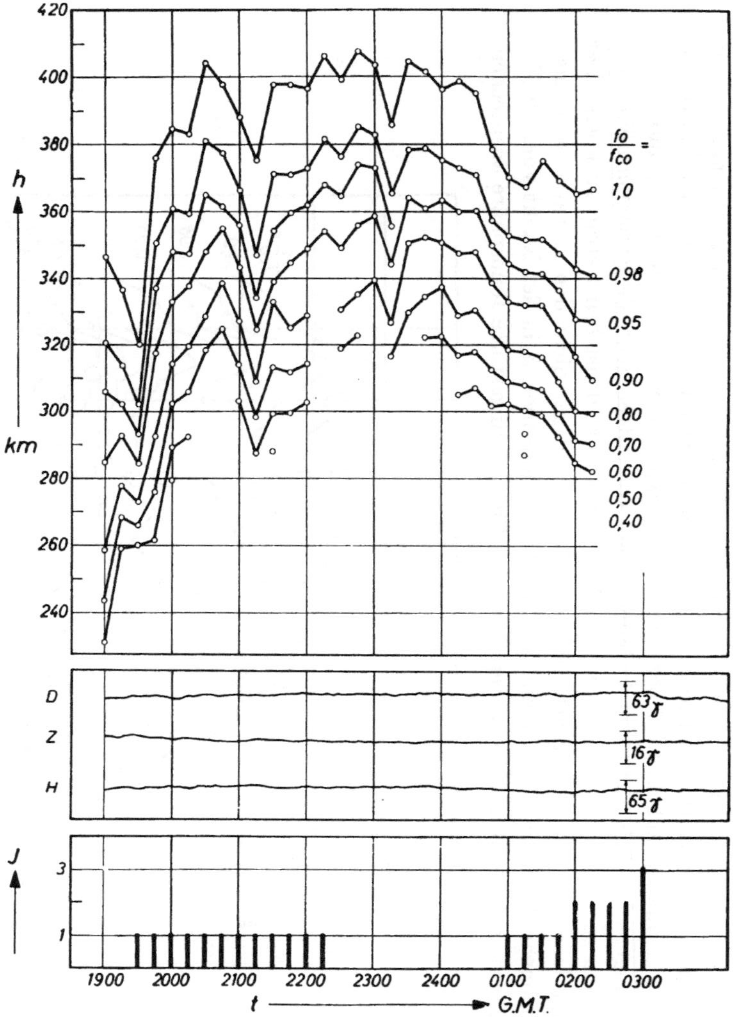

Abb. 3. Zeitliche Änderung der Höhen konstanter Verhältnis-Werte: Plasmafrequenz f_0 durch ordentliche F2-Grenzfrequenz f_{c0}, der drei erdmagnetischen Feldkomponenten D, Z, H und der Intensität J der F-Streuechos während der Nacht vom 22./23. Dezember 1957

Die Elektronendichte der Ionisationsniveaus ist in Abb. 1 durch die jeweilige Plasmafrequenz f_0 in MHz ausgedrückt. Der Buchstabe F besagt, daß intensive Streuechos auf den Ionogrammen keine Reduktion zuließen. N bezeichnet einen experimentellen Hinderungsgrund.

Ganz augenscheinlich waren am 1. Januar 1959 vor Mitternacht die Reflexionshöhen um etwa 30 km zu niedrig und in der zweiten Nachthälfte um denselben Betrag zu hoch. Der unstetige Übergang um Mitternacht entspricht ganz und gar nicht den Erwartungen; man wird vielmehr die stetige Höhenänderung der Ionisationsniveaus in der Nacht vom 30. November zum 1. Dezember 1958 als repräsentativ für eine ungestörte Ionosphäre ansprechen.

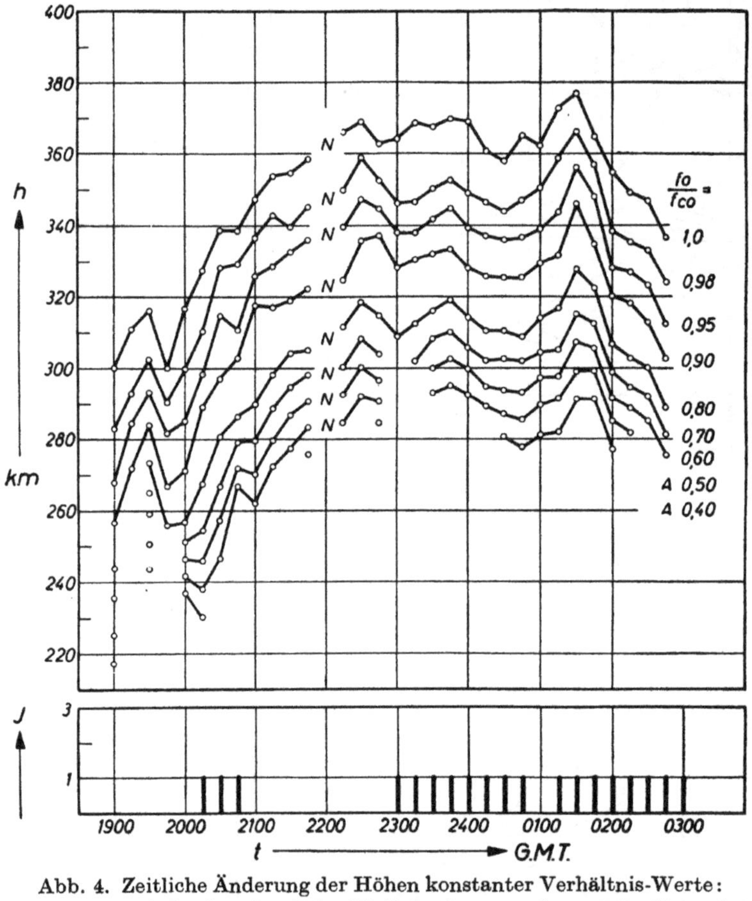

Abb. 4. Zeitliche Änderung der Höhen konstanter Verhältnis-Werte: Plasmafrequenz f_0 durch ordentliche F2-Grenzfrequenz f_{c0} und der Intensität J der F-Streuechos während der Nacht vom 30. November/1. Dezember 1958

Es überrascht allerdings, daß an beiden Tagen, d. h. während erdmagnetisch äußerst ruhiger Bedingungen, sehr intensive F-Streuechos beobachtet werden konnten. Im einzelnen geben hierüber die Abb. 2 und 4 Abschluß. $J = 0$ besagt, daß auf dem jeweiligen Ionogramm überhaupt keine oder nur in einem Frequenzbereich von weniger als $\pm$ 2% um die ordentliche bzw. außerordentliche Grenzfrequenz Streuechos festgestellt werden konnten. $J = 1$ bedeutet, daß dieser Bereich größer als $\pm$ 2% aber kleiner als $\pm$ 5% war.

$J = 2$ will nur sagen, daß infolge intensiver Streuechos eine ungefähre Grenzfrequenzangabe gerade noch möglich war, evtl. unter Zuhilfenahme der Mehrfachreflexionen. $J = 3$ schließt auch diese Möglichkeit aus. Ob der schnelle Höhenanstieg in Abb. 2 mit dem Auftreten stärkerer Streuechos in Zusammenhang steht, bleibt noch zu untersuchen. Ein evtl.

Zusammenhang dürfte aber nur sekundärer Art sein, da selbst bei Hüben bis zu 200 km, verursacht durch positive erdmagnetische Baistörungen, keinerlei Streuechos auftraten [4].

Die Änderung der ordentlichen F2-Grenzfrequenz (f_0 F2) während des gleichen Zeitraumes läßt keine Besonderheiten erkennen.

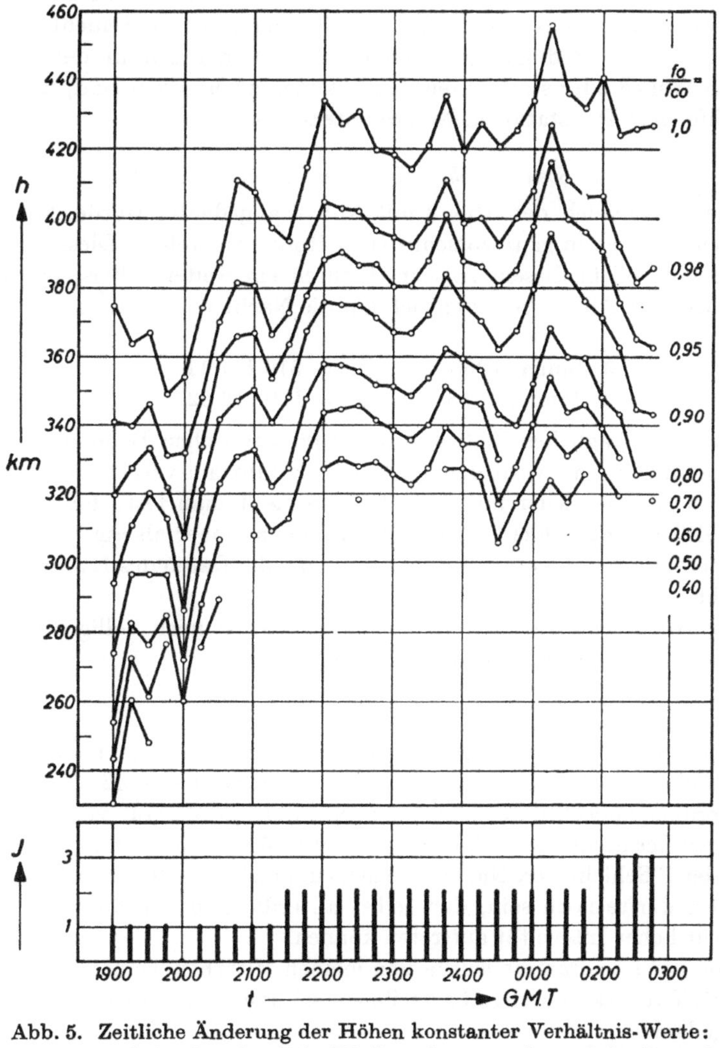

Abb. 5. Zeitliche Änderung der Höhen konstanter Verhältnis-Werte: Plasmafrequenz f_0 durch ordentliche F2-Grenzfrequenz f_{c0} und der Intensität J der F-Streuechos während der Nacht vom 3./4. Januar 1958

Ein weiteres Beispiel für derartige unstetige Höhenänderungen bringt Abb. 3. Im Gegensatz zu Abb. 1 wurde in Abb. 3 nicht f_0 sondern f_0/f_{c0} als Parameter der Ionisationsniveaus gewählt. f_{c0} soll die jeweilige Grenzfrequenz der F-Schicht bedeuten. Auf diese Weise konnten Höhenänderungen, bedingt durch Grenzfrequenzänderungen, wie sie in Abb. 1 mit enthalten sind, ausgeschlossen werden. Der Intensitätsverlauf der Streuechos J und der drei erdmagnetischen Feldkomponenten (D, Z, H) ist in Abb. 3 gleichfalls mit dargestellt. Die entsprechenden K-Indizes wurden vom Observatorium Wingst wie folgt angegeben:

22. Dezember 1957 $K = 221\ 111\ 10$

23. Dezember 1957 $K = 121\ 221\ 11$

Zum Vergleich mögen die in Abb. 1 gezeigten Höhendaten für die Nacht vom 30. November zum 1. Dezember 1958 in entsprechender Darstellung, Abb. 4, dienen. Zwei Dinge fallen bei einem Vergleich der Abb. 3 mit Abb. 4 auf: der schnelle zu einem zweiten Maximum führende Höhenanstieg in den frühen Abendstunden des 22. Dezembers 1957 und die um 40 km größeren Schichthöhen nach Mitternacht gegenüber den „Repräsentativwerten" von Abb. 4. Ob diese beobachteten unstetigen Höhenänderungen der F-Schicht während äußerst ruhiger erdmagnetischer Bedingungen dynamischen Vorgängen in der Ionosphäre, z. B. fortschreitenden Wellen oder stationären Oszillationen zuzuordnen sind, wird augenblicklich von uns mit Hilfe eines Dreistationen-Netzes untersucht.

2.2 *Stetige Höhenschwankungen der F-Schicht*

Wie schon beim Vergleich der Abb. 3 mit Abb. 4 angedeutet wurde, kann die F-Schicht an verschiedenen Nächten in ganz verschiedenen Höhen auftreten. Diese Art Höhenschwankung der F-Schicht soll in diesem Abschnitt durch ein weiteres Beispiel näher betrachtet werden. Die Daten der Abb. 5 beziehen sich auf die Nacht vom 3./4. Januar 1958. Die K-Indizes für den

	3. Januar 1958	$K = 310\ 111\ 11$
und den	4. Januar 1958	$K = 110\ 110\ 02$

besagen, daß man im fraglichen Zeitraum die erdmagnetischen Bedingungen ($K = 1$) noch als sehr ruhig und im Sinne der vorliegenden Arbeit als durchaus vergleichbar ansprechen kann.

Vergleicht man Abb. 5 wieder mit Abb. 4, dann stellt man fest, daß z. B. am 4. Januar 1958 um 0115 GMT das F2-Schicht-Maximum um 90 km höher als am 1. Dezember 1958 lag. Diese Differenz erhöht sich um etwa 60 km, wenn man die Daten des 1. Januar 1959 zum Vergleich heranzieht.

Wie derartige Höhenschwankungen zu erklären sind, ist noch völlig offen und bleibt ein Gegenstand weiterer Untersuchungen an unserem Institut.

3. ZUSAMMENFASSUNG

Die Reduktion von Ionogrammen hat ergeben, daß das bisherige, mehr statische Bild der F-Region der Ionosphäre einer dynamischen Auffassung weichen muß. So wurde festgestellt, daß selbst an erdmagnetisch äußerst ruhigen Nächten im Verlauf von einer Viertelstunde Höhenänderungen der gesamten F-Schicht um etwa 35 km vorkommen können und daß die absolute Höhe der F-Schicht von Nacht zu Nacht um mehr als 100 km schwanken kann.

Erwähnenswert dürfte noch sein, daß selbst an erdmagnetisch äußerst ruhigen Nächten F-Streuechos sehr hoher Intensität auftreten können.

Die Reduktion der Ionogramme wurde von meinen Mitarbeiterinnen Fräulein U. Gollmer und Fräulein R. Tetzlaff durchgeführt; ihnen sei auch an dieser Stelle für ihre Arbeit recht herzlich gedankt.

LITERATUR

[1] Becker, W., Zur wahren Verteilung der Elektronendichte in der Ionosphäre nach vertikalen Echolotungsaufnahmen mit veränderlicher Frequenz. Vorträge und Berichte der gemeinsamen Tagung der Arbeitsgemeinschaft Ionosphäre des Deutschen U.R.S.I.-Landesausschusses und der Fachgruppe Wellenausbreitung der NTG, Kleinheubach 1956.

[2] Becker, W., New methods and some results concerning true ionospheric height calculations. School of Electrical Engineering, Cornell University, Ithaca—New York. Research Report EE 361, January 1958.

[3] Kohl, H., Bewegung der F-Schicht der Ionosphäre bei erdmagnetischen Bai-Störungen. Mitt. aus dem Max-Planck-Inst. f. Aeronomie, Nr. 3 (1960) 1—35.

[4] Becker, W., The quiet night-time ionosphere. Vortrag, gehalten während der U.R.S.I.-Generalversammlung in London 1960.

[5] Becker, W., Die allgemeinen Verfahren der Station Lindau/Harz zur Bestimmung der wahren Verteilung der Elektronendichte in der Ionosphäre. A.E.Ü. **13** (1959) 373—382.

Verhalten der Es-Ionisation und Zusammenhänge mit den Schwankungen der F-Ionisation und des Erdmagnetfeldes

Von K. Bibl[1])

Eine der interessantesten Erscheinungen für die Ionosphärenforschung ist die abnormale Ionisation im E-Niveau. Es sind viele Versuche unternommen worden, um Definitionen zu finden, die für alle Meßstationen vergleichbare Meßgrößen ergeben sollten:

a) Forschungen an polaren Stationen waren dafür wichtig.

b) Arbeiten von Rawer beschäftigten sich vor allem mit der Frage der Transparenz (Verhältnis: top- zu blanketing frequency) als wesentlicher Schichteigenschaft.

c) Bibl suchte durch die Erfassung der Zwischenschichten *I* zwischen E- und F-Region und der klaren Definition der normalen E-Schicht eine gute Abgrenzung der abnormalen Ionisation unter Berücksichtigung der Schichtdicke zu finden.

d) Die für eine phänomenologische Betrachtung unvermeidbar scheinende Einteilung in Höhenklassen hat nicht voll befriedigt. Zeigten doch schon die Ionosphärenfilme ein dauerndes Absteigen der in größeren Höhen auftauchenden Es-Ionisation bei gleichzeitiger Abnahme der Schichtdicke.

Durch mühsame Auswertung von Ionosphärenfilmen konnte der Verfasser erstmalig den genauen zeitlichen Verlauf der abnormalen Ionisation erhalten. Dieser ergibt sich aber ganz einfach in der von Nakata und Mitarbeitern eingeführten Direktregistrierung. Seit zwei Jahren registrieren wir mit dieser Methode pausenlos die kritischen Frequenzen im E-Niveau: $f(t; \mathrm{E})$ und die scheinbaren Höhen für verschiedene Elektronendichten: $h'(t; f)$ als Zeitfunktionen. Als wichtige Ergänzung wurden vom Verfasser die kontinuierliche Registrierung der „maximum usable frequency" für eine Sprungentfernung von 3000 km eingeführt, die als Darstellung der Form der F-Ionisation aufgefaßt werden kann: MUF $(t; \mathrm{F})$. Der Vergleich der Registrierungen brachte ganz unerwartete Ergebnisse:

1. In sehr vielen Registrierungen, besonders gut sichtbar bei Nacht, ist für die oft stark abdeckende Es-Ionisation mittlerer Breite eine deutliche Änderung der Ionisationshöhe mit der Intensität zu sehen. Dabei ist bei starker Ionisation die Höhe der Schicht immer niedriger als bei geringer. (Durch Vergleich mit Vielfachechos konnten die Fälle der Schiefechos ausgeschieden werden.)
   Die Ionisation beginnt und endet also immer in größeren Höhen.

2. Das Auftreten der Es-Ionisation ist häufig mit einer starken Schwankung der F-Ionisation gekoppelt. Insbesondere ist die Vergrößerung der Schwankung der Ionisationshöhe in den $h'(t, f)$ Registrierungen deutlich, auch wenn man die Abdeck-Effekte berücksichtigt. Letztere machen es unmöglich, diese Erscheinungen in den normalen Ionogrammen oder gar in den Auswertungen auf wahre Höhen zu sehen.

---

[1]) Dr. Klaus Bibl, Ionosphären-Institut, Breisach/Rh. der Deutschen Bundespost.

3. Bei der Betrachtung vieler Charakteristiken-Registrierungen und deren Vergleich mit den örtlichen Schwankungen des Erdmagnetfeldes wird ein Effekt der Beruhigung der magnetischen Unruhe während stärkerer Es-Ionisation sichtbar. Deutliche Unterschiede zwischen örtlichen und planetarischen magnetischen Kennwerten könnten auf die abschirmende und dämpfende Wirkung großräumiger Ströme in der Es-Schicht zurückgeführt werden. Dies ist auch ein Ergebnis der statistischen Analyse von dynamischen Meßgrößen der Ionosphäre, die aus einem Jahr von Direktregistrierungen ionosphärischer Parameter gewonnen wurden.

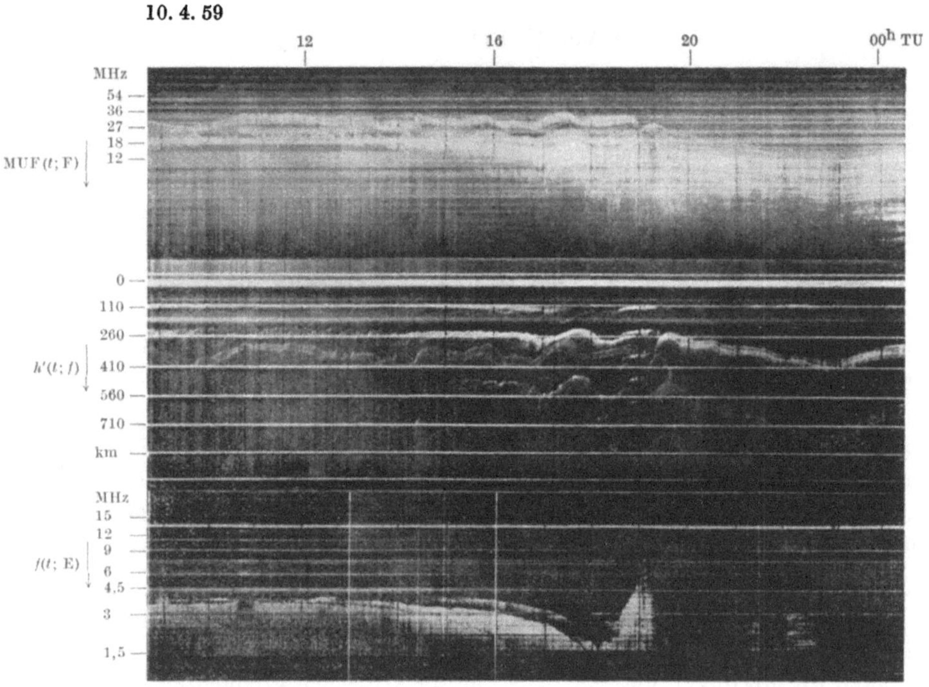

4. Zieht man Backscatter-Registrierungen hinzu, so werden als Es-Typen die turbulente, die abdeckende dynamische und die meteorische Ionisation unterscheidbar.

Aus diesen neuen Feststellungen können Schlüsse auf Ursachen und den Verlauf der Ionisation und auf die Zusammenhänge von dynamischen Erscheinungen der Ionosphäre und des Erdmagnetfeldes gezogen werden.

Der Vortrag ist eine Zusammenfassung zweier Veröffentlichungen des Verfassers, die inzwischen (1960) in Ann. Géophysique **16**, S. 148—151, und Journ. Geophys. Research **65** S. 2333—2342 erschienen sind.

Les anomalies des variations diurne et annuelle de foF2 dans l'Antarctique

Par L. Bossy[1])

RESUME

Ce travail utilise les valeurs médianes de foF2 obtenues aux stations de l'Antarctique pendant l'A. G. I. et en 1959, années de grande activité solaire. La comparaison de l'amplitude et de la phase de leur variation diurne avec celle d'autres stations de l'hémisphère sud et des stations correspondantes de l'hémisphère nord, permet d'améliorer notre connaissance du comportement de foF2 dans cette région. Celui-ci apparaît comme beaucoup plus complexe que dans l'Arctique et la recherche des mécanismes déterminants devra tenir compte des anomalies existantes.

INTRODUCTION

Lepechinsky et Pillet [1] ont montré, en considérant les stations comprises entre 70 °N et 55 °S, que la distribution des fréquences critiques médianes de foF2 à midi devenait symétrique lorsque les stations étaient ordonnées suivant la valeur de l'inclinaison magnétique. Depuis, Ranzi [2], Rastogi [3, 4] ainsi que Coroniti et Penndorf [5] ont mis en évidence le fait que les stations d'Amérique du Sud (Decepcion et Port Lockroy) présentent en été une variation diurne de foF2 très anormale par rapport au schéma précédent; en effet, le maximum de foF2 se produit au voisinage de minuit au moment où l'ionisation est minimale. Les premiers résultats de Bellchambers et Piggott [6,7] ont montré que cette anomalie se retrouve à Halley Bay (75 °S) également. Enfin, Hill [8] a proposé un mécanisme susceptible de rendre compte du fait que, à des stations aussi voisines que Byrd Base et Halley Bay, l'heure du maximum de foF2 passe de 0000 TL à 1200 TL avec un décalage systématique de 6 mois. Il note aussi que la station de Mirny se comporte d'une manière anormale lorsqu'on étudie la variation annuelle de la différence entre foF2 à minuit et à midi.

Notre but est de comparer les stations antarctiques entre elles, avec les stations voisines de l'hémisphère sud et avec les stations de l'hémisphère nord au delà du 45ème parallèle. Nous avons basé cette comparaison sur l'étude de l'amplitude et de la phase de l'onde diurne obtenues par l'analyse harmonique des valeurs horaires. Cette étude conduira à préciser l'extension des diverses régions où les conditions sont soit extrêmes, soit anormales. L'analyse harmonique des médianes de foF2 a déjà été utilisée par Knecht [9] lors de l'examen des résultats de Pole Station.

PROCEDE DE COMPARAISON

Nous avons effectué l'analyse harmonique des médianes horaires et avons constaté que, dans la majorité des cas, le développement limité

$$\overline{\mathrm{foF2}(t)} \approx L + M \cos (t - T_1) + N \cos 2 (t - T_2)$$

décrit la variation réelle avec des écarts moindres que 0,2 MHz et que, pendant les mois où la variation est importante, le facteur N est au maximum égal à 20% de M. Nous avons constaté

[1]) Dr. L. Bossy, Institut Royal Météorologique de Belgique.

également que la variation annuelle de ces paramètres a une allure systématique qui permet de caractériser le comportement de foF2 à chaque station.

Il suit donc que, à de rares exceptions près, l'analyse des valeurs de M (amplitude de la variation diurne) et de T_1 (phase ou heure du maximum de la variation diurne) nous fournira des indications nettement plus précises que la simple comparaison de foF2 à midi et minuit.[1])

Rappelons avant de poursuivre que, selon Lepechinsky et Pillet [1] la variation de foF 2 dépend d'une manière prépondérante de celle de l'inclinaison I du champ magnétique. Il est bien connu d'autre part que l'Antarctique est une région où la distribution de l'inclinaison

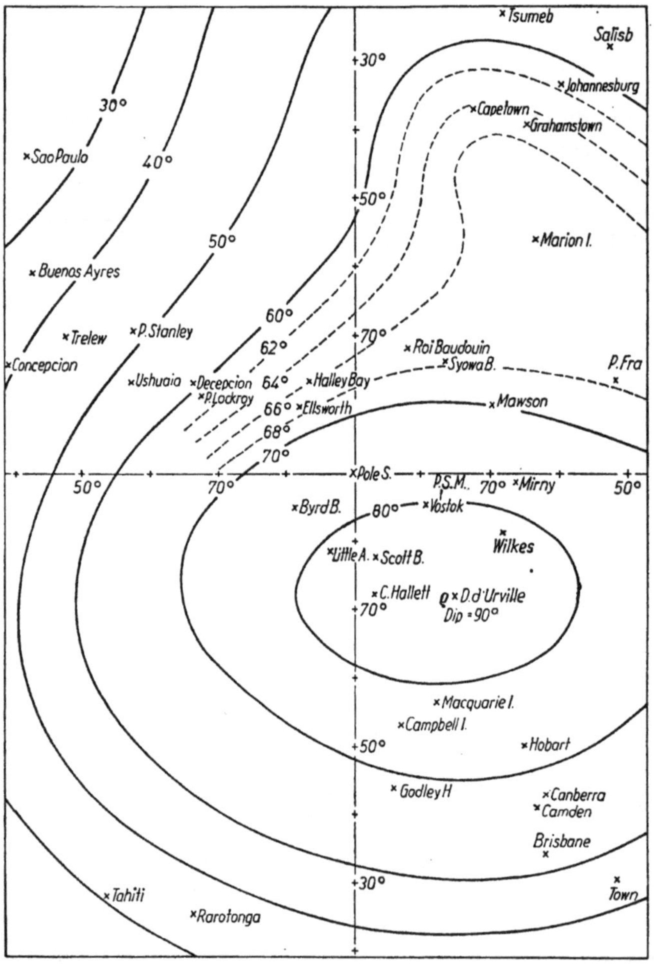

Fig. 1a. Isoplèthes de l'inclinaison magnétique

est fort irrégulière et Bellchambers et Piggott ont insisté sur l'intérêt en géophysique de la nette séparation entre le pôle sud magnétique te le pôle de l'inclinaison. Il résulte d'ailleurs de ce fait que de nombreuses stations antarctiques n'ont pas d'homologue dans l'hémisphère nord (par homologue nous entendons une station de même latitude et inclinaison magnétique). Nous donnons à la figure 1 une représentation schématique:

a) des lignes d'égale inclinaison du champ magnétique austral ainsi que de la situation des stations;

b) des régions qui n'ont pas d'homologue dans l'hémisphère nord.

---

1) Nous désignons par variation diurne la partie de l'analyse harmonique dont la période est de **24** heures.

Nous analyserons les caractères des stations en fonction de leur latitude géographique (L) et de l'inclinaison magnétique (I) de manière à faire ressortir les anomalies et si possible leurs causes.

AMPLITUDE DE LA VARIATION DIURNE

Nous avons reporté à la figure 2, dans un diagramme $|I|$, $|L|$, le type de la variation annuelle de l'amplitude M des stations australes (chiffres encadrés) ainsi que la valeur maximale de M. Les stations de type 0 sont celles où M présente un maximum en hiver comme aux sta-

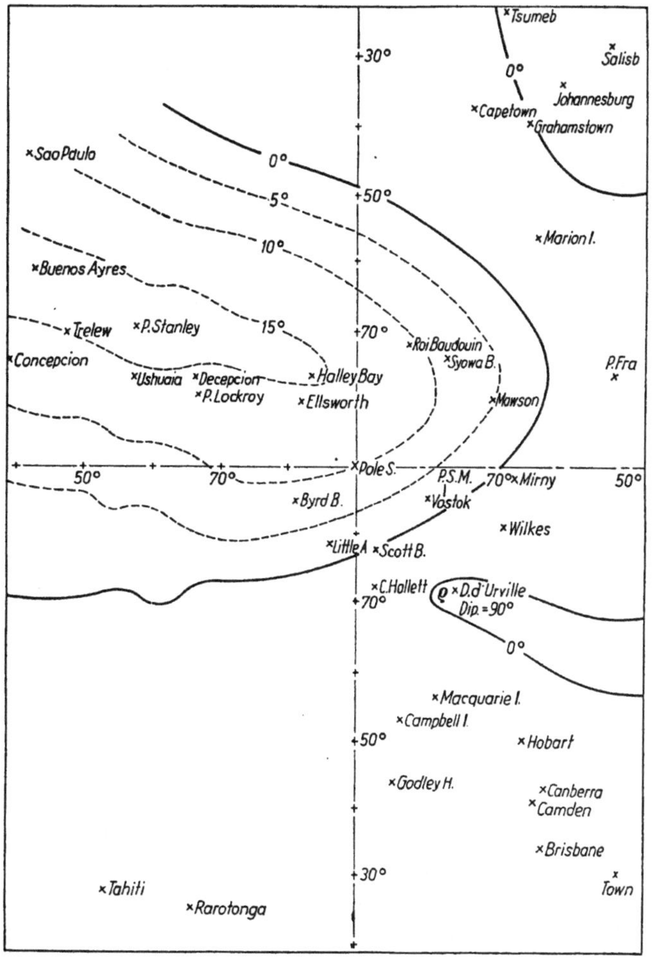

Fig. 1b. Régions sans homologues dans l'hémisphère nord
(le paramètre est la différence minimum de l'inclinaison avec celle des stations de l'hémisphère nord ayant la même latitude

tions tempérées; le type 1 est celui où M passe par un maximum net avant le solstice d'hiver et par un palier au printemps, aux stations de type 2 la variation de M présente deux maxima au voisinage des équinoxes, la classe 3 contient les stations où la variation annuelle est intermédiaire entre celle de type 2 et celle de type 4 les stations où cette variation est faible et erratique parce que très sensible aux effets corpusculaires.

Nons avons en outre reporté à la figure 2 les types (chiffres non encadrés) des stations de l'hémisphère nord et nous avons tracé pour ces stations les courbes le long desquelles le maximum de M est voisin de 6, 5, 4, 3 ou 2 MHz.

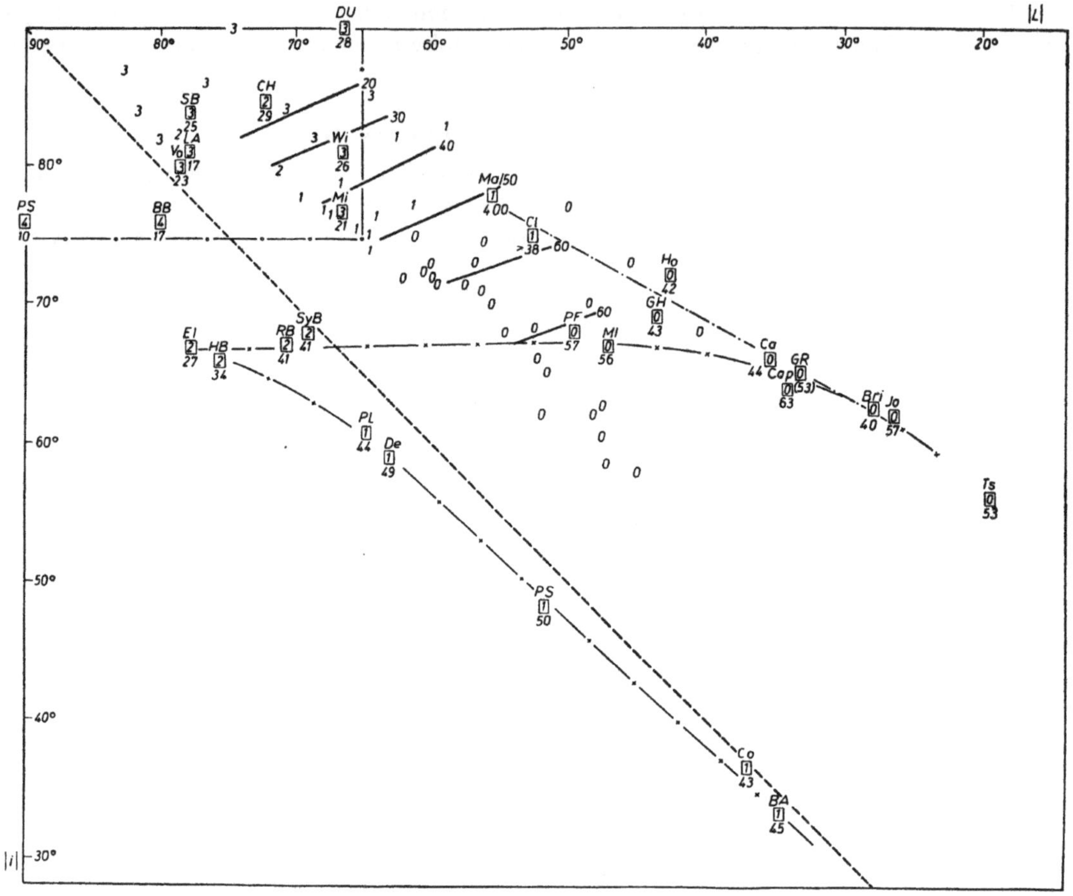

Fig. 2. Type de la variation et maximum de M
BA: Sigle de la station
[1]: Type
45: Valeur du maximum de M en 0,1 MHz

Il apparaît en premier lieu que ces courbes ne sont pas des horizontales comme le voudrait le résultat de Lepechinsky et Pillet et que, par conséquent, le maximum de M dépend d'une manière non négligeable de la latitude géographique.

Si nous considérons ensuite les stations australes, nous voyons que celles-ci se divisent en deux grands groupes: les stations où $|I| > |L|$ qui ont des homologues dans l'hémisphère nord d'une part et d'autre autre les stations particulières à l'Antatctique où $|I| < |L|$.

Dans le premier groupe ($|I| > |L|$), ainsi que dans l'hémisphère nord ,on voit qu'en allant vers le pôle, la transition entre les stations de types 0 et 1 ($|I| < 80°$) et celles de types 3 et 4 est rapide. Les stations de type 2 sont pratiquement absentes. Parmi les stations du second groupe ($|I| < |L|$), on trouve, pour I voisin de 67° et L compris entre 70 et 80° S, le groupe des stations de type 2 (Syowa Base, Roi Baudouin, Halley Bay, Ellsworth). Les maximums de M aux équinoxes y sont nettement marqués et ce groupe sépare les stations de type 1 de celles où le type est 3 ou 4.

Pour interpréter le comportement des maximums annuels de M, il semble intéressant de séparer à la figure 2:

— les stations du continent antarctique où $L > 65°$ S et $I > 75°$ (— o —),
— les stations australiennes (— . —),
— les stations sud-américaines (— + —),
— les stations de la région où I est compris entre 60 et 70° et où les isoplèthes de l'inclinaison divergent (région centrée en Marion Island) (— × —).

Ce dernier ensemble de stations s'articule (fig. 2) en Ellsworth et Halley Bay avec la chaîne sud-américaine et les stations sud-africaines de cet ensemble ont des homologues en Australie.

La régularité de la variation du maximum annuel de M observée dans l'hémisphère nord ne se retrouve pas intégralement dans les régions australes. Si, en règle générale, on voit que ce maximum diminue lorsque la latitude augmente tandis que l'inclinaison demeure constante; il apparaît toutefois deux anomalies importantes. En premier lieu, aux stations du continent antarctique oú $I > 75°$, on constate que, à latitude égale, le maximum annuel de M augmente avec l'inclinaison magnétique. En second lieu, les maximums des stations homologues sont nettement plus élevés en Afrique du Sud qu'en Australie. La différence est de l'ordre de 1,5 MHz, soit plus de 30%.

Les valeurs mensuelles de M sont reprises à la figure 3. Les deux séries de stations australes y sont séparées et les effets précités y apparaissent clairement.

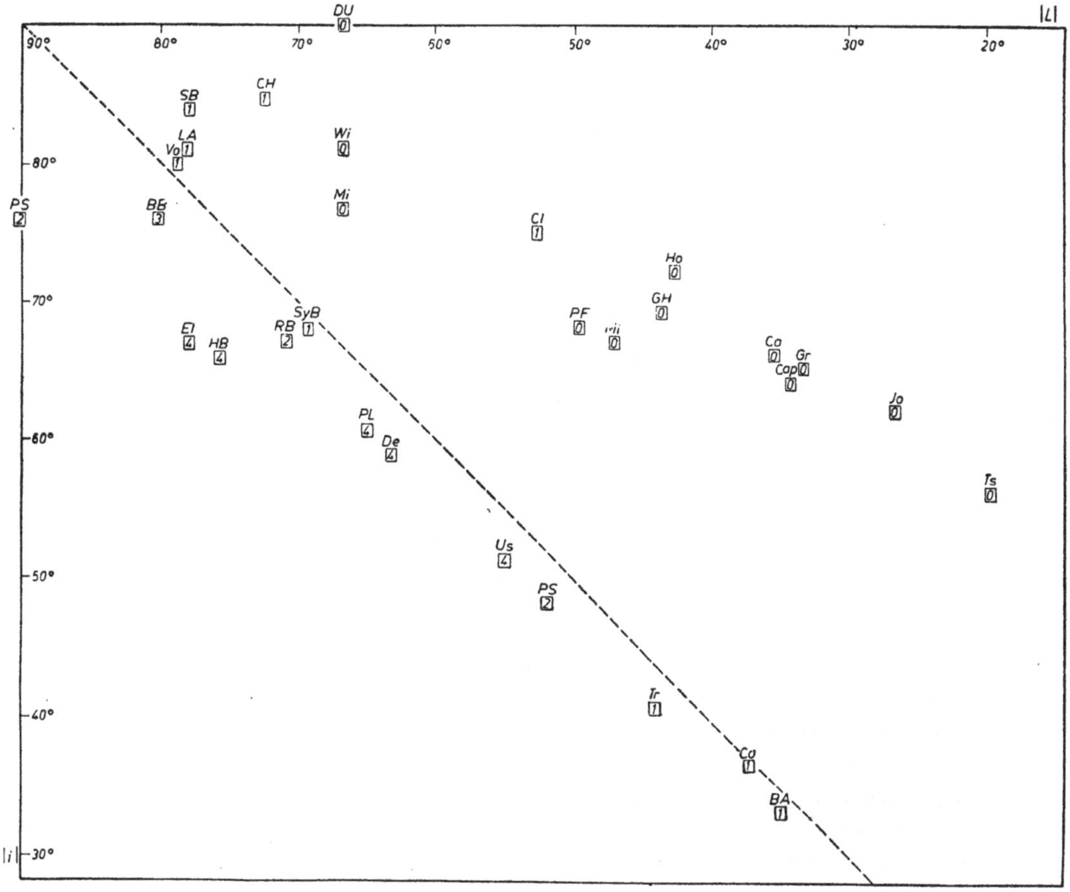

Fig. 4. Type de la variation annuelle de T_1
BA: Sigle de la station
[1]: Type

HEURE DU MAXIMUM DE LA VARIATION DIURNE

La figure 4 représente la classification des variations annuelles des heures du maximum diurne de la variation foF 2 aux stations australes. Les 5 types utilisés sont respectivement: le type 0 lorsque T_1 est pratiquement constant et sauf exception voisin de 1300 TL, le type 1 lorsque le maximum se situe légèrement plus tôt (2 heures environ) en été qu'en hiver, le type 2 lorsque ce décalage est compris entre 2 et 6 heures, le type 3 lorsque le maximum

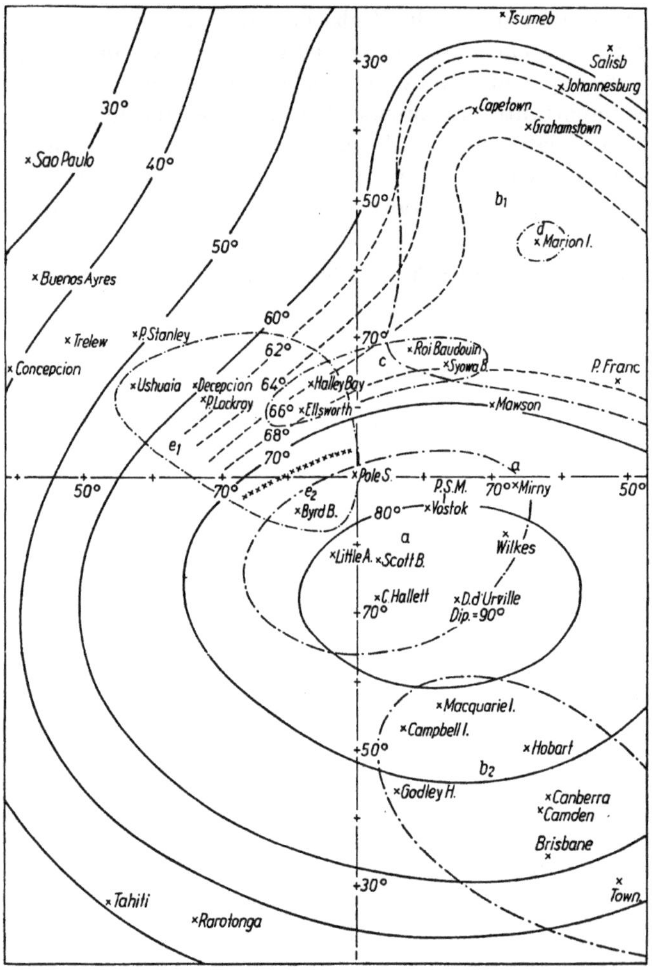

Fig. 6. Position des anomalies

d'été se produit au voisinage de midi tandis qu'en hiver il est voisin de minuit local, enfin le type 4 lorsque la variation est inversée avec maximum en été au voisinage de minuit et en hiver près de midi.

La variation annuelle de type 3 apparaît comme étant le prolongement de la suite 0, 1, 2; par contre, le type 4 est tout à fait anormal car l'heure du maximum estival de foF2 est celle du minimum d'ionisation solaire.

Les stations de la série $|I| > |L|$ appartiennent toutes aux types normaux 0, 1 ou 2. Toutes les stations où $|L| < 70$ °S ont pendant toute l'année leur maximum vers 1300 TL. La seule exception a lieu à Marion Island; l'heure du maximum y est voisine de 1000 TL.

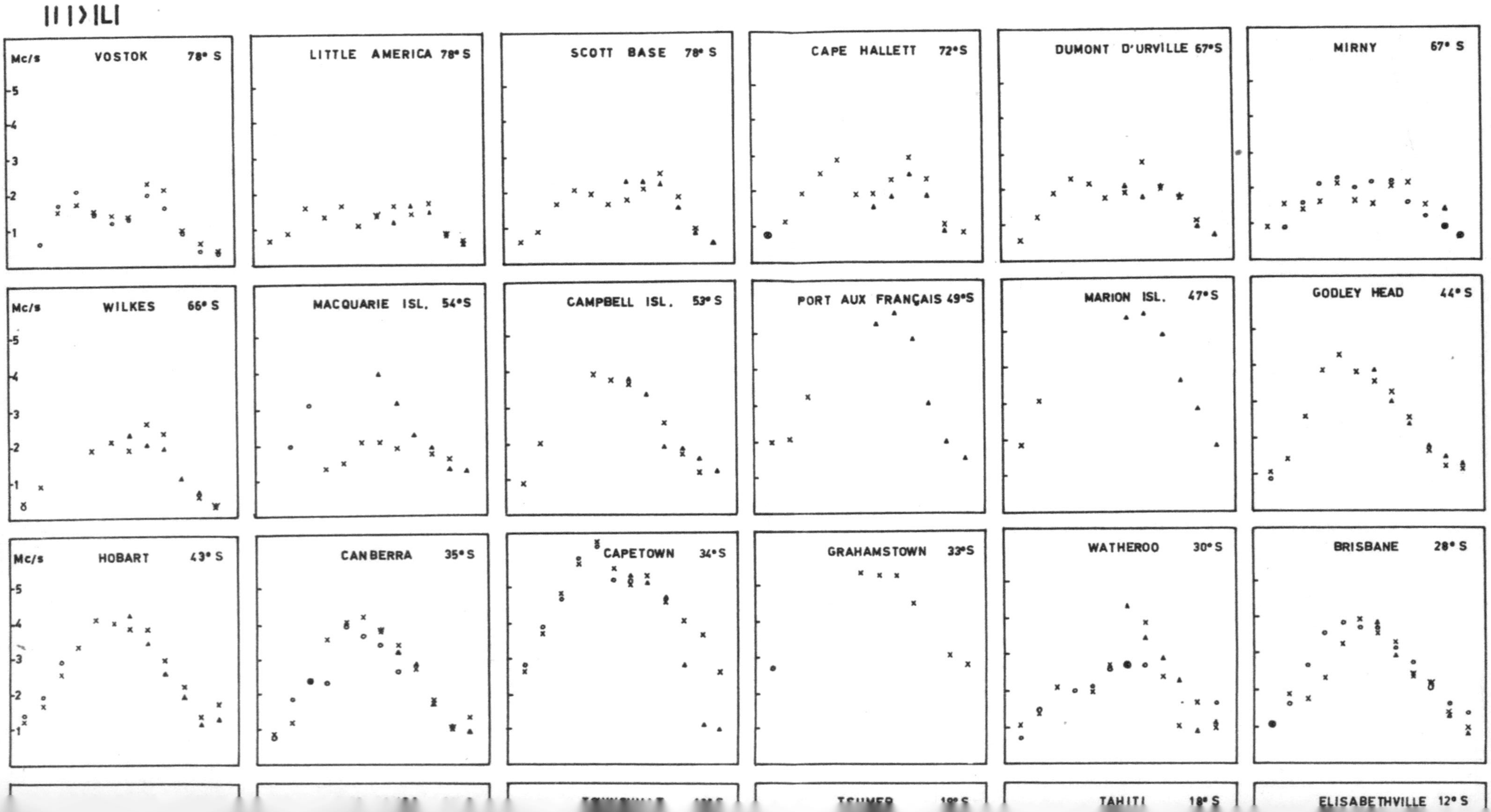

||| > |L|
Mc/s
VOSTOK 78° S
LITTLE AMERICA 78° S
SCOTT BASE 78° S
CAPE HALLETT 72° S
DUMONT D'URVILLE 67° S
MIRNY 67° S
WILKES 66° S
MACQUARIE ISL. 54° S
CAMPBELL ISL. 53° S
PORT AUX FRANÇAIS 49° S
MARION ISL. 47° S
GODLEY HEAD 44° S
HOBART 43° S
CANBERRA 35° S
CAPETOWN 34° S
GRAHAMSTOWN 33° S
WATHEROO 30° S
BRISBANE 28° S
TAHITI 18° S
ELISABETHVILLE 12° S

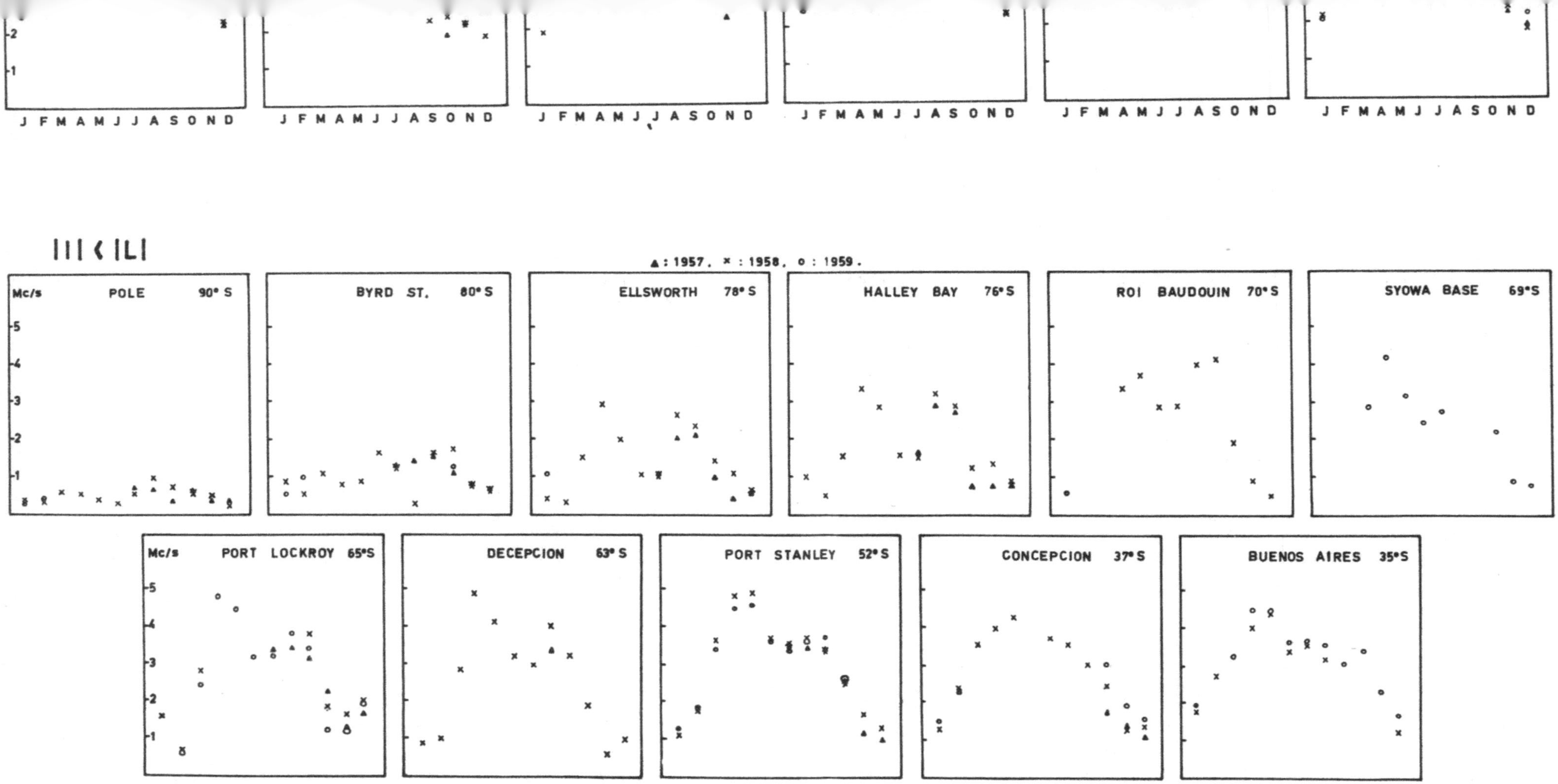

Fig. 3 Amplitudes de la variation diurne de foF2

Akademie-Verlag, Berlin
Offsetdruck: VEB Druckerei „Thomas Müntzer“ Bad Langensalza

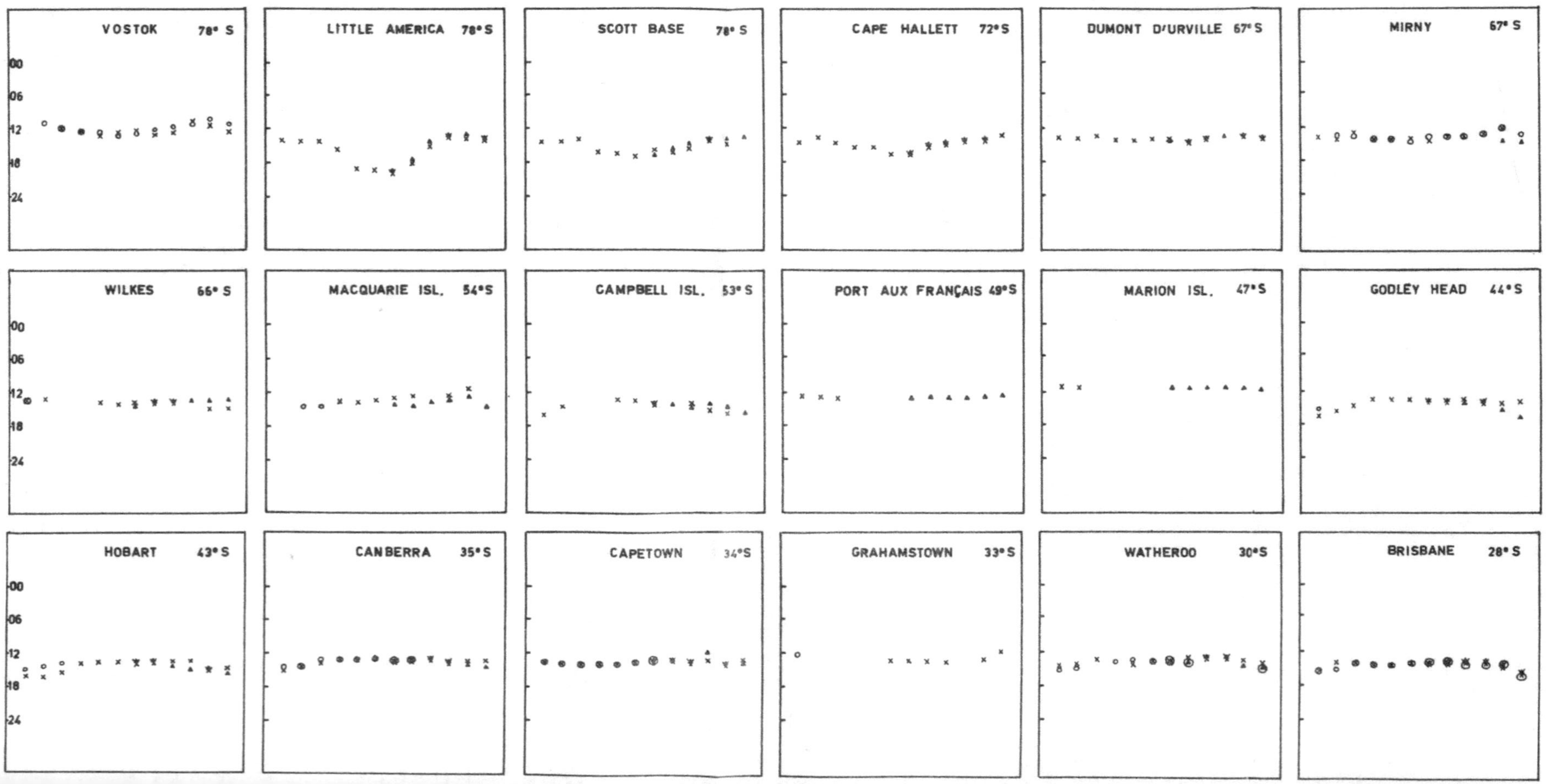
VOSTOK 78° S
LITTLE AMERICA 78° S
SCOTT BASE 78° S
CAPE HALLETT 72° S
DUMONT D'URVILLE 67° S
MIRNY 67° S
WILKES 66° S
MACQUARIE ISL. 54° S
CAMPBELL ISL. 53° S
PORT AUX FRANÇAIS 49° S
MARION ISL. 47° S
GODLEY HEAD 44° S
HOBART 43° S
CANBERRA 35° S
CAPETOWN 34° S
GRAHAMSTOWN 33° S
WATHEROO 30° S
BRISBANE 28° S
00
06
12
18
24

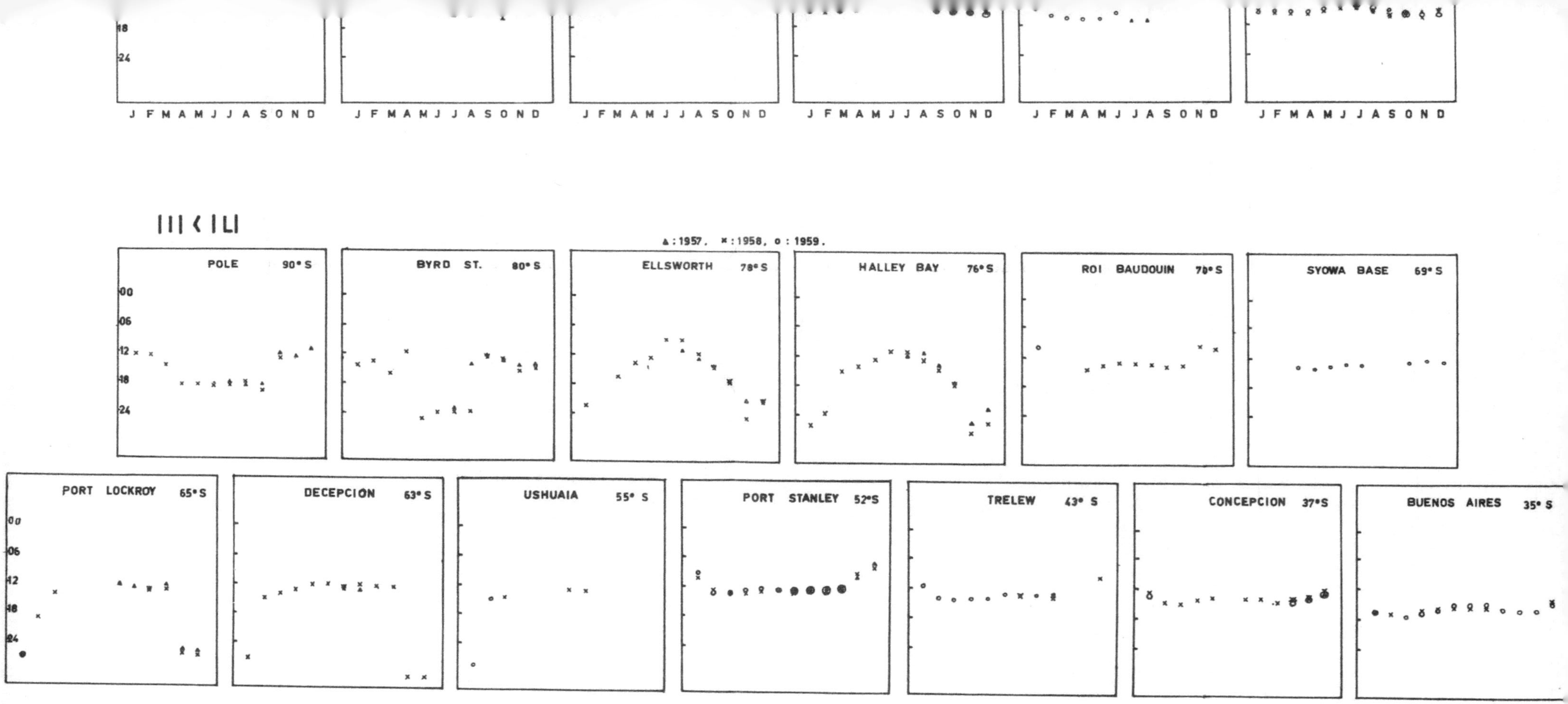

Fig. 5. Heures des maximums de la variation diurne de foF2

Tagungsbericht Geomagnetismus und Aeronomie

Akademie-Verlag, Berlin
Offsetdruck: VEB Druckerei „Thomas Müntzer“ Bad Langensalza

Parmi les stations de l'autre série $|I| < |L|$ se trouve le groupe très anormal des stations du type 4 (Ellsworth, Halley Bay, Port Lockroy, Decepcion, Ushuaia) situé dans une région limitée à la pointe méridionale de l'Amérique du Sud et à la mer de Weddle ($L < 52$ °S entre 0° et 90 °W au maximum). Au sud de cette région, la variation annuelle passe sans transition du type 4 au type 3 (Byrd Base); tandis qu'au nord, après Port Stanley station de type 4 très atténué, se retrouvent les stations du type 1.

La figure 5 est établie au moyen des valeurs de T_1. Les deux séries de stations australes y sont représentées séparément.

CONCLUSIONS

Le comportement annuel de l'amplitude et de la phase de la variation diurne de foF2 est beaucoup plus diversifié au voisinage du pôle sud que près du pôle nord.

Nous avons noté l'existence de régions ou les conditions diffèrent considérablement de celles qui découlent de l'extension des résultats de LEPECHINSKY et PILLET ou de celle de la distribution des phases des stations $|I| > |L|$. Ces anomalies sont reportées à la figure 6.

Elles consistent en:

a) la région des stations polaires ($L > 65°$ S, $I > 75°$) où la variation des maximums de M en fonction de l'inclinaison magnétique I est anormale,

b) la différence systématique importante entre les maximums de M aux stations homologues de l'Afrique du Sud et de l'Australie,

c) un groupe de stations en bordure du nord du continent antarctique (Roi Baudouin, Halley Bay) où M passe par deux maxima au voisinage des équinoxes,

d) l'anomalie de Marion Island avec le maximum de foF2 à lieu vers 1000 TL pendant toute l'année,

e) l'anomalie d'Amérique du Sud — Mer de Weddle et Byrd Base où la variation annuelle de la phase passe sans transition du type anormal 4 au type opposé 3.

HILL [8] a proposé un mécanisme de convergence et de divergence dans la région F dû au cisaillement du vent; ce mécanisme décrit d'une manière séduisante l'anomalie e).

Nous croyons que l'existence de ces anomalies australes est liée à la grande séparation entre le pôle de l'inclinaison et le pôle géographique d'une part et d'autre part à la configuration très particulière des isoplèthes de l'inclinaison. Nous pensons en particulier aux anomalies b), c) et d). Il existe de nombreuses preuves de l'existence d'un transport horizontal important de l'ionisation (MUNRO [10]) et il est vraisemblable que le déplacement de l'ionisation le long des lignes de plus grande pente de l'inclinaison tel que l'envisage RASTOGI [3] est un mécanisme susceptible d'aider à comprendre ces anomalies.

Il faut enfin noter que les résultats de cette analyse sont exclusivement valables lors du maximum de l'activité solaire. D'ailleurs RASTOGI [4] a mis clairement en évidence la transformation essentielle de la variation annuelle de foF2 à midi à Campbell Island lorsqu'on passe du minimum au maximum du cycle solaire.

REFERENCES

[1] LEPECHINSKY, D. et PILLET, G., Contribution à l'étude de l'influence du magnétisme terrestre sur l'ionisation de la couche F2. Notes préliminaires du Laboratoire National de Radioélectricité 139 (1950).

[2] RANZI, I., Rapport du Comité National Italien, Compte Rendu de la XIIième Assemblée Générale de l'URSI. Boulder XX (1957) 3, 109.

[3] Rastogi, R. G., Abnormal Features of the F2 Region of the Ionosphere at some Southern High-Latitude Stations. J. Geophys. Research **65** (1960) 585.
[4] Rastogi, R. G., Asymmetry between the F2 Region of the Ionosphere in the Northern and Southern Hemispheres. J. Geophys. Research **65** (1960) 857.
[5] Coroniti, S. C. et Penndorf, R., The Diurnal and Annual Variations of foF2 over the Polar Regions. J. Geophys. Research **64** (1959) 5.
[6] Bellchambers, W. H. et Piggott, W. R., Ionospheric Measurements made at Halley Bay. Nature **182** (1958) 1596.
[7] Bellchambers, W. H. et Piggott, W. R., The Ionosphere over Halley Bay. Proc. Roy. Soc. London, A, 256 (1960) 200.
[8] Hill, G. E., Anomalous foF2 Variations in the Antarctic. J. Geophys. Research **65** (1960) 2011.
[9] Knecht, R. W., Observations of the Ionosphere over the South Geographic Pole. J. Geophys. Research **64** (1959) 1243.
[10] Munro, G. H., Traveling Disturbances in the Ionosphere. Proc. Roy. Soc. London, A, 202 (1950) 208.

Die Theorie der Bildung der ionosphärischen F-Schicht

Von E. Chvojková (Woyk)[1])

Wie in dem zweiten Artikel des Verfassers erwähnt wird, wird es an manchen kleinen Planeten oder am Mond gewisse Schwierigkeiten geben, eine Verbindung auf Rundfunkwellen zu erzielen. Die direkte Welle wird wegen großer Krümmung des Planeten unbrauchbar; denn eine ganz unbedeutende Entfernung zweier Besucher voneinander bedeutet, daß sie bald unter dem Horizont verschwinden. Wegen der ganz unbedeutenden Atmosphäre ist es unmöglich, daß sich eine der terrestrischen nur annähernd ähnliche Ionosphäre bilden könnte. Auch wenn die Mondatmosphäre vollkommen ionisiert wäre, was man annehmen kann, ist es sehr unwahrscheinlich, daß die Zahl der freien Elektronen genügend groß ist, um Kurzwellen zu reflektieren und dadurch eine Verbindung herzustellen. Wie in dem zweiten Artikel gezeigt wird, ist es jedoch möglich, eine Umlaufsbahn der Strahlen zu finden, wenn sich ein langsamer, aber merkbarer Gradient der Elektronendichte $\frac{dN}{dr}$ erwarten läßt. Es genügt, wenn das ionisierte Gebiet sein Maximum nicht an der Oberfläche sondern ein wenig über der Oberfläche besitzt. Dann würden zwei künstliche Wolken von erhöhter Elektronendichte schon genügen, um einen Umlauf des Strahlenbündels tief unter den Horizont zu ermöglichen. Die Ionosphäre der Erde hat ihr Maximum in relativ großer Höhe. Beim Mond wird es nicht der Fall sein, und es ist sehr zweifelhaft, ob es überhaupt ein Maximum der Elektronendichte gibt. Um auf künstliche Weise die Ionosphäre des Mondes brauchbar zu machen, ist es notwendig, sich mit der Theorie der Bildung einer Ionosphäre eingehend zu beschäftigen. In diesem Artikel wollen wir einige Faktoren in Betracht ziehen, die fähig sind, auch in sehr dünner Atmosphäre einen Abfall der Elektronendichte an der Oberfläche zu erzeugen. Es ist die Absorption der ionisierenden Sonnenstrahlung, die Aufspaltung einer ionisierten Schicht durch Wärme, die die Photoionisation erzeugt, und endlich ist es die nicht ganz erklärbare Änderung des Rekombinationskoeffizienten mit der Gasdichte, die für die Erhaltung der Ionosphäre auch während der Nacht verantwortlich zu sein scheint.

Da alle diese Effekte auch bei der Bildung der F-Schicht auftreten, wollen wir hier kurz die Theorie der F-Schicht darlegen. Was die Elektronenproduktion q betrifft, so ist der Unterschied zwischen dieser Theorie und der Chapman-Theorie fast unbedeutend. Das Maximum von q wird durch die erhöhte Wärme nie in zwei Teile gespaltet (Abb. 1 links); erst wenn man mit Vorsicht die Elektronendichte N berechnet, erhält man ein anscheinend paradoxes Resultat, daß nämlich im Gebiet, wo die größte Zahl von freien Elektronen pro cm^3 und s erzeugt wird, sich während gewisser Zeit ein lokales Minimum der Elektronendichte bildet (Abb. 1 rechts).

Die Temperaturerhöhung wurde aus dem Überschuß der Energie des Photons über der Energie, die zur Ionisation notwendig ist, berechnet.

[1]) Dr. Eliska Chvojková (Woyk), Astronomisches Institut der Tschechoslowakischen Akademie der Wissenschaften, Praha.

Der Einfachheit halber wurde der Fall berechnet, daß eine vollkommen im Dunkel gehaltene, kalte, unionisierte planetarische Atmosphäre plötzlich durch ultraviolette Strahlung von konstanter Zenitdistanz beschienen wird. Es ergab sich, daß die Aufspaltung der Schicht, die man bei der F-Schicht regelmäßig beobachtet, nur dann auftreten wird, wenn die Gasdichte nicht höher als 10^9 bis 10^{10} Partikel pro cm^3 ist (was ziemlich an der Grenze der F-Schicht ist), wenn Rekombination, nicht Anlagerung, stattfindet, und wenn die Änderung des Rekombinationskoeffizienten mit der Temperatur $\alpha \sim T^\gamma$, die Bedingung $\gamma > -1$ erfüllt.

Die letzte Bedingung kann angenommen werden, denn im Augenblick der Ionisation besitzen die Elektronen eine mittlere, konstante Temperatur, doch im Augenblick der Rekombination haben die Elektronen die (sich immer erhöhende) Gastemperatur meistens noch nicht erreicht. Ihre Temperatur während der Rekombination liegt zwischen zwei Werten, der veränderlichen Gastemperatur T und der konstanten Ursprungstemperatur.

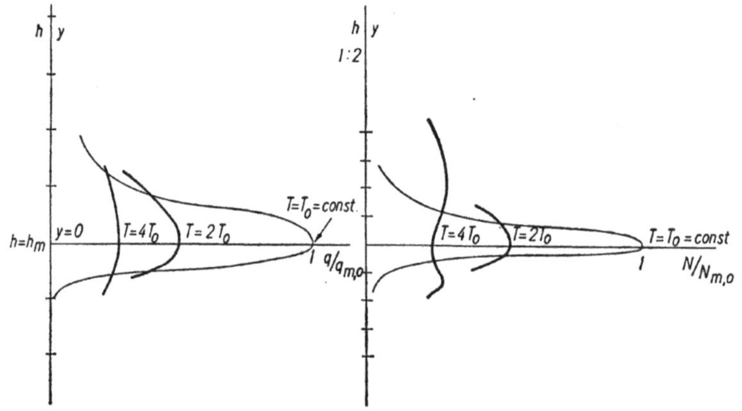

Abb. 1. Abhängigkeit der Höhe von der Elektronenproduktion q pro cm^3 und s (rechts) und der Elektronendichte (links), für verschiedene Temperaturwerte in der Mitte der Schicht, die durch die Photoionisation verursacht werden

Die ganze Berechnung war nämlich immer nur von der Gastemperatur abhängig. Da das Plasma als quasi-neutral angesehen wurde und in unserem Modell nur eine einzige Gattung der Partikeln vorausgesetzt wurde, mußte die Elektronendichte gleich der Ionendichte sein. Da die Ionendichte von der mit der Gastemperatur übereinstimmenden Ionentemperatur abhängig war, war es auch die Elektronendichte. Somit mußte die Elektronendichte als abhängig von der Gastemperatur stets eingesetzt werden, während die Rekombination von der Geschwindigkeit der sich begegnenden Partikeln abhängt, wodurch der Rekombinationskoeffizient von der Elektronentemperatur im Augenblick der Rekombination eingesetzt werden muß.

Als die obenerwähnten Bedingungen für die Aufspaltung einer (früher vollkommen nichtionisierten) Schicht erhalten wurden, zeigte es sich, daß unserem Modell gemäß sich die E-Schicht nie aufspalten konnte. Bei der F-Schicht blieb es jedoch ziemlich fraglich. Deshalb wurde unser einfaches Modell aufgegeben, um die nächtliche Ionosphäre näher zu untersuchen und den Rest der freien Elektronen, die sich über die ganze Nacht bis zum nächsten Sonnenaufgang erhalten haben, zu untersuchen.

Die Aufspaltung einer ionisierten Schicht durch Photoionisation hat einen bedeutend günstigeren Verlauf, wenn sich die neue Schicht mit einer von Null verschiedenen Elektronendichte ausbildet. Die Atmosphäre und damit auch die Elektronendichte dehnen sich bedeutend mehr aus, als sich durch den neuen Zuwachs von Elektronen ausgleichen ließe. Außerdem macht sich die Ausdehnung des Gases, die während eines endlichen Zeitintervalls vor sich geht, nur bis zu einer endlichen Entfernung bemerkbar. Die ganze Atmosphäre bleibt in einem bestimmten Raum. Was von dem Maximum der Photoionisation und damit auch vom Maximum der Temperatur abfließt muß sich noch im Innern dieses Raumes anhäufen, wodurch die Aufspaltung wieder etwas begünstigt wird.

Um den nächtlichen Rest der freien Elektronen zu begründen und zu berechnen, wurde die Formel von Rawer benutzt, die — obwohl physikalisch nicht gut erklärbar — behauptet, daß der Rekombinationskoeffizient nicht nur von der Elektronentemperatur, sondern auch noch von der Gasdichte abhängt. Diese Voraussetzung, in die Berechnung der nächtlichen Prozesse eingesetzt, ergab, daß es eine kritische Höhe gibt, die sich wirklich zwischen der E- und F-Schicht bildet, die gewissermaßen die unterste Grenze der nächtlichen Ionosphäre angibt. Nicht weit über dieser kritischen Höhe blieb die Elektronendichte von der Rekombination fast vollkommen unberührt, und der Abfall der Elektronendichte war dort ganz zu vernachlässigen, während nicht weit unter der kritischen Höhe gleich nach Sonnenuntergang ein rascher Abfall der Elektronendichte stattfinden mußte. Diese kritische Höhe war in der Nacht ein wenig größer. Dadurch hat sich ein weiterer Faktor der Aufspaltung der F-Schicht ergeben. Da die E-Schicht unter dieser kritischen Höhe liegt, kann sie nur dann aufgespaltet werden, wenn sie in der Höhe existiert, wo die Gasdichte höchstens 10^9 Partikeln pro cm^3 beträgt. Die F-Schicht kann sich jedoch auch dann aufspalten, wenn diese Bedingung nicht erfüllt sein sollte (siehe Abb. 2). Die Ausdehnung verursacht eine regelmäßige Oszillation der Dichte innerhalb von 6—10 Stunden.

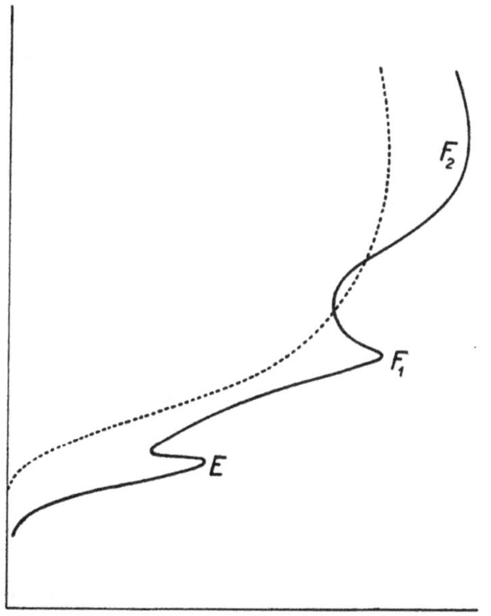

Abb. 2. Die Abhängigkeit der Höhe von der Elektronendichte während des Tages (volle Kurve) und vom Überschuß der Elektronendichte, der sich bis zum nächsten Sonnenaufgang erhält

Der eben vorgelegte kurze Auszug beschreibt die wichtigsten Probleme der Theorie der Aufspaltung einer ionisierten Schicht, ohne dabei die abgeleiteten Formeln zu gebrauchen. Die Rechnung ist so umfangreich, daß sie hier nicht wiederholt werden kann. Der Leser, der sich ausführlicher darüber zu unterrichten wünscht, wird auf die im Literaturverzeichnis aufgeführten Artikel des Verfasser verwiesen.

LITERATUR

[1] Chvojková, E., Bull. Astron. Czechosl. 5 (1954) 101.
[2] Chvojková, E., Bull. Astron. Czechosl. 7 (1956) 30.
[3] Chvojková, E., Bull. Astron. Czechosl. 9 (1958) 10.
[4] Chvojková, E., Bull. Astron. Czechosl. 10 (1959) 92.
[5] Chvojková, E., Bull. Astron. Czechosl. 7 (1956) 89 und 99.

Radioverbindung in der Astronautik

Von E. Chvojková (Woyk)[1])

EINLEITUNG

Die Theorie der Radiowellenausbreitung verfügte noch vor kurzer Zeit nur über zwei Formeln, die die Ausbreitung der Strahlen in kugelsymmetrischen Schichten beschrieben. Die erste

$$\mu\, r \sin i = \text{const} \tag{1}$$

ist die bekannte Snelliussche Formel, die für jeden Punkt der Wellenbahn gültig ist, und die zweite

$$R = -\int \operatorname{tg} i \,\frac{d\mu}{\mu}\,, \tag{2}$$

stellt die Refraktion oder die Abweichung des Strahles von der früheren Richtung dar. Dabei ist

$$\mu = \sqrt{1 - (f_N/f)^2} = \sqrt{1 - (f^c/f)^2\, N/N_m} \tag{3}$$

mit μ für den Refraktionsindex und f für die Frequenz der Welle. Weiter ist

$$f_N = \frac{e}{\sqrt{\pi\, m}}\sqrt{N} \approx 0.9 \cdot 10^4 \sqrt{N} \tag{4}$$

oder

$$f^c = 0{,}9 \cdot 10^4 \sqrt{N_m}\ .$$

f_N ist die der Elektronendichte N entsprechende Plasmafrequenz (f^c ist die sogenannte kritische Frequenz der Schicht, die von der maximalen Elektronendichte N_m in der Weise abhängt, daß $f^c \sim \sqrt{N_m}$ ist), r bedeutet den Krümmungsradius der Flächen, die dieselbe Elektronendichte besitzen und alle denselben Krümmungsmittelpunkt haben, und i den Einfallswinkel des Strahls auf die durch r definierte Fläche.

Diese beiden Formeln waren ziemlich schwerfällig, da die Wellenbahn nur mühsam, von Punkt zu Punkt, berechnet werden konnte, wobei man die unbekannte und meist mit der Höhe sich rasch ändernde Elektronendichte in die Rechnung einbeziehen mußte. Außerdem waren die Formeln (1) und (2) in dieser Form meistens nur für Radiosterne brauchbar; zur Berechnung der Strahlenwege aus nahen Quellen, wie es der Fall bei Erdsatelliten ist, waren diese Formeln nicht sehr geeignet.

GRUNDLAGEN DER NEUEN GEOMETRIE DER WELLENAUSBREITUNG

Um die Anwendung der neuen Geometrie auch für beliebige astronautische Zwecke in derselben einfachen Form zu sichern, wollen wir zunächst folgende Vereinbarungen und Definitionen treffen:

[1]) Dr. Eliska Chvojková (Woyk), Astronomisches Institut der Akademie der Wissenschaften, Praha.

WICHTIGE VEREINBARUNGEN UND DEFINITIONEN

1. Wegen der verschiedenen Dimensionen der übrigen ionisierten Schichten, die im kosmischen Raum vorkommen, wollen wir eine neue allgemeinere Längeneinheit r_m einführen. Diese sei der Krümmungshalbmesser der Fläche, die der maximalen Elektronendichte in der Schicht entspricht. Die einzelnen konzentrischen Flächen von derselben Elektronendichte N werden von nun an durch ϱ statt durch r definiert; ϱ ist nun

$$\varrho = r/r_m . \tag{5}$$

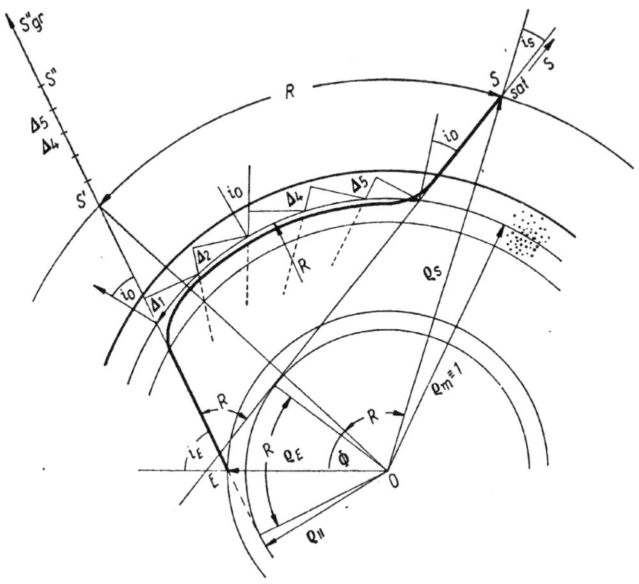

Abb. 1. Bedeutung der einzelnen Symbole. E ist der Erdbeobachter (Empfänger), S ist die wirkliche Lage des Erdsatelliten, S' seine Radiolage, und S''_{gr} dessen Lage, wenn die Gruppengeschwindigkeit in Betracht kommt

Für die Ionosphäre der Erde ist der Radius durch

$$\varrho = \frac{6380 + h\ [\text{in km}]}{6380 + h_m\ [\text{in km}]} \tag{5}$$

und für die Erde der Radius ϱ_E (Abb. 1) durch

$$\varrho_E = \frac{6380}{6380 + h_m\ [\text{km}]} = \frac{6,4}{6,7} = 0,95 < 1 \tag{5E}$$

gegeben.

2. Jeder Strahl sei durch den Einfallswinkel i_0 (Abb. 1) definiert. i_0 ist der Einfallswinkel des gradlinigen Teils des Strahles, der noch außerhalb der Schicht ist, bezogen auf die Fläche ϱ_m unter der Voraussetzung, daß dort die Elektronendichte nicht gleich N_m sondern gleich Null ist.

3. Die zunächst abgeleiteten neuen Formeln sind nur dann für n gültige Ziffern gesichert, wenn die Schichtdicke nicht 10^{-n} überschreitet ($\Delta/\varrho_m \leq 0,1^n$), wenn die Flächen von gleicher Elektronendichte konzentrische Kugeln sind, und wenn die Grenzen, welche bei jeder Formel angegeben sind, eingehalten werden. Die Verteilung der Elektronendichte ϱ (mit der Höhe) darf ganz beliebig sein, sogar einen Sprung aufweisen. Sind die erwähnten Bedingungen nicht erfüllt, dann muß entweder die allgemeinere Formel (13) benutzt werden, oder die Schicht

muß in dünne Schichten aufgeteilt werden und der Strahlenweg für jede dünne Schicht einzeln berechnet werden, wie es in Abb. 4 angedeutet ist.

4. Definieren wir folgendermaßen eine sogenannte äquivalente Schichtdicke σ (Abb. 2). $\sigma \leq \Delta < 0{,}1^n$ sei die Dicke einer homogenen Schicht, die überall dieselbe Elektronendichte N_m hat, welche der maximalen Elektronendichte der wirklichen Schicht entspricht und außerdem noch dieselbe Zahl der Elektronen besitzt wie die wirkliche Schicht.

$$\sigma = \int_{\varrho_0}^{\varrho} \frac{N}{N_m} d\varrho = \frac{1}{N_m} \sum^{\varrho} N . \tag{6}$$

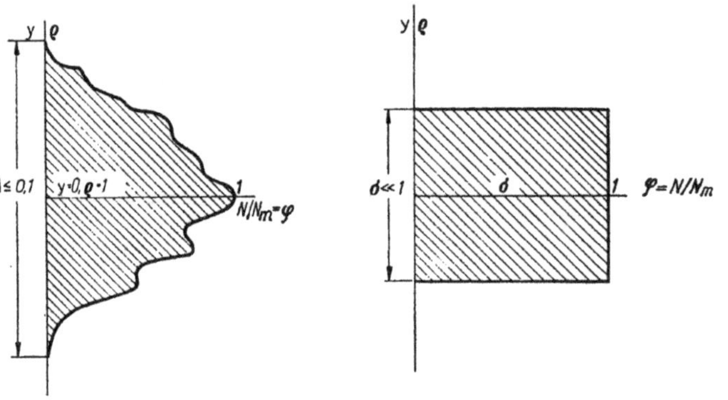

Abb. 2. Die äquivalente Dicke σ einer Schicht

Für die Ionosphäre der Erde ist daher

$$\sigma = \frac{\sum^{\varrho} N}{N_m \cdot 0{,}64 \cdot 10^9} = 0{,}01 \text{ bis } 0{,}05 . \tag{6a}$$

In (6) und (6a) bedeutet $\sum^{\varrho} N$ die Zahl aller Elektronen, die eine senkrechte Säule von 1 cm² Querschnitt enthalten würde.

EINIGE DER WICHTIGSTEN SÄTZE UND FORMELN

Da die Formel (1) für jeden Punkt des Strahlenweges gültig ist, erhalten wir für spezielle Fälle ($\mu = 1$, $\varrho = 1$ oder $i = 90°$) folgende Konstanten. (1) ändert sich in

$$\mu \varrho \sin i = \mu_r \varrho_r = \sin i_0 = \varrho_{\text{II}} = \mu_{\text{II}} \varrho_{\text{II}}^{\mu} = \text{const.} . \tag{7}$$

$\mu_r \varrho_r$ entspricht der Reflexion (wegen $i_r = 90°$), i_0 ist der oben erwähnte Einfallswinkel, durch den jeder Strahl eindeutig bestimmt sein soll (Abb. 1). Der Einfallswinkel i_0 entspricht dem Punkte des Strahlenweges, wo gleichzeitig $\mu = 1$ und $\varrho = 1$ sind. Das entspricht dem Einfallswinkel i an der Fläche $\varrho_m = 1$ für den Fall des Vakuums.
ϱ_{II} entspricht $\mu = 1$ und $i = 90°$. Demzufolge bedeutet ϱ_{II} die Kugelfläche, zu der der Strahl tangential verlaufen muß, solange er sich im Vakuum fortpflanzt.

Da die Radiusvektoren ϱ_{II} stets senkrecht auf den Tangenten der Strahlen stehen, muß sich der Winkel R auch im Krümmungsmittelpunkt 0 wiederholen. Daraus folgen zwei höchst brauchbare Sätze:

Satz 1: Ein Strahl, der sich in einer kugelförmigen Schicht ausbreitet, ist im Vakuum stets so gerichtet, daß er tangential zu ϱ_{II} ($= \sin i_0$) verläuft.

Satz 2: Der gradlinige Teil eines Strahles, der sich außerhalb der Schicht bewegt, wird beim Schichtdurchgang um das Krümmungszentrum der Schicht um den Winkel R gedreht, der der Refraktion R gleich ist.

Für die Refraktion R wurde aus (2) eine günstigere Formel abgeleitet, die in den Grenzen $\Delta < 0{,}1''$ und $f^c/f_{e0i_0} < 0{,}1^{n/2}$ das Resultat für n gültige Ziffern sicherte:

$$R = \frac{1}{2}\left(\frac{f^c}{f \cos i_0}\right)^2 \operatorname{tg} i_0\, \sigma\,, \tag{8}$$

$$R^0 = \frac{90^\circ}{\pi}\left(\frac{f^c}{f}\right)^2 \frac{\sin i_0}{\cos^3 i_0}\, \sigma\,. \tag{8}$$

Ebenso wurde für die Länge des Strahlenweges eine ebenso einfache Formel abgeleitet (Abb. 1).

$$d = d_1 + R \sin i_0 + \gamma \frac{R \cos^2 i_0}{\sin i_0}, \qquad d_1 = O S' = \varrho_E^2 + \varrho_S^2 - 2\, \varrho_E\, \varrho_S \cos \varphi\,, \tag{9}$$

$$\gamma = 0,\ \pm 1$$

$$\varphi_{\text{Opt}} \equiv E \hat{O} S = \varphi + R = E O S' + R\,, \tag{10}$$

in welcher $\gamma = 0$ für die wirkliche Länge des Strahles einzusetzen ist, während $\gamma = +1$ (-1) die Länge des Strahles, die der Gruppen-(Phasen-)Geschwindigkeit entspricht, definiert. σ ist die äquivalente Dicke der Schicht (6). Außerhalb der Grenze $(f^c/f \cos i_0)^2 < 0{,}1^n$ müssen die Formeln aus J. Atm. Terr. Phys. benutzt werden.

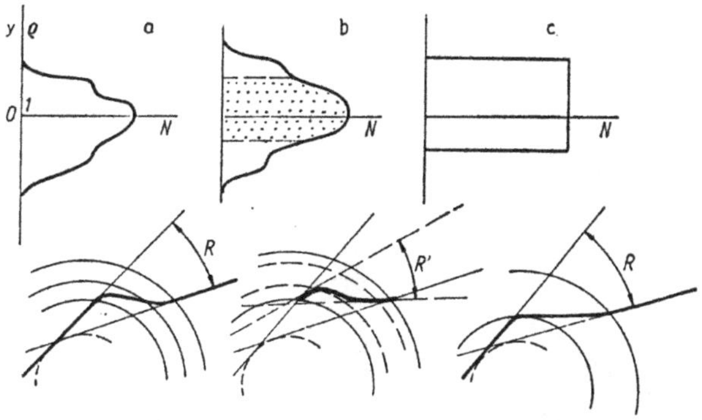

Abb. 3. Refraktion in verschiedenen Schichtarten

Aus (8) und (6) folgt sofort, daß es unnötig ist, künstliche Modelle der ionosphärischen Schicht unter der Vorgabe aufzustellen, daß die Refraktion nur der gesamten Zahl der Elektronen proportional ist. Für Strahlen, die sich durch gekrümmte ionisierte Schichten fortpflanzen, ergibt sich folgender Satz:

Satz 3: Die Abweichung R oder die Weglänge d eines Radiostrahls, der sich durch kugelförmige ionisierte Schichten fortpflanzt, hängt nicht von der Verteilung der Elektronen mit der Höhe ab, sondern nur von deren Gesamtzahl. An der Abweichung des Strahls in der Schicht nimmt ein jedes Elektron mit gleichem Gewicht teil.

Die Formeln (8)—(10) bleiben auch dann gültig, wenn ein Sprung in der Elektronendichte vorhanden ist (Abb. 3c). Wenn man jedoch die Abweichung eines Strahls zwischen zwei Flächen ϱ_1, ϱ_2, die im Innern der Schicht liegen, berechnen will, dann muß man die Formel

$$\overline{R} = \frac{1}{2}\left(\frac{f^c}{f \cos i_0}\right)^2 \operatorname{tg} i_0 \left[\sigma - \left(\frac{N_2}{N_m} y_2 - \frac{N_1}{N_m} y_1\right) + \cos^2 i_0 \left(\frac{N_2}{N_m} - \frac{N_1}{N_m}\right)\right]; \quad y = \varrho - 1 \tag{11}$$

gebrauchen. (Wenn sich der Satellit im Innern der Ionosphäre befindet und die Bahnelemente eines von ihm gegebenen Signals bestimmt werden sollen, so ist zu beachten, daß nicht die Formel (11), sondern (8) und (10) in Frage kommen.)

Für den Strahl, der an einer Fläche N_r reflektiert wird, gilt die bekannte Bedingung $f_r/f = \cos i_0$. (Es ist nun $\varrho_r = 1$, siehe Abb. 4) Für die ganze Abweichung des Strahls bis zur Reflexionsfläche ist

$$R_r = \frac{\pi}{2} - i_0 + \operatorname{tg} i_0 \left(\Delta_r^l \pm \frac{\sigma_r}{2} \right), \qquad \Phi_r = i_E + R_r - \frac{\pi}{2}, \tag{12}$$

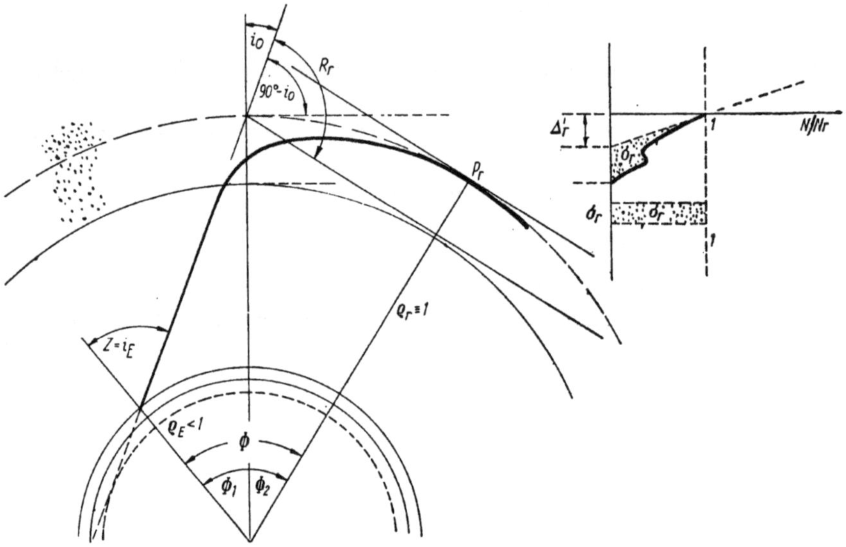

Abb. 4. Reflexion. Rechts sind Δ_r^l und σ_r verzeichnet

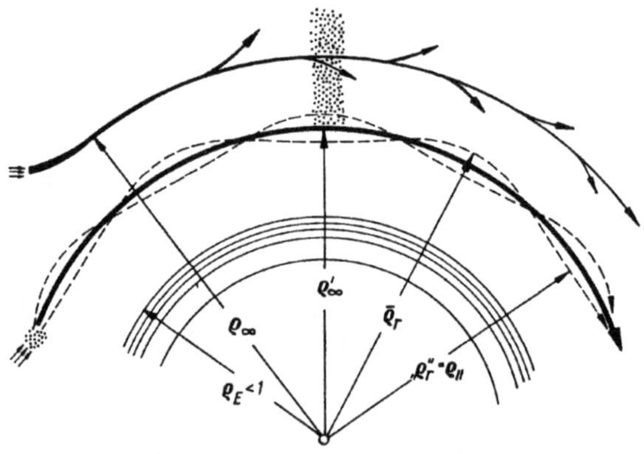

Abb. 5. Der Lauf um die Erde der Radiostrahlen und sein verschiedener Charakter an den beiden kritischen Umlaufbahnen ϱ_∞ und ϱ'_∞

wo Δ_r^l die Dicke einer ebenen Schicht ist, die überall dieselbe Änderung der Elektronendichte $(dN/d\varrho)_r$ wie in der Reflexionshöhe hat, und die an dieser Reflexionshöhe plötzlich endet. σ_r ist die äquivalente Dicke (6), die aus dem Überschuß oder Mangel an Elektronen der wirklichen Schicht gebildet worden ist (Abb. 4 rechts).

Satz 4: Soll die Welle an einer Fläche ϱ_∞ gespiegelt werden und die Bedingung

$$\frac{d\mu}{d\varrho} = -\frac{\mu}{\varrho}, \qquad \mu = \sqrt{1 - \left(\frac{f_r}{f}\right)^2}$$

erfüllt sein, dann muß sich die Welle an dieser Fläche ununterbrochen um den ganzen Planeten fortpflanzen, solange die für konzentrische Kugelflächen geltende Bedingung (3) erfüllt

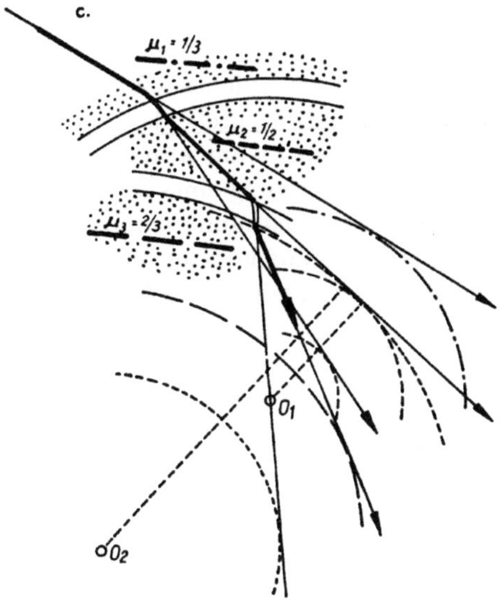

Abb. 6. Nicht vollkommen sphärische Schichten. Die Änderung des Strahlenweges bei einer plötzlichen Änderung der Krümmung der Schicht

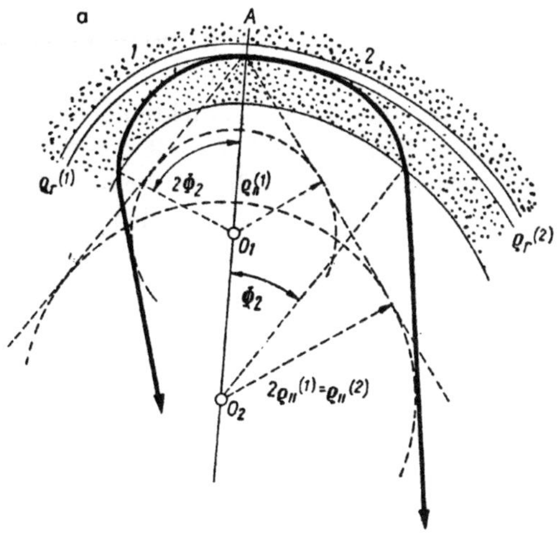

Abb. 7. Nicht vollkommen sphärische Schichten. Die Änderung des Strahlenweges bei großer Divergenz der Flächen von gleicher Elektronendichte

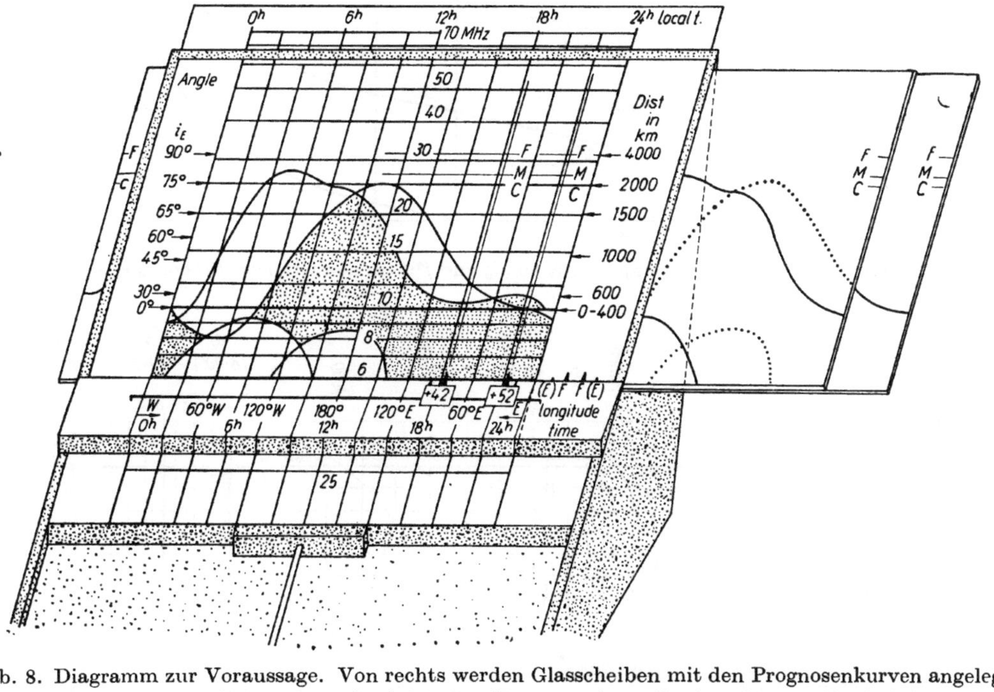

Abb. 8. Diagramm zur Voraussage. Von rechts werden Glasscheiben mit den Prognosenkurven angelegt, die je zwei nach dem täglichen Gang der kritischen Frequenz jenes Punktes hergestellt sind, in dem der Strahl gerade die Schicht kreuzt oder an ihr reflektiert wird. Das Gitter wird von oben nach unten geschoben, und zwar nach dem Werte von i_E oder $f^c:f$, wobei die Merkmale MUF und Fot mit den Angaben des Gitters dann übereinstimmen müssen, wenn es sich um eine Verbindung zwischen zwei irdischen Kurzwellenstationen handelt, während C (= Cosm.) für Strahlen kosmischen Ursprungs zu gebrauchen ist. Die Abbildung gibt die Grenzen der optimalen Verbindungsfrequenzen für die Strecke Mitteleuropa—Peking an

ist. Es existieren zwei solcher Flächen in jeder ionosphärischen Schicht bis zu $f \approx 10 f^0$, wenn die Schicht in allen Richtungen durchlässig wäre). Die eine mit ϱ'_∞ ist bekannt und liegt meistens nur ganz wenig unter der Fläche mit maximaler Elektronendichte. Wie jedoch aus Abb. 5 zu ersehen ist, ist die Streuung eines Strahlenbündels dort so groß, daß ein längerer Umlauf um diese Fläche nicht in Frage kommt. Dagegen ist dicht am unteren Rand der Schicht (wo die Elektronendichte noch so gering ist, daß die Krümmung eines reflektierenden Strahls so klein ist, daß sie mit der Krümmung der Erde übereinstimmt) ein Lauf um die Erde sehr stabil. Sogar Strahlen eines Bündels, die in dieser Umlaufshöhe ϱ'_∞ nicht vollkommen waagerecht verlaufen, werden immer wieder in diese Umlaufhöhe zurückgebogen. Ein

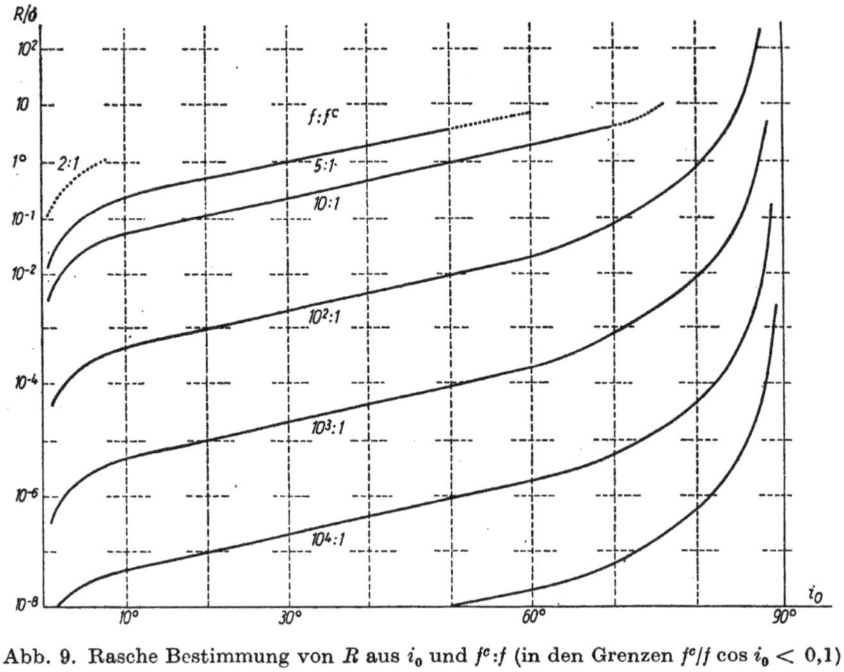

Abb. 9. Rasche Bestimmung von R aus i_0 und $f^c:f$ (in den Grenzen $f^c/f \cos i_0 < 0{,}1$)

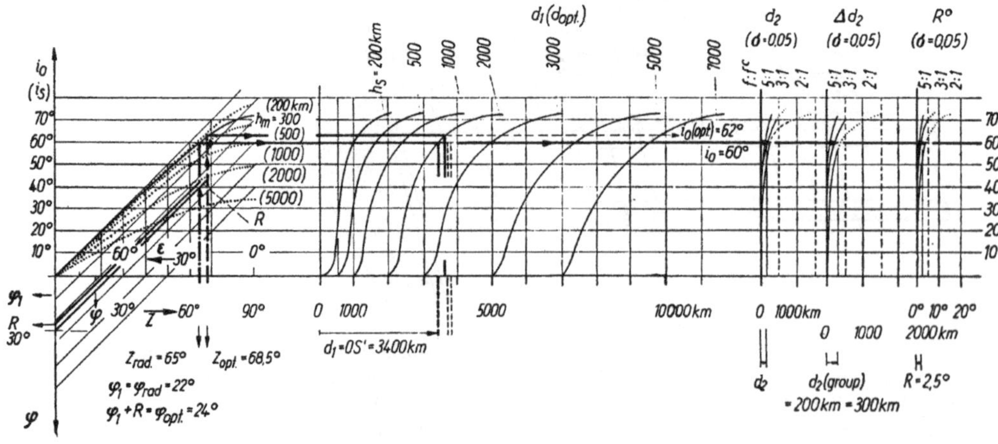

Abb. 10. Eine schnelle Bestimmung von i_0, Φ, OS, OS′, OS″, $\mathrm{OS}''_{\mathrm{gr}}$, $Z = i_E$, $\varepsilon = 90° - z$, h_s, h_m (Höhe des Schichtmaximums), R, Φ_{opt}, $(i_E)_{\mathrm{opt}} = z_{\mathrm{opt}}$, wenn 3 von ihnen bekannt und f^c/f und σ aus Abb. 8 und 9 bestimmt worden sind. Hier sind als bekannt angenommen: $i_E = z$ (des Radiostrahls), h_s, h_m und f^c/f. (Nur einer besseren Anschaulichkeit wegen ist $f^c:f = {}^1/_2$ gewählt worden, was außerhalb der Grenzen liegt.)

Strahlenbündel, das sich an dieser unteren kritischen Umlaufhöhe ununterbrochen um die Erde fortpflanzt, wird zwischen zwei reflektierende Flächen $\bar{\varrho}_r$ und „ϱ_r'' $\equiv \varrho_{II}$ eingefangen gehalten, die die Grenzen eines gewissen Wellenleiters bilden. Soll eine Radioverbindung in dieser Umlauffläche ϱ'_{∞} zustande kommen, dann muß wenigstens in zwei Punkten die Bedingung von vollkommener Kugelförmigkeit der Schicht wegfallen (was bei dem ziemlich großen Unterschied der kritischen Frequenz der Ionosphäre bestimmt zutrifft). Damit läßt sich der regelmäßige Empfang von antipodalen Satellitsignalen erklären (siehe auch Abb. 6 und 7).

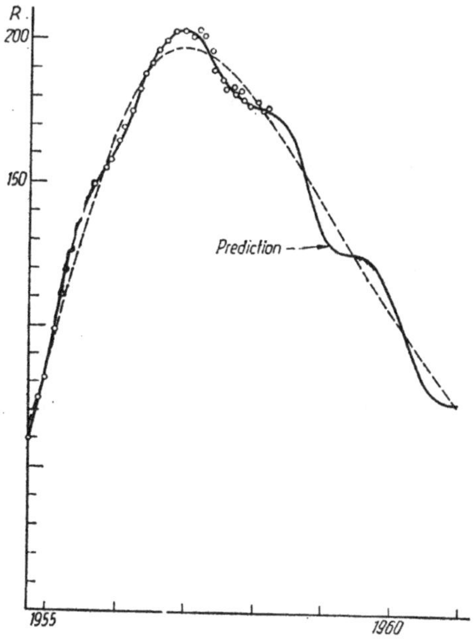

Abb. 11. Voraussage des jetzigen Zyklus der Sonnentätigkeit R

NICHT VOLLKOMMEN KUGELFÖRMIGE SCHICHTEN

Nach dem Satz 1 ist es möglich, sich jede Fläche von konstanter Elektronendichte durch eine unendliche dünne nicht-ionisierte Schicht ersetzt vorzustellen, wo der Strahl stets tangential zur Kugel ϱ_{II} verläuft.

Demzufolge kann man jede Schicht in einzelne kleinere Gebiete einteilen, wo durch die Grenzlinie eine unendlich dünne nicht-ionisierte Ersatzschicht gezogen wird. Abb. 6 zeigt eine Darstellung, die angewandt wird, wenn sich die Krümmung der Schicht plötzlich ändert. Abb. 7 betrifft den Fall, wenn Flächen von gleicher Elektronendichte nicht denselben Krümmungsmittelpunkt haben, sondern auseinander gehen.

VORAUSSAGE DER VERBINDUNGEN IN DER ASTRONAUTIK

Bei kleinen Planeten, wo die Luft so dünn ist, daß sie für die Bildung einer erdähnlichen Ionosphäre nicht ausreicht, wäre es möglich, eine Radioverbindung nur dann herzustellen, wenn die Elektronendichte an der Oberfläche geringer als in größeren Höhen wäre, damit die Bedingung (13) für den Lauf um den Planeten aus dem Satz 4 erfüllt ist.

Um die Verbindung einer kosmischen Rakete mit beliebigen Punkten der Erde (zu beliebiger Jahreszeit, Tageszeit oder Sonnentätigkeit) voraussagen und sichern zu können, ist es hinreichend, das Diagramm (Abb. 8) zu benutzen, das eigentlich früher nur für Erdverbindungen dienen sollte. Man legt nur die Prognosenkurven (der kritischen Frequenz) des Punktes, wo die Welle durch die Ionosphäre geht, vorschriftsmäßig ein, schiebt entsprechend (in vertikaler Richtung) das Gitter darüber und kann den günstigen Bereich der Frequenzen sofort ablesen.

Die Transformation der wirklichen Lage eines Erdsatelliten in seine scheinbare Radiolage (oder umgekehrt) ist rasch mittels (8)—(10) und Abb. 1 zu bewerkstelligen. Für eine schnelle Übersicht dienen Abb. 9 und 10. Zur Voraussage der Sonnentätigkeit ist Abb. 11 zu gebrauchen.

Nähere Informationen findet der Leser in folgenden Schriften des Verfassers:

LITERATUR

[1] CHVOJKOVÁ, E. (WOYK), Nature **181** (1958) 105.
[2] CHVOJKOVÁ, E., Jour. Atm. Terr. Phys. **16** (1959) 124.
[3] CHVOJKOVÁ, E., Nature **181** (1958) 1195.
[4] CHVOJKOVÁ, E., Proc. IRE **47** (1959) 1144.
[5] CHVOJKOVÁ, E., Antipodal Reception of Satellite Signals and Telecommunication on Small Planets Bull. Astron. Czech. **12** (1961) H. 1.
[6] CHVOJKOVÁ, E., Bull. Astron. Czech. **5** (1954) 104 und 110.
[7] CHVOJKOVÁ, E., Nature **182** (1958) 1362.
[8] CHVOJKOVÁ, E., Bull. Doc. Inform. OJR (1959) 134.
[9] CHVOJKOVÁ, E. und ROUSOVÁ, Bull. Astron. Czech. **10** (1959) 216.
[10] CHVOJKOVÁ, E. und HŘEBÍK-VOKALOVÁ, Bull. Astron. Czech. **10** (1959) 43.
[11] CHVOJKOVÁ, E., Bull. Astron. Czech. **11** (1960) 27.

Zur Beschreibung der Ionisation der E-Schicht

Von R. Eyfrig[1])

Der Kurzvortrag faßte Ergebnisse zusammen, die inzwischen zum Teil in Geofisica Pura e Applicata Bd. 45 (1960/I) S. 179 veröffentlicht wurden. (Sonderdrucke stehen auf Anforderung gern zur Verfügung.) Der Tagesgang von f_0E wurde für Stationen gezeigt, die vornehmlich im russischen Raum und auf der Südhalbkugel liegen. Der Versuch, f_0E über einen großen Teil der Erdoberfläche exakt mittels einer einfachen Formel beschreiben zu können, führte bisher zu keinem Erfolg.

1. Die Beschreibung des täglichen Verlaufs der normalen E-Schicht gemäß der Formel:

$$f_0\,E = K \cos^n \varkappa \qquad \text{(wobei } n = {}^1/_4\text{)}$$

bzw.

$$\frac{(f_0E)^4}{\cos \varkappa} = K$$

wurde für lange Zeit als gesichert angesehen.

2. Waldmeier [1] am Beobachtungsmaterial der Station Kochel und Harnischmacher [2] an den Ergebnissen auch anderer Stationen fanden, daß durch den Exponenten $\sim 1/3$ eine bessere Beschreibung des Tagesgangs erzielt wird.

3. Harnischmacher fand eine Abhängigkeit des Exponenten von der Sonnenfleckenrelativzahl und glaubte eine einfache Formel gefunden zu haben, mittels der man den Gang von f_0E über einen großen Teil der Erdoberfläche beschreiben kann, nämlich

a) $K = 2{,}25 + 1{,}5 \cos \varphi + [0{,}01 - 0{,}007 \cos \varphi]\, R$,

b) $n = 0{,}21 + 0{,}12 \cos \varphi + 0{,}0002 \cdot R$.

4. Am Material der Jahre 1952 bis 1959 läßt sich
   a) keine Abhängigkeit des Exponenten von der Sonnenfleckenrelativzahl nachweisen (Abb. 1),
   b) wurde gefunden, daß sowohl die Harnischmachersche als auch die Allansche Formel [3] nicht ausreichend genau die experimentellen Ergebnisse widerspiegeln.

5. Für im russischen Raum gelegene Stationen wurde Moskau (Abb. 2) als Beispiel gezeigt. Ergebnisse ganz allgemein: Erfassung des täglichen Ganges formelmäßig einfach, Steigung etwa 1/3.

---

[1]) Dr. Rudolf Eyfrig, Ionosphären-Institut, Breisach/Rh.

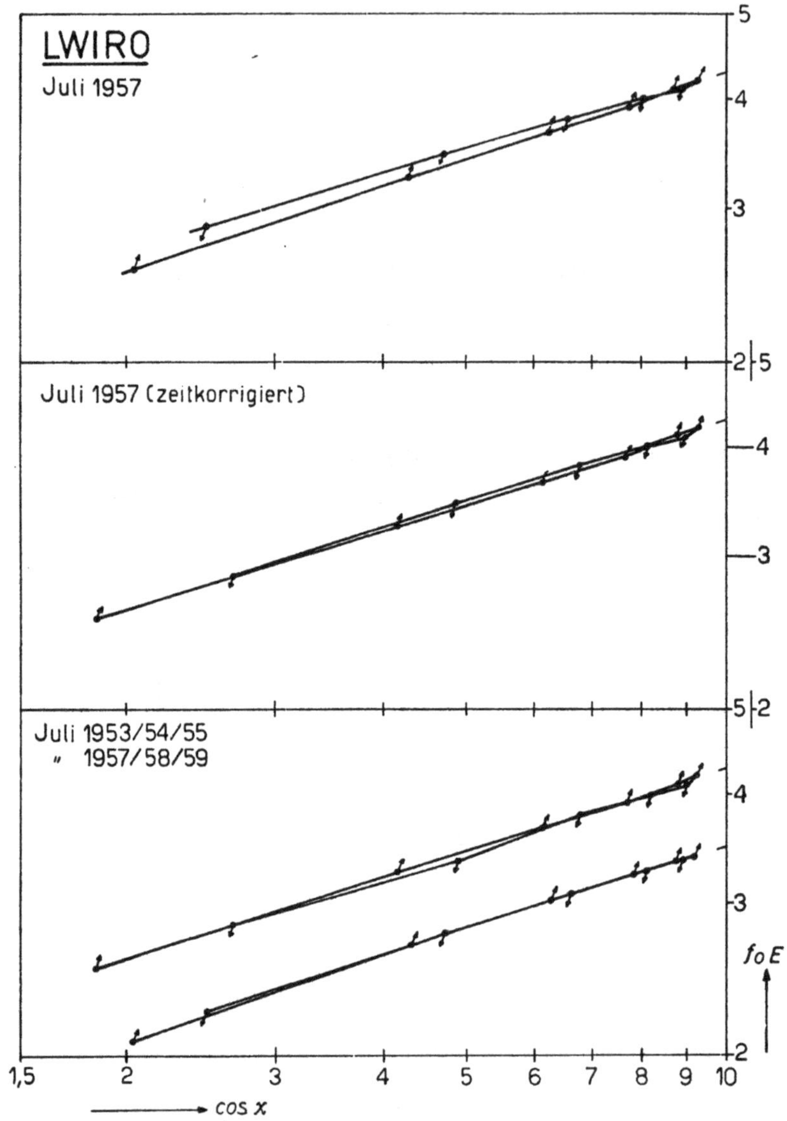

Abb. 1

Abb. 1 bis 3. Beispiele für den Verlauf von f_0E in Abhängigkeit von cos χ in logarithmischer Darstellungsweise (Pfeile nach oben = Vormittagswerte, Pfeile nach unten = Nachmittagswerte)

6. Für australische Stationen „Aufblätterung“ des Tagesverlaufs (Schleifenbildung) um die Mittagszeit im Südsommer und damit Erschwerung der Beschreibung des Tagesgangs (Abb. 3).
7. Letztere Erscheinung führt offensichtlich auch dazu, daß foE längs eines Meridians in Abhängigkeit von cos χ zu einer Aufspaltung führt. Ergebnisse ähnlich denen von Shimazaki [4], (Abb. 4).
8. Erschwerung der Beschreibung von f_0E durch die von Beynon und Brown [5] beschriebenen „geomagnetic distortion“, die ihrerseits in Zusammenhang mit den besonders von Hasegawa beschriebenen „magnetischen Wirbeln“ in der E-Region steht.

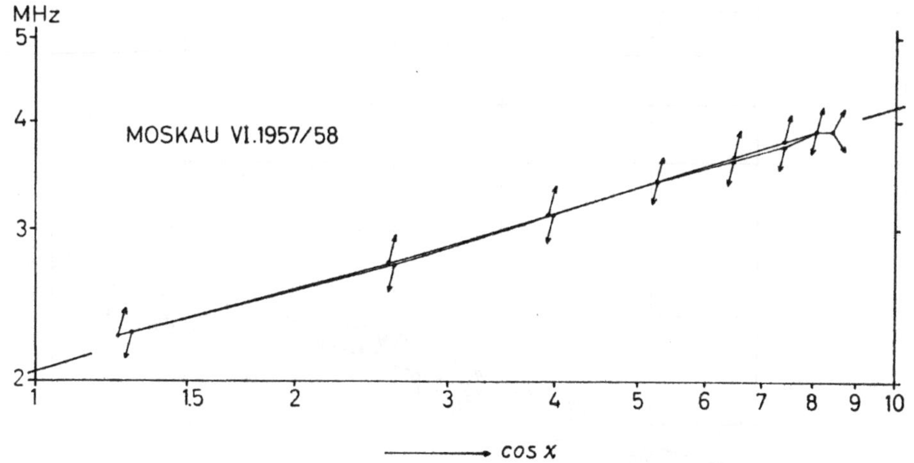
MHz
5
4
3
2
MOSKAU VI.1957/58
1
1.5
2
3
4
5
6
7
8
9
10
cos x

Abb. 2

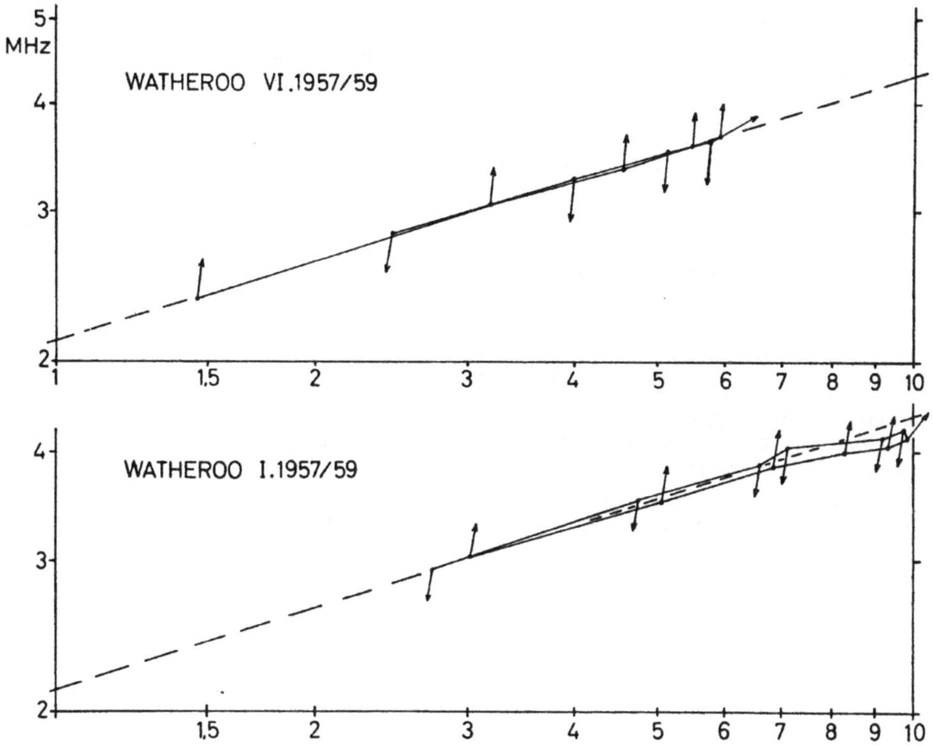
5
MHz
4
3
2
WATHEROO VI.1957/59
1
1.5
2
3
4
5
6
7
8
9
10
4
3
2
WATHEROO I.1957/59
1.5
2
3
4
5
6
7
8
9
10
cos x

Abb. 3

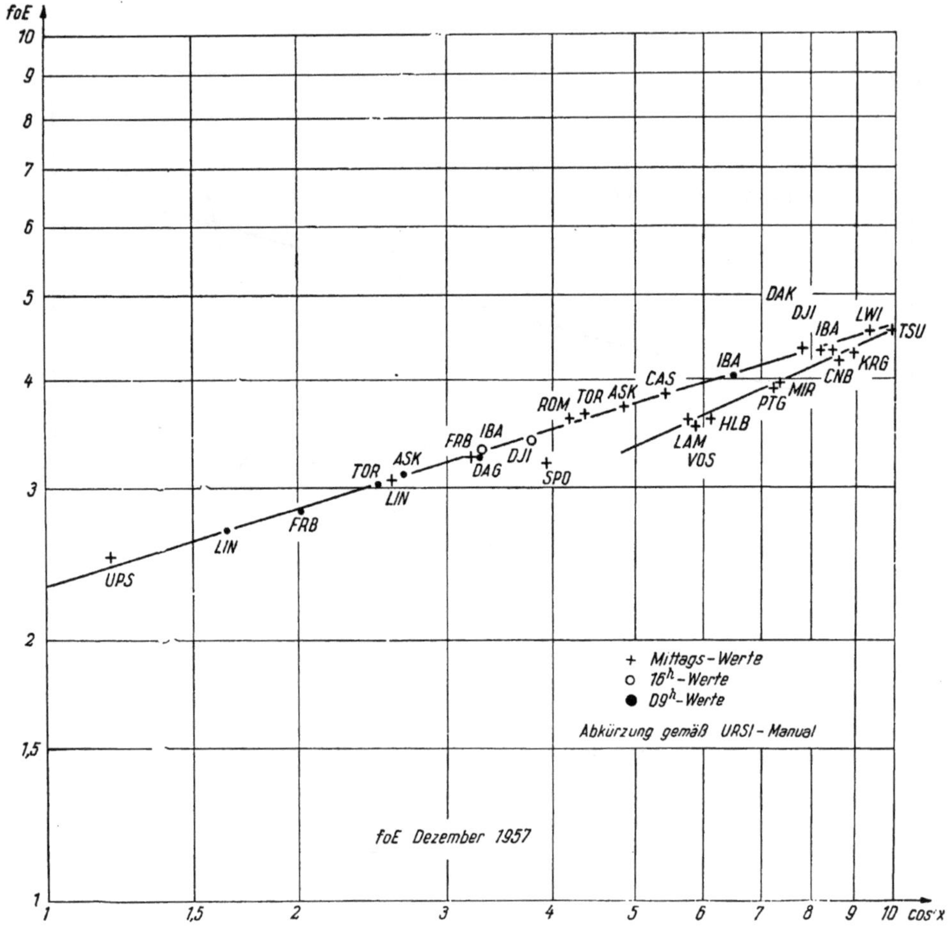

Abb. 4. „Aufblätterung" bei Erfassung der f_0E-Werte über einen Meridian

LITERATUR

[1] Waldmeier, M., Helv. Phys. Acta Vol. **17** (1944) 168.
[2] Harnischmacher, E. C. R., Acad. Sc. Paris **230** (1950) 1301; **240** (1955) 553.
[3] Allen, C., Terr. Mag. **53** (1948) 433.
[4] Shimazaki, T., J. Radio Res. Lab. **6** (1959) 107.
[5] Beynon, W. und Brown, G. J., Atmosph. Terr. Phys. **14** (1959) 183.

Vergleichsstudium über die Absorptionsfrequenzen der negativen Wasserstoff- und Sauerstoffmolekülionen

Von Th. V. Ionescu und O. C. Gheorghiu[1])

1. EINLEITUNG

Zweck dieser Arbeit ist:

a) Die Ergebnisse der experimentellen Bestimmungen der Absorptionsfrequenzen zwischen 2,5 und 44 MHz der negativen Wasserstoffmolekülionen dazulegen;

b) Vergleiche zwischen den Bedingungen anzustellen, unter denen die Absorptionsfrequenzen der negativen Molekülionen des Wasserstoffs und Sauerstoffs in der angewandten Methode erhalten werden;

c) Auslegung der experimentellen Ergebnisse über die beiden Kategorien der negativen Molekülionen.

In [1] wurde gezeigt, daß die Absorptionsfrequenzen der negativen Molekülionen des Wasserstoffs mit Hilfe der Ansätze

$$\nu' = \frac{2{,}58 \cdot 2\,\mu_B\,\mu_P}{h}\left[\sqrt{\frac{k+2}{k+1}} - \sqrt{\frac{1}{k\,(k+1)}}\right]\left[\frac{4\,\pi^2\,m\,c\,B\,k\,(k+1)}{h}\right]^{3/2}, \qquad (1)$$

$$\nu'' = \frac{2{,}58 \cdot 2\,\mu_B\,\mu_P}{h}\left[\sqrt{\frac{1}{k\,(k+1)}} + \sqrt{\frac{k-1}{k}}\right]\left[\frac{4\,\pi^2\,m\,c\,B\,k\,(k+1)}{h}\right]^{3/2} \qquad (2)$$

ausgerechnet werden können. Dabei ist:

$$h = 6{,}621 \cdot 10^{-27}\ \text{erg/s}, \qquad \mu_B = 9{,}274 \cdot 10^{-21}\ \text{erg/Oe},$$

$$m = 9{,}108 \cdot 10^{-28}\ \text{g}, \qquad \mu_P = 2{,}972 \cdot 5{,}041\ \text{erg/Oe},$$

$$c = 2{,}9977 \cdot 10^{10}\ \text{cm/s}, \qquad B = 60{,}872\ \text{cm}^{-1}.$$

k ist die Rotationsquantenzahl des Moleküls, welches das Elektron eingefangen hat.

In der erwähnten Arbeit wurden auch die Absorptionsfrequenzen der negativen Molekülionen des Sauerstoffs abgeleitet. Es wurde der gleiche Ausdruck erhalten, mit dem einzigen Unterschied, daß μ_B^2 an die Stelle des Produktes $\mu_B\,\mu_P$ erschien und B gleich 1,445 cm^{-1} war.

Die Bestimmung der Absorptionsfrequenzen der negativen Molekülionen des Wasserstoffs wurden mit der Versuchseinrichtung vorgenommen, die in [2] beschrieben ist und auch zur Bestimmung der Absorptionsfrequenzen der Sauerstoffmolekülionen diente.

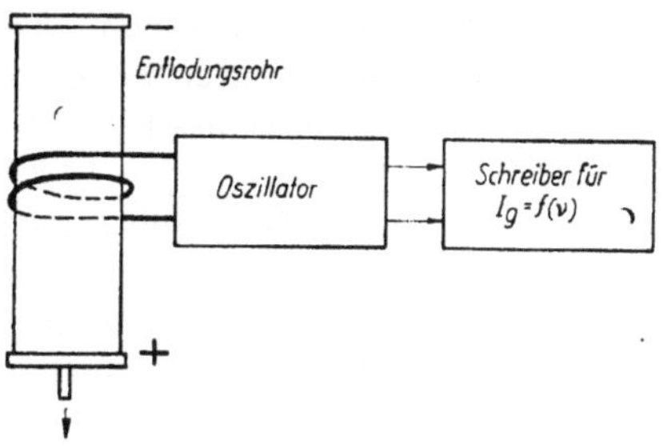

Abb. 1. Schema der Meßanordnung

2. ARBEITSMETHODE

Die Arbeitsweise besteht in folgendem:

Ein Rohr von 1 m Länge und 25 cm Durchmesser wurde an beiden Enden durch zwei Aluminiumscheiben, die gleichzeitig als Anode und Kathode (Abb. 1) dienten, abgeschlossen. Die zwischen diesen Scheiben angelegte Spannung konnte zwischen 0 und 5000 Volt

[1]) Prof. Dr. Th. V. Ionescu und O. C. Gheorghiu, Mathematisches Institut, Bukarest.

gehalten werden. Das Rohr wurde in die Resonatorspule eines COLPITTS-Schwingungskreises (Genrator) eingeführt. Mit den bei den Bestimmungen verwendeten Spulen mit 1 bis 12 Windungen konnte bei Frequenzen zwischen 2,5—44 MHz gearbeitet werden.

Mit Hilfe einer Registriervorrichtung wird der Gitterstrom in Abhängigkeit von der Frequenz auf photographisches Papier aufgezeichnet. Wenn die Frequenz des Schwingungskreises mit einer Absorptionsfrequenz des ionisierten Gases des Rohrs übereinstimmt, hat die Impedanz des Resonators ein Minimum, und infolgedessen durchläuft der Gitterstrom ein Minimum.

Vor den Bestimmungen wurde reiner Wasserstoff oder Wasserstoff und Neon in verschiedenen Mischungsverhältnissen in das Rohr eingeführt. Kühlfallen mit flüssigem Stickstoff hielten die vom Manometer herrührenden Quecksilberdämpfe fern.

Um den Einfluß der Hg-Ionen zu untersuchen, wurde bei einigen Bestimmungen nicht mit flüssigem Stickstoff gekühlt.

Vor Beginn der Versuche wurde das Entladungsrohr längere Zeit mit P_2O_5 getrocknet. Das war absolut notwendig, da die Wasserdämpfe das Auftreten der Absorptionsbanden der negativen Molekülionen verhindern.

3. EXPERIMENTELLE ERGEBNISSE

Die experimentellen Ergebnisse sind durch Kurven gegeben, die den Gitterstrom als Funktion der Frequenz des Oszillators darstellen.

Auf einer photographischen Aufnahme sind mehrere Kurven zu sehen, die alle dem gleichen Druck und der gleichen Gaszusammensetzung — aber bei verschiedenne Entladungsströmen — entsprechen.

Die obere Kurve (mit größter Ordinate) jeder photographischen Aufnahme stellt den Gitterstrom in Abwesenheit der Entladung dar. Auf dieser Kurve sind die Frequenzen des Schwingungskreises von 0,5 zu 0,5 MHz oder von MHz zu MHz eingezeichnet. Die senkrechten Linien zeigen die errechneten Absorptionsfrequenzen.

Neben jeder Kurve ist die an das Rohr angelegte Spannung und der Entladungsstrom angegeben.

Die erste Kurvengruppe (Abb. 2, 3 und 4) wurde in Wasserstoff bei Anwesenheit von Quecksilberdämpfen erhalten, die den Stromdurchgang erleichtern und den Längsgradienten der Spannung verkleinern. Es wurde auf folgenden Frequenzgebieten gearbeitet: 2,5—5,5 MHz und 7,1—16,5 MHz. Im ersten Intervall wurden folgende Frequenzen gefunden, die dem Dublett mit $k = 10$ entsprechen: 3,47 und 3,84 MHz. Bei nicht allzu großen Spannungen an dem Entladungsrohr (unter 1600 V) erhält man die beiden Komponenten des Dubletts, sowohl bei $p = 0{,}9 \cdot 10^{-3}$ mm Hg als auch bei $p = 40 \cdot 10^{-3}$ mm Hg, aufgespalten. In letzterem Falle ist die Absorption viel kleiner, trotzdem die Anzahl der Zusammenstöße zwischen positiven Ionen und neutralen Molekülen viel größer ist.

Auf dem Frequenzband von 7,1—16,5 MHz bei einem Druck von $5 \cdot 10^{-3}$ mm Hg erhält man die einem bestimmten k entsprechenden Frequenzen nicht mehr aufgespalten, es erscheinen nur breite Absorptionskurven. Das ist der Fall für $k = 14$ ($\nu' = 9{,}3$ MHz; $\nu'' = 10{,}0$ MHz), $k = 15$ ($\nu' = 11{,}4$ MHz; $\nu'' = 12{,}2$ MHz) und $k = 16$ ($\nu' = 13{,}4$ MHz; $\nu'' = 14{,}7$ MHz). Bei einer Spannung von 3000 Volt erscheinen Ionen, die $k < 14$ entsprechen, bei Spannungen von 3600 und 3900 V entstehen Ionen, die $k = 15$ resp. $k = 16$ entsprechen.

Bei allen folgenden Bestimmungsserien arbeiteten wir auf dem Freqeunzgebiet wischen 16 und 44 MHz; der Resonanzschwingungskreis hatte eine einzige Windung, die das Entladungsrohr als Induktanz umgab.

Bei einer zweiten Kurvengruppe (Abb. 5, 6 und 7), die ebenfalls in Wasserstoff mit Quecksilberdämpfen aufgenommen wurde, werden die für $k = 17$, 18, 19, 20, 22 und 23 entsprechenden Absorptionsfrequenzen beobachtet; die Absorptionsmaxima sind nicht sehr gut feststellbar.

In Abb. 5 mit $p = 7{,}4 \times 10^{-3}$ mm Hg werden auf der bei 5000 V und 0,3 mA erhaltenen Kurve die Absorptionsfrequenzen für $k = 17$ ($\nu' = 16{,}5$; $\nu'' = 17{,}4$ MHz) beobachtet.

Abb. 6 entspricht einem $p = 12{,}5 \cdot 10^{-3}$ mm Hg. Es können hier Ionengruppen festgestellt werden, die einem $k = 18$ und $k = 20$ (2500 V, 0,6 mA); $k = 19$ und $k = 22$ (2650 V, 0,6 mA);

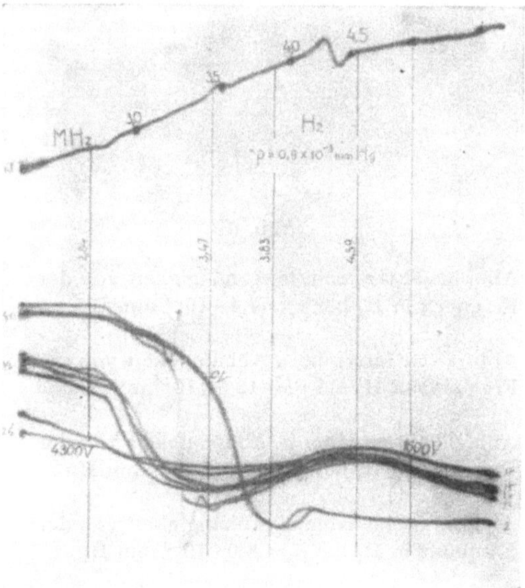

Abb. 2

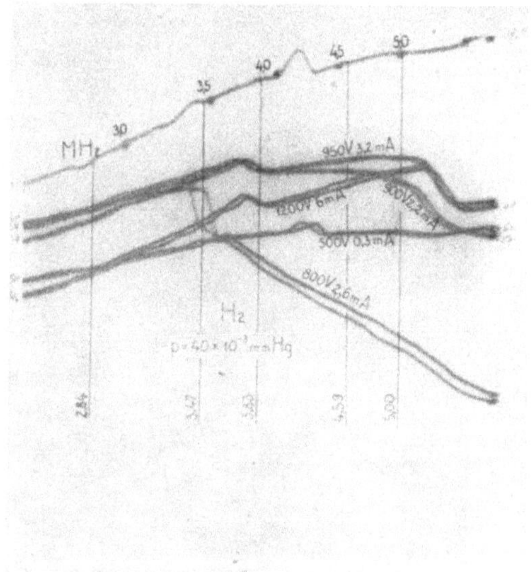

Abb. 3

Abb. 2. Gitterstrom in Abhängigkeit von der Frequenz in H_2 bei $p = 0{,}9 \cdot 10^{-3}$ mm Hg

Abb. 3. Gitterstrom in Abhängigkeit von der Frequenz in H_2 bei $p = 40 \cdot 10^{-3}$ mm Hg

Abb. 4. Gitterstrom in Abhängigkeit von der Frequenz in H_2 bei $p = 5{,}0 \cdot 10^{-3}$ mm Hg

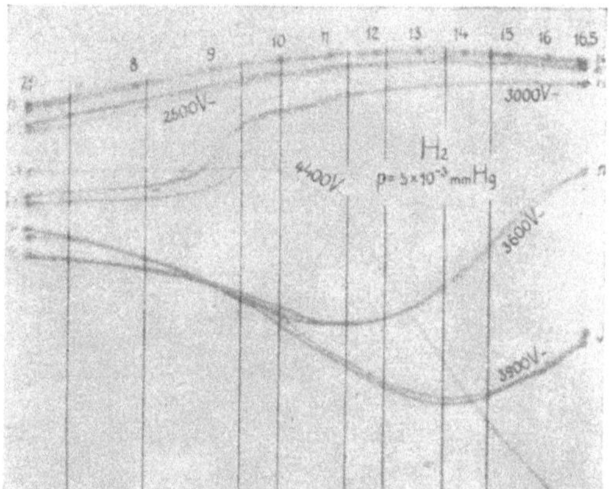

Abb. 4

$k = 20$ und $k = 23$ (2900 V, 0,9 mA) entsprechen. Die Ionengruppen mit größerem k müßten bei größeren Spannungen erscheinen. Diese befinden sich aber außerhalb des Frequenzgebietes der verwendeten Apparatur.

Abb. 7 entspricht einem $p = 47 \cdot 10^{-3}$ mm Hg. Bei diesem Druck erscheinen, wie aus der Abb. ersichtlich ist, keine Absorptionsfrequenzen im untersuchten Gebiet. Es wird hingegen eine kontinuierliche Absorption beobachtet, deren Wert gleichzeitig mit der Spannung ansteigt. Es ist durchaus möglich, daß diese nichtselektive Absorption durch die freien Elektronen des

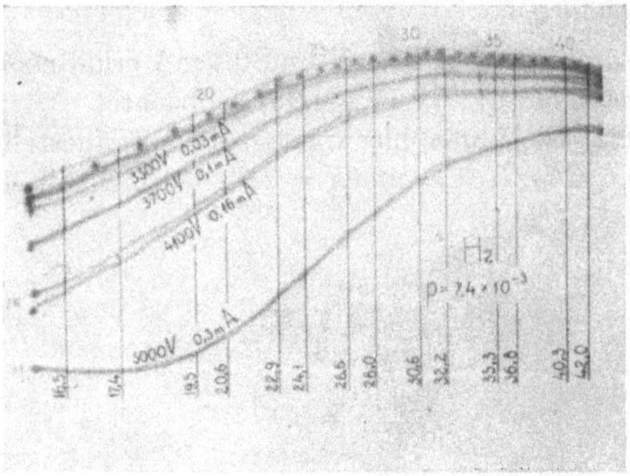

Abb. 5

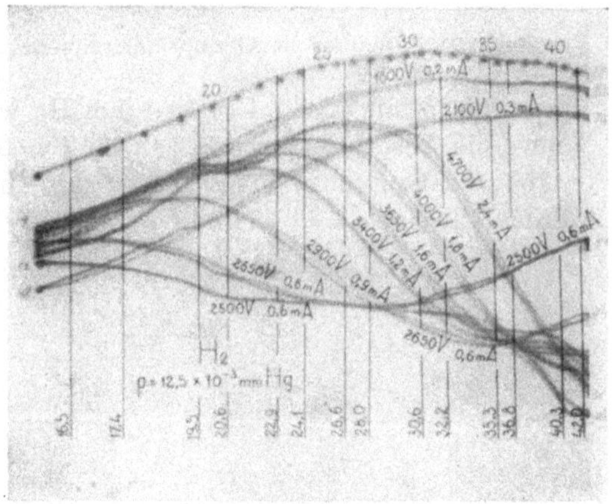

Abb. 6

Abb. 5. Gitterstrom in Abhängigkeit von der Frequenz in H_2 bei $p = 7{,}4 \cdot 10^{-3}$ mm Hg

Abb. 6. Gitterstrom in Abhängigkeit von der Frequenz in H_2 bei $p = 12{,}5 \cdot 10^{-3}$ mm Hg

Abb. 7. Gitterstrom in Abhängigkeit von der Frequenz in H_2 bei $p = 47{,}0 \cdot 10^{-3}$ mm Hg

Abb. 8. Gitterstrom in Abhängigkeit von der Frequenz in H_2 bei $p = 8{,}0 \cdot 10^{-3}$ mm Hg

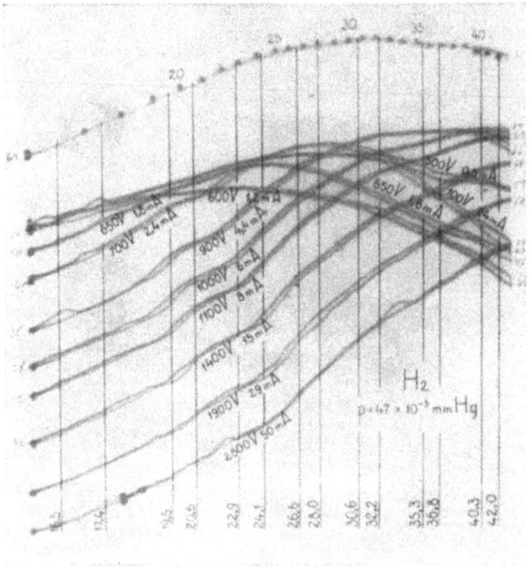

Abb. 7

Abb. 8

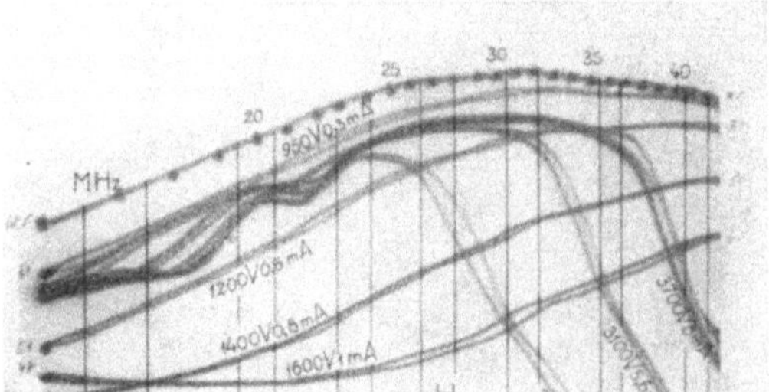

Abb. 9. Gitterstrom in Abhängigkeit von der Freqeunz in H_2 bei $p = 15{,}0 \cdot 10^{-3}$ mm Hg

Abb. 10. Gitterstrom in Abhängigkeit von der Frequenz in H_2 bei $p = 42{,}0 \cdot 10^{-3}$ mm Hg

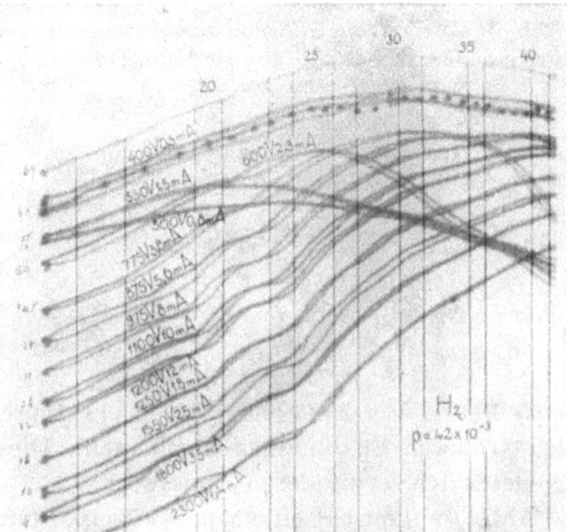

Entladungsrohres verursacht wird. Bei diesen Drücken und bei den verhältnismäßig großen Entladungsstromstärken sind die negativen Molekülionen in kleiner Anzahl vorhanden, und ihre Absorptionsfrequenzen können bei der angewandten Methode nicht in Erscheinung treten.

In einer driten Bestimmungsreihe (Abb. 8, 9 und 10) wurde Wasserstoff untersucht. Die Quecksilberdämpfe wurden dieses Mal durch Kühlfallen ferngehalten.

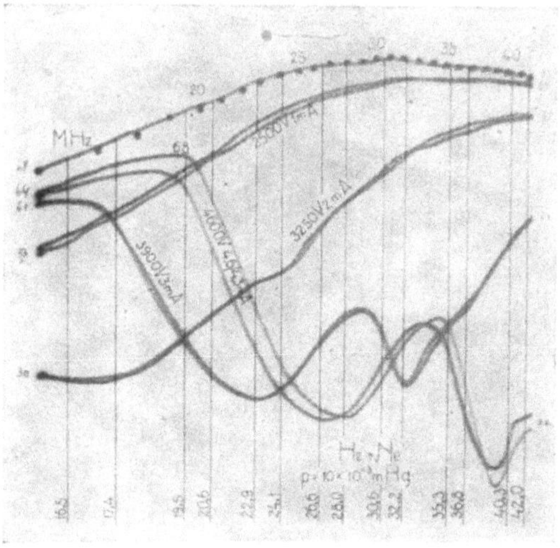

Abb. 11

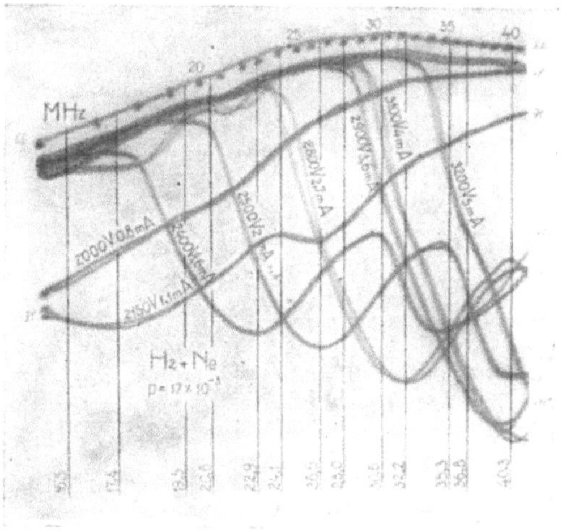

Abb. 12

Abb. 11. Gitterstrom in Abhängigkeit von der Frequenz in (H_2 + Ne) bei $p = 10{,}0 \cdot 10^{-3}$ mm Hg

Abb. 12. Gitterstrom in Abhängigkeit von der Frequenz in (H_2 + Ne) bei $p = 17{,}0 \cdot 10^{-3}$ mm Hg

Abb. 13. Gitterstrom in Abhängigkeit von der Frequenz in (H_2 + Ne) bei $p = 45{,}0 \cdot 10^{-3}$ mm Hg

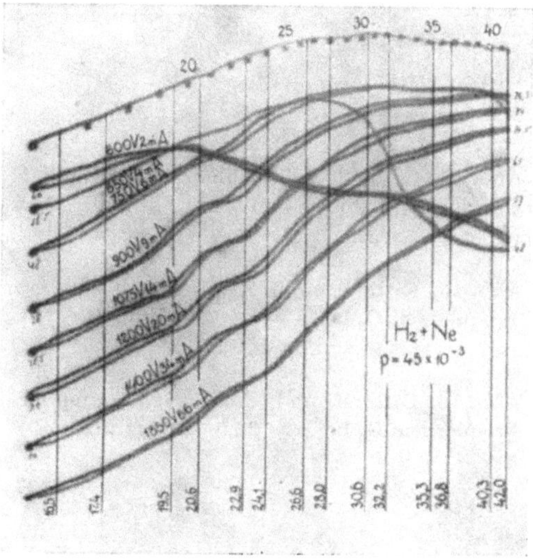

Abb. 13

Wie aus Abb. 8 ersichtlich ist, beobachtet man bei einem Druck von $8 \cdot 10^{-3}$ mm Hg bei Spannungen zwischen 0 und 5000 V gar keine Absorption. Der Entladungsstrom betrug einige Mikroampère.

In Abb. 9 ($p = 15 \cdot 10^{-3}$ mm Hg) erscheinen bei 1600 V und 1 mA für $k = 19$ zahlreiche Ionen. Bei Spannungen über 2600 V erscheinen Ionengruppen, die einem $k > 22$ entsprechen.

Die Kurven der Abb. 10 ($p = 42 \cdot 10^{-3}$ mm Hg) untrescheiden sich wenig von denjenigen der Abb. 7. Bei großen Drücken beeinflussen die Quecksilberdämpfe weder die Leitfähigkeit des Gases noch den Feldverlauf wesentlich.

Die vierte Bestimmungsreihe (Abb. 11, 12 und 13) entspricht einem Gemisch zu gleichen Teilen Wasserstoff und Neon. Quecksilberdämpfe wurden durch Kühlfallen ferngehalten.

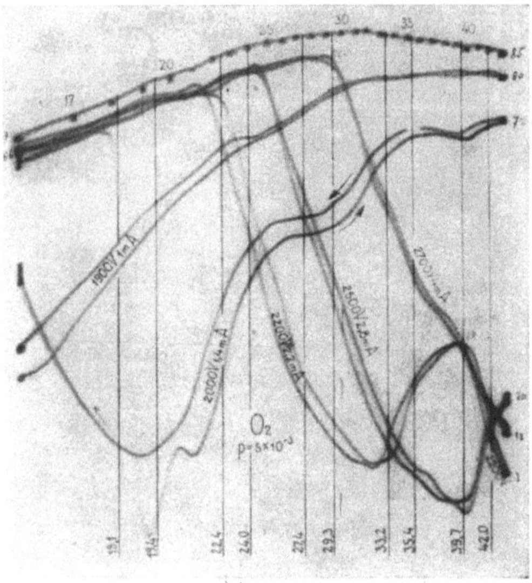

Abb. 14

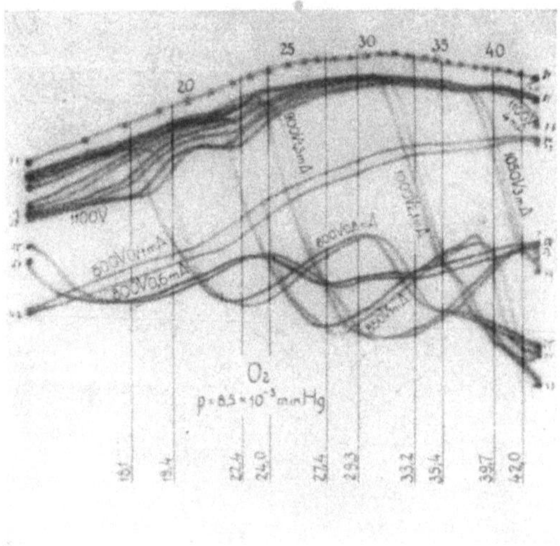

Abb. 15

Abb. 14. Gitterstrom in Abhängigkeit von der Frequenz in O_2 bei $p = 5{,}0 \cdot 10^{-3}$ mm Hg

Abb. 15. Gitterstrom in Abhängigkeit von der Frequenz in O_2 bei $p = 8{,}5 \cdot 10^{-3}$ mm Hg

Abb. 16. Gitterstrom in Abhängigkeit von der Frequenz in O_2 bei $p = 22{,}0 \cdot 10^{-3}$ mm Hg

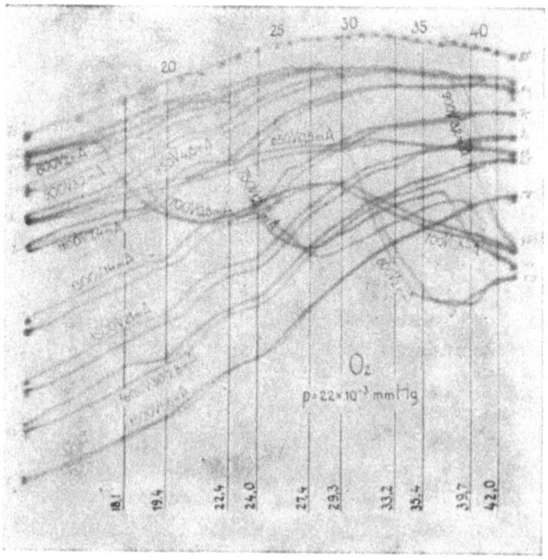

Abb. 16

Auf diesen wie auch auf anderen Kurven können die den berechneten Frequenzen entsprechenden Absorptionslinien, und zwar nur diese, beobachtet werden.

In Abb. 11 werden die Absorptionen beobachtet, die den Ionengruppen $k = 17$, 19, 21 und schwächer auch $k = 22$ und zuletzt auch $k = 20$ und $k = 23$ entsprechen. Es werden also die Gruppen k und $k + 2$; k und $k + 3$ beobachtet.

In Abb. 12 ($p = 17 \cdot 10^{-3}$ mm Hg) sieht man nur die Gruppen k und $k + 3$, die auch bei anderen Bestimmungen in Erscheinung treten.

Die Kurven der Abb. 13 ($p = 45 \cdot 10^{-3}$ mm Hg) sind den in Wasserstoff bei hohen Drücken mit und ohne Quecksilberdämpfen erhaltenen ähnlich.

Es wurde eine Reihe von Bestimmungen in Wasserstoff-Neongemischen in verschiedenen Verhältnissen vorgenommen. Aus den Versuchen folgt, daß ein kleiner Prozentsatz Wasserstoff (sogar in solcher von 0,1%) genügt, um die Absorptionsfrequenzen der negativen Molekülionen des Wasserstoffs in Erscheinung treten zu lassen. Ein Gemisch, das einen kleinen Prozentsatz Neon enthält, verhält sich wie reiner Wasserstoff.

Aus den Untersuchungen der Aufnahmen in Wasserstoff können folgende Schlußfolgerungen gezogen werden:

Damit bei einem bestimmten Druck eine Ionengruppe auftritt, die einer bestimmten Quantenzahl k entspricht, muß die an dem Entladungsrohr angelegte Spannung einen bestimmten Wert haben, der um so größer ist, je größer k ist. Die Ionengruppe k erscheint gleichzeitig mit $k + 3$, seltener mit $k + 2$. Das wollen wir Spannungsregel nennen.

Trotzdem die Untersuchung der Absorptionsfrequenzen der negativen Molekülionen des Sauerstoffs Gegenstand einer anderen Untersuchung war [2], möchten wir hier doch einige neue Aufnahmen wiedergeben — die mit einem sauber gespülten Entladungsrohr erhalten wurden, um die letzten Spuren Wasserstoff und Neon zu beseitigen — um Vergleichsmöglichkeiten zwischen den in reinem Sauerstoff und den in Wasserstoff erhaltenen Ergebnissen zu haben.

In reinem Sauerstoff und mit Kühlfallen können Absorptionsfrequenzen noch bei Drücken, die kleiner als 10^{-3} mm Hg sind, wahrgenommen werden.

In Abb. 14 ($p = 5 \cdot 10^{-3}$ mm Hg) wird die Ionengruppe k, $k + 2$ und $k + 4$ beobachtet (letztere aber nur sehr schwach.)

In Abb. 15 ($p = 8{,}5 \cdot 10^{-3}$ mm Hg) werden sowohl die Gruppen k und $k + 2$ als auch k und $k + 3$ beobachtet.

In Abb. 16 ($p = 22 \cdot 10^{-3}$ mm Hg) werden ebenfalls die Gruppen k und $k + 2$ beobachtet.

Im allgemeinen kann an Hand vieler Bestimmungen (neue und alte — die meisten veröffentlicht) festgestellt werden, daß vor allem die Gruppen k und $k + 2$ erscheinen.

Die Spannungsregel gilt auch für Sauerstoff.

4. BEMERKUNGEN ZU DEN ARBEITSBEDINGUNGEN

Bei der Temperatur des ionisierten Gases im Entladungsrohr entspricht die mittlere Rotationsenergie der Moleküle kleinen Rotationsquantenzahlen k. Die Frequenzen der negativen Ionen, die diesen k-Werten entsprechen, können bei relativ kleinen Spannungen beobachtet werden, die nur notwendig sind, um die zur Bildung negativer Ionen notwendige Ionisierung in dem Rohr zu unterhalten.

Die Spannungsregel gilt für Ionen, die einem verhältnismäßig großen k entsprechen. Im Frequenzgebiet 16—44 MHz hat k Werte, die bei Wasserstoff zwischen 17 und 23 und bei Sauerstoff zwischen 13 und 17 liegen.

Die Rotationsenergien der Moleküle stammen von den elektrisch geladenen und im Feld des Entladungsrohres beschleunigten Teilchen. Es ist möglich, daß die positiven Ionen großen Anteil bei dieser Energieübertragung haben [3].

In reinem Wasserstoff, im Gebiet zwischen 16—44 MHz, sind bei unserer Ionisierungsmethode des Gases bei kleinen Drücken, die zur Bildung negativer Ionen notwendigen Bedingungen nicht erfüllt, wohl aber bei großen Drücken (Hundertstel mm Hg), aber auch hier ist eine Absorption schwer zu beobachten.

Wie schon gezeigt wurde, bestimmt im Wasserstoff-Neongemisch das Neon die elektrische Feldstärke in dem Entladungsrohr, wodurch die Bedingungen zur Bildung negativer Ionen erfüllt sind.

Sowohl in reinem Sauerstoff in An- und Abwesenheit von Hg-Dämpfen als auch in Luft sind die Bedingungen zur Bildung negativer Molekülionen sogar bei Drüken von 10^{-3} mm Hg erfüllt. Ebenso gut sind die Bedingungen im Sauerstoff-Neongemisch erfüllt.

In reinem Sauerstoff zeigt die Absorption (respektive der Gitterstrom) plötzliche Veränderungen, und öfters wird eine enge Koppelung zwischen dem ionisierten Gas und dem Schwingungskreis beobachtet. In Luft kann die Lage der Absorptionsmaxima mit größerer Genauigkeit als in reinem Sauerstoff bestimmt werden. Im Sauerstoff-Neongemisch werden große Absorptionen und regelmäßige Kurven beobachtet. Diese Kurven können nicht mit jenen der negativen Wasserstoffionen verwechselt werden, da beispielsweise im Gebiet 16—44 MHz 5 nicht getrennte Dubletts des Sauerstoffs und sieben solche des Wasserstoffs registriert werden.

Bei Drücken in der Größenordnung 10^{-2} mm Hg könnte der aus der Vorvakuumpumpe herrührende Wasserstoff den Sauerstoff verunreinigen. Da er sich aber mit demselben vereinigt, wird er durch die Kühlfalle — eventuell auch durch P_2O_5 — beseitigt. Dasselbe geschieht mit dem aus den Elektronen befreiten Sauerstoff, wenn mit Wasserstoff gearbeitet wird.

Bei einem Gemisch Neon mit einem kleinen Prozentsatz Sauerstoff verändert der von den Öldämpfen der Vorvakuum- oder Diffusionspumpen herrührende Wasserstoff die Zusammensetzung des Gemisches, und es können die Absorptionsfrequenzen der negativen Wasserstoffionen erscheinen. In diesen Fällen wäre eine Quecksilberdiffusionspumpe und eine Kühlfalle mit Stickstoff anzuraten.

5. SCHLUSSFOLGERUNGEN

Es wurde durch photographische Aufnahmen die Änderung des Gitterstromes als Funktion der Frequenz eines Oszillators kleiner Leistung untersucht, der mit der Gasmasse gekoppelt war. Die Ionisierung besorgte ein durch das Entladungsrohr fließender Gleichstrom.

Es wurden folgende Resultate erzielt:

1. Experimentelle Bestimmung der Absorptionsfrequenzen der negativen Wasserstoffmolekülionen zwischen 2,5 und 44 MHz. Zwischen 2,5 und 6 MHz konnten auch die berechneten Dubletts mit Sicherheit festgestellt werden. Zwischen 6 und 16 MHz konnten die errechneten Frequenzen bestätigt, die Dubletts jedoch nicht aufgespalten werden.

Zwischen 16 und 44 MHz konnten alle errechneten Frequenzen experimentell wiedergefunden, die Dubletts aber nicht in ihre Komponenten aufgespalten werden.

2. Es konnte festgestellt werden, daß für das Auftreten von Absorptionsfrequenzen, die einer bestimmten Rotationsquantenzahl entsprechen, eine bestimmte Spannung an dem Entladungsrohr notwendig war.

3. Es wurde festgestellt, daß, wenn die Bedingungen von (2) erfüllt waren, neben den Ionengruppen k auch die Gruppen mit $k + 2$ und $k + 3$ erscheinen.

4. In Wasserstoff erschien vor allem k und $k + 3$, in Sauerstoff aber k und $k + 2$. Die Gruppen k und $k + 1$ werden zusammen nicht beobachtet.

5. Es wurden die Druck- nud Reinheitsverhältnisse, bei denen Bestimmungen in Wasserstoff oder Sauerstoff vorgenommen wurden, diskutiert.

LITERATUR

[1] IONESCU, TH. V., La structure des ions moléculaires négatifs d'hydrogène (H_2) et d'oxygène (O_2). Explication des fréquences propress des ions négatifs d'ioxygène. Revue de Physique. Acad. R.P.R.. 1 (1956) 1, p. 16—62.

[2] IONESCU, TH. V. et GHEORGHIU, O. C., Étude des fréquences d'absorbtion, des ions négatifs moléculaires d'oxygène, comprises entre 3 et 44 MHz. Revue de Physique. Acad. R.P.R. 4 (1959) 2, p. 113—151.

[3] IONESCU, TH. V., Potentiel d'activation des ions négatifs moléculaires d'hydrogène (H_2). Revue de Physique. Acad. R. P. R. (im Druck).

Untersuchungen von Radioechos in der Ionosphäre und Exosphäre

Von S. MANCZARSKI[1])

Die äußere Ionosphäre, also die sogenannte Exosphäre, welche sich über die Schicht F_2, orientierungshalber ab ungefähr 1000 km bis zu einigen Erdradien, ausbreitet, ist augenblicklich der Gegenstand angestrengtester wissenschaftlicher Untersuchungen in vielen Ländern. Im allgemeinen verwendet man zu diesem Zweck Raketen und künstliche Erdsatelliten, in denen eine spezielle Meß- und Radioapparatur installiert ist. Der Start derartiger eigener Raketen ist sehr kostspielig und kann daher aus finanziellen Gründen in Polen nicht in Betracht gezogen werden.

Möglichkeiten, selbst auf diesem Gebiete zu arbeiten, erhielten wir während der I. Polnischen Expedition nach der Antarktis (Ende 1958 bis Anfang 1959), wo bei der Registrierung der Radiozeitsignale, die für gravimetrische Messungen erforderlich sind, das Auftreten einer Anzahl verschiedener Echoarten festgestellt worden ist. Unter denselben befanden sich tpyische Echos rund um die Erde von einer Länge von ungefähr 0,14 Sek., aber auch andere nichttypische Echos mit den Längen 0,1 Sek., 0,2 Sek., 0,4 Sek. usw. Interessant war die Feststellung, daß die Echos in vielen Fällen den Charakter anwachsender Signale besitzen, was wohl auf das Auftreten von Verstärkungsprozessen in der Ionosphäre schließen läßt. Diese Erscheinungen traten sowohl auf kurzen Wellen ($\lambda < 100$ m) als auch auf langen Wellen ($\lambda > 10$ km) auf.

Die in der Oasis Bunger am besten empfangenen Stationen auf kurzen Wellen waren in dieser Zeit die Funkstation Pontoise TQC 10,78 Mc/s ($\lambda \cong 27{,}8$ m) und auf langen Wellen Rugby GBR 16 kc/s ($\lambda \cong 18750$ m), sowie Moskwa ROR 17 kc/s ($\lambda \cong 17647$ m). Die Registrierung der Signale wurde photographisch vorgenommen.

Da die Beobachtungen in der Antarktis kaum 9 Tage dauerten, wurden die obigen Ergebnisse in der Untersuchungszentrale in Zegrze (Polen) ausgearbeitet (Mrg. Ing. J. MOLSKI). Zu diesem Zwecke wurde ein schnellregistrierender Recorder sowie ein spezieller Verstärker mit negativer mechanisch-elektrischer Rückkopplung verwendet, wodurch die gleichzeitige Ausführung der Registrierung sowohl der starken Signale als auch der schwachen in den Grenzen der Dynamik von ungefähr 30 Decibel ermöglicht wurde (Abb. 1). Das Beobachtungsobjekt war hauptsächlich die deutsche Funkstation Nauen, welche Zeitsignale auf der Frequenz von 4525 kc/s ($\lambda \cong 66{,}3$ m) sendet (Abb. 2—4). Aus den erhaltenen Ergebnissen ist ersichtlich, daß am häufigsten Echo-Signale auftreten, die oftmals die Erde mit einer Umlaufperiode von ungefähr 0,14 Sek. umkreisen; es kommen aber auch Echos von einer Länge von 0,2 Sek. oder 0,4 Sek. vor.

Die Analyse der Parameter der Ionosphäre (gut bekannt durch die Radiosondierung bis zu einer Höhe von einigen hundert Kilometern) und die Berechnung unter Berücksichtigung der Dämpfung der Kurzwellen auf dem Wege um die Welt ergeben, daß diese Dämpfung wesentlich kleiner ist, wenn sich die Radiowellen entlang der erdmagnetischen Linien ausbreiten, als

[1]) Prof. Dr. STEFAN MANCZARSKI, Akademie der Wissenschaften, Warschau.

im Falle der Wellenausbreitung senkrecht zu diesen Linien (Abb. 5). Dieser Umstand erklärt teilweise die Tatsache, weshalb rund um die Erde laufende Radioechos am häufigsten auf den Großkreisen, die in der Nähe der Magnetpole verlaufen, empfangen werden. Nichtsdestoweniger ist auf diesen letzten genannten Wegen die Dämpfung der Radiowelle so groß, daß man sich schwer vorstellen kann, daß die Radioechos ohne Anteil irgendwelcher natürlicher Verstärkungen in der Ionosphäre auftreten können. Diese Angelegenheit ist in der Arbeit des Autors „Das Problem der Verstärkung der Intensität des Radiowellenfeldes in der Ionosphäre" eingehend besprochen. Dieses Problem betrifft sowohl die Schicht F_2 als auch die äußere Ionosphäre, also die sogenannte Exosphäre.

Abb. 1. Meßanlage zur Registrierung von Radioechos in Zegrze bei Warszawa

Bei Annahme, daß sich die Radiosignale mit einer Geschwindigkeit, die der Lichtgeschwindigkeit nahekommt, ausbreiten, sowie daß in der Exosphäre durch Plasma-Verdichtungen und -Verdünnungen, ähnlich wie dieselben in einem Wellenleiter kanalisiert sind, kann man sich auf Grund von Registrierungen der Radioechos ungefähr die Konturen dieser Verdichtungen vorstellen. Verdichtungszonen bilden sich infolge des Einfangens der ionisierten Teilchen, speziell der Elektronen, durch das erdmagnetische Feld, welches in diesem Falle die Rolle des trennenden, die Elektronen und Ionen gemäß ihrer Energie ordnenden Faktors spielt. Auf diese Weise bilden sich in der Exosphäre sogenannte magnetische Fallen des Plasmas, welche in den letzten Jahren mittels Raketen und künstlicher Satelliten durch Van Allen untersucht worden sind. Die oben beschriebene polnische Methode der Registrierung der Radioechos gestattet das Studium der angenäherten Konfiguration dieser Zonen auf billige Art, unmittelbar aus der Erde (siehe Abb. 6: Magnetische Fallen des Plasmas).

Besonderer Besprechung bedarf die Tatsache, daß der ähnliche Charakter der Radioechos sowohl auf Kurzwellen als auch auf Langwellen erhalten wird. Echos auf Langwellen sind zweifelsohne mit den sogenannten „whistlers", welche natürliche elektromagnetische Signale von Sturmherkunft darstellen, die auf verhältnismäßig sehr niedrigen Frequenzen von einigen hundert bis zu einigen tausend p/s auftreten, verbunden.

Die bisherige Interpretation der Whistler-Echos beruht auf der Annahme, daß hier eine spezielle Art der Wellenausbreitung, und zwar der sogenannte schräge außerordentliche Strahl der Längsausbreitung (entlang der magnetischen Linien) eine Rolle spielt (siehe Propagations-

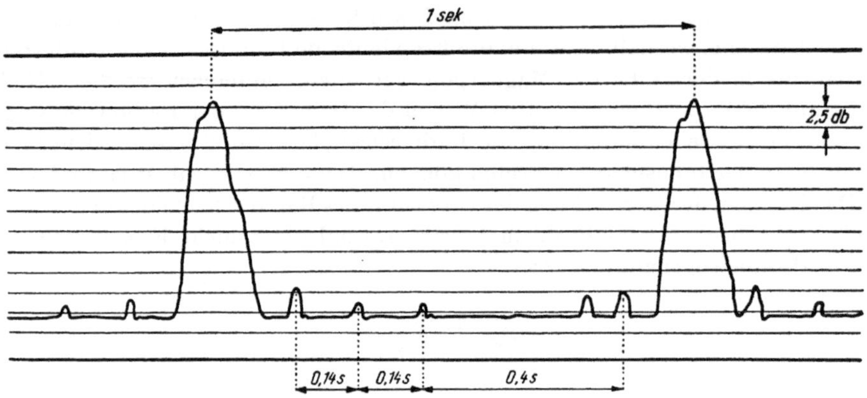

Abb. 2. Registrierung der Radioechos in Zegrze am 28. 8. 1959 um 12 Uhr 50 (Funkstation Nauen 4525 kc/s)

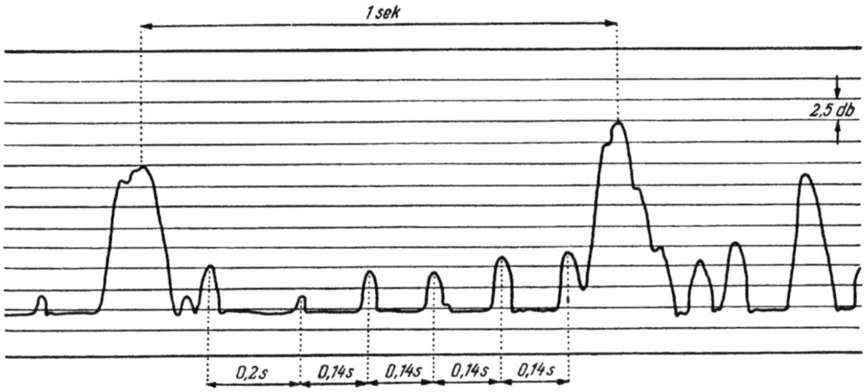

Abb. 3. Registrierung der Radioechos in Zegrze am 28. 8. 1959 um ~ 12 Uhr 48 (Funkstation Nauen 4525 kc/s)

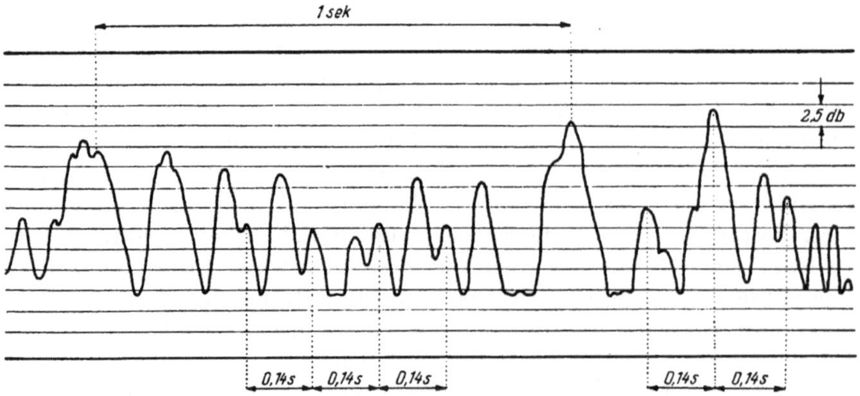

Abb. 4. Registrierung der Radioechos in Zegrze am 28. 8. 1959 um ungefähr 12 Uhr 50 (Funkstation Nauen 4525 kc/s)

arten der Radiowellen in der unteren Ionosphäre). Übereinstimmend mit der Theorie breitet sich dieser Strahl mit bedeutend geringerer Geschwindigkeit, mehrmals kleiner als die der Lichtgeschwindigkeit, aus.

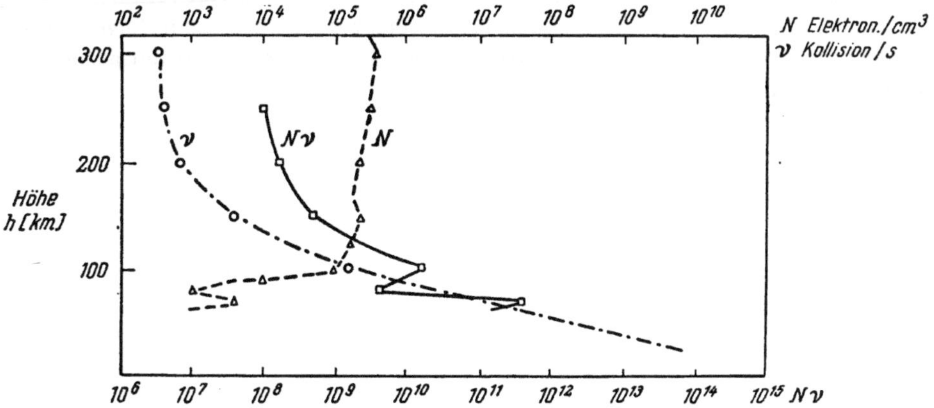

Abb. 5. Ionosphärenparameter (nach „Manual on ionospheric vertical soundings for IGY 1956)

Wellendämpfung im Isotropenplasma

$$E = E_0\, e^{-\alpha l}, \quad \text{wo} \quad \alpha = \frac{1{,}35}{10^4} \frac{N\nu}{f \pm f_H} 2\,, \quad f_H = 2800\, H \quad \text{für} \quad f > 9\sqrt{N}$$

Permanentes magnetisches Feld H Ce	λ in m	$f + f_N$ kc/s	$N \cdot \nu$ el/cm³	α km⁻¹	$l = \frac{1}{\alpha}$ km	Dämpfung rund um die Erde $\frac{E_0}{E} = e^{\alpha\, 41570}$	$20 \lg \frac{E_0}{E}$ db
	15	20000		$0{,}3375 \cdot 10^{-4}$	29600	4,08	12,2
	20	15000		$0{,}6 \cdot 10^{-4}$	16700	12	21,6
$H = 0$	30	10000	10^8	$1{,}35 \cdot 10^{-4}$	7400	275	48,8
$f_H = 0$	40	7500	in der Höhe	$2{,}4 \cdot 10^{-4}$	4170	21400	86,6
	50	6000	$h = 250$ km	$3{,}75 \cdot 10^{-4}$	2670	$5{,}76 \cdot 10^6$	135,2
	60	5000		$5{,}4 \cdot 10^{-4}$	1850	$5{,}89 \cdot 10^9$	195,4
	15	21400		$0{,}295 \cdot 10^{-4}$	34000	3,4	10,62
	20	16400	10^8	$0{,}502 \cdot 10^{-4}$	19900	8,05	18,12
$H = 0{,}5$	30	11400	in der Höhe	$1{,}04 \cdot 10^{-4}$	9630	75,9	37,6
$f_H = 1400$ kc/s	40	8900	$h = 250$ km	$1{,}704 \cdot 10^{-4}$	5870	1190	61,5
	50	7400		$2{,}462 \cdot 10^{-4}$	4060	$2{,}82 \cdot 10^4$	89
	60	6400		$3{,}3 \cdot 10^{-4}$	3030	$0{,}912 \cdot 10^6$	119,2

Einer solchen Auslegung der Whistler-Ausbreitung widersprechen jedoch folgende Tatsachen:

1. ein zu kleiner Koeffizient der Transmission bei in der Exosphäre angetroffenen Dichten der Ionisation (siehe letzte Zeichnung mit Tabelle),
2. zu große Dämpfung des schrägen außerordentlichen Strahles,
3. die nicht rechte Zeit des Zurückkommens des Echosignals.

Zur Vermeidung dieser Widersprüche hat der Autor die Möglichkeit eines anderen Mechanismus der Ausbreitung der Radioechos auf Langwellen in Erwägung gezogen (Abb. 7). Der mutmaßliche Mechanismus nimmt an, daß es sich in diesem Falle um die Ausbreitung der harmonischen Schwingungen des stark verzerrten Primärimpulses von verhältnismäßig niedriger Frequenz handelt, wobei die Frequenzinterferenz zweier aufeinanderfolgender harmonischer Schwingungen nach der Demodulation in der Ionosphäre die grundsätzliche Primärfrequenz des Signals wiedergibt.

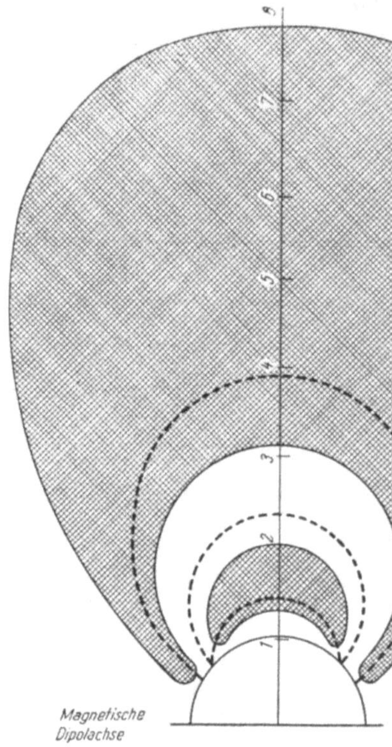

Abb. 6. Magnetische Fallen des Plasmas

Dies erklärt nachfolgende Formel:

$$(n + 1) f_1 - n f_1 = f_1 ,$$

wobei n die Nummer der Glieder der harmonischen Reihe und f_1 die Grundfrequenz bedeuten. Die Demodulation entsteht durch die nichtlinearen Eigenschaften der Ionosphäre.

Die oben angegebene Formel betrifft sowohl Whistler als auch Signale der auf langen Wellen arbeitenden Radiostationen (Kilometer-Wellen oder einige zehn Kilometer-Wellen). Der Autor nimmt an, daß, wenn auch nicht alle, so doch wenigstens ein Teil der Whistler-Ausbreitungseffekte dem beschriebenen Mechanismus entspricht.

Die Bedingung des Vorhandenseins der Ausbreitungsgeschwindigkeit des Signals in der Ionosphäre ist, wenn es sich um den sogenannten gewöhnlichen Strahl handelt, die Erfüllung folgender Ungleichheiten:

$$f > f_0 \quad \text{und} \quad f > f_H ,$$

wo f die Frequenz des gegebenen Signals,

f_0 die Frequenz der Eigenschwingungen des Plasmas

und f_H die sogenannte von der Intensität des erdmagnetischen Feldes abhängige Gyro-Fre-Frequenz bedeuten.

Nähere Angaben, die diese Frage betreffen, sind auf der Zeichnung, welche Propagationsarten der Radiowellen in der unteren Ionosphäre angibt, veranschaulicht.

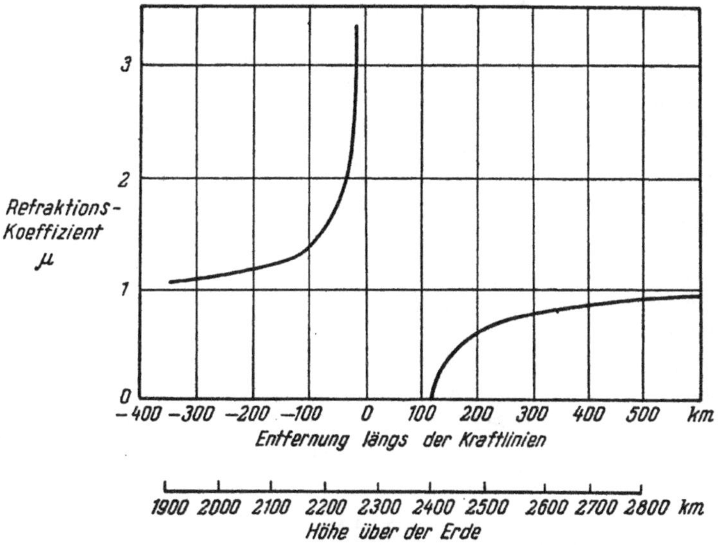

Abb. 7. Refraktionskoeffizient für den X-Strahl in der Ionosphäre als Funktion der Entfernung längs der Kraftlinien

$$\mu = \sqrt{1 - \frac{f_0^2}{f(f - f_H)}}.$$

Für $f = 600$ kc/s
$N = 700$ el/cm³
$\alpha = 55°$ geom. Breite
$\Theta = 19{,}2°$
$f_H = 1{,}5$ Mc/s an der Erde.

Transmissions-Koeffizient $$\hat{T} = \frac{\hat{E}_f - \hat{E}_r}{\hat{E}_f}$$

gemäß Budden $$T = \exp\left(-\frac{\pi}{2}\Delta S\right),$$

wo ΔS die Entfernung zwischen 0 und ∞ in bezug auf μ, gemessen in Einheiten $\frac{\lambda}{2\pi}$.

Für $f = 500$ kc/s
$f_H = 1{,}5$ Mc/s
$\Theta = 19{,}2°$

N [el/cm³] =	0,1	1	10
T =	0,18	$4 \cdot 10^{-8}$	10^{-74}

Folgerung: da in der Exosphäre $N > 0{,}1$ el/cm³, so ist die Fortpflanzung der außergewöhnlichen Strahlen des Types 4 und 5 unwahrscheinlich.

Gemäß G. R. Ellis — J. Atm. Terr. Phys. V. 9. No 1, p. 51 — 55, July 1956

Tafel

Fortpflanzungsarten der Radiowellen in der unteren Ionosphäre

Nr.	Strahlart	Frequenzbereich der die Ionosphäre f durchdringenden Wellen	Refr. Koeffizient, μ Wellengeschwindigkeit v	Einfallwinkel d. Welle	Annähernde untere Frequenzgrenze
1.	Außergewöhnlicher Strahl (Hf.)	$f > \sqrt{f_0^2 + \frac{f_H^2}{4}} + \frac{f_H}{2}$	$\mu < 1$	0	2Mc/s
2.	Gewöhnlicher Strahl	$f > f_0$	$v_{ph} > c$	0	900 kc/s
3.	Schräger gewöhnlicher Strahl von Längspropagation (Art Z)	$f_0 > f > \sqrt{f_0^2 + \frac{f_H^2}{4}} - \frac{f_H}{2}$	$v_{gr} < c$	$\sin^{-1}\left[\sin\Theta\sqrt{\frac{f_H}{f+f_H}}\right]$	1 Mc/s
4.	Außergewöhnlicher Strahl von kleinerer Frequenz als die Gyroskopfrequenz	$f_H > f > \sqrt{f_0^2 + \frac{f_H^2}{4}} - \frac{f_H}{2}$ $(f_0 < \sqrt{2}\, f)$	$\mu > 1$ $v_{ph} < c$	0	4000 kc/s
5.	Schräger außergewöhnlicher Strahl von Längspropagation	$f_H \cos^2\Theta > f > 0$	$v_{gr} < c$	$\sin^{-1}\left[\sin\Theta\sqrt{\frac{f_H}{f_H - f}}\right]$	einige hundert c/s (whistlers ?)

Frequenz der Plasmaschwingungen $f_0 = \sqrt{\frac{e^2 N}{\pi m}}$ $f_0 = 9\sqrt{N_{el/cm^3}}$ kc/s

Gyrofrequenz $f_H = \frac{e H}{2\pi m}$ $f_H = 2800\, H_{0e}$ kc/s

e — Elektronenladung

m — Elektronenmasse

N — Elektronendichte

H — Intensität des erdmagnetischen Feldes $\mu = 1 - \frac{f_0^2}{f(f \pm f_H)}$

Θ — Neigung des erdmagnetischen Feldes $v_{ph} = \frac{c}{\mu}$ $v_{gr} = c\left(\mu + f\frac{d\mu}{df}\right)^{-1}$

c — Wellengeschwindigkeit im Vacuum

LITERATUR

[1] STOREY, L. R. O., An investigation of whistling atmospherics. Philosophical Transactions of the Royal Society, 246—247 (A. 1954—1955) p. 113—141.

[2] ELLIS, G. R., On the propagation of radio waves through the upper ionosphere. Journal of atmospheric and terrestrial physics 9 (1956) p. 51—55.

[3] WRIGHT, J. W., KNECHT, R. W. und DAVIES, K., Manual on ionospheric vertical soundings for the Internatinal Geophysical Year, August 1956.

[4] STOREY, OWEN, Protons outside the earth's atmosphere. Annales de Géophysique 14 (1958) p. 1—10.

[5] HELLIWELL, R. A. und MORGAN, M. G., Atmospheric Whistlers. Proc. IRE 47 (1959) p. 200—208.

[6] GALLET, R. M., The very Low-Frequency Emissions Generated in the Earth's Exosphere. Proc. IRE 47 (1959) p. 211—231.

[7] Mook, C. P., A preliminary Meteorological Study of the Origin of Whistlers. J. of Geoph. Research **64** (1959) p. 745—748.
[8] Rosen, Alan, Sonett, C. P., Coleman, P. J. und McIlwain, C. E., Ionizing Radiation at Altutides of 3500 to 3600 kms Pioneer I. J. of Geoph. Research **64** (1959) p. 709—712.
[9] Dessler, A. J., Effect of Magnetic Anomaly on Particle Radiation Trapped in Geomagnetic Field. J. of Geoph. Research **64** (1959) p. 713—715.
[10] Millman, G. H., The Geometry of the Earth's Magnetic Field at Ionospheric Heights. J. of Geoph. Research **64** (1959) p. 717—726.
[11] Christofilos, N. C., The Argus Experiment. J. of Geoph. Research **64** (1959) p. 869—875.
[12] Van Allen, J. A., McIlwain, C. E. und Ludwig, G. H., Satellite Observations of Electrons Artificially Injected into the Geomagnetic Field. J. of Geoph. Research **64** (1959) p. 877—891.
[13] Krzemiński, W., Berichterstattung über die Antarktis-Expedition 1959.
[14] Molski, J., Registrierungen der Radioechos in Zegrze (Polen) 1959—1960.
[15] Manczarski, S., Problemat wzmacniania natezenia pola fal radiowych w jonosferze. Biuletyn polskich obserwacji sztucznych satelitów, Nr. 2, maj 1960, Warszawa.
[16] Manczarski, S., Badanie ech radiowych w jonosferze i egzosferze. Biuletyn polskich obserwacji sztucznych satelitów, Nr. 2, maj 1960, Warszawa.

Problem der Intensitäts-Verstärkung des Radiowellenfeldes in der Ionosphäre

Von S. Manczarski[1])

EINLEITUNG

Beobachtungen von Radiosignalen der künstlichen Erdsatelliten und Radiosignale in der Antarktis haben zur Annahme der Hypothese geführt, daß unter gewissen Bedingungen natürliche Intensitäts-Verstärkungen des Radiowellenfeldes in der Ionosphäre auftreten können.

Die Studien über die Feststellung der Richtigkeit dieser Hypothese gingen in zwei Richtungen. Bei der ersten Richtung wurde eine eingehende Analyse der Ionogramme, erhalten durch das Wissenschaftliche Forschungs-Institut für das Nachrichtenwesen der Volksrepublik Polen (Doz. S. Jasiński), bei senkrechter Sondierung der Ionosphäre durchgeführt. Besonderes Augenmerk wurde hier auf die Ionogramme mit Registrierung von sogenannten strauchartigen Linien gerichtet. Diese Ionogramme können als maßgebend für Ort und Zeit gelten, in denen Prozesse natürlicher Radiowellen-Verstärkung in der Ionosphäre angenommen werden. Für die Kompensation der Wellendämpfung auf langen Trassen, zum Beispiel um die Welt herum, müßten solche Verstärkungen in einigen oder einigen Dutzend Stellen entlang dieser Trasse stattfinden.

Die zweite Richtung der Untersuchungen — das sind theoretische Betrachtungen des Autors im Forschungs-Institut der Grundsätzlichen Technischen Probleme über die Frage der Quasi-Klystron-Verstärkung in der Ionosphäre. Ausgangspunkt ist hier die Annahme, daß in der Ionosphäre eine Geschwindigkeitsmodulation der Elektronenströme unter dem Einfluß der elektromagnetischen Welle, auftreten kann. Die Rolle von Klystron-Hohlraumresonatoren spielen wahrscheinlich in der Ionosphäre wechselnde Inhomogenitäten des Plasmas, welche beim Diffusionsprozeß durch die Plasmaresonanz entstehen, die der Frequenz der gegebenen Radiowelle entspricht. In der theoretischen Betrachtung wurde speziell auf die Tatsache geachtet, daß die in der Ionosphäre auftretenden Elektronenströme eine größere Geschwindigkeit als in den Klystronen haben können; sie sind dann mehr der Geschwindigkeit der relativistischen Elektronen angenähert.

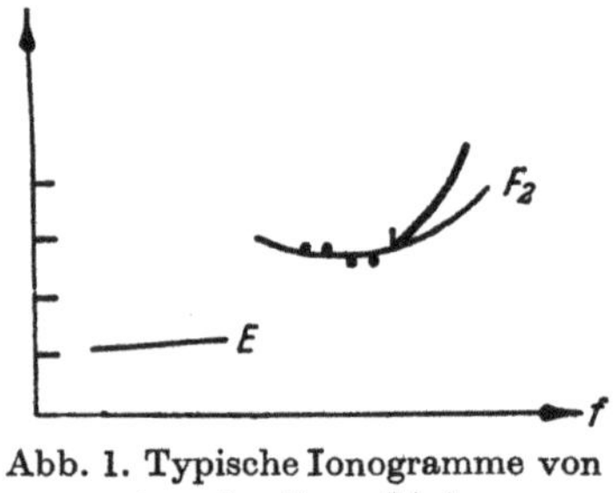

Abb. 1. Typische Ionogramme von strauchartigen Linien

Interpretation der Ionogramme mit Registrierung von strauchartigen Linien

Ionogramme von strauchartigen Linien haben ungefähr folgendes Aussehen (Abb. 1).

Bei Berücksichtigung von Betrachtungen, die doppelte Linien in Ionogrammen betreffen, kann man folgende Interpretation der Ionogramme mit strauchartigen Linien festlegen:

1. Die Vorsprünge unter der Kurve F2 entsprechen augenblicklichen Inhomogenitäten der Schicht in der Nähe des Sondierungsortes.

---

[1]) Prof. Dr. Stefan Manczarski, Akademie der Wissenschaften, Warschau.

2. Die Vorsprünge über der Kurve F2 entsprechen augenblicklichen Inhomogenitäten der Schicht in der Entfernung von einigen hundert Kilometern vom Sondierungsort.

Die Erscheinung von Vorsprüngen zeugt von dem sich gewaltsamen Bilden von Gebieten verstärkter Ionisation in der Ionosphäre. Diese Erscheinung kann den aus der Höhe kommenden Strömen von ionisiertenden Teilchen zugeschrieben werden, vor allem wahrscheinlich von der Sonne herkommenden Elektronen. Die Konzeption der Elektronen stimmt mit einer der wahrscheinlichsten Theorien des Leuchtens des nächtlichen Himmels, nämlich mit der Theorie des Elektronenschlages, überein.

Gemäß der letzten durch Raketen und künstliche Erdsatelliten erhaltenen Messungen ist die Elektronenenergie, welche in einer Höhe von einigen hundert Kilometern über der Erdoberfläche vorhanden ist, meistenteils von der Größenordnung 10^5 eV. Dies ist etwas mehr als die durch den Menschen in Klystronen angewandte Elektronenenergie.

Grundsätzliche Annahmen bezüglich der Radiowellen-Verstärkung in der Ionosphäre

Wie sich aus Ionogrammen von strauchartigen Linien schließen läßt, nimmt das einzelne Gebiet der augenblicklich verstärkten Ionisation einige bis einige zehn Kubikkilometer ein.

Bei Annahme von Quasi-Klystron-Geschwindigkeitsmodulation der Elektronen unter dem Einfluß der elektromagnetischen Welle tritt in den unten besprochenen Gebieten eine Ausstrahlung von Hochfrequenz-Energie, durch Elektronen verursacht, auf. Die Ausstrahlung ist von scharfem Richtungscharakter mit Rücksicht auf bedeutende Raumausmaße der auf diese Weise gebildeten Multiphasen-Richtantennen.

Die Funktion von Klystron-Hohlraumresonatoren wird wahrscheinlich in der Ionosphäre von den sich fortdauernd diffundierenden Inhomogenitäten des Plasmas hervorgerufen. Es handelt sich hier um Augenblicke, in welchen die lokale Ionisationsdichte in die Plasmaresonanz übergeht, welche der Frequenz der gegebenen Radiowelle entspricht. Es ist nicht ausgeschlossen, daß der zur Erde fallende kosmische Staub in einer Anzahl von tausend Tonnen während eines vollen Tages (24 Stunden) eine gewisse Rolle spielt.

Die beschriebenen Effekte erklären den Mechanismus des Auftretens der Radiowellen-Verstärkungen in der Ionosphäre.

Gestützt auf die Erfahrungen mit Klystronen, kann man die effektive Systemverstärkung in bezug auf die Spannung 2—3-fach, in bezug jedoch auf die Leistung 4—9-fach abschätzen.

Wenn die Verstärkung auf der Trasse an x Orten auftritt, so kann die allgemeine Verstärkung nur orientierungshalber auf Grund nachfolgender Formel abgeschätzt werden:
$A = a^x$, wo a die Verstärkung in einem einzelnen Ort bedeutet. Dann ist $\lg A = x \lg a$, also

$$x = \frac{\lg A}{\lg a}.$$

	A	a	x
Zahlenbeispiele	30000	2	14,9 ≃ 15
	30000	3	7,3 ≃ 7
	30000	5	4,95 ≃ 5

Zu bemerken ist, daß die Klystron-Verstärkung mit einer großen Verzerrung der übertragenen Kurve verbunden ist, wodurch eine bedeutende Anzahl harmonischer Wellen entsteht.

Im Zusammenhang mit dem Auftreten von nichtlinearen Erscheinungen in der Ionosphäre ist in diesem Medium auch das Erscheinen von einer Verstärkung vom parametrischen Typ möglich. Als Pump-Frequenz können unter diesen Umständen zum Beispiel Träger-Wellen der Kurzwellen-Rundfunkstationen betrachtet werden.

Theorie der Quasi-Klystronen-Verstärkung in der Ionosphäre

Übereinstimmend mit der angenommenen Nomenklatur gehören Elektronen von einer Energie 10^5 eV noch zu den sogenannten nicht-relativistischen Elektronen. Erst Elektronen von größerer Energie von $L_E = 81 \cdot 10^{-8}$ erg $= 5 \cdot 10^5$ eV ab tragen den angenommenen Namen „relativistische Elektronen".

Nichtsdestoweniger macht sich bei der Elektronenenergie von 10^5 eV der ziemlich starke Einfluß der Elektronengeschwindigkeit auf den Wert seiner Masse bemerkbar. Aus diesem Grunde muß die Näherungsformel bei Anwendung auf solche Elektronen vorher geprüft werden.

Wie in der Anlage dargestellt, wird die Geschwindigkeit v des Elektrons mit einer Energie L in diesem Falle durch nachfolgende, ganz allgemeine Formel ausgedrückt:

$$v = c\sqrt{2\,B\left[\sqrt{1+B^2} - B\right]},$$

wo

$$c = 3 \cdot 10^{10} \text{ cm/sek (Lichtgeschwindigkeit)}$$

$$B = \frac{L}{L_E}$$

$$L_E = 81 \cdot 10^{-8} \text{ erg} \cong 5 \cdot 10^5 \text{ eV}$$ (angenommene obere Grenze der Energie des nichtrelativistischen Elektrons).

Für $L = 10^5$ eV und $B = \frac{10^5}{5 \cdot 10^5} = 0{,}2$ ist dann

$$v \cong c\sqrt{2\,B\left[1 + \frac{B^2}{2} - B\right]} \cong c\sqrt{2\,B}\left[\frac{1 - B - 0{,}5\,B^2}{2}\right].$$

Für zwei sich nicht sehr unterscheidende Werte v_1 und v_2 erhalten wir

$$\frac{v_1}{v_2} \cong \frac{B_1}{B_2} \cdot \frac{1 - 0{,}5\,B_1 + 0{,}25\,B_1^2}{1 - 0{,}5\,B_2 + 0{,}25\,B_2^2} \cong \sqrt{\frac{B_1}{B_2}}\,[1 - 0{,}5\,(B_1 - B_2) + 0{,}25\,(B_1^2 - B_2^2)]$$

$$= \sqrt{\frac{B_1}{B_2}}\left[1 - \frac{B_1 - B_2}{2}\left(1 - \frac{B_1 + B_2}{2}\right)\right] \cong \sqrt{\frac{B_1}{B_2}} = \sqrt{\frac{L_1}{L_2}}.$$

Stellen wir uns jetzt einmal vor, daß beim Übergang durch Ionosphären-Inhomogenität die Elektronen unter dem Einfluß der Hochfrequenz-Spannung, die bei dieser Inhomogenität auftritt, moduliert sind.

Wir bezeichnen den augenblicklichen Spannungswert auf der Inhomogenität durch

$$U_t = U_0 + U_a \sin \omega t,$$

wo U_0 die elektrische Spannung, die der in die Inhomogenität eindringende Elektronengeschwindigkeit v_0 entspricht, und U_a die Amplitude der durch die elektromagnetische Welle hervorgerufene Wechselspannung auf Inhomogenität bedeuten.

Wir bezeichnen noch die Tiefe der Spannungsmodulation mit

$$k = \frac{U_a}{U_0}, \quad \text{wo} \quad k \ll 1.$$

Da das Elektronen-Geschwindigkeitsverhältnis

$$\frac{v_t}{v_0} \cong \sqrt{\frac{L_t}{L_0}}\sqrt{\frac{e\,U_t}{e\,U_0}}$$ (e Elektronenladung) ist,

erhalten wir

$$\frac{v_t}{v_0} \cong \sqrt{\frac{U_0 + U_a \sin \omega t}{U_0}} = \sqrt{1 + k \sin \omega t} \cong 1 + \frac{k}{2} \sin \omega t.$$

Wie ersichtlich, sind die Elektronen in bezug auf die Geschwindigkeit moduliert.

Wenn das Elektron die Ionosphären-Inhomogenität im Augenblick t_1 verläßt, wird seine Geschwindigkeit wie folgt betragen:

$$v = v_0\left(1 + \frac{k}{2}\sin\omega\, t_1\right).$$

Weiterhin wird sich das Elektron in monotonem Lauf bewegen, so daß für die Zeit des zurückgelegten Weges z die Gleichung gilt

$$t - t_1 = \frac{z}{v} = \frac{z}{v_0 + \left(1 + \frac{k}{2}\sin\omega\, t_1\right)} \cong \frac{z}{v_0}\left(1 - \frac{k}{2}\sin\omega\, t_1\right)$$

oder

$$t = t_1 + \frac{z}{v_0}\left(1 - \frac{k}{2}\sin\omega\, t_1\right). \tag{1}$$

Die Kurven $t\ (z)$ sind Geraden, deren Neigungen die Funktionen t_1 sind; dieselben sind auf dem Diagramm dargestellt, das in der Klystronentheorie unter dem Namen ,,Diagramm des Applegate" bekannt ist. Dieses Diagramm stellt in sehr übersichtlicher Art den Gruppierungsmechanismus sowohl der Elektronenverdichtungen als auch die Gebiete der optimalen Gruppierungen dar (Abb. 2).

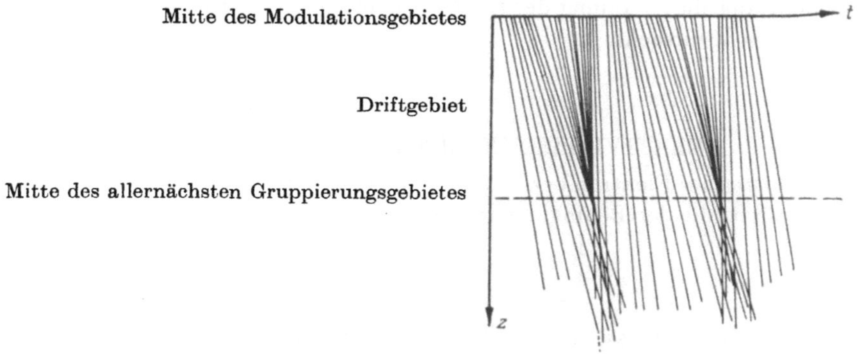

Abb. 2. Diagramm des Applegate

Wenn wir mit I_0 die Anfangsintensität des homogenen Stromes der in das Modulationsgebiet eintretenden Elektronen bezeichnen, so gilt für die Intensität $i(z, t)$ die Abhängigkeit:

$$I_0\, dt_1 = i\, dt\,. \tag{2}$$

Diese Gleichung drückt die Grundlage des Verhaltens der elektrischen Ladung für die behandelte Elektronengruppe aus.

Wir wollen noch die Länge des sogenannten Driftgebietes im Klystron durch s bezeichnen. Dann wird die mittlere Zeit des Elektronenflugs im Driftgebiet folgende sein:

$$\tau = \frac{s}{v_0}$$

mit dem entsprechenden Transitwinkel $\alpha = \omega\,\tau$.

Wenn wir weiterhin annehmen, daß die Elektronen, die in das Driftgebiet im Augenblick t_1 eingegangen sind, aus demselben im Augenblick t_2 hinausgehen, kann der hinausgehende elektrische Strom $i(s, t_2)$ auf folgende Art berechnet werden:

Der Komplexwert der Wechselkomponenten des Stromes I_a im hinausgehenden Elektronenstrom kann durch das Fourier-Integral folgenden Typs ausgedrückt werden:

$$J_a\, e^{j\omega t} = e^{j\omega t}\frac{2}{T}\int_0^T i(s, t_2)\, e^{-j\omega t_2}\, dt_2\,,$$

wobei T die Periode bedeutet.

Daher ist, die Gleichungen (1) und (2) berücksichtigend:

$$J_a = \frac{1}{\pi}\int_0^{2\pi} i(s, t_2)\, e^{-j\omega t_2}\, d(\omega t_2) = \frac{1}{\pi}\int_0^{2\pi} I_0\, e^{-j\left[\omega t_1 + \alpha\left(1 - \frac{k}{2}\sin\omega t_1\right)\right]} d(\omega t_1)\,.$$

Bekanntlich gilt für die Besselfunktion ersten Grades J_1 die Gleichung

$$\frac{1}{2\pi}\int_0^{2\pi} e^{\pm j(\varphi - \xi\sin\varphi)}\, d\varphi = J_1(\xi)\,.$$

Wir können daher schreiben:

$$J_a = 2\, I_0\, J_1\left(\alpha, \frac{k}{2}\right) e^{-j\alpha}$$

Auf die gewöhnlichen Bezeichnungen zurückkommend, erhalten wir schließlich:

$$i_a = 2\, I_0\, J_1\left(\alpha, \frac{k}{2}\right)\cos(\omega t - \alpha) = 2\, I_0\, J_1\left(\alpha, \frac{k}{2}\right)\sin\left(\omega t - \alpha + \frac{\pi}{2}\right).$$

Die erhaltenen Formeln stellen in angenäherter Form die raum-zeitliche Verteilung des Elektronenstromes dar, der die Strahlung der Hochfrequenzenergie im Gebiet unter ionosphärischen Inhomogenitäten verursacht.

Anlage Nr. 1

RELATIVISTISCHE ELEKTRONEN

Definition: Als relativistisches Elektron bezeichnet man ein Elektron, welches eine Geschwindigkeit besitzt, die der Bedingung genügt:

$$\frac{1}{2} m\, v^2 > m_0\, c^2\,,$$

wo $m = \dfrac{m_0}{\sqrt{1 - (v/c)^2}}$ die Einsteinmasse des Elektrons bei der Geschwindigkeit v,

m_0 die Ruhemasse des Elektrons,

c die Lichtgeschwindigkeit bedeuten.

Der Grenzwert der Energie ist $L_E = m_0\, c^2 = 9 \cdot 10^{-28} \cdot 9 \cdot 10^{20} = 81 \cdot 10^{-8}$ erg. Da 1 erg $= \dfrac{1}{1{,}602 \cdot 10^{-12}}$ eV, wird $L_E \cong 5 \cdot 10^5$ eV. Wenn wir weiter die Energie mit L bezeichnen, d. h.

$$L = \frac{1}{2} m\, v^2 = \frac{m_0\, v^2}{2\sqrt{1 - (v/c)^2}}\,,$$

dann ist

$$\frac{L}{L_E} = \frac{(v/c)^2}{2\sqrt{1 - (v/c)^2}}\,.$$

Wenn wir noch $x = (v/c)^2$ und $B = L/L_E$ setzen, erhalten wir

$$2\, B\sqrt{1 - x} = x\,, \quad \text{also} \quad x^2 + 4\, B^2\, x - 4\, B^2 = 0$$

und daraus

$$x = -\,2\, B^2 \pm \sqrt{4\, B^4 + 4\, B^2} = 2\, B\left[-\,B + \sqrt{B^2 + 1}\right] = 2\, B^2\left[\sqrt{1 + 1/B^2} - 1\right],$$

also

$$v/c = \sqrt{2\, B\left[\sqrt{1 + B^2} - B\right]}$$

beziehungsweise in anderer Form:

$$v/c = B\sqrt{2}\sqrt{\sqrt{1 - 1/B^2} - 1}\,.$$

Für $B \to 0$ gilt:

$$\frac{v}{c} = \sqrt{2\,B\left[\sqrt{B^2+1} - B\right]} \to 0$$

und für $B \to \infty$:

$$\frac{v}{c} \to B\sqrt{2}\sqrt{1 + 1/(2\,B^2) - 1} = 1\,.$$

Zahlenmäßig erhält man für v/c die folgenden Werte:

$B = 0{,}93$	1	2
$v/c = 0{,}9$	0,91	0,98

Wie aus obigem hervorgeht, erfüllen die relativistischen Elektronen die Bedingungen:

$$v/c > 0{,}91$$

und

$$L > 5 \cdot 10^5\ \text{eV}\,.$$

Anlage Nr. 2

PLASMARESONANZ

Der freie Raum verhält sich von Natur aus wie eine Kapazität, die Elektronen weisen dagegen im Hochfrequenzfeld eine Induktionseinwirkung auf. Auf dieser Grundlage kann unter gewissen Bedingungen die Erscheinung der Plasmaresonanz auftreten.

W. P. Allis, S. C. Brown und E. Everhart haben nachgewiesen, daß bei elektrischer Entladung im Hochfrequenzfeld in dem Plasma eine Impedanz auftritt, die durch folgende Formel (im System MKS) ausgedrückt wird:

$$\left|\frac{E}{J}\right| = \frac{(\omega^2 + \nu^2)^{1/2}}{\omega\,\xi\,[(r-1)^2\,\omega^2 + \nu^2]^{1/2}}\,,$$

wo $\omega = 2\,\pi\,f$ die Kreisfrequenz der elektromagnetischen Welle,
ν die Anzahl der Zusammenstöße in dem Plasma,
ξ die dielektrische Konstante des freien Raumes,
$r = e^2\,N/m\omega^2\,\xi$ (m = Masse, e = Ladung des Elektrons, N = Elektronendichte im Plasma) ist.

Wie aus obigem hervorgeht, erreicht die Impedanz $\frac{E}{J}$ ihr Maximum, wenn $r = 1$ ist, woraus wir die Plasmaresonanz-Bedingung in folgender Form erhalten:

$$\omega_0^2 = \frac{e^2\,N}{m\,\xi}$$

oder

$$f_0 \cong 9\sqrt{N}\ \text{kc/s} \qquad (N \text{ in el/cm}^3)$$

Somit ist die Plasmaresonanz nur eine Funktion der Elektronendichte. Diese Resonanz entsteht infolge von Oszillation der Gradientdichte der in dem Plasma befindlichen elektrisch geladenen Teilchen. Das Hochfrequenzfeld stößt nämlich leichte Elektronen von den schweren Ionen ab und bildet auf diese Art Gradienten der Dichte im Plasma. Dieser Effekt ist natürlich am größten, wenn $\omega = \omega_0$.

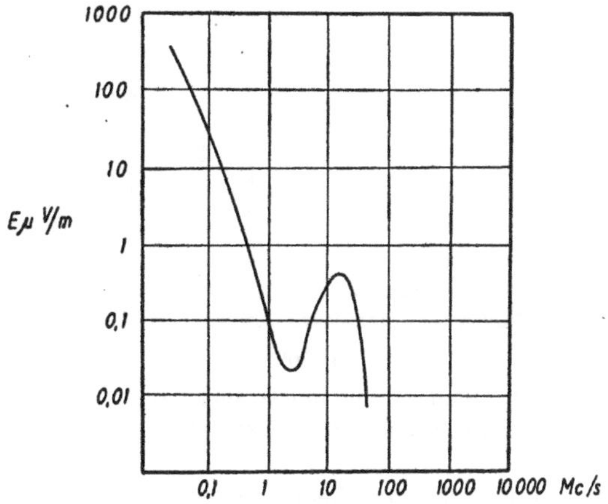

Abb. 3. Abhängigkeit des E_μ von der Frequenz

Die für f_0 erhaltene Formel ist in der Theorie der Ausbreitung der ionosphärischen Wellen gut bekannt und drückt die sogenannte Grenzfrequenz aus, mit der wir beim senkrechten Sondieren der Ionosphäre zu tun haben.

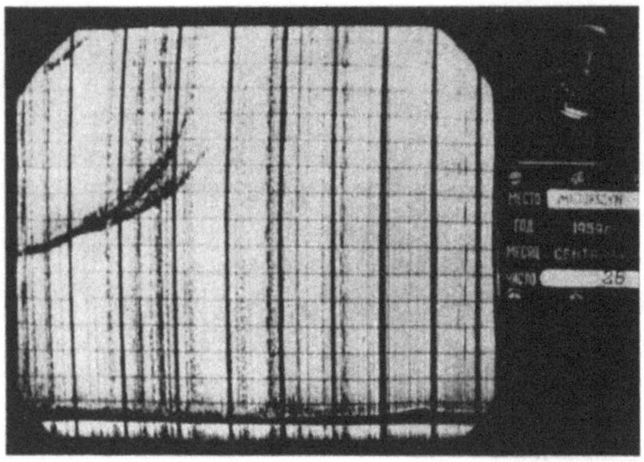

1^h01^m

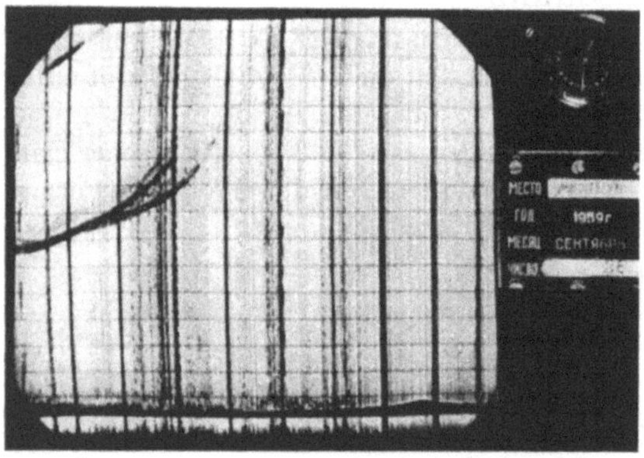

1^h15^m

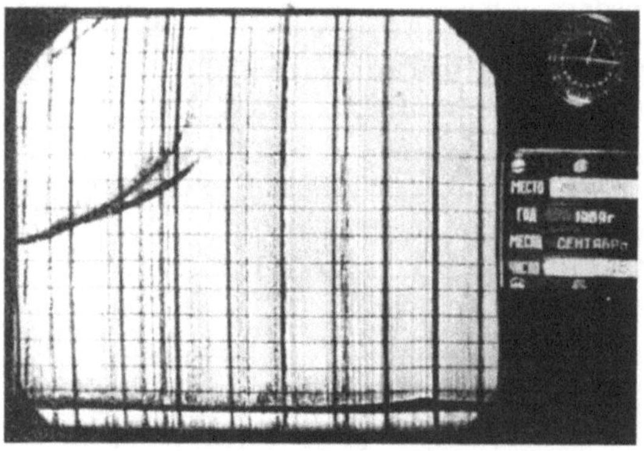

1^h30^m

Abb. 4. Ionogramme mit strauchartigen Linien (anschaulicher Entwicklungsprozeß)

Der Wert der in der Ionosphäre bei der Plasmaresonanz auftretenden Überspannungen kann auf Grund des Diagramms von Radio-Atmosphären-Störungen während des Tages abgeschätzt werden. Wie aus unten angegebener Aufzeichnung ersichtlich, ist der Maximalwert der Störungen bei einer Frequenz zwischen 10 und 20 Mc/s beobachtet worden; die dieser Frequenz entsprechende Resonanz-Überspannung in der Schicht F_2 wird durch die Größenordnung 50 ausgedrückt (Abb. 3).

Eine solche Interpretation der Tageskurve der atmosphärischen Störungen stützt sich auf das in dieser Kurve auftretende Minimum. Es ist wahrscheinlich mit der Gyrofrequenz verbunden, bei welcher auf Grund der Aktivität des erdmagnetischen Feldes die größte Dämpfung der Radiowellen in der Ionosphäre auftritt (Abb. 4—7).

Anlage Nr. 3

ELEKTRONENDRIFT IM PLASMA UNTER DEM EINFLUSS DER ELEKTROMAGNETISCHEN WELLE

Die Beobachtungen der von künstlichen Erdsatelliten ausgesandten Radiosignale haben erwiesen, daß in ziemlich vielen Fällen diese Signale eine größere Feldintensität als im freien Raume besitzen. Im Zusammenhang damit treten Radioechos auf, welche die Erde 2, 3 oder mehrere Male umlaufen und in selteneren Fällen auch bis zur Exosphäre bis zu Höhen von einigen Erdradien gelangen. Diese Erscheinungen der Wellenausbreitung, mit — wie es scheint — negativer Dämpfung, haben den Autor veranlaßt, die Konzeption des Auftretens natürlicher Verstärkungen in der Ionosphäre aufzustellen.

Da der Mechanismus der besprochenen Verstärkungen das Auftreten von Elektronenströmen — in vielen Fällen in horizontaler Richtung — erforderlich macht, war die Durchführung theoretischer Betrachtungen in bezug auf die physikalischen Möglichkeiten des Auftretens dieser Art von Bewegungen in unserer Atmosphäre notwendig. Zu

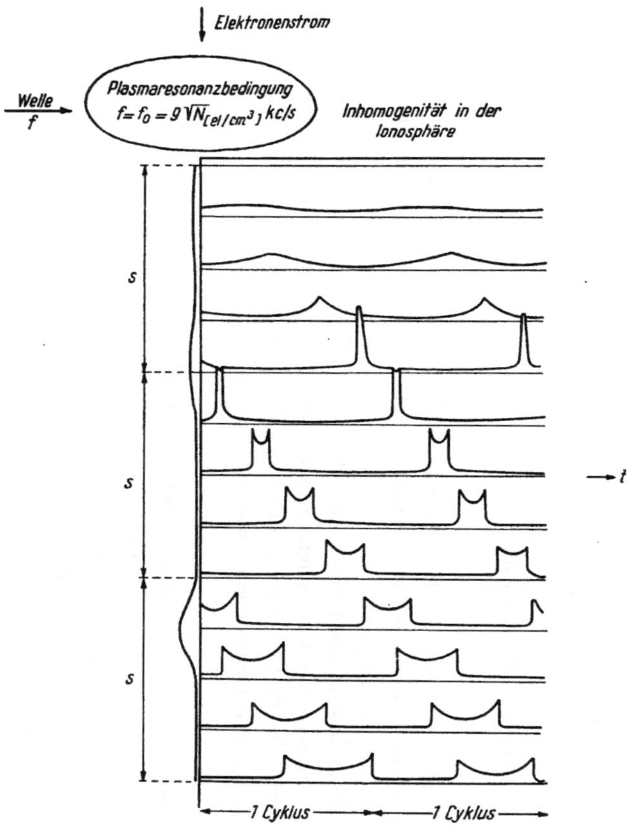

Abb. 5. Mechanismus der Quasi-Klystron-Verstärkung der Radiowellen in der Ionosphäre

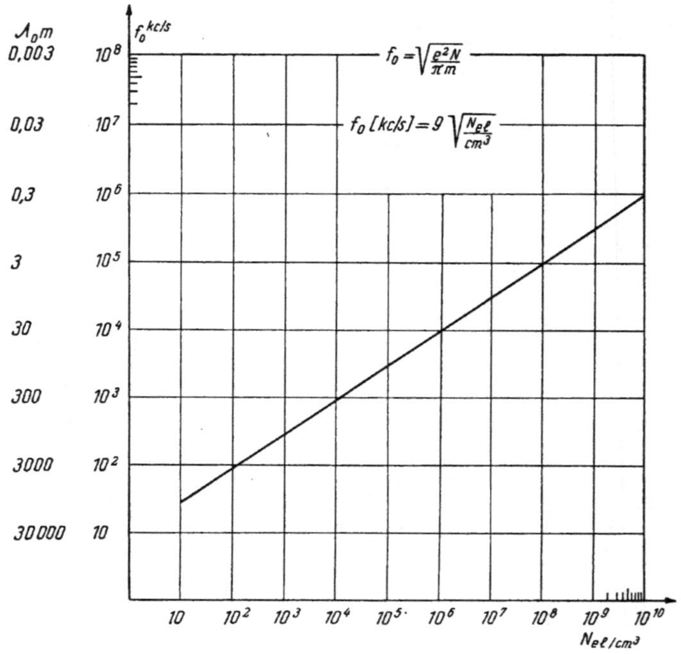

Abb. 6. Frequenz f_0 und Wellenlänge λ_0 der Plasmaschwingungen als Funktion der Elektronendichte N

diesem Zwecke ist die Elektronendrift, welche im Plasma unter dem Einfluß elektromagnetischer Wellen von verschiedenen Frequenzen auftritt, untersucht worden.

Wie aus theoretischen Erwägungen hervorgeht, ist die Geschwindigkeit dieser Drift proportional dem Quadrat der Feldintensität der elektromagnetischen Welle, sowie dem Quadrat der Wellenlänge. Im Zusammenhang damit — für Amplikationszwecke unbedingt erforder lich — können Geschwindigkeiten der Elektronendriften nur in Feldern derelektromagnetischen Wellen in Längen von einigen Zehnern bis zu einigen Hunderten von Kilometern, sowie

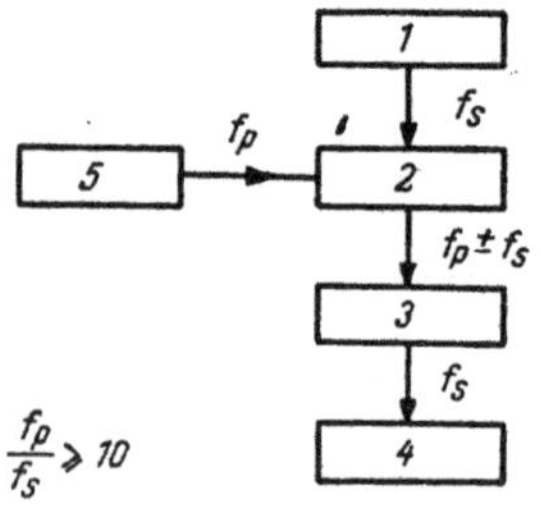

Abb. 7a

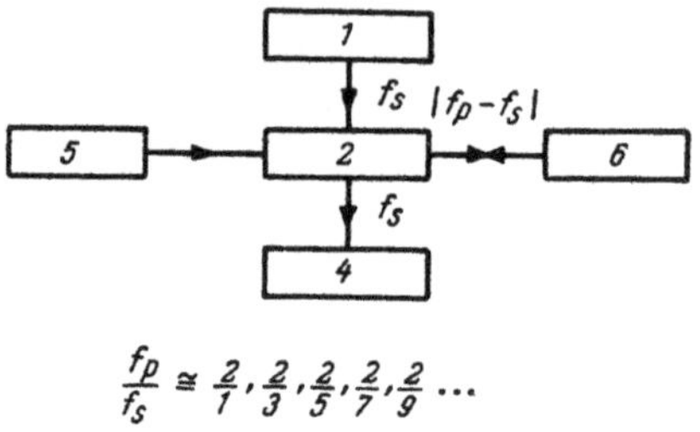

Abb. 7b

Abb. 7. Blockschema des parametrischen Verstärkers, welcher die Vorgänge im Plasma darstellt im Zusammenhang mit dem magnetischen oder dielektrischen Verstärker

a) Magnetischer oder dielektrischer Verstärker b) Parametrischer Verstärker

1. Signalgenerator von einer Frequenz von f_s
2. Variable Reaktanz (nichtlineares Element)
3. Demodulator
4. Belastung
5. Pumpenfrequenzgenerator f_p
6. Leerleistungskreis

Bei Parameterverstärkung werden die Unstabilitäten ausgenützt, welche im Signalkreis einen negativen Widerstand bilden (Supergeneration-Verstärkungs-Prinzip)

In bezug auf die Parameterverstärkung im Ionosphärenplasma (welches die Elemente 2 und 6 realisiert) werden folgende Bezeichnungen angewandt:

f_s für die Frequenz des verstärkten Signals in Form von elektromagnetischer Welle,

f_p für die Frequenz einer anderen elektromagnetischen Welle, welche Energie zur Inschwungsetzung der Elektronenschwingungen im Plasma liefert

von einer Feldintensität von der Größenordnung Volt pro Meter entstehen. Solche Bedingungen erfüllen eben die sehr langen elektromagnetischen Wellen der Sferics, also der elektrischen Entladungen in der Atmosphäre.

Dieses Problem besitzt noch einen anderen, sehr interessanten theoretischen Aspekt, der wichtig für die Theorie des Entstehens von Wellenbewegungen in der Ionosphäre ist, nämlich den Aspekt, daß die Elektronendriften in der Atmosphäre nicht mit den Bewegungen der Gasteilchen in ihren verschiedenen Gebieten verbunden sein müssen.

Theorie der Erscheinung des Elektronendriftes im Plasma unter dem Einfluß der elektromagnetischen Welle

Gestützt auf den Vorschlag von J. J. Thomson und auf die Betrachtungen von Eckersley und Bouasse, kann man folgende Auffassung vertreten:

Wir betrachten die ebene Welle mit dem elektrischen Vektor E und dem magnetischen Vektor H, welche sich in der Achsenrichtung z bewegt und auf das freie Elektron von der Masse m und der Ladung e wirkt.

Wenn wir den Vektor E längs der Achse x annehmen, deckt sich die Richtung des Vektors H (übereinstimmend mit der Regel von Poynting) mit der Achse y. Die Wirkung der Welle auf das Elektron wird durch die Kraft über die Komponenten f_x und f_z ausgedrückt; die Komponente $f_y = 0$ verläuft parallel zum Vektor H. Infolge der Wirkung dieser Kräfte wird das Elektron in Bewegung gesetzt und nimmt an Geschwindigkeit zu, deren Komponenten wir mit $v_x = \frac{dx}{dt}$ und $v_z = \frac{dz}{dt}$ bezeichnen. Das mit der Geschwindigkeit v sich bewegende Elektron ist dem Strom von der Intensität $e\,v$ gleichwertig, wo v den Index x oder y haben kann (Abb. 8).

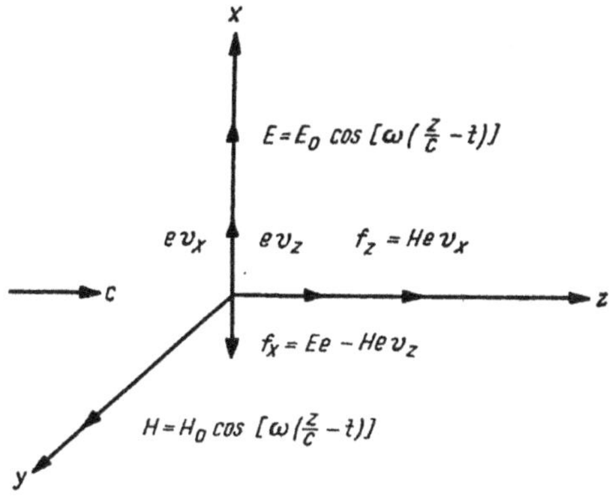

Abb. 8
Zur Ausbreitung der elektromagnetischen Welle

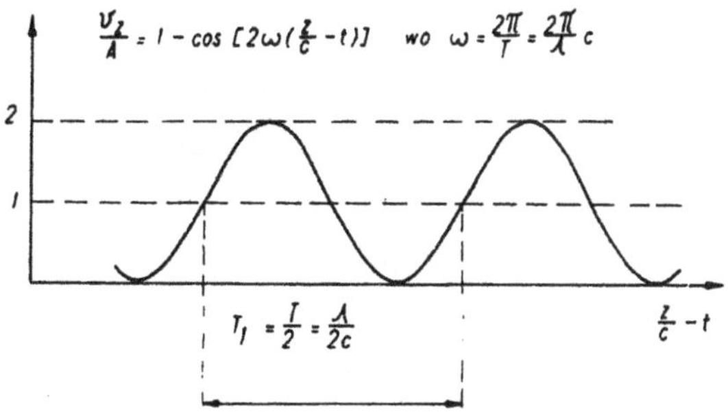

Abb. 9
Darstellung einer elektromagnetischen Welle

Wie aus der Zeichnung ersichtlich ist, betragen die Beschleunigungen des Elektrons

a) in Achsenrichtung x $\quad \frac{f_x}{m} = \frac{dv_x}{dt} = \frac{E\,e}{m} - \frac{H\,e}{m} v_z\,,$ (1)

b) in Achsenrichtung z $\quad \frac{f_z}{m} = \frac{dv_z}{dt} = \frac{H\,e}{m} v_x\,.$ (2)

In dem CGS.EM-System ist $E_0 = H_0\,c$ (c = Lichtgeschwindigkeit).

Für die Vereinfachung weiterer Eintragungen bezeichnen wir

$$\frac{H_0\,e}{m} \text{ mit } \Gamma\,.$$

Die Gleichung (1) gestalten wir auf folgende Art um:

$$\frac{dv_x}{dt} = \Gamma\,c\cos\left[\omega\left(\frac{z}{v} - t\right)\right] - \Gamma\cos\left[\omega\left(\frac{z}{c} - t\right)\right] v_z$$

oder

$$\frac{dv_x}{dt} = \Gamma\,c\cos\left[\omega\left(\frac{z}{c} - t\right)\right]\cdot\left(1 - \frac{v_z}{c}\right).$$

Wir integrieren und erhalten:

$$v_x = -\frac{\Gamma\,c}{\omega}\sin\left[\omega\left(\frac{z}{c} - t\right)\right] + K$$

mit der Integrationskonstanten $K = 0$, da $v_x = 0$ für gewisse Werte von t ist.

Dann transformieren wir die Gleichung (2):

$$\frac{dv_z}{dt} = \Gamma\cos\left[\omega\left(\frac{z}{c} - t\right)\right] v_x = -\frac{\Gamma^2 c}{\omega}\cos\left[\omega\left(\frac{z}{c} - t\right)\right]\sin\left[\omega\left(\frac{z}{c} - t\right)\right]$$

oder

$$\frac{dv_z}{dt} = -\frac{\Gamma^2 c}{2\,\omega}\sin\left[2\,\omega\left(\frac{z}{c}-t\right)\right].$$

Durch Integration finden wir

$$\left(\frac{v_z}{c}-1\right)^2 + C = \frac{\Gamma^2}{2\,\omega^2}\cos\left[2\,\omega\left(\frac{z}{c}-t\right)\right]$$

mit C für die Integrations-Konstante.
Somit erhalten wir

$$\left(\frac{v_z}{c}\right)^2 - 2\frac{v_z}{c} + 1 + C = \frac{\Gamma^2}{2\,\omega^2}\cos\left[2\,\omega\left(\frac{z}{c}-t\right)\right].$$

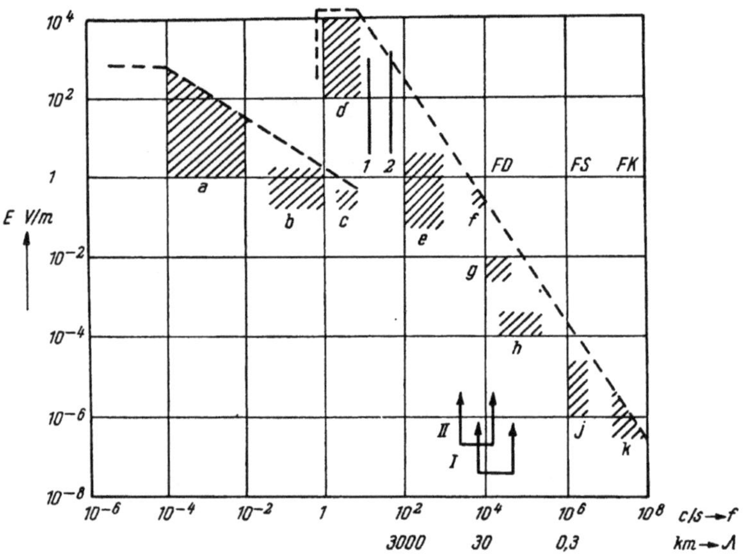

Abb. 10. Frequenzspektrum der elektrischen Entladungen in der Atmosphäre (Sferics) nach R. REITER, Meteorologie und Elektrizität der Atmosphäre.

a, b, c — Änderungen des elektrostatischen Feldes
d—k — Änderungen des elektromagnetischen Feldes der Sferics
I. Gebiet } sehr lange elektromagnetische Wellen der Sferics
II. Gebiet } (meistens in Mitteleuropa angetroffen)
FD — lange Radiowellen
FS — mittlere Radiowellen
FK — kurze Radiowellen

Bei der Annahme, daß für $\frac{z}{c} - t = 0$ wir $\frac{v_z}{c} = 0$ erhalten müssen, ist $1 + C = \frac{\Gamma^2}{2\,\omega^2}$. Wir finden also:

$$\left(\frac{v_z}{c}\right)^2 - 2\frac{v_z}{c} + \underbrace{\frac{\Gamma^2}{2\,\omega^2}\left\{1-\cos\left[2\,\omega\left(\frac{z}{c}-t\right)\right]\right\}}_{q} = 0\,.$$

Wir erhalten die quadratische Gleichung

$$\left(\frac{v_z}{c}\right)^2 - 2\frac{v_z}{c} + q = 0\,.$$

Daher ist

$$\frac{v_z}{c} = 1 \pm \sqrt{1-q}\,, \quad \text{wobei } 1 > q \geq 0\,.$$

Bei der Annahme, daß $v_z < c$, erhalten wir

$$\frac{v_z}{c} = 1 - \sqrt{1-q}\ .$$

Elektronen weisen daher die Drift in der Fortpflanzungsrichtung der elektromagnetischen Welle im Plasma auf, wobei die Geschwindigkeit dieser Drift kleiner ist als die der Lichtgeschwindigkeit.

Für $q \ll 1$ wird $\quad \frac{v_z}{c} \cong \frac{q}{2} = \frac{\Gamma^2}{4\,\omega^2}\left\{1 - \cos\left[2\,\omega\left(\frac{z}{c} - t\right)\right]\right\}.$

In dieser Formel ist v_z die Amplitude der Geschwindigkeit des Elektrons in der Fortpflanzungsrichtung der Welle. Diese Amplitude, abhängig von Ort und Zeit, schwankt in den Grenzen von 0 bis zum Wert

$$\frac{c\,\Gamma^2}{2\,\omega^2}\,.$$

Der Ausdruck $c\,\frac{\Gamma^2}{4\,\omega^2}$ stellt also den Mittelwert der Geschwindigkeit der Elektronendrift in der Fortpflanzungsrichtung der Welle dar.

Übergehend zu den Zahlenberechnungen erhalten wir:

$$\frac{\Gamma^2}{4\,\omega^2} = \left(\frac{H_0\,e}{2\,m\,\omega}\right)^2 = \left(\frac{E_0\,e}{c\,2\,m\,2\,\pi\,c/\lambda}\right)^2 = \left(\frac{e}{4\,\pi\,m\,c^2}\right)^2 \lambda^2\,E_0^2\,.$$

In dem elektrostatischen CGS-Maßsystem ist

$$e_{es}\,E_{es} = 4{,}77\cdot 10^{-10}\,\frac{\mathrm{E\,[V]}}{300} = 1{,}59\cdot 10^{-12}\,E\,[\mathrm{V}]$$

und im elektromagnetischen CGS-Maßsystem

$$e_{em}\,E_{em} = 1{,}59\cdot 10^{-20}\,\mathrm{E\,[V]}\,10^8 = 1{,}59\cdot 10^{-12}\,\mathrm{E\,[V]}\,,$$

$$4\,\pi\,m\,c^2 = 4\,\pi\cdot 9\cdot 10^{-28}\cdot 9\cdot 10^{20} = 10{,}15\cdot 10^{-6}\,.$$

Demnach ist

$$\frac{\Gamma^2}{4\,\omega^2} = \left(\frac{1{,}59\cdot 10^{-12}}{10{,}15\cdot 10^{-6}}\right)^2 \lambda_{\mathrm{cm}}^2\,E_0^2\left[\frac{\mathrm{V}}{\mathrm{cm}}\right] = 2{,}45\cdot 10^{-14}\lambda_{\mathrm{cm}}^2\,\mathrm{E}_0^2\left[\frac{\mathrm{V}}{\mathrm{cm}}\right]$$

und schließlich $v_z \cong A\left\{1 - \cos\left[2\,\omega\left(\frac{z}{c} - t\right)\right]\right\}$ [m/s]

wobei $A = c\,\frac{\Gamma^2}{4\,\omega^2} = 3\cdot 10^8\cdot 2{,}45\cdot 10^{-14}\lambda_{\mathrm{m}}^2\,E_0^2\left[\frac{\mathrm{V}}{\mathrm{m}}\right] = 7{,}35\cdot 10^{-6}\,\lambda_{\mathrm{m}}^2\,E_0^2\left[\frac{\mathrm{V}}{\mathrm{m}}\right].$

Die mittleren Geschwindigkeiten der Elektronendriften, also $v_z = A$, sind in folgender Tabelle angegeben:

$\lambda\,m$	E_0 V/m	v_z m/s	E_0 V/m	v_z m/s
100		0,0735		0,000735
1000		7,35		0,0735
10000	1	735	0,1	7,35
100000		73500		735
100000	20	$2{,}94\cdot 10^7$	2	$2{,}94\cdot 10^5$

Der Verlauf $\frac{v_z}{A}$ kann als Funktion $\left(\frac{z}{c} - t\right)$ durch das folgende Diagramm dargestellt werden (Abb. 9).

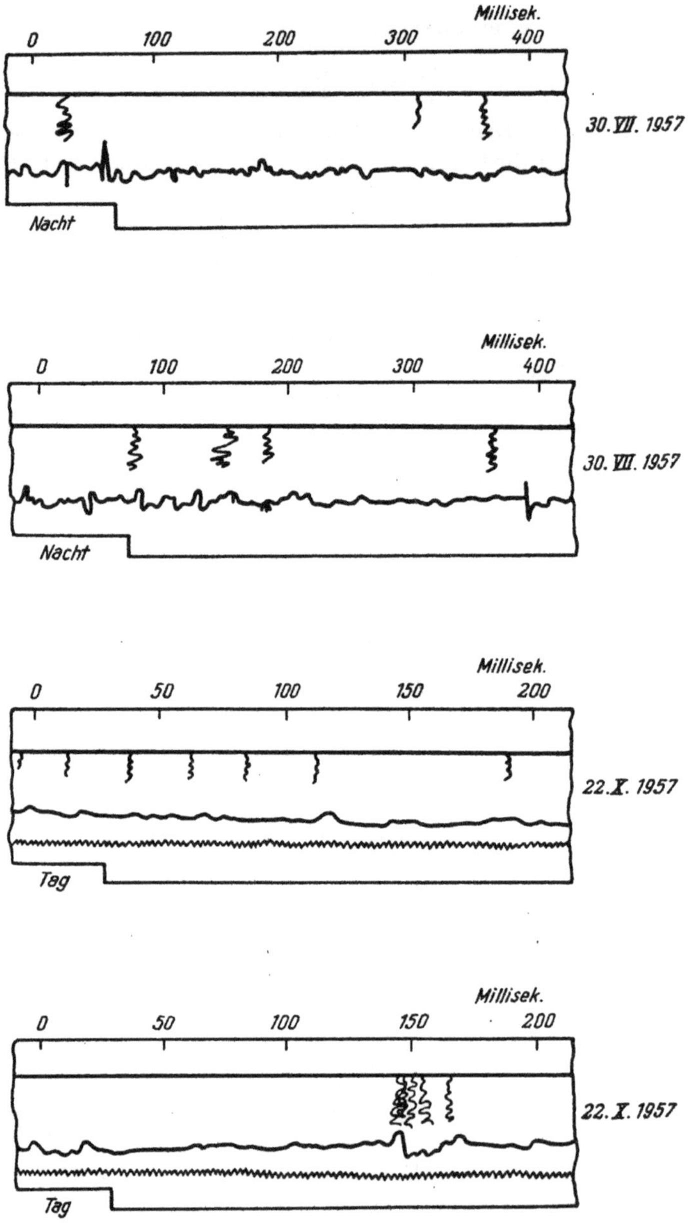

Abb. 11. Registrierung der Sferics VLF und ELF nach Lee R. Tepley, I.G.R.Y. 64 N 12 (1959)
$f_{VLF} \cong 3 + 30$ kc/s $T_{VLF} \cong 0{,}3 + 0{,}03$ msek. $\lambda \cong 90 + 9$ km $f_{ELF} \cong 10 + 1000$ c/s
$T_{ELF} \cong 100 + 1$ msek. $\lambda \cong 30000$—300 km

FOLGERUNGEN

a) Elektrische Entladungen, welche in verschiedenen Höhen der Atmosphäre (Troposphäre, Stratosphäre, Ionosphäre und Exosphäre) stattfinden, können horizontale Elektronendriften von bedeutenden Geschwindigkeiten erzeugen; auf diese Weise ist sogar das örtliche Auftreten von relativistischen Elektronen (von einer Energie größer als $5 \cdot 10^5$ eV) möglich.

b) Elektronendriften in der Atmosphäre brauchen nicht mit den Bewegungen der Gase oder mit Stürmen, welche in verschiedenen Höhen der Atmosphäre auftreten, verbunden zu sein.

c) Geschwindigkeiten der Elektronen in horizontaler Richtung können die Quelle der Quasi-Klystron-Verstärkung der nach oben ausgestrahlten Radiowellen sein.

LITERATUR

[1] Jouaust, R., L'ionosphère, 1946.
[2] Bohm, D. und Gross, E. P., Phys. Rev. **75** (1949) S. 1851, 1864; Phys. Rev. **79** (1950) S. 992.
[3] Allis, W. P., Brown, S. c. und Everhart, E., Phys. Rev. **85** (1951) S. 519.
[4] Vilbig, F., Lehrbuch der Hochfrequenztechnik, 1953.
[5] Looney, D. H. und Brown, S. C., Phys. Rev. **93** (1950) S. 965.
[6] Rose, D. J. und Brown, S. C., Phys. Rev. **98** (1955) S. 310.
[7] Lin, C. C., The Theory of Hydrodynamic Stability, 1955.
[8] Louisell, W. und Quate, C., Proc. IRE **46** (1958) No. 4, S. 707—716.
[9] Chang, K. und Bloom, S., Proc. IRE **46** (1958) No. 7, S. 1383—1386.
[10] Adler, R., Hrbek, G. und Wade, G., Proc. IRE **46** (1958) No. 10, S. 1756—1757.
[11] Ashkin, A., J. Appl. Phys. **29** (1958) No. 12, S. 1646—1651.
[12] Voge, J., Les Tubes aux hyperfréquences, 1959.
[13] Pfeifer, H., Elektronisches Rauschen, Teil 1, 1959.
[14] Brown, S. C., Basic data of plasma physics, 1959.
[15] Jasiński, S., Ionogramme, stammend aus dem Archivum der Ionosphären-Station des Wissenschaftlichen Forschungs-Instituts für das Nachrichtenwesen der Volksrepublik Polen, 1958—1960.
[16] Tepley Lee R., A Comparision of Sferics as Observed in the Very Low Frequency and Extremely Low Frequency Bands, J. G. R. **64** (1959) N. 12.
[17] Reiter, R., Meteorologie und Elektrizität der Atmosphäre, 1960, S. 37.
[18] Manczarski, S., Dryf elektronów w kierunku biegu fali elektromagnetycznej w plaźmie. Biuletyn polskich obserwacji sztucznych satelitów, Warszawa, Nr. 2 (1960).
[19] Manczarski, S., Falistość jonosfery, Biuletyn polskich obserwacji sztucznych satelitów, Warszawa, Nr. 2. (1960).
[20] Manczarski, S., Problemat wzmacniania natezenia pola fal radiowych w jonosferze. Biuletyn polskich obserwacji sztucznych satelitów, Warszawa Nr. 2 (1960).

Einige Untersuchungen über negative Ionen in der Ionosphäre

Von CH.-U. WAGNER[1])

Mitteilung aus dem Geomagnetischen Institut Potsdam Nr. 110

Negative Ionen spielen bei einer Reihe von Prozessen, die in der Ionosphäre ablaufen, eine Rolle. So ziehen verschiedene Autoren negative Ionen zur Erklärung von Rekombinations- und Strahlungsprozessen, sowie beim Aufbau der Theorie der elektrischen Leitfähigkeit der Ionosphäre heran. Nach Überlegungen von BATES [1] bzw. IONESCU [2] haben negative Ionen auch bei radio-fade-out Erscheinungen bzw. bei der Erklärung der kritischen Frequenzen der Ionosphäre eine Bedeutung. Viele der Untersuchungen über die Rolle der negativen Ionen in der Ionosphäre waren bis vor einigen Jahren sehr unsicher. In den letzten Jahren hat man auf Grund eingehender physikalischer experimenteller und theoretischer Untersuchungen neue Daten und Erkenntnisse gewonnen. Im folgenden sollen die Auswirkungen dieser neuen Ergebnisse auf die vorliegende Theorie untersucht sowie ein Weg gezeigt werden, auf den man weitere Angaben über atomare negative Ionen erhalten kann.

Zunächst haben DUKELSKI und Mitarbeiter die Frage, welche Atome des periodischen Systems stabile negative Ionen bilden können, prinzipiell geklärt. JOHNSON und HEPPNER [3] haben mit Hilfe eines Massenspektrographen die Existenz der negativen Ionen O^- und O_2^- sowie anderer negativer Ionen in der Ionosphäre experimentell bestätigt.

BRANSCOMB, BURCH, SMITH u. a. haben 1958 die Elektronenaffinität von atomarem Sauerstoff und die Abhängigkeit des Photodetachment-Koeffizienten und des Strahlungsanlagerungskoeffizienten von der Energie bestimmt [4]. Sie fanden

$$\mathrm{EA(O)} = 1{,}465 \text{ eV}$$

statt

$$\mathrm{EA(O)} = 2{,}2 \text{ eV (LOZIER, HAGSTRUM [5]).}$$

Der Strahlungsanlagerungskoeffizient hat die Größenordnung

$$\eta = 10^{-15} \text{ cm}^3/\text{s}.$$

Im folgenden sollen nur O^--Ionen betrachtet werden.

Zunächst werde die Bedeutung der negativen Ionen für Rekombinationsprozesse diskutiert. Tabelle 1 zeigt einige Prozesse, bei denen negative Ionen eine Rolle spielen. Um eine Abschätzung zu erhalten, in welchem Maße negative Ionen an Prozessen in der Ionosphäre beteiligt sein können, soll zunächst das Verhältnis

$$\lambda = \frac{n^-}{n_e} = \frac{\text{Teilchendichte der negativen Ionen}}{\text{Elektronendichte}}$$

betrachtet werden.

Um die geomagnetischen L- und S_q-Variationen mit Hilfe der Dynamotheorie erklären zu können, nahm man $\lambda = 100$ an. Bei dieser Annahme war jedoch der Photodetachmentprozeß nicht berücksichtigt worden.

---

[1]) Wiss. Arbeitsleiter CHRISTIAN-ULRICH WAGNER, Geomagnetisches Institut der DAdW, Potsdam.

Tabelle 1

Mögliche Reaktionen mit O^- und O_2^-

Art des Prozesses	Reaktion		Koeffizient der Reaktion
Ionenrekombination	$O^- + O^+ + M \rightarrow O + O + M$	(1a)	
	$O^- + O_2^+ + M \rightarrow O + O_2 + M$	(1b)	
	$O^- + N_2^+ + M \rightarrow O + N_2 + M$	(1c)	
	$O^- + O^+ \rightarrow O' + O''$	(2a)	
	$O^- + O_2^+ \rightarrow O' + O_2'$	(2b)	$\alpha_i \approx 10^{-7}$ cm³/s
	$O^- + N_2^+ \rightarrow O' + N_2'$	(2c)	
Anlagerung	$O + e \rightarrow O^- + h\nu$	(3)	
	$O + e \rightarrow O^{-\prime}$, $O^{-\prime} \rightarrow O^- + h\nu$	(4)	$\eta \approx 1 \cdot 10^{-15}$ cm³/s für
	$O_2 + e \rightarrow O + O^-$	(5)	E_{kin} (Elektron) $= 0{,}2$ eV
„Detachment"-Prozesse	$O^- + h\nu \rightarrow O + e$	(6)	$\gamma_1 \approx 10^{14}$, $\beta \approx 10^{-15}$ cm³/s
	$O^- + h\nu \rightarrow O^{-\prime}$		
	$O^- + O \rightarrow O_2 + e$	(7a)	$\gamma \approx 10^{-17} - 10^{-15}$ cm³/s
	$O^- + O_2 \rightarrow O_3 + e$	(7b)	
	$O^- + N_2 \rightarrow N_2O + e$	(7c)	$\gamma \approx 10^{-16} - 10^{-15}$ cm³/s
	$O^- + X' \rightarrow O + X + e$	(8)	
Austauschreaktion	$O_2^- + O \rightarrow O_2 + O^- + E_{\text{kin}}$	(9)	
Ionenrekombination	$O_2^- + O^+ + M \rightarrow O_2 + O + M$	(10a)	
	$O_2^- + O_2^+ + M \rightarrow O_2 + O_2 + M$	(10b)	
	$O_2^- + N_2^+ + M \rightarrow O_2 + N_2 + M$	(10c)	
	$O_2^- + O^+ \rightarrow O_2' + O''$	(11a)	
	$O_2^- + O_2^+ \rightarrow O_2' + O_2''$	(11b)	$\alpha_i \approx 10^{-7}$ cm³/s
	$O_2^- + N_2^+ \rightarrow O_2' + N_2''$	(11c)	
Anlagerung	$O_2 + e \rightarrow O_2^- + h\nu$	(12)	$\eta \approx 1 \cdot 10^{-16}$ cm³/s
	$O_2 + e \rightarrow O_2^{-\prime}$, $O_2^{-\prime} \rightarrow O_2^- + h\nu$	(13)	
„Detachment"-Prozesse	$O_2^- + h\nu \rightarrow O_2 + e$	(14)	$\gamma_1 \approx 9 \cdot 10^{14}$, $\beta \approx 10^{-16}$ cm³/s
	$O_2^- + h\nu \rightarrow O_2^{-\prime}$, $O_2^{-\prime} \rightarrow O_2 + e$	(15)	
	$O_2^- + O \rightarrow O_3 + e$	(16a)	
	$O_2^- + O_2 \rightarrow O_2 + O_2 + e$	(16b)	$\gamma \approx 10^{-15} - 10^{-14}$ cm³/s
	$O_2^- + N_2 \rightarrow O_2 + N_2 + e$	(16c)	
	$O_2^- + X' \rightarrow O_2 + X + e$	(17)	
Austauschreaktion	$O_2^- + O \rightarrow O_2 + O^- + E_{\text{kin}}$	(9)	

Bei der Berechnung von n^- müssen vier wesentliche Prozesse berücksichtigt werden: Für die Bildung von negativen Ionen ist hauptsächlich die Strahlungsanlagerung verantwortlich, während bei der Beseitigung der negativen Ionen drei Prozesse zusammenwirken, der Photodetachmentprozeß, sowie Stoßablösungs- und Ionenrekombinationsprozesse.

Für die zeitliche Änderung der Teilchendichte gilt daher

$$\frac{dn^-}{dt} = \eta\, n_e\, n - \varrho\, n^- - \gamma\, n^- n^+ - \alpha_i\, n\, n^-$$

(n, n_e, n^-, n^+ = Teilchendichten der neutralen Teilchen, der Elektronen, der negativen und positiven Ionen, η = Strahlungsanlagerungskoeffizient, ϱ = Photodetachment-Koeffizient, γ = Stoßablösungskoeffizient, α_i = Ionenrekombinationskoeffizient. Im Gleichgewichtsfall ergibt sich mit der Quasineutralitätsbedingung

$$n^+ = n_e + n^- = (1 + \lambda)\, n_e\,,$$

$$\lambda = \frac{-(\varrho + \gamma\, n + \alpha_i\, n_e) + \sqrt{(\varrho + \gamma\, n + \alpha_i\, n_e)^2 + 4\,\alpha_i\,\eta\, n_e\, n}}{2\,\alpha_i\, n_e}$$

Verwendet man die älteren von BATES und MASSEY [11] angegebenen Werte für den Anlagerungskoeffizienten und $\varrho = 0{,}34/s$, so erhält man die in Abb. 1 angegebenen Kurven für λ in Abhängigkeit von der Höhe [12]. Die Werte wurden unter Benutzung von mit Raketen gemessenen Werten der Elektronendichte berechnet. Das Ionosphärenmodell von KALLMAN [13] wurde verwendet. Da nachts der Photodetachmentprozeß nicht wirksam ist, ergibt sich trotz der geringeren Elektronendichte eine größere Dichte der negativen Ionen. Als Ionendichte erhält man mit den obengenannten Werten an einem Sommertag in 100 km Höhe einen Wert von 7×10^4 cm^{-3}.

Es wurden nun entsprechende Berechnungen unter Benutzung des neuen Wertes für die Elektronenaffinität und für den Strahlungsanlagerungskoeffizienten [4] für den Mittag eines Sommertages durchgeführt. Auf Grund der herabgesetzten Elektronenaffinität ergab sich $\varrho = 1{,}4/s$. Aus Abb. 1 erkennt man deutlich, daß sich ein wesentlich kleinerer λ-Wert ergibt. Abb. 2 zeigt die Zahl der pro cm^3 und s durch Strahlungsanlagerung gebildeten negativen Ionen in Abhängigkeit von der Höhe. Die Dichte der negativen Ionen in Abhängigkeit von der Höhe zeigt einen ähnlichen Verlauf. Bei 95—100 km liegt ein Maximum der O^--Ionen von 110 cm^{-3}. Diese Verringerung gegenüber den obenerhaltenen Werten ist darauf zurückzuführen, daß durch die kleinere Elektronenaffinität ein Photodetachmentprozeß schon durch Photonen aus dem Frequenzbereich zwischen 5400 und 8300 Å ausgelöst werden kann. In diesem Bereich liegen ungefähr 30% der Energiestrahlung der Sonne [14].

Aus diesen Ergebnissen folgt, daß der Einfluß der negativen O^--Ionen in Schichten über 110 km noch wesentlich kleiner ist, als man bisher angenommen hatte. Das ist besonders wichtig in Verbindung mit den von BATES, MASSEY, MITRA und JONES sowie von GERJUOY und BIONDI [1, 15] angestellten Untersuchungen über den Rekombinationskoeffizienten. Diese Autoren fanden, daß für Höhen über 110 km Rekombinationsprozesse entscheidend sind, bei denen Dissoziation auftritt, während für Höhen unter 85 km Prozesse mit negativen

Tabelle 2

Ionosphärische Prozesse

Bezeichnung	Reaktion	Bedeutung	
Strahlungsprozesse	$N_2^+ + O^- \rightarrow N_2\,(B^3\,\pi, v = 9) + O(^1S)$	Anregungsprozeß für die grüne O-Linie und die Vegard-Kaplan Banden und ersten positiven Banden von N_2 im Nordlicht und Luftleuchten.	[6]
	$O^+ + O^- \rightarrow O + O(^1S)$	Anregung der grünen O-Linie	[7]
	$O^+ + O^- \rightarrow O + O(^1D)$	Anregung der roten O-Linie im Nordlicht und Luftleuchten	[7]
	$O_2 + O^- \rightarrow O_2(A^3\,\Sigma_\mu^+) + O$	Herzberg Banden von O_2	[9]
	$Na^+ + O^- \rightarrow Na(3^2P) + O$	Anregungsprozeß für Na-D Linie im Luftleuchten	[8]
	$O + e \rightarrow O^- + h\nu$	λ 5180 Kontinuum im Luftleuchten	[9]
Entaktivierungsprozesse	$O(^1D) + O^- \rightarrow O(^3P) + O(^3P) + e$ $O(^1D) + O^- \rightarrow O(^3P) + O^{-\prime}$	Beseitigung metastabiler $O(^1D)$-Atome aus der Ionosphäre	[10]

Ionen maßgebend sind. Auf Grund der geringen Ionendichte in 100 km Höhe dürfte eine Verschiebung der Grenzen dieses Modells zu geringeren Höhen hin eintreten. Die „Mischzone" dürfte wesentlich kleiner sein. Eine Aussage über den Anteil der negativen Ionen in den Schichten unter 90 km erfordert ein genaueres Studium der O_2^--Ionen, da diese nach

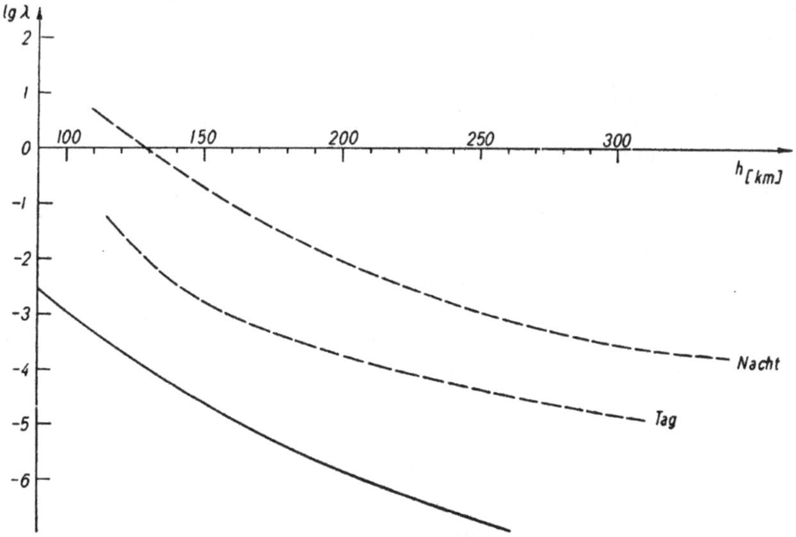

Abb. 1.. Höhenabhängigkeit von λ, - - - - - Ältere Werte, ——— Neue Werte

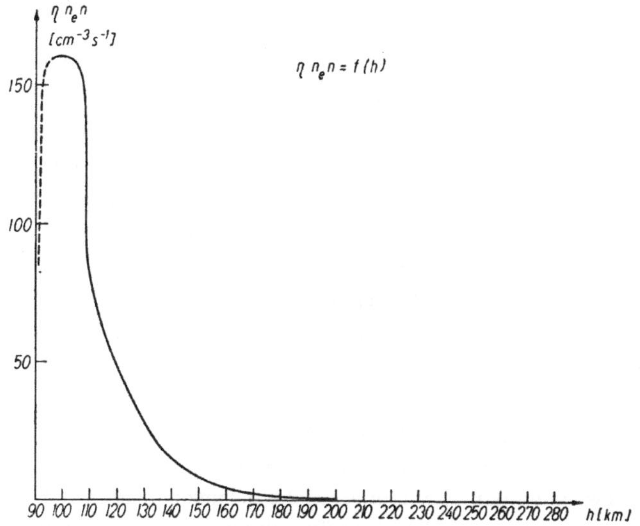

Abb. 2. Zahl der durch Strahlungsanlagerung pro cm³ und s gebildeten O^--Ionen in Abhängigkeit von der Höhe

Raketenmessungen von Johnson und Heppner [3] wesentlich zahlreicher sind, als atomare O^--Ionen.

Auch bei Strahlungsprozessen spielen negative Ionen eine gewisse Rolle. Tabelle 2 zeigt einige dieser Prozesse, die beim Luftleuchten (night air-glow) und in den Nordlichtern mit maßgebend sein sollen. Durch die genauere Bestimmung der Elektronenaffinität ergeben sich einige Änderungen. So ist eine Erklärung des im Luftleuchten beobachteten 5180 Kontinuums durch die angegebene Reaktion nicht möglich; das Anlagerungskontinuum muß im Infraroten auftreten. In der ersten Reaktion treten mehr Vegard-Kaplan-Banden ($v = 13$ statt $v = 9$) auf. Weiterhin werden durch die verminderte Elektronenaffinität die letzten beiden Prozesse energetisch möglich. Damit gewinnt auch die Annahme von SEATON [10] an Wahrscheinlichkeit, daß die bei sunlit-auroras auftretende Verstärkung der Intensität der roten Sauerstofflinie durch eine Zerstörung der negativen Ionen O^- im sonnenbeschienenen Teil hervorgerufen wird.

Alle diese Aussagen lassen sich aber nach dem oben Gesagten nur auf Prozesse anwenden, die in Höhen zwischen 90 und 130 km ablaufen.

Aus diesen Beispielen ist deutlich zu erkennen, daß eine bessere Kenntnis der Eigenschaften der negativen Ionen für zahlreiche Ionosphärenvorgänge wichtig ist. Speziell muß geklärt werden, ob und unter welchen Umständen es stabile angeregte O^--Ionen gibt. Weiterhin müßten die Energieniveaus der O^--Ionen untersucht werden. Eine experimentelle Klärung dieser Fragen ist recht schwierig und bisher nicht gelungen. Es wird daher augenblicklich der Versuch gemacht, durch Verbesserung der bisher vorliegenden Theorie Genaueres über die Eigenschaften der negativen Ionen zu erfahren. Hier sei eine kurze Zusammenfassung der bisherigen Ergebnisse gegeben:

Als Elektronenaffinität erhält man nach der Methode der Extrapolation von isoelektronischen Reihen für O^--Ionen einen Wert von $(1{,}5 \pm 0{,}6)$ eV. Diese Methode ist allerdings sehr ungenau. Ein recht guter Wert für die Elektronenaffinität wurde nach der Methode von BACHER und GOUDSMIT [16] auf halbempirischen Wege von TA-YOU WU [17] erhalten. Er fand EA (O) = 1,13 eV. Diese Methode beruht auf einer Berechnung der Energie einer n-Elektronenkonfiguration aus spektroskopischen Werten für das 1,2,3- . . ., $(n - 1)$-fach ionisierte System. Um jedoch nähere Einblicke in die Eigenschaften der negativen Ionen zu erhalten, reichen diese Verfahren nicht aus.

Die theoretische Lösung des Problems läuft auf eine Lösung des quantenmechanischen Mehrteilchenproblems hinaus. Es muß also die Eigenwertgleichung

$$\mathsf{H}\,\Phi = E\,\Phi$$

(H = Hamiltonoperator, E = Energieeigenwert, Φ = Eigenfunktion) gelöst werden, was bekanntlich nur näherungsweise möglich ist. Um mit einigermaßen erträglichem Rechenaufwand auszukommen, muß man folgende Näherungen machen:

1. Der Kern wird als ruhend betrachtet.
2. Spin-Bahn-Wechselwirkung wird vernachlässigt.
3. Jedes Elektron befindet sich im Feld des Kernes und im Feld der übrigen Elektronen in einem stationären Zustand.

Die Annahmen 1 und 2 stellen für unser Problem kein großes Hindernis dar. Betrachtet man aber die Näherung 3, durch die erreicht wird, das Φ als Summe von Produkten der Einelektronenfunktion dargestellt werden kann, so erkennt man, daß durch diese Annahme die Korrelationsenergie zwischen den Elektronen nicht berücksichtigt wird.

Bei den Berechnungen stehen nun 2 Wege offen, die im Augenblick beide untersucht werden. Verwendet man analytische Wellenfunktionen, so muß man bei der anschließenden Korrektur 2 Fehler berücksichtigen, den durch die Wahl der Funktion hervorgerufenen Fehler und den durch Näherung 3 hereinkommenden Fehler. Beide sind schwer zu bestimmen. Bei Verwendung der HARTREE-FOCK-Methode tritt definitionsgemäß nur der letzte Fehler auf. Die Arbeiten sind noch im Gange, jedoch kann man jetzt schon bei Berücksichtigung einer Arbei von HARTREE, HARTREE und SWIRLES [18] sagen, daß man bei einer Verbesserung der HARTREE-FOCK-Methode durch Berücksichtigung von Konfigurationsüberlagerung und Polarisationseffekten nicht nur die energetische Stabilität der O^--Ionen zeigen, sondern auch den durch die Näherung 3 auftretenden Fehler wesentlich verkleinern kann. Nach der Bestimmung der Energie und der Eigenfunktionen des Grundzustandes des O^--Ions sollen dann mögliche angeregte Zustände untersucht werden.

Noch interessanter, aber theoretisch auch wesentlich komplizierter, ist die Untersuchung der O_2^--Ionen. Nach Überlegungen von BATES und MASSEY [19] beträgt die Elektronenaffinität von O_2 1 eV; auch dieser Wert wurde nur indirekt geschlossen.

Das einzige Molekülion, das bis jetzt genauer untersucht wurde, ist das H_2^--Ion. FISCHER-HJALMARS [20] gelang es 1959, dieses 3-Elektronenproblem zu lösen. Eine Lösung des beim O_2^--Ion auftretenden 17-Elektronenproblems im Feld zweier Kerne scheint im Augenblick mit der erforderlichen Genauigkeit nicht möglich zu sein.

LITERATUR

[1] BATES, D. R. und MASSEY, H. S. W., The negative ion concentration in the lower ionosphere. J. Atm. Terr. Phys. 2 (1951) 1.

[2] IONESCU, T. V., La structure des ions meléculaires négatifs d'Hydrogène (H_2^-) et d'Oxygène (O_2^-). Explication des fréquences critiques de l'ionosphère Revue de Physique (Rumänien) **1** (1956) 19.

[3] JOHNSON, C.Y. und HEPPNER, J.P., Positive and negative ion composition of the E-Region from rocket-borne mass spectrometer measurements. TAGU **37** (1956) 350.

[4] BRANSCOMB, L. W., BURCH, D. S., SMITH, S. J. und GELTMAN, S., Photodetachment cross section and the electron affinity of atomic oxygen. Phys. Rev. **111** (1958) 504.

[5] LOZIER, W. W., The heat of dissociation of CO and the electron affinity of O. Phys. Rev. **46** (1934) 268. HAGSTRUM, H. O., Ionization by electron impact in CO, N_2, NO and O_2. Rev. Mod. Phys. **23** (1951) 185.

[6] MITRA, S. K., Nature **157** (1946) 692; NICOLET, M., Ciel et Terre **61** (1945) 287.

[7] MITRA, S. K., The Upper Atmosphere, 2. Aufl.

[8] SAHA, A. K., Mem. Soc. Roy. Sciences Liege **12** (1952) 97.

[9] BATES, D. R. und DALGARNO, A. J.. Atm. Terr. Phys. **4** (1953) 112.

[10] SEATON, M. J., J. Atm. Terr. Phys. **4** (1953) 295.

[11] BATES, D. R. und MASSEY, H. S. W., The basis reactions in the upper atmosphere II, Proc. Roy. Soc. A 192(1947) 1.

[12] KAMIYAMA, H., Remarks on the electrical conductivity of the ionosphere. Science Report of the Tohoku University 5. Serie **11** (1959) 73.

[13] KALLMANN, H. K., WHITE, W. B. und NEWELL, H. E., Physical properties of the atmosphere from 90 to 300 km. J. Geophys. Res. **61** (1956) 513.

[14] BRANSCOMB, L. W. und SMITH, S. J., Negative oxygen ions in the upper atmosphere TAGU **36** (1955) 755.

[15] BATES, D. R. und MASSEY, H. S. W., The basic reactions in the upper atmosphere. Proc. Roy. Soc. A 187 (1946) 261.
MITRA, A. P. und JONES, R. E., Recombination in the lower ionosphere. J. Geophys. Research **59** (1954) 391.
GERJUOY, E. und BIONDI, M. A., Dissociative Recombination in the E-Lager. J. Geophys. Research **58** (1953) 295.

[16] BACHER, F. R. und GOUDSMIT, S. A., Phys. Rev. **46** (1934) 948.

[17] TA-YOU WU, Electron affinity of Boron, Carbon, Nitrogen and Oxygen atoms. Phys. Rev. **100** (1955) 1195.

[18] HARTREE, D. R., HARTREE, W. und SWIRLES, B., Self consistent field, including exchange and superposition of configurations, with some results for Oxygen. Phil. Trans. Roy. Soc. London **238** (1939) 229.

VII. Polarlicht

Radarbeobachtungen von Polarlichtern auf 33 MHz

Von P. Glöde und K. Sprenger[1])

SUMMARY

Auroral radar echoes on 33 Mc/s are usually obtained at 55° geomagnetic latitude if K_p is 7 or more and have been located in 24 cases between 1958 June and 1960 May. Apparently the echoes originate from ionization columns orientated along the magnetic lines of force. Most frequently the echoes occur in the afternoon and around midnight. A minimum occurence frequency exists in the early evening hours, and totally no echoes have been observed in the forenoon. The movement of the auroral ionization, in the afternoon as well as in the evening, is predominantly directed towards the West with velocities about 1000 m/s.

EINLEITUNG

Seit dem Jahre 1958 werden am Observatorium Kühlungsborn (54,1 °N; 11,8 °E) Polarlichtbeobachtungen mit einer 33-MHz-Radaranlage durchgeführt. Die Anlage, mit der außerdem auch die E_s-Schicht, die Ionisationsspuren von Meteoren und das F-Schicht-Backscatter untersucht werden, besitzt eine Impulsleistung von 10 kW bei einer Impulsbreite von 100 μs und einer Impulsfolgefrequenz von 25 Hz. Als Sende- und Empfangsantenne dient ein um die Vertikalachse rotierender horizontaler 4-Element-Dipol auf einem 50 m hohen Stahlturm. Die Abstrahlung erfolgt vorwiegend horizontal mit einer Halbwertsbreite von etwa 40° nach beiden Seiten und einer Reihe von Interferenzlappen in der Vertikalebene bis zu einem Erhebungswinkel von etwa 45°. Die Antenne führt pro Minute zwei Umläufe aus, von denen jeder zweite auf dem Radarschirm zur Anzeige gebracht und fotografiert wird, wobei die Echos nach Azimut und Entfernung als Helltastimpulse auf dem Schirm erscheinen.

Typische Radarbilder von Polarlichtern, wie sie mit dieser Anlage erhalten wurden, sind in Abb. 1 als Beispiele gezeigt. Etwa 1500 derartige Aufnahmen von insgesamt 24 Polarlichtern in dem Zeitraum von Juni 1958 bis Mai 1960 bilden das Beobachtungsmaterial, über das nachfolgend berichtet wird.

ECHO-GEOMETRIE

Bei der Untersuchung der Azimut-/Entfernungs-Verteilung der erhaltenen Polarlichtechos muß berücksichtigt werden, daß die Antenne einen relativ breiten Öffnungswinkel hat. Die Echos erscheinen daher — wie auch in Abb. 1 — stets in Form mehr oder minder langer konzentrischer Bögen auf dem Radarbild, wobei als eigentliches Reflexionszentrum nur das Gebiet in der Mitte des jeweiligen Bogens anzusehen ist, während die Länge des Bogens von der Echointensität des Reflexionszentrums abhängt. Auch die deutliche Gliederung der Echobilder in radialer Richtung, d. h. das Auftreten mehrerer Echos in diskreten Entfernungen hintereinander, ist antennenbedingt, und zwar durch die bereits erwähnten Interferenzlappen des Strahlungsdiagramms in der Vertikalebene.

[1]) Dipl.-Phys. Peter Glöde und Dr. K. Sprenger, Observatorium für Ionosphärenforschung, Kühlungsborn.

Die typische Azimut-/Entfernungs-Verteilung der Echozentren ist in Abb. 2 am Beispiel des Polarlichts vom 4./5. September 1958 gezeigt, das mit 600 in Minutenabständen erhaltenen Aufnahmen bisher am ergiebigsten war. Sowohl bei diesem als auch bei allen übrigen bisher beobachteten Polarlichtern sind Echos stets nur aus einer schmalen Zone nördlich, nordöstlich und nordwestlich des Beobachtungsortes erhalten worden, selbst wenn sich die visuell zu beobachtenden Leuchterscheinungen gelegentlich über den Zenit hinaus bis weit nach Sü-

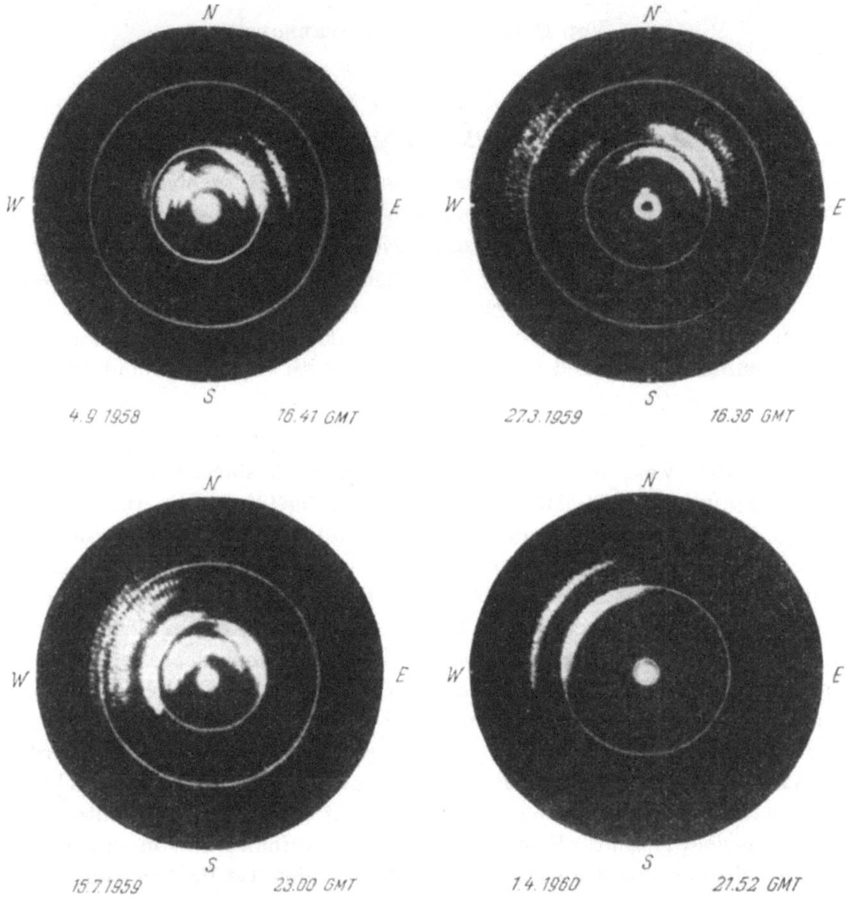

Abb. 1. Radarbilder von Polarlichtern auf 33 MHz (Abstand der Entfernungsringe jeweils 500 km)

den erstreckten. Die größten Echo-Entfernungen — bis zu etwa 1300 km — treten stets im Nordosten und Nordwesten auf, während im Norden ausschließlich Echos aus verhältnismäßig geringen Entfernungen — 200 bis 400 km — empfangen werden.

Diese Form der Echo-Verteilung lehnt sich, wie Abb. 2 zeigt, eng an die sogenannten „Chapman-Kurven" an, d. h. an die geometrischen Orte derjenigen Punkte, in denen der Radarstrahl in einer gegebenen Höhe senkrecht auf die erdmagnetischen Kraftlinien trifft. Aus dieser engen Übereinstimmung, die inzwischen auch von einigen anderen Autoren gefunden wurde, müssen wir schließen, daß die Polarlichtechos von Ionisationssäulen stammen, die längs der magnetischen Kraftlinien orientiert sind. Dabei kommen die Echos, wie sich auch aus der Horizontbegrenzung bei 1200—1300 km ergibt, offenbar ausschließlich aus dem unteren Bereich der Polarlichtregion um 100 km Höhe, auch wenn die Leuchterscheinungen gelegentlich mehrere hundert Kilometer hoch hinaufreichen.

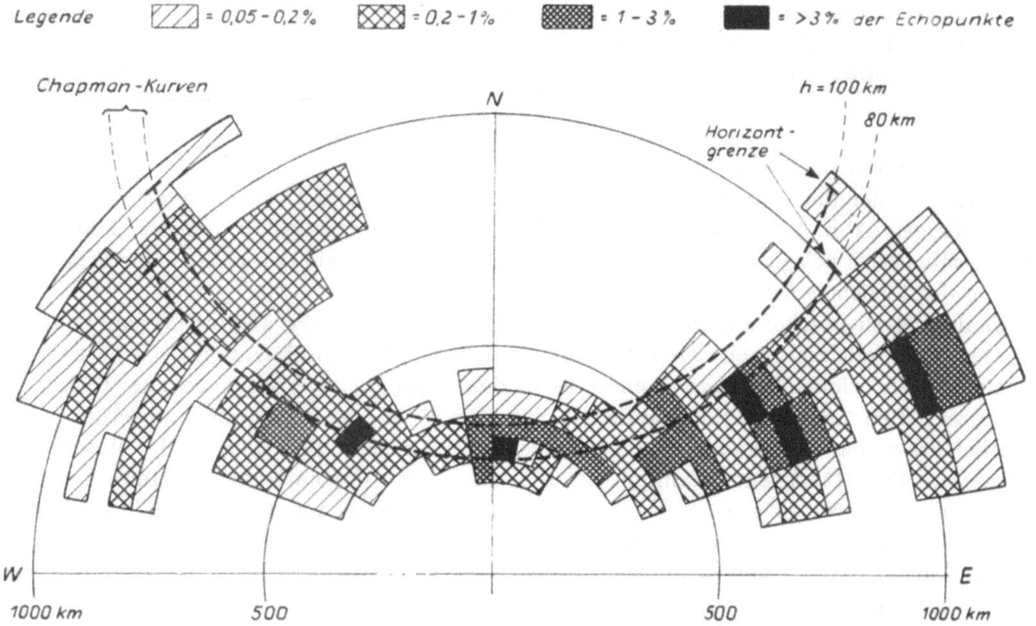

Abb. 2. Azimut-/Entfernungs-Verteilung der Echopunkte während des Polarlichts am 4./5. September 1958

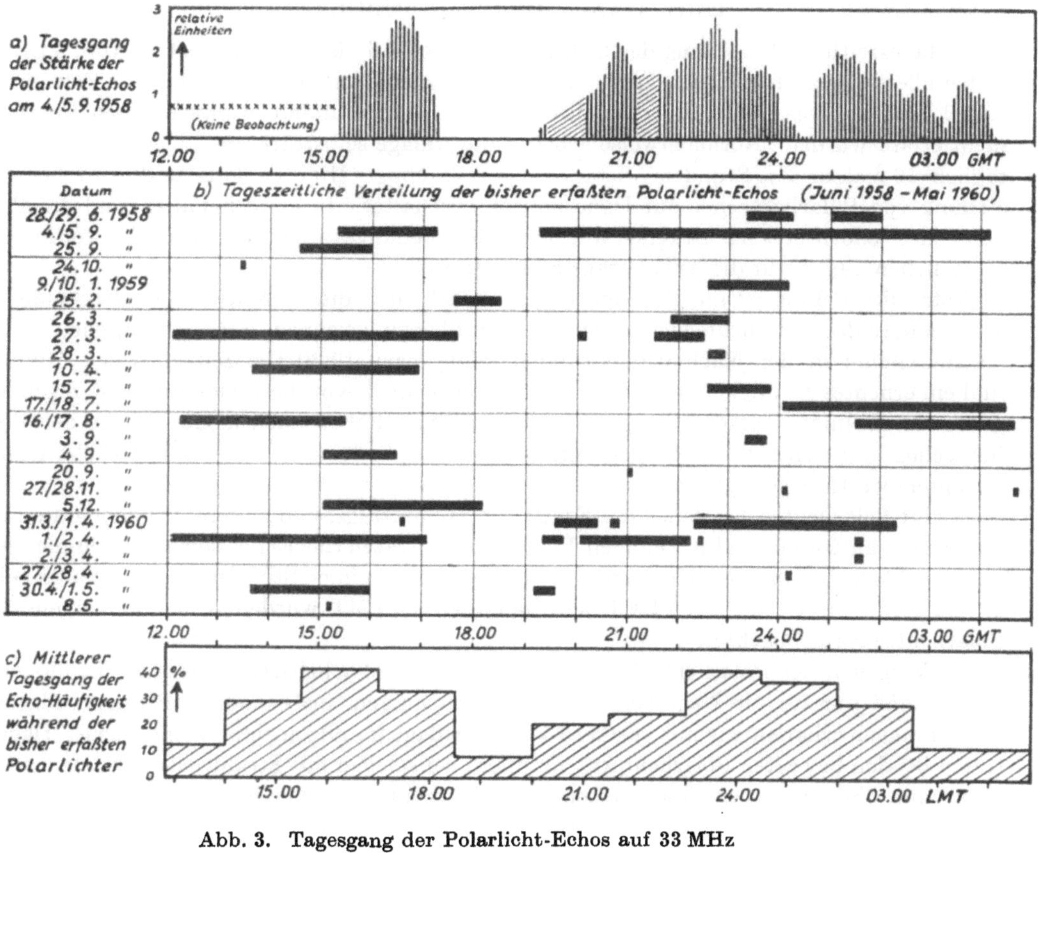

Abb. 3. Tagesgang der Polarlicht-Echos auf 33 MHz

Zur Berechnung der in Abb. 2 eingezeichneten Chapman-Kurven wurde das wahre örtliche Magnetfeld der Erde zugrundegelegt, welches in der Umgebung der Beobachtungsstation nahezu keine Mißweisung gegenüber der geographischen Nordrichtung aufweist. Bei Zugrundelegung des idealisierten Dipolfeldes der Erde würde sich eine Mißweisung von etwa — 20° und damit eine wesentlich schlechtere Übereinstimmung zwischen den Chapman-Kurven und der beobachteten Echo-Verteilung ergeben.

Sowohl bei der Betrachtung einzelner Aufnahmen (Abb. 1 und 4) wie auch der Häufigkeitsdarstellungen (Abb. 2) fällt auf, daß die beiden Äste der Chapman-Kurve meist nicht gleichmäßig mit Echos belegt sind. Wir beobachteten in der Mehrzahl der Fälle eine stärkere Belegung des östlichen Astes.

Da die Polarlichtechos nur aus einem engen Höhenbereich um das 100-km-Niveau kommen, werden sie durch die gegebenen Interferenzlappen der Antenne bevorzugt bei bestimmten Entfernungen erfaßt. Dadurch kommt es in den Häufigkeitsverteilungen zur Ausbildung mehrerer Zonen maximaler Echohäufigkeit, wie sie z. B. in Abb. 2 besonders im östlichen Teil deutlich erkennbar sind, und wie sie in ähnlicher Weise auch in der Statistik der Meteorechos auftreten. Das Häufigkeitsmaximum bei 1050 km dürfte der horizontalen Hauptkeule der Antenne zuzuschreiben sein, die etwa in dieser Entfernung auf das 100-km-Niveau trift, während die Häufigkeitsmaxima bei 700, 500 und 300 km Entfernung zwanglos der ersten, zweiten und dritten Nebenkeule zugeordnet werden können. Bei genauer Kenntnis des Erhebungswinkels dieser Keulen müßte es möglich sein, aus der gemessenen Echoentfernung auch die Höhe des Echopunktes zu bestimmen.

TAGESGANG DER POLARLICHTECHOS

Die tageszeitliche Verteilung der bisher beobachteten Polarlichtechos ist in Abb. 3 gezeigt, wobei allerdings zu berücksichtigen ist, daß die Radaranlage nicht lückenlos in Betrieb war, sodaß manche Polarlichter nur unvollständig und einige andere wahrscheinlich überhaupt nicht erfaßt wurden. Normalerweise arbeitet die Anlage selbsttätig im Überwachungsbetrieb täglich 16 mal in $1^1/_2$-Stunden-Abständen jeweils einige Minuten lang und wird bei Feststellung von Polarlichtechos auf Dauerbetrieb geschaltet. In einigen Fällen sind die Polarlichtechos jedoch erst nachträglich auf den Überwachungsaufnahmen entdeckt worden, und an manchen Tagen war die Anlage ganz außer Betrieb.

Trotz dieser Lücken im Beobachtungsmaterial sind die wesentlichsten Merkmale des Tagesganges der Polarlichtechos in Abb. 3 doch klar zu erkennen: Einem deutlichen Häufigkeitsmaximum in den Nachmittagsstunden folgt gegen 19.30 Ortszeit ein tiefes Minimum und ein erneutes Häufigkeitsmaximum um Mitternacht, bevor die Echohäufigkeit gegen Morgen ganz abklingt. Dieser Tagesgang ist in manchen Fällen auch in der Stärke der Polarlichtechos in gleicher Weise ausgeprägt, wie es in Abb. 3a z. B. für das Polarlicht vom 4./5. September 1958 gezeigt ist.

Es gibt Polarlichter, bei denen die Echos nur nachmittags, und andere, bei denen die Echos nur nachts auftreten, und bei einigen Polarlichtern traten die Echos sowohl nachmittags als auch nachts auf, wobei sie jedoch stets am frühen Abend einige Stunden lang ganz ausblieben. In der Zeit von 19.30—20.00 LMT und 06.00—12.00 LMT wurden bisher in keinem Falle Polarlichtechos beobachtet.

Ein Vergleich der Polarlichtechos mit den visuell beobachtbaren Leuchterscheinungen ist naturgemäß nur für die Nachtzeit möglich. Bei ruhigen, insbesondere diffusen Polarlichterscheinungen erhalten wir mit unserer 33-MHz-Anlage im allgemeinen keine Echos. Dagegen treten bei den bewegten Polarlichtern, vor allem bei solchen mit Strahlenstruktur, fast immer Echos auf, ohne daß aber die georteten Reflexionszentren immer mit sichtbaren Strahlen zu identifizieren wären. Es konnte z. B. beobachtet werden, daß trotz eines starken Strahls im

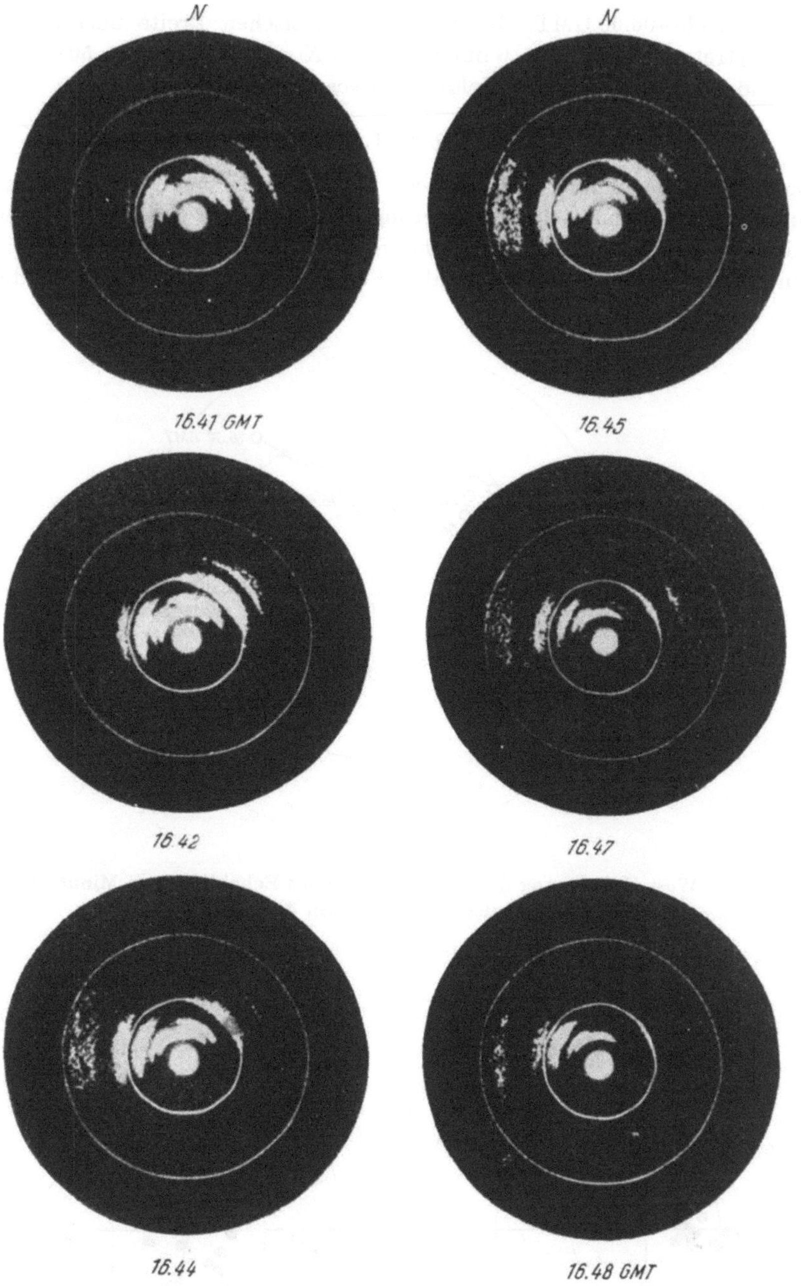

Abb. 4. Verlagerung der Polarlicht-Echos am 4. 9. 1958 nachmittags
(Abstand der Entfernungsringe jeweils 500 km)

Nordwesten aus dieser Richtung keinerlei Echos kamen, dagegen aber aus Nordosten, wo zu dieser Zeit nur ein homogenes Leuchten stand.

Eine sehr gute Korrelation ergibt sich zwischen dem Auftreten von Polarlichtechos und der erdmagnetischen Aktivität, gekennzeichnet durch die planetarische erdmagnetische Kennziffer $K\,p$, und zwar durch ihren jeweiligen Maximalwert $K\,p_{max}$ in dem 18-Stunden-

Intervall von 12.00—06.00 GMT. In der geomagnetischen Breite unserer Beobachtungsstation (~ 55°) treten bei $K\ p_{max} = 6$ nur selten, bei $K\ p_{max} = 7$ zu etwa 50%, bei $K\ p_{max} = 8$ fast immer und bei $K\ p_{max} = 9$ stets Polarlichtechos auf 33 MHz auf.

BEWEGUNG DER POLARLICHTIONISATION

Die Echobilder zeigen häufig beträchtliche Unterschiede von Minute zu Minute. Dabei ist gelegentlich eine systematische Veränderung im Sinne einer stetigen Verlagerung der Polarlichtionisation zu beobachten, insbesondere bei kinematographischer Betrachtung der Bilder. Ein Beispiel dafür ist in Abb. 4 anhand einer Folge von Radarbildern des Polarlichts

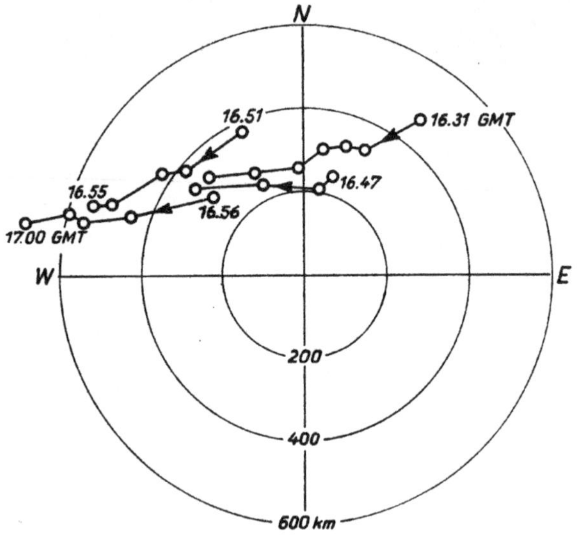

Abb. 5. Ost-West-Verlagerung der Schwerpunkte des Echobildes von Minute zu Minute während des Polarlichts am 4. 9. 1958

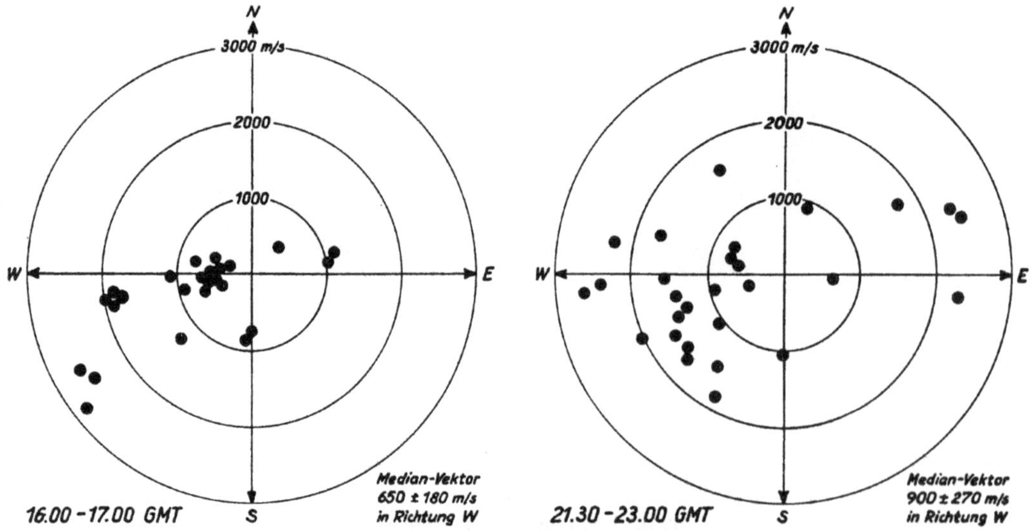

Abb. 6. Geschwindigkeitsvektoren der Verlagerungsbewegung der Echoschwerpunkte während des Polarlichts am 4. 9. 1958

vom 4. September 1958 gezeigt. Ebenso wie in diesem Falle ist auch sonst die Verlagerungsbewegung der Polarlichtechos, soweit sie als systematisch erkennbar ist, in der Mehrzahl der Fälle von Ost nach West gerichtet. Hierbei ist allerdings zu berücksichtigen, daß wegen der Orthogonalitätsbedingung mit dem erdmagnetischen Feld grundsätzlich nur die längs der CHAPMAN-Kurve gerichtete Komponente, im wesentlichen also die Ost-West-Komponente der Verlagerungsbewegung der Polarlichtionisation erkennbar ist, während über etwaige Nord-Süd-Bewegungen kaum etwas ausgesagt werden kann.

In zahlreichen Einzelfällen konnte beobachtet werden, daß die Echos zuerst im äußeren nordöstlichen Ast der CHAPMAN-Kurve auftauchten, dann bei geringeren Entfernungen von Nordost nach Nordwest hinüberwechselten und schließlich am nordwestlichen Ende der CHAPMAN-Kurve verschwanden. Auf den Radarbildern, wie z. B. in Abb. 4, ist diese Verlagerungsbewegung jedoch nicht als kontinuierliche Verschiebung der Echogebiete zu erkennen, sondern nur als wechselnde Helligkeit der mehr oder minder feststehenden Reflexionszentren, was wiederum durch die Interferenzlappen der Antenne bedingt ist.

Um trotzdem zu einer quantitativen Erfassung der Verlagerungsbewegung zu gelangen, wurde versucht, für das Polarlicht vom 4./5. September 1958 die Verlagerung des Schwerpunktes des Echobildes von Minute zu Minute zu bestimmen, wobei die einzelnen Echos entsprechend ihrer Stärke mit Gewichtsfaktoren versehen wurden. Ein Teil der Ergebnisse ist in Abb. 5 gezeigt. Die Bewegung der Echo-Schwerpunkte war in diesen Fällen sehr eindeutig von Ost nach West gerichtet. Lediglich beim Auftauchen neuer Echos im Nordosten ergibt sich ein scheinbarer Sprung in die Gegenrichtung, wie z. B. zwischen 16.55 und 16.56 GMT.

In Abb. 6 sind die Endpunkte der nach diesem Verfahren gewonnenen Geschwindigkeits-Vektoren für einen nachmittäglichen und einen abendlichen Zeitabschnitt des Polarlichts vom 4./5. September 1958 dargestellt. Sowohl nachmittags als auch abends herrschen nach Westen gerichtete Verlagerungsbewegungen vor mit Geschwindigkeiten in der Größenordnung von 1000 m/s. Über die Richtung und Geschwindigkeit der Verlagerungsbewegung in der Zeit nach Mitternacht können noch keine Angaben gemacht werden, da das bisher vorliegende Beobachtungsmaterial hierfür noch nicht ausreicht.

ZUSAMMENFASSUNG

1. Bei starken erdmagnetischen Störungen ab etwa $K_p = 7$ tritt auch in 55° geomagnetischer Breite eine Polarlichtionisation auf, die mit Meterwellen geortet werden kann.
2. Die Echos kommen offenbar von Ionisationssäulen, die längs der erdmagnetischen Kraftlinien ausgerichtet sind.
3. Die tageszeitliche Verteilung der Polarlichtechos weist ein nachmittägliches Häufigkeitsmaximum gegen 16 Uhr LMT, ein frühabendliches Minimum gegen 19.30 LMT und ein weiteres Häufigkeitsmaximum um Mitternacht auf. Überhaupt keine Polarlichtechos wurden bisher in den Vormittagsstunden gefunden.
4. Zeitweise ist in den Radarbildern eine systematische Verlagerungsbewegung der Polarlichtionisation zu erkennen. Sie ist sowohl nachmittags als auch abends vorwiegend von Ost nach West gerichtet mit Verlagerungsgeschwindigkeiten in der Größenordnung von 1000 m/s.

The Radio-Aurora

By T. R. Kaiser[1])

ABSTRACT

By Radio-Aurora is meant the disturbances in the ionosphere (particularly in the E-region) which can be detected by oblique back-scatter at radio frequencies up to several hundred megacycles per second and which are usually associated with terrestrial magnetic disturbance. The present paper describes the characteristics of the disturbed regions, as deduced from radio-echo studies at different radio-frequencies and geographical locations. The relationship between the various associated geophysical phenomena (ionospheric, geomagnetic, visual etc.) are discussed.

1. CHARACTERISTICS AND OCCURENCE OF E-REGION AURORAL BACK-SCATTER

Echoes from E-region irregularities associated with strong geomagnetic and visual auroral activity have been studied extensively in recent years, mainly on radio frequencies ranging between 10 and 1000 Mc/s. It is characteristic of echoes obtained in and equatorwards from the auroral zone that they are observed towards the magnetic poles and may be classified as diffuse or discrete. Diffuse echoes are extended in range and lack any marked structure, whereas the discrete echoes may have a similar range extension but exhibit a well defined discrete structure in range-time co-ordinates.

The occurrence of auroral echoes follows closely that of geomagnetic disturbance being most marked near sunspot maximum. The diurnal variation frequently exhibits two maxima, one in the late afternoon or evening and one in the early morning hours separated by a minimum which occurs near local magnetic midnight (Kaiser, 1956); echoes are rarely observed during the morning daylight hours. When the echoes are divided into diffuse and discrete types it is found that the evening maximum is due to the former and the morning maximum to the latter. Figure 1 shows the percentage occurrence of the two echo types observed on 17 Mc/s at Sheffield[2]) during 1958 as a function of time of day. The diurnal variation is similar to that obtained on 72 Mc/s at Jodrell Bank (Bullough and Kaiser 1955) however the absolute frequency of occurrence is several times greater at the lower radio frequency.

In addition to the major auroral echo types, Seed (1958) at Canterbury N. Z. has identified what he refers to as 'minor auroral echoes' which have a narrow range spread (3—30 km) and no apparent correlation with magnetic activity. Seed's observations were made on 69 Mc/s. Similar discrete auroral-type echoes have been distinguished by Baldwin (1960) in the Sheffield 17 Mc/s data. These are isolated in occurrence, usually enduring for less than three hours, and appear during magnetically quiet periods. Their diurnal variation in occurrence is

[1]) Dr. T. R. Kaiser, Department of Physics, University of Sheffield.

[2]) The Sheffield equipment employs three rhombic aerials directed 65 °W of N, 20 °W of N and 25 °E of N, the transmitter power is 8 kW and the minimum detectable echo power is approximately 10^{-14}W. The aerials are estimated to have a maximum power gain of about 45 (relative to an isotopic radiator) at an elevation of 12°.

similar to that of the normal discrete auroral echoes with a maximum in the early morning hours (see figure 1).

The relation between radio and visual aurorae is not well understood except that both tend to occur during magnetically disturbed periods. KAISER (1956) suggests that the diffuse echoes in the afternoon and evening are associated with homogeneous visual auroral forms and that the discrete echoes follow the break up of a visual aurora into the diffuse glow forms.

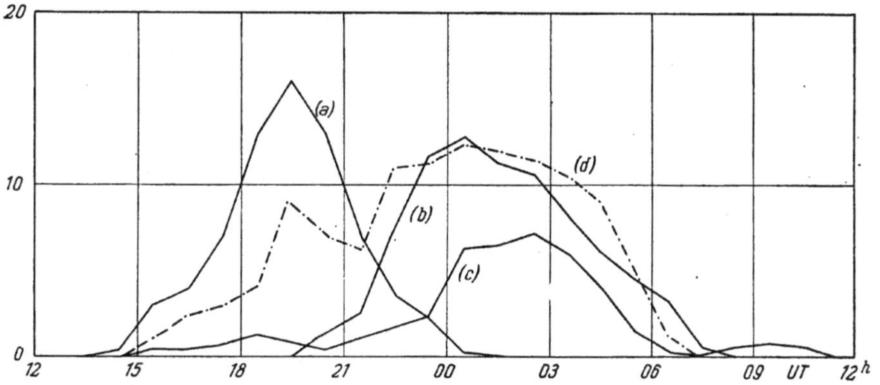

Figure 1. Diurnal variation in percentage occurrence of 17 Mc/s auroral echoes observed at Sheffield.
(a) Diffuse auroral echoes.
(b) Auroral echoes exhibiting discrete structure.
(c) Auroral-type echoes not associated with magnetic disturbance.
(d) Ground scatter echoes propagated via horizontally stratified E_S.

2. AURORAL ECHO GEOMETRY AND THE REFLECTION MECHANISM

The majority of the E-region echoes appear to originate in a relatively narrow height range somewhat above 100 km. BULLOUGH and KAISER (1954) estimate 120 km from the 72 Mc/s Jodrell Bank data while UNWIN and GADSDEN (1955) obtain heights close to 110 km from 55 Mc/s observations in New Zealand. HARANG and TRÖIM (1959) have determined the angle of arrival for 40 Mc/s auroral echoes at Kjellar and obtain heights between 100 and 120 km.

Analysis of auroral echo occurrence in range-azimuth coordinates reveals that the echoes tend to originate in those regions where the incident ray is normal to the local magnetic field lines, hence they exhibit symmetry about local magnetic north. Clearly this aspect sensitivity is an important factor in determining the echo geometry (UNWIN, 1958; HARRISON and WATKINS, 1958).

KAISER (1956) pointed out that echoes have been obtained at locations where the angle of incidence to the field lines deviated by as much as 12—14° from normality and he therefore proposed that the reflecting irregularities are in the form of 'blobs' which are elongated along the field lines with a major minor axis ratio of about 5 and in which the electron density exceeds the critical value for the frequency employed. BOOKER (1956) has considered weak scattering from irregularities of similar shape and concludes that over-critically dense ionization is not required to explain the experimental results. BOOKER's theory has gained considerable support from recent observations of auroral echoes on frequencies of several hundred to 1000 Mc/s which would require excessive electron densities for critical reflection. On the other hand FORSYTH (1953), FORSYTH and VOGAN (1957) and COLLINS and FORSYTH (1959) have carried out multiple frequency measurements and conclude that ionized regions may exist which are critically dense at frequencies up to 50 Mc/s, which supports the views of KAISER. MOORCROFT (1960) has attempted a more general treatment of the scattering from elongated irregularities and concluded that the observations can be explained in terms of a model in which the scatterers have dimensions ranging from one or two metres upwards and which have peak electron densities that often reach 2×10^7 cm^{-3}. It thus appears that the views of Kaiser and Booker represent limiting cases for low and high frequency scattering respectively with the transition occurring in the metre wavelength region.

The degree of aspect sensitivity for the different echo types and at different frequencies is a subject requiring considerable further investigation. Recent 72 Mc/s observations at Jodrell Bank and Halley Bay appear to require an angle of incidence within a degree or so of the normal to the magnetic field while 17 Mc/s observations at Sheffield show that off-perpendicular angles as great as 20° are permissible. Bullough (private communication) studied auroral echoes at Terre Adelie during the International Geophysical Year. Terre Adelie is near to the dip pole and hence the direction of propagation nowhere is incident normally to the magnetic field lines. Bullough found evidence for both an inner and outer zone of auroral ionization and obtained echoes at off-perpendicular angles greater than 20° (in fact he obtained a minimum in activity in the region of optimum aspect sensitivity). One may be tempted to explain some lack of aspect sensitivity either as due to refraction of the ray paths through the E-region or to distortion of the field lines by the electric currents in the aurora. The latter effect must occur, and is indeed observed through the displacement of the radiant point of a visual auroral corona, but is unlikely to amount to more than a few degrees. Refraction must be generally negligible at frequencies above a few tens of Mc/s. In any case the difficulty in reconciling the Halley Bay and Terre Adelie data would remain.

If there were no aspect sensitivity the echo geometry at Sheffield and Jodrell Bank (minimum range along the magnetic meridian towards the pole) would correspond to a distribution of irregular ionization confined to a parallel of magnetic lattitude (Bullough and Kaiser, 1954; Kaiser, 1957). The 17 Mc/s Sheffield results, for which the aspect sensitivity is probably not too severe, offer some support to such a distribution. It is unfortunately difficult, however, to separate the effects of aspect sensitivity and of this type of spatial distribution since over a wide range of latitudes both lead to a similar echo geometry.

In concluding this section it is fair to say that there is general agreeement that aspect sensitivity is a major factor in determining the echo geometry. Nevertheless the spatial distribution of the auroral irregularities as well as the general decline in auroral activity with increasing distance towards the equator from the auroral zone must also play their part. The morphology of the radio-aurora is of particular importance, especially in view of the close association between the behaviour of auroral ionization and magnetic disturbance (see 4), and it is to be hoped that the analysis of world-wide data obtained during and since the I. G. Y. will help to resolve both the large scale and detailed structure of the ionospheric disturbance.

3. THE AURORAL E_s LAYER

Ground-scatter echoes, propagated via the normal ionospheric layers, are a familiar feature on the 17 Mc/s oblique back-scatter records obtained at Sheffield. Frequently, during magnetically disturbed conditions, ground-scatter echoes are observed to the north which closely resemble the summer day-time ground scatter which is propagated via Sporadic-E. These echoes are nearly always associated with direct auroral echoes at shorter ranges but the converse is less true, in that ground scatter is often absent during particularly intense aurorae. Similar ground echoes are obtained with the auroral-type reflections observed in magnetically quiet periods. The fading rate of the ground scatter echoes is of the order of a fraction of a cycle/sec or less (compared with tens of c/s or more for direct auroral echoes) hence they are interpreted as arising through reflection at a stable, horizontally stratified, E_s layer at a height near 100 km. Similar observations have been reported by Chivers and Greenhow

(1959) who used a high sensitivity radio-echo equipment on 36 Mc/s and by Collins and Forsyth (1959) from spaced transmitter receiver observations.

The diurnal variation in occurrence of these slow fading ground-scatter echoes is given in figure 1; it is clearly similar to that of the associated auroral irregularities, with the ground scatter somewhat less likely to occur during the evening period of diffuse echo activity than during the morning discrete echo sequence. There is also a good correspondence between the occurrence of the ground scatter at Sheffield and high E_s critical frequencies at Inverness, Scotland.

The echoes occur at ranges of 700—2000 km and the range azimuth distribution has a minimum approximately in the direction of the magnetic meridian. Reflection from a horizontally stratified E_s layer is hardly likely to be sensitive to the direction of the earth's magnetic field lines hence we can conclude that the layer is distributed in a band along the parallels of magnetic latitude. The fact that the E_s layer and the auroral irregularities so frequently occur simultaneously, with an approximately 2:1 ratio in range, suggests a similar distribution for the irregularities. This further supports the view, expressed in 2, that the observed range-azimuth distribution of the direct auroral echoes is influenced by the spatial distribution of the irregularities as well as by the aspect sensitivity.

4. THE MOTIONS OF AURORAL IONIZATION AND GEOMAGNETIC ACTIVITY

Systematic motions of the auroral ionospheric irregularities are evident both from range movements of reflecting regions and from doppler shifts in the frequency of the echoes, while considerable random motion is suggested by the rapid fluctuations in echo amplitude. A marked diurnal variation in the magnitude and direction of motion observed at Jodrell Bank was discovered by Bullough and Kaiser (1955) and has since been confirmed by many workers at locations in and equatorwards of the auroral zone. The pattern is as follows: During the evening the motion is predominantly westward with speeds up to several km sec^{-1}, it decreases towards magnetic midnight when it reverses to become eastwards. Thus the diffuse and discrete echoes are associated with westward and eastward motion respectively.

The fading rate of auroral echoes is roughly proportional to frequency, a representative figure being 50—100 c/s for a radio frequency of 50 Mc/s. The implied relative line of sight motions of a few hundred metres per second are consistent with the observed differential range movements.

The auroral motions are greatly in excess of the normal E-region wind velocities ($\sim$ 50 m sec^{-1}) and at times considerably greater than the velocity of sound. They therefore must represent a redistribution of ionization rather than mass motion of the neutral gas and the heavy ions. This viewpoint is supported by the observation that meteor echoes in the vicinity of an aurora behave in a normal manner.

Bullough and Kaiser (1955) pointed out the close resemblance between the spatial distribution and motions of auroral ionization and the idealized atmospheric electric current system deduced by Chapman (1935) to account for the geomagnetic disturbance. In a later work Bullough et al (1957) studied in detail the relation between the radio echoes and the associated magnetic disturbance. They reported a close correlation between the diurnal variation in occurrence and motion of auroral ionization with the mean daily variation in magnetic disturbance. The change from positive to negative bay type of disturbance coincides with the minimum in frequency of echo occurrence near magnetic midnight which separates the diffuse echoes (from westward moving irregularities) from the discrete echoes (eastward motion) This implies that the electric current is such that there is an effective net transport of negative charge in the direction of motion of the irregularities. Bullough et al. also found a close correspondence between echo occurrence and individual features in the magnetic disturbance.

The diurnal variation in auroral motions observed on 72 Mc/s and of the associated magnetic disturbance is illustrated in figure 2.

The recent 17 Mc/s Sheffield data confirm the earlier results. Here, however, weaker ionized irregularities were detected and both the mean motions and mean correlated magnetic disturbance were somewhat less than obtained on 72 Mc/s. In particular the auroral-type echoes frequently observed in the morning hours during relatively magnetically quiet periods exhibited negligible motions.

Bullough (private communication), in his Terre Adelie observations, finds the outer zone auroral activity to correlate with world wide magnetic disturbance but the inner zone echoes appear to occur mainly for low values of the planetary K index.

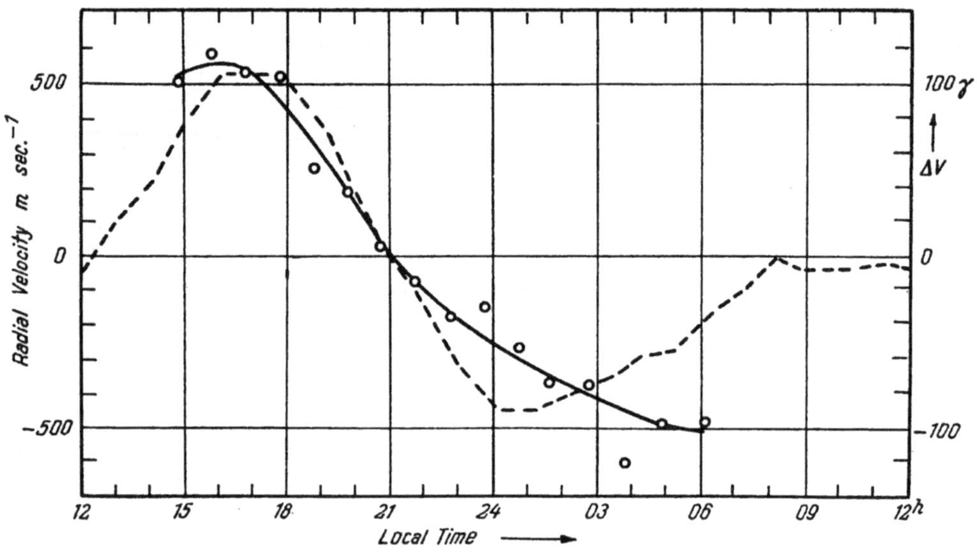

Figure 2. —— o Mean radial component of auroral motion, Jodrell Bank, 1949—53 (frequency 72 Mc/s, aerial beam directed NW). Positive and negative values correspond to recession (westward motion) and approach (eastward motion) respectively.

- - - - Mean vertical component of the magnetic disturbance at Eskdalemuir on days when echoes were obtained at Jodrell Bank.

5. AURORAL-TYPE ECHOES FROM THE F-REGION

Relatively fast fading (> 1 c/s) long range echoes are a regular feature on the 17 Mc/s oblique back scatter records at Sheffield. They may occur at ranges from about 1000 km to beyond 2500 km and from their distribution in range and azimuth appear to originate from F-region irregularities distributed in a wide band lying roughly along the auroral zone. They are closely associated with the spread-F echoes obtained with vertical sounding and with the irregularities responsible for radio star scintillations. The echoes are similar to ones reported by Peterson and Leadabrand (1954) from a much lower geomagnetic latitude. The diurnal variation in occurrence has a single broad maximum near local midnight and the seasonal variation in occurrence at this time ranges between 100 percent in December to 40 percent in July. During magnetically quiet periods the speeds of motion of the irregularities range between zero and about 200 m sec^{-1}. There is evidence for a systematic westward drift before about 21^h (local time), an eastward drift between 21^h and 06^h, and westward again after 06^h. It also appears that the speeds of eastward motion are generally rather less than the westward ones. BALDWIN (1960) considers that the observed echo ranges are consistent with irregularities at a height near 300 km. These features of the disturbed region correspond fairly well with those deduced from scintillations of radio stars (MAXWELL and DAGG, 1954).

During magnetically disturbed periods the range movements exhibited by the echoes become more rapid. The observed speeds of motion rise steeply when the K index exceeds 3 and may reach 700 m sec^{-1} for a K index of 5, thus again they behave similarly to the irregularities causing scintillation (MAXWELL and DAGG, 1954). On a number of occasions the echo ranges have been observed generally to decrease prior to the onset of E-region auroral echoes and this is interpreted as a southwards penetration of the disturbed region at a rate which may be of the order of a few hundred metres per second.

On several occasions these F region echoes have ceased abruptly within a few minutes of the commencement of the E-region echoes, presumably due to blanketing by the E-region disturbance, (it seems unlikely that the F-region phenomena should cease abruptly at the onset of the auroral echoes). It is difficult to attribute the effect to D-region absorption since in this case the E-region echoes should be affected, also there does not seem to be a marked decrease in the meteor echo rate. It is therefore suggested that reflection and scattering of the radio waves in the disturbed E-region is responsible.

The conclusion to be drawn from these results is as follows: In normal magnetically quiet conditions there is corpuscular bombardment producing the F-region irregularities in the auroral zones and there may very likely also be weak field aligned irregularities in the auroral E-region-zone. However these would not be observed at Sheffield due to the earth's curvature[1]).

As the magnetic disturbance develops the observed ionospheric effects are most pronounced first in the F-region and are followed by the intense E-region auroral irregularities. There is little evidence for any marked threshold phenomenon in the F-region activity, rather the observations favour a continuous development from quiet to disturbed conditions.

On days following intense auroral activity the F-region direct scatter echoes may occur at almost any time of day and show rapid movements. The ground scatter echo normally propagated via the F-region is generally absent, indicating a reduced electron density in the F region[2]). This is in agreement with the properties of the ionosphere on such occasions as deduced from vertical sounding in moderate latitudes. These have been summarized by Seaton (1956) who concludes that the layer electron density may fall to as low as $10^3 - 10^4$ cm^{-3}, although the direct scatter echoes at 17 Mc/s indicate the presence of patches of much higher electron density, probably in the form of field-aligned blobs.

6. CONCLUDING REMARKS

The oblique incidence radio-echo studies reveal important systematic features in the behaviour of ionospheric disturbance. There are however a number of respects in which our interpretation of the results is still far from satisfactory; particularly, for instance, as concerns the nature of the reflection process, the aspect sensitivity, the spatial distribution of auroral irregularities, the relations between radio and visual aurorae to name but a few. It is hoped that the foregoing discussion may suggest some of the promising lines for future investigation.

---

[1]) It is interesting to note that CHIVERS and GREENHOW (1959), using a 36 Mc/s radar of remarkably high sensitivity, regularly observe weak E-region field aligned irregularities at Jodrell Bank.

[2]) The presence of the F-region scatter echoes and of meteor echoes on these days rules out absorption as the primary cause for the absence of ground scatter echoes.

ACKNOWLEDGMENTS

I am grateful to my colleagues, Mssrs. K. Bullough and J. P. Baldwin, for allowing me to refer to unpublished work and for many stimulating discussions on the problems of interpretation of the radio-echo data. The support of the Royal Society and the Department of Scientific and Industrial Research towards the Sheffield auroral research programme is also gratefully acknowledged.

REFERENCES

[1] Baldwin, J. P., Ph. D. Thesis, University of Sheffield 1960.
[2] Booker, H. G., J. Atmos. Terr. Phys. 8 (1956) 204.
[3] Bullough, K. and Kaiser, T. R., J. Atmos. Terr. Phys. **5** (1954) 189.
[4] Bullough, K. and Kaiser, T. R., J. Atmos. Terr. Phys. **6** (1955) 198.
[5] Bullough, K., Davidson, T. W., Kaiser, T. R. and Watkins, C. D., J. Atmos. Terr. Phys. **11** (1957) 237.
[6] Chapman, S., Terr. Mag., **40** (1935) 344.
[7] Chivers, H. J. A., and Greenhow, J. S., J. Atmos. Terr. Phys. **17** (1959) 1.
[8] Collins, C. and Forsyth, P. A., J. Atmos. Terr. Phys. **13** (1959) 315.
[9] Forsyth, P. A., J. Geophys. Res., **58** (1953) 53.
[10] Forsyth, P. A. and Vogan, E. L., J. Atmos. Terr. Phys. **10** (1957) 215.
[11] Harang, L. and Tröim, J., J. Atmos. Terr. Phys., **14** (1959) 107.
[12] Harrison, D. P. and Watkins, C. D., Nature (London) **181** (1958) 43.
[13] Kaiser, T. R., The Airglow and the Aurorae. Pergamon Press, 1956, p. 156.
[14] Kaiser, T., R. J. Geophys. Res. **62** (1957) 297.
[15] Maxwell, A. and Dagg, M., Phil. Mag. **45** (1954) 551.
[16] Moorcroft, D. R., Inst. Upper Atmos. Phys., University of Saskatchewan, Rep. No. RS-8 (1960).
[17] Peterson, A. M. and Leadabrand, R. L., J. Geophys. Res. **59** (1954) 306.
[18] Seaton, M. J., The Airglow and the Aurorae. Pergamon Press 1956, p. 225.
[19] Seed, T. J., J. Geophys. Res. **63** (1958) 517.
[20] Unwin, R. S., J. Geophys. Res. **63** (1958) 501.
[21] Unwin, R. S. and Gadsden, M., Nature **180** (1957) 1469.

Ergebnisse der deutschen Beiträge zur Polarlichtbeobachtung im AGI

Von G. Lange-Hesse[1])

ZUSAMMENFASSUNG

Als Beitrag zu den Forschungsprogrammen des AGI wurde in Deutschland in den Jahren 1957—1959 erstmalig in der Geschichte der Geophysik eine systematische Polarlichtbeobachtung durchgeführt. Sie beschränkte sich auf die Beobachtung der sichtbaren Lichterscheinungen sowie auf Untersuchungen der Rückstrahlungseigenschaften der Polarlichter für ultrakurze Wellen (VHF). Die Beobachtungstätigkeit an Land wurde vom Deutschen Wetterdienst sowie vom Amateurbeobachtern (hauptsächlich Amateurastronomen und Funkamateuren) durchgeführt. Die Besatzungen deutscher Handelsschife unterstützten die Beobachtungen auf den Meeren.

Die deutschen Landbeobachtungen bedecken das Gebiet zwischen 48° und 55° geomagnetischer Breite. Die Beobachtungen der Schiffe stammen vorwiegend vom Nordatlantik aus dem Raum zwischen 25° und 73° geomagnetischer Breite. Die äquatornaheste Beobachtung eines Polarlichtes gelang in der Nacht vom 10./11. Febr. 1958 nördlich des Panama-Kanals in $\lambda = 84°$ W und $\varphi = 14°$ N. Tabellarische Zusammenstellung der südlichsten Ausdehnung von Nordlichtern nach deutschen Beobachtungen in [1]. Veröffentlichung der Polarlichtmeldungen deutscher Land- und Seebeobachter in tabellarischer Form in [2].

Die Auswertung des umfangreichen deutschen Beobachtungsmaterials bestätigt zunächst den bekannten engen Zusammenhang zwischen dem Auftreten von Polarlichtern in mittelren Breiten und hohen erdmagnetischen Unruhegraden. In der Zeit von 1957—1959 trat in Norddeutschland (geomagnetische Breite $\Phi = 54$—$55°$) von dem erdmagnetischen Unruhegrad $Kp = 60$, an im Mittel Polarlicht auf, in Mitteldeutschland ($\Phi = 50$—$53°$) erst ab $Kp = 70$. Ganz vereinzelt traten auch in mittleren Breiten Polarlichter bei verhältnismäßig geringer erdmagnetischer Unruhe auf. Das charakteristischste Beispiel war die Nacht vom 20./21. Okt. 1957, in der in Süddeutschland eindeutig Polarlicht beobachtet wurde, obwohl nur eine erdmagnetische Unruhe von $Kp = 40$ herrschte. Der aus dem deutschen Land- und Seebeobachtungsmaterial sich ergebende statistische Zusammenhang zwischen dem maximalen ermagnetischen Unruhegrad Kp einer Nacht und der südlichsten Ausdehnung des Polarlichtes spricht für die Annahme, daß die in mittleren Breiten ($\Phi \approx 50$—$60°$) Polarlicht hervorrufende Partikelstrahlung aus dem äußeren Van Allen-Strahlungsgürtel stammt, wie es von dem Explorer VI-Satelliten am 16./17. Aug. 1959 erstmalig experimentell nachgewiesen werden konnte. Die in der eigentlichen Polarlichtzone ($\Phi \approx 67°$) einfallende Partieklstrahlung wird dagegen vermutlich aus dem äquatorialen Ringstrom stammen, so wie es auch die Chapman-Ferraro-Martynsche Theorie annimmt. Dieser Ringstrom soll neueren Raumraketenmessungen nach angeblich in größerer Entfernung vom Erdzentrum liegen als der äußere Strahlungsgürtel.

Von 1957—1959 wurde in Norddeutschland ($\Phi = 54$—$56°$) in 31 Nächten und in Süddeutschland ($\Phi = 48$—$49°$) in 15 Nächten Polarlicht beobachtet. In der Abhängigkeit von der Tageszeit zeigte sich ein deutliches Maximum im Auftreten des Polarlichtes um magnetisch

---

[1]) Dr. Günther Lange-Hesse, Max-Planck-Institut für Aeronomie, Lindau (Harz).

Mitternacht, so wie es in der Hauptpolarlichtzone ($\Phi \approx 67°$) auch beobachtet wird. Von den Meldungen deutscher Landbeobachter enthielten 52% Angaben über rote und 47% über weiß-grüne Färbung. Nur 1% enthielten Angaben über blau-violette Färbung. Derartig gefärbte Polarlichter fielen zeitlich mit hohen erdmagnetischen Unruhegraden ($Kp = 8—9$ zusammen. Zusammenfassend über die Polarlichtbeobachtung im AGI siehe [4], speziell über die Ergebnisse der Schiffsbeobachtungen siehe [5, 6].

Die Beobachtung der Rückstrahlung ultrakurzer Wellen an Polarlichtern wurde hauptsächlich von Funkamateuren auf 144—146 MHz durchgeführt. Es zeigte sich dabei, daß auf dem Umweg über das im Norden stehende rückstrahlende Polarlicht auf 144—146 MHz in Mitteleuropa Direktentfernungen bis maximal 1200 km überbrückt werden können. Am häufigsten waren Direktentfernungen von 500—600 km. Derartige Funkverbindungen tragen die Bezeichnung ,,Polarlichtfunkverbindungen (aurora contacts)“. In Abhängigkeit von der Tageszeit ergibt sich von etwa 20.00—22.00 h Ortszeit ein starkes Minimum im Auftreten der Polarlichtfunkverbindungen. Dieses Minimum fällt zeitlich zusammen mit der Richtungsänderung des S_D-Stromsystems entlang der Polarlichtzone, die eine Umkehr der Ausschläge der erdmagnetischen Vertikalkomponente im Störungsfall hervorruft. Ruhige Polarlichtformen, wie z. B. homogene Bogen oder Banden, pflegen zur gleichen Zeit in aktive Formen, d. h. in solche mit Strahlenstruktur, überzugehen. Veröffentlichung der Beobachtungen deutscher Funkamateure in listenmäßiger Zusammenstellung in [7], Zusammenfassung der Ergebnisse in [8].

LITERATUR

[1] Lange-Hesse, G., Südlichste Ausdehnung von Nordlichtern nach deutschen Land- und Seebeobachtungen im Internationalen Geophysikalischen Jahr. Naturwissenschaften **47** (1960) 423—424.

[2] Deutsche Beobachtungen sichtbaren Polarlichtes während des IGJ und der IGK 1957—59, Teil I: Beobachtungen in Deutschland, Teil II: Beobachtungen an Bord deutscher Schiffe, zusammengestellt von Günther Lange-Hesse, Abhandlungen der Akademie der Wissenschaften in Göttingen, Mathematisch-Physikalische Klasse, Beiträge zur Internationalen Geophysikalischen Jahr, Heft 7, Verlag Vandenhoeck und Ruprecht, Göttingen 1961.

[3] Lange-Hesse, G., Polarlichtforschung im AGI 1957/58 und in der IGC 1959. Phys. Blätter **16** (1960) Heft 12, 633—641.

[4] Lange-Hesse, G., Ergebnisse der Polarlichtbeobachtungen deutscher Schiffe im IGJ 1957/58 und während der IGK 1959. Der Wetterlotse (Maritim-meteorologische Mitteilungen des Seewetteramtes Hamburg) **12** (1960) Nr. 165, 201—213.

[5] Lange-Hesse, G., Polarlichtbeobachtung auf den Weltmeeren im IGJ 1957/58 und während der IGK 1959 unter besonderer Berücksichtigung der deutschen Beiträge. Der Seewart (herausgegeben vom Deutschen Hydrographischen Institut Hamburg) **22** (1961) Heft 1.

[6] Lange-Hesse, G., Polarlichtbeobachtungen in Deutschland mittels ultrakurzer Wellen während des IGJ/IGK 1957—1959 — Zusammenstellung des Beobachtungsmaterials. Mitteilungen aus dem Max-Planck-Institut für Aeronomie, Lindau/Harz, herausgegeben von J. Bartels und W. Dieminger, 1962 (in Vorbereitung).

[7] Lange-Hesse, G., Fernausbreitung ultrakurzer Wellen im mitteleuropäischen Raum durch Rückstrahlung am Polarlicht, Archiv der elektrischen Übertragung **16** (1962) im Druck.

The Theorie of Aurorae and other Solar and Terrestrial Phenomena resulting from Coronal-effects of Solar X-rays

By L. VEGARD[1]) (Report I)

I. INTRODUCTORY REMARKS

The object of this report is to show how an auroral theory may follow from observed facts, and their combinations in accordance with physical laws.

By this process of investigation the theory appears to cover a number of cosmical phenomena closely related to the aurorae. Among the most important facts, we may at first mention the following:

1. The distribution of the aurorae with regard to space and time.
2. The sudden appearance and disappearance of an auroral display, usually lasting from a few hours to a couple of days.
3. The magnetic variations which accompany the aurorae and the sunspot frequency.

These three groups of facts form the basis of the theory of BIRKELAND [1, 2] and STÖRMER [3, 4] according to which the aurorae and a number of magnetic phenomena were due to electric particles (cathode rays) emitted from the sun and deviated by the earth's magnetic field in a way, which agrees fairly well with the auroral distribution in space and time.

The BIRKELAND-STÖRMER theory was applicable to any type of electrified particles in motion, but gave no information regarding type and constitution of the solar ray-bundles.

During a stay in Würzburg in 1911 I studied spectral types produced in the gases of the atmosphere, when they were exposed to electron rays and rays of positive ions (Kanalstrahlen).

At about the same time A. SCHUSTER raised the objection against the BIRKELAND-STÖRMER theory, that bundles of rays formed by electric particles of the same sign of charge would be disturbed by electrostatic repulsion.

This objection was dealt with by VEGARD [6], who found that the electrostatic repulsion of a solar bundle of e. g. electrons had to be neutralized by the proper amount of positive ions.

II. COMPOSITION OF THE NEUTRALIZED SOLAR BUNDLES

Northlight investigations carried out before 1920 had shown [7] that in most cases the auroral luminescence was mainly produced by electron-excitation. In that case the solar bundles producing aurorae should be composed of electron streams of fairly moderate cross-section and electrostatically neutralized by positive ions of great specific charge and of great abundance. This means that the auroral bündles from the sun would mainly be neutralized by protons.

Then the neutralized electron-proton bundle should be expressed in the following way:

$$\nu_e = n\, V_e\,, \qquad \nu_p = n\, V_p\,. \tag{1}$$

(n) is the number of electrons as well as protons pr cm³.
ν_e and ν_p are the fluxes of electrons and protons, which are proportional to the velocities V_e and V_p.

---

[1]) Prof. Dr. LARS VEGARD, Fysisk Institutt, Universitetet; Oslo, Blindern.

This gives the following simple formulae for the constitution of the electron-proton bundles

$$i = e\, n\, (V_e - V_p)\,, \tag{2}$$

$$K = e\, n\, (V_e - V_p)\, F \sin\varphi = i\, F \sin\varphi\,. \tag{3}$$

(i) is the current density,
(K) is the deviating force acting on unit volume in a magnetic field (F), (φ) is the angle between (F) and (i) and $V_e \gg V_p$, which means that the magnetic field and the deviating force (K) is usually dominated, by the electrons in the bundle [7].

In free space, where the concentration of ions is negligible, the condition of electrostatic neutralization must be fulfilled, and the protons have to stick to the bundle, If an electron and a proton move in the same magnetic field perpendicular to the lines of force, the ratio between the radius (ϱ_p) of the proton orbit to that of the electron (ϱ_e) will be

$$\varrho_p/\varrho_e = \frac{M_p\, V_p}{M_e\, V_e} = 1800\,\frac{V_p}{V_e}\,. \tag{4}$$

If V_p is greater than $V_e/1800$ the deviability of the protons is smaller than that of the electrons. The geographical and diurnal distribution of aurorae and polar magnetic storms shows conclusively, that the solar electric ray-bundle must be magnetically active, and from distances, which are great compared with the diameter of the earth they must be deflected in the earth's magnetic field essentially in the way shown by BIRKELANDS experiments and STÖRMERS mathematical calculations. It is seen from equation (2) and (3) that these conditions are fulfilled by a solar bundle composed of electrons and positive ions (protons).

III. THE CORRECTNESS OF THE CONSTITUTION OF THE SOLAR BUNDLE CONFIRMED BY DOPPLER EFFECT

A direct proof of the correctness of this constitution of the solar ray-bundles was given, when in 1939 it was found at Oslo, that the hydrogen lines (H_α, H_β) occationally appeared strong on the auroral spectrograms, and when in 1940—41 spectrograms with fairly great dispersion were obtained at the Auroral observatory at Tromsö, showing the H_β-lines broadend and displaced towards shorter waves through Dopplereffect [8, 9, 10, 11, 12, 13, 14, 15, 16, 17]. This means that protons form part of the solar ray bundles. These results have been confirmed by new spectrographs combining great light power with considerable dispersion [20].

The results have also been confirmed in 1951 by C. G. GARTLEIN [18], A. MEINEL [19] and in a number of papers published in recent years from observations made at Tromsö and Oslo [36, 37, 38, 39].

The maximum velocity of the protons in the neutralized bundles may amount to about $2 \cdot 10^8$ cm/sec, while electrons of the bundle, stopping at a height of 100 km, have velocities of the order of $0.6 \cdot 10^{10}$ cm/sec.

Although we have found the constitution of a neutralized solar bundle, which in a satisfactory way explains the essential features of the auroral displays with regard to space and time, the bundle in itself does not account for the way it is produced and how it can be physically connected with solar activity. The solution of the fundamental problem came as a consequence of results derived from auroral spectrograms taken at different altitudes.

IV. THE CORONAL STRUCTURE OF THE UPPER ATMOSPHERE EFFECTED BY SOLAR X-RAYS

In March 1923 [22, 23, 24, 25, 26, 27] comparable spectrograms were taken from the lower and the upper part of aurorae, showing the result that the intensity of the negative nitrogen bands relative to that of the green line (5577) increased upwards. This altitude effect has been verified by numerous spectrograms and it shows that the upper atmosphere is transformed into a coronal structure where the density of the atmospheric gases diminishes upwards at a rate much smaller than could be accounted for by means of the ordinary barometric hight formula. Temperature-measurements were made by means of the intensity distribution of the rotational components of the negative nitrogen bands from auroral luminescence at altitudes up to several hundred km., but we have always found temperatures of about —50 °C and there has been no indication of increase of temperature with altitude.

To explain the coronal structure of the upper atmosphere, when extremely high temperatures are excluded, we have to assume the existance of some process capable of setting up electric forces which may act on matter in a partly ionized state. Radiation pressure is excluded because it would act in the wrong direction.

The only solar process, which may account for the terrestrial corona is an emission of solar X-rays with a photon energy ($h\nu$) sufficiently great for the production of fairly high speed electrons by photoelectric action. We have found it convenient to call this process: „The coronal-effect of solar X-rays“.

To realize this effect it is essential that the X-rays pass into a gasious system of great dimentions, where the gas density varies rapidly in an atmosphere governed by a gravitational field.

We consider a place in the upper atmosphere of the earth exposed to solar X-rays. The mean free path diminishes rapidly downwards, and the photoelectrons will produce electric double layers, so the gas is in a polarized state with the electric force directed upwards. The gas with a surplus of positive ions is driven upwards to establish the terrestrial corona.

V. THE STRUCTURE OF THE TERRESTRIAL CORONA (IONOSPHERE). THE ZODIACAL LIGHT AND OTHER CONSEQUENCES

In their passage down the upper atmosphere the soft X-ray-photons will produce electrons approximately according to the equation

$$\frac{1}{2} m v_e^2 = h \nu , \tag{5}$$

and the X-ray energy will be gradially absorbed.

The collission processes result in the production of electrons of high speed, and a positive ion which creates the electric field and is responsible for the coronal expansion. The X-ray photons are gradually absorbed. The number of ions pro unit length gradially increases to reach a distinct maximum just above the height (h_s) where the X-rays stop. It is a layer of maximum conductivity and of great emission of photoelectrons.

The photoelectrons on the dayside of the earth are emitted from the stopping height (H_s) up to the upper practical limit of the atmosphere. On their way they contribute to the formation and extention of the terrestrial corona.

The terrestrial corona extends to great altitudes and the solar X-rays will have the oportunity to make collissions with a great volume of the coronal atmosphere on the dayside of the earth and produce photoelectrons, which will be partly neutralized by atmospheric positive ions. The velocity of the photoelectrons is much greater than that of the positive ions and a surplus of negative electricity in the form of electrons accumulate at great altitudes, where they also produce conductive layers. The solar X-rays, mainly on the day side of the earth produce two sets of conductive layers, one lowest, where the X-rays were absorbed and one group which were produced at greater altitude by the photoelectrons.

About two years after these conductive layers were found from auroral spectroscopy, they were found by Breit and Tuve in Washington and by Appleton and Barnett in England by means of electric wave technic [29, 30]. It was at once clear to me, that the low absorption layer and the photon electron layers were due to solar X-rays and were to be identified with the E-layer and the F_2-layers at greater altitude, respectively.

The photoelectrons produced by the solar X-rays and which formed the F_2-layers, were spreading from great altitudes in all directions so a considerable number of electrons went into the nightside, where they produced an increase of the conductive layer of the F_2-type. The extension of the corona increased with the X-ray intensity, which has a maximum in the sun's direction.

The moving charged particles were greatly influenced by the earth's magnetic field and has a considerable tendency to follow the magnetic lines of force and this increased the coronal extention in the plan of the magnetic equator.

Through the effect of the solar X-rays and the extension in the plan of the magnetic equator, the electrified terrestrial atmosphere will be greatly drawn out nearly in the direction of the sun.

Thus after the ordinary twilight has gone, the sun continoues to illuminate the extended terrestrial corona laying nearly in the plan of the sun's orbit, and we observe in the evening a luminous cone called zodiacal light. In the morning it is called Gegenschein. Thus the zodiacal light is just a direct concequence of the terrestrial corona and the properties of the ionosphere. From the great increase of the extention of the terrestrial corona from the night towards none, it follows that we should except the lenght of the auroral streamers (rayform) would be greater in a sunlit atmosphere than in the night. These consequences of coronal effect of solar X-rays, applied to the earth's upper atmosphere, were confirmed by a great number of auroral height measurements undertaken by STÖRMER.

The E-layer was found to be situated at a height of very nearly 100 km, and we can estimate fairly correctly the mass (m_h) which will be traversed by the X-rays from free space to 100 km above the ground, and we find the mass absorption coefficient (μ) by the simple equation:

$$\mu = \frac{1}{m_h} . \tag{6}$$

When (μ) is found, the wave length and the photon energy ($h\,\nu$) is found from experimental tables (cfr. 8 p. 90, 20 p. 10—12).

In this way we found for the solar X-rays producing E- and F_2-conducting layers a photon-energy ($h\,\nu$) of the order of 1000—1500 e.V. The E- and the F_2-layers form physically connected coronal systems produced by the same solar X-rays. The F_1-layer is an ionization maximum produced directly on the dayside, and due to solar photon radiation in the region between ultraviolet light and very soft X-rays (9 p. 653, and 26 p. 269).

VI. THE FORMATION AND STRUCTURE OF THE SOLAR CORONA AND NEUTRALIZED ELECTRON BUNDLES

It is now a well established fact that the ionospheric layers (E) and (F_2) are caused by solar X-rays, which must also account for the X-rays, which produce the solar corona. This result is also proved by the fact that EDLEN's interpretation of the coronal rays leads to the same photon energy we found from the position of the ionospheric E-layer.

The X-rays of the solar corona are emitted from vortices which are distributed so as to cover the surface of the sun. The photoelectrons from the vortex will mainly follow the magnetic axis of a local vortex nearly perpendicular to the surface. The electron jet will contract to a somewhat narrow streamer by being neutralized by positive ions (preferably protons) and by means of the well known electromagnetic attraction between streamer elements.

The structure element of the solar corona is thus a bundle of photoelectrons, neutralized by positive solar ions, mostly protons. The total corona is formed by adding up the streamer elements from the vortices (granulation). From the radiant structure it follows that the solar corona is not an isotropic system like a gass, which is only influenced by a gravitational field, and it cannot be explained physically correct by extremely high temperatures.

VII. THE FORMATION OF THE NEUTRALIZED ELECTRON BUNDLES, WHICH PRODUCE THE AURORAE AND MAGNETIC DISTURBANCES

The neutralized electron bundles, which constitute the streamers of the ordinary solar corona, are essentially of the same nature as the bundles which produce aurorae and magnetic storms. The difference is mainly that the X-ray-sources of the auroral bundles are restricted to relatively smaller active areas connected with sunspots. Here a turbulent motion much stronger and deeper than that of the ordinary solar corona carry more highly ionized matter from deep layers to the surface. According to EINSTEIN [7] the photon energy ($h\nu$) is approximately equal to the energy of the photoelectrons of the bundles.

From the law of absorption of electrons in the atmosphere of the earth, we may find [20] the energy or velocity which will bring the electrons down to a certain height. The results for 3 altitudes are given in the table. The first column gives the lower limit of three cases of aurorae which are produced by photoelectrons from ,,sunspot X-rays". The next two columns give corresponding electron velocity and energy. The two last columns express the results of lower limits of the corresponding wavelengths and lower limits of the X-rays, which have produced the auroral streamers specified in the first three columns.

Table

Heigth of Aurora km	Electron Velocities $= v/c$	Phot. energy $h\nu$ el. Volts	Wachtselength Å	Heigt h_5 km
105	0.2	10000	1.24	87
95	0.3	20000	0.62	79
70	0.7	200000	0.062	24

Comparing the first and the last column we notice that for about the same energy the penetrating power of the X-rays is much greater than that of the corresponding electron rays.

The ,,sunspot X-rays" add to the solar corona new neutralized bundles with energies sufficiently great to reach the earth. From the start it may take a couple of days to reach the earth and produce aurorae in the upper atmosphere. The "sunspot X-rays", however, go with the velocity of light directly to the dayside of the earth and heavily effect the state of the ionosphere. The great increase of photon energy will greatly increase the intensity and extention of the terrestrial corona (ionosphere). The ordinary E- og F_2-layers will be more or less masked by the effects of the "sunspot X-rays". As it appears from the table, a maximum corresponding to the E-layer will be formed lower down. In the upper atmosphere the ,,sunspot X-rays" photoelectrons of about the same energy as those of the neutralized bundles are producing the aurora. When the "sunspot X-rays" pass far down into the atmosphere photoelectrons of high energy will be formed and they will produce auroral luminescence, but it cannot be seen unless perhaps in twilight.

It follows from our theory that the "sunspot X-rays" should increase the height and extention of the zodiacal light and the extention of auroral rays, especially those which appear in a sunlit atmosphere.

Separation and identification of the positive ions in the neutralized bundles which produce the aurorae

By L. VEGARD[1]) (Report II)

I. PROPERTIES OF THE BUNDLE

The neutralized bundles producing the aurorae are formed automaticly just as the focusing effect. The composition and properties they have at the start, will vary with the solar states along the orbits they follow in the solar atmosphere. We know that the relative and absolute intensity of the proton flux is subject to great variations. The increase of proton flux means increase of magnetic stiffness with the consequence that the hydrogen lines should be enhanced with the distance to the magnetic axis point or towards lower latitude. Experiments show that the intensity of H-lines is about 5—6 times stronger at Oslo compared with Tromsö.

The relative increase of the flux is followed by an increase of the forbidden red OI-doublet ($^3P_{2,1}$—$^1D_2$) (6300, 6364). The enhancement may be so great that the aurora up to the top has a red colour (Red aurorae of type A). The forbidden red doublet is enhanced towards lower latitudes as well as towards greater altitudes.

With relatively small proton flux the auroral bundles will be mainly governed by the photoelectrons, which give a type of spectrum mainly composed of strong bands and very few atomic lines. In that case the red OI-doublet is very weak or absent, but a red group of $N_2$1P Bands may be greatly enhanced and some times the aurorae show a red band along the bottom edge of an arc or band (Red aurorae of type B). Great intensity of the red ($N_2$1P) bands means excitation with electrons.

II. SPLITTING OF THE NEUTRALIZED BUNDLE

In free space the auroral bundle is subject to the condition of electrostatic neutralization. When the bundle enters the terrestrial corona (ionosphere) there will be planty of ions. The protons and the photoelectrons of the bundle are no longer tied up with the condition of electrostatical neutralization, but apart from the influence of the earth's magnetic field and the automatic focussing effect, they are free to move independently of each other. In this way the proton- and electron-rays of the solar bundles have been separated and the effects of each component may be open for investigations.

The positive ions released from the bundle may be characterized (or perhaps identified) by their physical or chemical properties e. g. by the type of luminescence they emit or produce in the atmospheric gases, through which they pass. As the atmosphere mainly consists of nitrogen and oxygen, we may take advantage of the fact, that the spectra of these two atmospheric gases excited by electrons, differ in a typical way from those produced by positive rays. These differences are clearly seen from reproduction of spectrograms in paper 35 plate II. In the case of protons they can be directly observed by the hydrogen lines they emit as soon as they have picked up electrons.

The luminescence produced by the photoelectrons will stop at a height (h_e), which is to be considered as the lowest one. The protons will stop higher up, at a height (h_p). In the

---

[1]) Prof. Dr. LARS VEGARD, Fysisk Institutt, Universitetet Oslo, Blindern.

atmospheric layer ($h_p - h_e$) the protons (and the hydrogen lines from the bundle) are absent. Thus the auroral luminescence in this interval should be excited by electrons only.

The hydrogen lines, which have as yet been observed from the auroral luminescence, show dopplereffects, which means that the H-lines belong to the solar ions captured by the photoelectrons in the suns' atmosphere.

When the proton bundle pass down the ionosphere the proton flux will be gradually smaller on account of absorption and scattering, but the number of hydrogen atoms with light emission will first increase from nearly zero by picking up electrons. By H-emission they get neutralized and run away and vanish at the height (h_2) or higher where they are absorbed. The emission of hydrogen lines is thus quite complicated, and the intensity of hydrogen lines from an auroral display must not be put proportional to the number of protons which at a certain time have been engaged in the neutralization of the electron flux by picking up electrons.

The separation of the components contained in the neutralized electron bundles opens up interesting possibilities for identification of the positive ions, which are contained in neutralized solar bundles. Already the difference between spectra excited by electrons and positive ions, may distinguish between the auroral luminescence excited by electrons and the positive solar ions. We have recently been able to obtain interesting results by the application of this method.

Table 8 of the paper 37, published in 1958, gives a classification of 135 spectrograms taken at Tromsö with a big spectrograph with a lightpower F: 0.65 and a fairly good dispersion. The spectrograms were reproduced on 5 plates (IIa, b, c, d, e) in paper 37.

They are divided into two groups (P) and (N) containing 69 and 66 spectrograms respectively. Those in the N-group have relatively strong bands ($N_2$1P) and (N_2^+1N) and a small number of atomic lines, the red forbidden OI-doublets are much weaker than the green line (5577). They correspond to electronray excitation near the bottom edge at (h_1). In some cases enhancement of ($N_2$1P) is great enough to show red aurorae of type B. Hydrogen lines are absent.

The spectrograms of the second group have weak bands, very strong red OI-doubletts and some are strong enough to show red aurorae of type A. The spectrograms of the (P)-group usually show H-lines and are excited by protons and possibly other positive ions contained in the neutralized bundles.

We notice the enourmous enhancement of the forbidden red OI-doublet corresponding to the transition from the lowest metastable $^1D_2$-state, to the ground state OI $^3P_{2,1}$. It is excited by protons above (h_2) and seems to show that the protons have a special ability to transfer the normal ground state to the lowest metastable state $^1D_2$.

Similar effects are found for the forbidden transition of atomic nitrogen NI ($^4S_{3/2}$—$^2D_{5/2,\,3/2}$) resulting in the doublet (5202, 5197) which under certain circumstances appear greatly enhanced.

Similar enhancement effects also seem to occur in the case of the forbidden transition which lead to Vegard-Kaplan bands. I think these remarkable facts will be a stimulation for further investigation into the theory of spectra.

REFERENCES

[1] Birkeland, Kr., Arch. des sc. phys. et nat. Geneve **4** (1896) 497.
[2] Birkeland, Kr., The Norwegian Aurora Polaris Expedition 1902—03, Christiania 1908, II, 1913.
[3] Störmer, C., Vid. Selsk. Skr. Nr. 3, Christiania 1904.
[4] Störmer, C., Arch. d. Sc. Phys. et Nat. Genève 1911.
[5] Schuster, A., Proc. Roy. Soc. **85** (1911) p. 44.
[6] Vegard, L., Ann. d. Phys. IV, **50** (1916) 853.

[7] VEGARD, L., Recent Results of Northlight Investigations and the Nature of the Cosmic Electric Rays. Phil. Mag. **42** (1921) p. 47.
[8] VEGARD, L., Proc. of the fourth meeting of Mixed Commis. on the Ionosphere, Brussels Aug. 1954, p. 88—102.
[9] VEGARD, L., Phys. of the Earth. Ed. by Fleming, Vol. VIII (1938) p. 573 (written in 1933).
[10] VEGARD, L., Hydrogen showers in the Auroral Region. Nature V (1939) 144, p. 1089.
[11] VEGARD, L. and TÖNSBERG, E., Geof. Publ. XVI (1944) No. 2.
[12] VEGARD, L., Phys. Soc., Gassiot Committee Reports, 1948 p. 82.
[13] VEGARD, L., Proceed. of the Meeting at Brussels of the Mixed Comm. on Ionosphere, July 1948, p. 111.
[14] VEGARD, L., Trans. of the Oslo Meeting 1948, p. 189, 484.
[15] VEGARD, L., C. R. Vol. **230**, May 1950; Nature (1950) p. 1012.
[16] VEGARD, L., Annales d. Geophys. **6** (1950) p. 157.
[17] VEGARD, L. and KVIFTE, G., Geof. Publ. Vol. XVIII (1951) No. 3.
[18] GARTLEIN, C. W., Nature **167** (1951) p. 277.
[19] MEINEL, A. B., Doppler-shifted auroral hydrogen emission. Astrophys. Journ. **113** (1951) No. 1.
[20] VEGARD, L., Doppler Displacement of Auroral Hydrogen lines and its bearing on the theory of aurora and magnetic disturbances. Geof. Publ. Vol. XVIII (1952) No. 5.
[21] VEGARD, L. and TÖNSBERG, E., Geof. Publ. XVIII (1952) No. 8, p. 15.
[22] VEGARD, L., Phil. Mag. **46** (1923) 193 and 577.
[23] VEGARD, L., Zeits. f. Phys. **16** (1923) 367.
[24] VEGARD, L., C. R. **176** (1923) p. 947, 1488.
[25] VEGARD, L., G. P. IX (1932) No. 11.
[26] VEGARD, L., Die Korona der Erde und Sonne und ihre Beziehung zu kosmischen Erscheinungen. Gerlands Beiträge zur Geophysik **32** (1931).
[27] VEGARD, L., Ergebnisse d. Exakten Nat. wiss. B. XVII (1938) p. 229.
[28] VEGARD, L., Proc. of the meeting in Canberra of the Mixed Com. on the Ionosphere 1952, p. 135.
[29] BREIT, G. and TUVE, A., Phys. Rev. **28** (1926) 554.
[30] APPLETON, E. V. and BARNETT, M. A. F., Proc. roy. soc. London A, **113** (1926) 450.
[31] BENGT EDLEN, Arkiv mat. astr. ock fysik **28** (1941) No 1 Z. S. f. Astrophys. **22** (1942) 30.
[32] VEGARD, L., Coronal Phenomena etc. G. P. XVI (1944) No 1.
[33] VEGARD, L. and KVIFTE, G., Theory and observations of the enhancement of auroral hydrogen lines with increasing distance from the magnetic axial point. Geof. Publ. XIX (1954) No 2.
[34] VEGARD, L., Intensity variations of auroral hydrogen Lines and the influence of solar protonradiation on the auroral luminescence. Geof. Publ. XIX (1955) No 4.
[35] VEGARD, L., Composition, variation and excitation of the auroral luminescence spectra. Geof. Publ. XIX, (1956) No 9.
[36] VEGARD, L., Recent Progress relating to the study of aurorae and kindered phenomena, G. P. XX (1958) No 4.
[37] VEGARD, L., BERGER, S. and NUNDAL, A., Rusults of auroral observations at Tromsoe and Oslo from the four winters 1953/54 to 1956/57. Geof. Publ. XX (1958) No 9.
[38] VEGARD, L., Ann. d. Phys. **39** (1912) 111; and **41** (1913) p. 625.

OTTO LUCKE

Die Thermodynamik irreversibler Prozesse mit Anwendungen auf die geophysikalischen Plasmen

(Abhandlungen des Geomagnetischen Instituts Potsdam der Deutschen Akademie der Wissenschaften zu Berlin, Nr. 26)

1961. 168 Seiten — 41 Abbildungen, davon 1 einfarbige und 1 mehrfarbige auf Falttafeln — 10 Tabellen — 4° — DM 48,—

In der Arbeit wird die Thermodynamik der irreversiblen Prozesse zur theoretischen Behandlung der erdmagnetischen Erscheinungen herangezogen.

Aus einer kritischen Übersicht über einige neuere Theorien des erdmagnetischen Hauptfeldes geht klar hervor, daß nur Theorien des Hauptfeldes Erfolg haben können, die auf der Dynamik des sehr dichten Plasmas im äußeren Erdkern beruhen. Die magneto-hydrodynamische Darstellung der Dynamik erscheint ausreichend.

Ferner werden die physikalischen Verhältnisse geschildert, unter denen das erdmagnetische Feld und seine Variationen entstehen.

Aus einem gegebenen Überblick über die Thermodynamik der irreversiblen Prozesse und ihre Grenzen werden die geeigneten Grundlagen für die plasmatheoretische Darstellung der geomagnetischen Variationen abgeleitet.

Bestellungen durch eine Buchhandlung erbeten

A K A D E M I E - V E R L A G · B E R L I N

ABHANDLUNGEN DES GEOMAGNETISCHEN INSTITUTS POTSDAM
DER DEUTSCHEN AKADEMIE DER WISSENSCHAFTEN ZU BERLIN

Nr.24 GERHARD FANSELAU / HEINZ KAUTZLEBEN

Zur Auswertung der Potentialberechnungen in begrenzten Gebieten
(Ein Beitrag zur Frage der normalen Verteilung des erdmagnetischen Hauptfeldes und der Säkularvariation im Gebiet der DDR)
Mit Anhang — Heinz Bolz / Heinrich Wolter
Die Beobachtung der Säkularvariation im Gebiet der DDR
Wolfgang Mundt
Betrachtungen zur Ableitung des geomagnetischen Normalfeldes aus einer Potentialberechnung
1960. 117 Seiten — 23 Abbildungen, davon 1 Falttafel — 28 Tafeln — 1 Karte — 23 Tabellen, davon 2 Falttabellen — 4° — DM 35,—

Nr. 25 OTTO LUCKE / HEINZ STILLER

Zur Theorie der magnetischen Stürme
Fourier-Entwicklungen der GREENschen Funktion der Potentialtheorie für räumliche Bereiche in separierbaren orthogonalen Koordinaten
1960. 64 Seiten — 1 Abbildung — 4° — DM 15.—

Nr. 26 siehe Titel auf 3. Umschlagseite

Nr. 27 **Sonderheft zum 70jährigen Bestehen des Geomagnetischen Instituts Potsdam**
1961. 166 Seiten — 124 Abbildungen — 46 Tabellen — 4° — Ganzleinen DM 48,—

Nr. 28 DIETRICH LENNERS

Beiträge zum Problem der Stabilitätsuntersuchung gegengekoppelter Verstärker
1960. 40 Seiten — 38 Abbildungen — 4° — DM 13,20

Nr. 29 vorliegende Arbeit

Nr. 30 KLAUS LENGNING / OTTO LUCKE / KURT SELLIEN

Betrachtungen über die Vermessungen des erdmagnetischen Hauptfeldes in Norddeutschland zu den Epochen 1901, 1935 und 1955
1961. 72 Seiten — 8 Abbildungen — 4 Falttafeln — 12 Tabellen — 4° — DM 33,—

Bestellungen durch eine Buchhandlung erbeten

A K A D E M I E - V E R L A G · B E R L I N

Bei Fragen zur Produktsicherheit wenden Sie sich bitte an:
If you have any questions regarding product safety,
please contact:

Walter de Gruyter GmbH
Genthiner Straße 13
10785 Berlin
productsafety@degruyterbrill.com